发电生产"1000个为什么"系列书

脱硝运行技术 1000 问

朱国宇 编

中国电力出版社
CHINA ELECTRIC POWER PRESS

内 容 提 要

　　本书共分为二十二章，采用问答的形式，以燃煤电厂选择性催化还原法烟气脱硝工艺内容为主，兼顾选择性非催化还原法脱硝工艺和烟气脱汞技术，重点对烟气脱硝工艺基本原理和特点、影响脱硝装置性能的因素、主要设备的作用及工作原理、环保政策法规及标准对燃煤电厂烟气排放的要求、脱硝装置启动调试及验收、系统设备运行及维护、性能测试技术、系统运行安全、脱硝装置运行异常及事故的分析与处理、脱硝装置运行和检修管理、烟气脱硝运行效果评价及技术监督、烟气脱硝超低排放技术、烟气脱汞技术等知识与难点进行解答，内容紧密结合现场实际，知识点全面，突出理论重点，注重实践技能。

　　本书可供从事燃煤电厂烟气脱硝运行人员、设备维护人员学习使用，也可作为烟气脱硝技术管理人员和高等院校相关专业师生参考用书。

图书在版编目（CIP）数据

　　脱硝运行技术 1000 问/朱国宇编 . —北京：中国电力出版社，2020.1
　　（发电生产"1000 个为什么"系列书）
　　ISBN 978-7-5198-3699-3

　　Ⅰ.①脱⋯　Ⅱ.①朱⋯　Ⅲ.①燃煤发电厂—烟气—脱硝—问题解答
Ⅳ.①X773.013-44

　　中国版本图书馆 CIP 数据核字（2019）第 205071 号

出版发行：中国电力出版社
地　　址：北京市东城区北京站西街 19 号（邮政编码 100005）
网　　址：http：//www.cepp.sgcc.com.cn
责任编辑：赵鸣志（010-63412385）
责任校对：黄　蓓　郝军燕
装帧设计：赵姗姗
责任印制：吴　迪

印　　刷：三河市百盛印装有限公司
版　　次：2020 年 1 月第一版
印　　次：2020 年 1 月北京第一次印刷
开　　本：880 毫米×1230 毫米　32 开本
印　　张：18.625
字　　数：473 千字
印　　数：0001—1500 册
定　　价：78.00 元

前　言

随着国家环保要求的日益提高，氮氧化物（NO$_x$）成为燃煤火电厂气态污染物排放控制的重点之一。"十二五"期间进行了大规模的脱硝改造，"十三五"期间又进行了大规模的烟气超低排放改造，对降低我国燃煤电厂氮氧化物污染物排放起到了关键作用。选择性催化还原法烟气脱硝（SCR）工艺技术由于其高脱除率和技术高成熟度，已成为目前燃煤锅炉烟气脱硝的主流技术。

随着发电企业把脱硝装置提升到主设备的重要地位，并已逐步实现宽负荷、全负荷脱硝，机组灵活性改造等，又对脱硝装置运行提出了更高的要求。编写《脱硝运行技术问答 1000 问》一书，旨在进一步提高从事燃煤电厂烟气脱硝装置运行相关工作的技术人员、管理人员的专业技术水平，加强脱硝装置的建设和运营能力，提高脱硝装置的健康水平、运行状态和对氮氧化物的控制水平，实现燃煤火电厂氮氧化物达标排放。

作者长期从事烟气治理设施的生产技术管理工作，在长期实践经验的基础上，查阅了大量与烟气脱硝有关的各学科参考资料并加以提炼、归纳和总结，可使读者在较短的时间内较快地掌握与烟气脱硝运行维护密切相关的各种专业知识，这也是作者编著此书的目的。

本书共分二十二章，以问答的形式，以选择性催化还原法烟气脱硝工艺为主，同时涵盖其他脱硝技术，重点对燃煤电厂选择性催化还原法烟气脱硝工艺基本原理和特点、影响脱硝性能的因素、主要设备的作用及其工作原理、环保政策及标准对燃煤电厂锅炉烟气污染物排放的要求、设备启动调试及验收、系统设备运行及维护、脱硝装置性能测试技术、系统运行安全、脱硝运行异常及事故的分析与处理、脱硝装置运行和检修管理、烟气脱硝运行效果评价及技术监督、烟气脱硝超低排放技术、烟气脱汞技术等知识与难点进行系统全面的解答。编写内容理论结合实际，知识点全面，重点突出，注重实践技能，实用性和技术性强。

在本书编写过程中，得到了中国电力国际发展有限公司和平顶山姚孟发电有限责任公司的大力支持，在此表示感谢。

由于编者水平所限，加之烟气脱硝技术的快速发展，书中难免存在不妥之处，恳请读者批评指正。

编　者

2019 年 6 月

目 录

前言

8

9

21

34

第一章

概　论

第一节　氮氧化物的污染与危害

1. 氮氧化物（NO_x）是指什么？

答：氮氧化物（NO_x）是指烟气中一氧化氮（NO）和二氧化氮（NO_2）之和以NO_2计。

2. NO_x中NO_2和NO哪个比例高？为何排放标准中以NO_2（计）表示？

答：电站锅炉排放的烟气中的氮氧化物统称为NO_x，其具体的成分包括一氧化二氮（N_2O）、一氧化氮（NO）、二氧化氮（NO_2）、三氧化二氮（N_2O_3）、四氧化二氮（N_2O_4）和五氧化二氮（N_2O_5）等。烟气中的NO约占氮氧化物体积总量的95%，NO_2约占5%。除NO_2以外，其他氮氧化物均极不稳定，遇光、湿或热变成NO_2及NO，NO又氧化变为NO_2。因此，电站锅炉对大气造成危害的氮氧化物是指NO_2，氮氧化物的排放水平是以NO_2的质量浓度（mg/m^3）为基准统计的。GB 13223—2011《火电厂大气污染物排放标准》规定的氮氧化物排放标准，以及该标准规定的氮氧化物的测试分析方法，均是针对所有形式为NO_x经氧化后形成稳定的NO_2的排放标准和测试标准。在锅炉技术协议书中，对锅炉炉膛NO_x的排放要求（如不高于$400mg/m^3$）也指的是氮氧化物在大气中的最终产物NO_2的排放量。

3. NO_x的危害有哪些？

答：（1）NO能使人中枢神经麻痹并导致死亡。NO_2会造成哮喘和肺气肿，破坏人的心、肺，肝、肾及造血组织的功能丧失，

1

其毒性比 NO 更强。无论是 NO、NO_2 或 N_2O，在空气中的最高允许浓度为 $5mg/m^3$（以 NO_2 计）。

（2）NO_x 与 SO_2 一样，在大气中会通过干沉降和湿沉降两种方式降落到地面，最终的归宿是硝酸盐或是硝酸。硝酸型酸雨的危害程度比硫酸型酸雨的更强，因为它在对水体的酸化、对土壤的淋溶贫化、对农作物和森林的灼伤毁坏、对建筑物和文物的腐蚀损伤等方面丝毫不逊于硫酸型酸雨。所不同的是，它给土壤带来一定的有益氮分，但这种"利"远小于"弊"，因为它可能带来地表水富营养化，并对水生和陆地的生态系统造成破坏。

（3）大气中的 NO_x 有一部分进入同温层，对臭氧层造成破坏，使臭氧层减薄甚至形成空洞，对人类生活带来不利影响；同时 NO_x 中的 N_2O 也是引起全球气候变暖的因素之一，虽然其数量极少，但其温室效应的能力是 CO_2 的 $200\sim300$ 倍。

4．NO_x 对人体的危害是什么？

答：NO_x 排放量和大气 NO_x 浓度的增加将使大气污染的性质发生变化，大气氧化性增加，导致一系列的城市和区域环境问题，对人体健康和生态环境构成巨大的威胁。在 NO_x 中对人体健康危害最大的是 NO_2，它比 NO 的毒性高 4 倍，可引起肺损害，甚至造成肺水肿，慢性中毒可导致气管及肺部发生病变。NO_2 在空气中的浓度（体积分数）与其对人体和其他生物的影响情况见表 1-1。

表 1-1　　　　　　　不同浓度 NO_2 对人体和其他生物的影响

NO_2 的体积分数（μL/L）	对人体和其他生物的危害情况
0.5	连续暴露 4h，肺细胞病理组织发生变化；3～12 个月会出现肺气肿，对感染的抵抗力减弱
1	能闻到臭味
2.5	>7h 时，豆类、西红柿等作物的叶子变为白色
3.5	>2h 时，细菌对动物感染增大
5	闻到很难闻的臭味
10～15	眼、鼻、呼吸道受刺激

NO$_2$的体积分数 （μL/L）	对人体和其他生物的危害情况
25	人只能在短时间内停留
50	1min 内，人的呼吸异常，鼻子受刺激
80	3～5min 内，引起胸痛
100～150	30min 内，至多 1h，人就会因肺水肿而死亡
＞200	瞬间人即死亡

5. NO$_x$ 形成酸雨的过程是什么？

答：酸雨是大气污染物（如硫化物和氮化物）与空气、水和氧之间化学反应的产物。

NO$_x$ 形成酸雨的过程有：

$$NO_2 + OH = HNO_3 \tag{1-1}$$

$$N_5O_2 + H_2O = 2\,HNO_3 \tag{1-2}$$

6. 大气降水 pH 值的定义是什么？

答：大气降水的酸碱度用 pH 值表示。pH 值的定义为氢离子浓度的负对数，系无量纲量。

$$pH = -\lg c(H^+) \tag{1-3}$$

式中：$c(H^+)$ 为氢离子浓度，mol/L。

7. 酸雨是如何定义的？酸雨等级如何划分？

答：酸雨指降水 pH 值小于 5.6 的大气降水，大气降水的形式包括雨、雪、雹等。酸雨等级按照日降水 pH 值划分为较弱酸雨、弱酸雨、强酸雨和特强酸雨，见表 1-2。

表 1-2　　　　　　酸 雨 等 级

级　　别	日降水 pH 值
较弱酸雨	5.0≤pH＜5.6
弱酸雨	4.5≤pH＜5.0
强酸雨	4.0≤pH＜4.5
特强酸雨	pH＜4.0

8. 酸雨区是如何定义的？酸雨区等级如何划分？

答：酸雨区是平均降水 pH 值小于 5.6 的地区。由区域内全部单站（月、季、年）平均降水 pH 值，用插值方法计算得到（月、季、年）平均降水 pH 值的空间分布，据此酸雨区等级划分为较轻酸雨区、轻酸雨区、重酸雨区、特重酸雨区，见表 1-3。

表 1-3 酸 雨 区 等 级

级　别	平均降水 pH 值
较轻酸雨区	$5.0 \leqslant pH_m < 5.6$
轻酸雨区	$4.5 \leqslant pH_m < 5.0$
重酸雨区	$4.0 \leqslant pH_m < 4.5$
特重酸雨区	$pH_m < 4.0$

9. 重污染天气的具体成因是什么？

答：污染物排放强度大是重污染天气形成的内因，静稳、小风、高湿及逆温等不利气象条件则是重污染天气形成的外因。

10. 气候变化对重污染天气产生哪些影响？

答：气候变化对重污染天气的影响主要表现在以下几个方面：

（1）大气环流形势的变化影响了大气的扩散条件。我国秋冬季大气污染物的扩散与西伯利亚高压和大范围强冷空气爆发南下有明显联系。分析表明，自 20 世纪 60 年代初以来，在行星尺度大气环流和全球气候变暖的共同影响下，全国性的寒潮事件频次呈现出明显减少趋势，平均每十年减少 0.2 次。此外，西太平洋地区生成的台风和热带气旋个数有减少趋势，登陆我国的台风和热带气旋频数也有减少趋势，从而导致我国南方和东南沿海地区夏秋季的大风天气频率有减少趋势，大气扩散能力下降。

（2）气温升高、降水减少、平均风速降低不利于污染物的扩散。20 世纪 50 年代初以来全球地表平均气温平均每十年升高 0.12℃，而我国地面气温上升速率则明显高于全球平均，20 世纪 60 年代初以来全国年平均地面气温每十年上升 0.25℃。我国大部分地区降水呈减少趋势，在一定程度上不利于大气污染物的清除。近 30 余年，我国对流层年平均风速下降速率达到每十年

0.10~0.17m/s。我国北方和东部大范围地区寒潮大风频次减少，南方沿海热带气旋及其强风频次下降，全国多数地区近地面平均风速减弱，均有利于静稳天气现象的出现和增多，不利于污染物的扩散。

（3）一些研究认为气候变化会增加逆温层出现的频率。逆温层的出现对局地重污染天气的发生具有重要作用。一般情况下，气温随高度增加而下降，但在某些气象条件下气温随高度增加而升高，这种现象称为逆温。出现逆温现象的大气层称为逆温层。在正常气象条件下，污染物从气温高的低空向气温低的高空扩散，但逆温条件下，逆温层阻碍了空气的垂直对流运动，近地面大气污染物"无路可走"，越积越厚，空气污染势必加重。冬季更加容易发生重污染天气便与逆温层有关。冬季，夜间近地面空气温度低，而高层空气温度高，冷空气密度要比暖空气大，近地面的冷空气不会向高空运动，在垂直方向上也就没有了空气交换，这样更容易形成重污染天气。气候变化对重污染天气的形成和影响应予以高度重视。

第二节　我国燃煤电厂NO$_x$排放现状及控制标准

11.《中华人民共和国环境保护法》实施日期是哪一天？

答：《中华人民共和国环境保护法》是为保护和改善环境，防治污染和其他公害，保障公众健康，推进生态文明建设，促进经济社会可持续发展制定的国家法律，由中华人民共和国第十二届全国人民代表大会常务委员会第八次会议于2014年4月24日修订通过，自2015年1月1日起施行。

12. 2017年、2018年中国环境日主题是什么？

答：2017年中国环境日主题："绿水青山就是金山银山"，旨在动员引导社会各界牢固树立"绿水青山就是金山银山"的强烈意识，尊重自然、顺应自然、保护自然，自觉践行绿色生活，共同建设美丽中国。

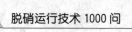

2018年中国环境日主题："美丽中国，我是行动者"，旨在推动社会各界和公众积极参与生态文明建设，携手行动，共建天蓝、地绿、水清的美丽中国。

13. 我国环境标准主要包括哪些？

答：我国环境标准主要包括环境质量标准和污染物排放标准。

（1）环境质量标准是评价环境是否受到污染和制定污染物排放标准的依据。

（2）污染物排放标准是各种环境污染物排放活动应遵循行为规范。

14. 我国NO_2空气环境质量标准有哪两种标准？

答：我国NO_2空气环境质量标准有短期（1h和24h）标准和长期（年平均）标准。因为短期暴露下，NO_2对人和动物产生影响的阈限值比对植物的影响阈值小，因此空气环境质量短期标准以NO_2对人和动物的阈限值为依据，基于敏感人群最低的NO_2短期影响阈值为$0.19mg/m^3$，健康人体的影响阈值为$0.56mg/m^3$，动物的影响阈值为$0.38mg/m^3$，再增加一定的安全系数而制定的；长期暴露下NO_2对动物影响的阈限值略低于植物的阈值，空气环境质量长期标准以动物试验的长期暴露阈限值$0.1mg/m^3$而定。

15. 空气污染指数是什么？

答：空气污染指数（API）是根据我国环境空气质量标准和对人体健康危害程度而划定的，API指标基本上可较为客观地反映我国城市空气污染状况，并与公众的主观感受基本一致。

16. 京津冀大气污染传输通道"2+26"城市包括哪些？

答：京津冀大气污染传输通道城市，包括北京市、天津市，河北省石家庄、唐山、廊坊、保定、沧州、衡水、邢台、邯郸市以及雄安新区，山西省太原、阳泉、长治、晋城市，山东省济南、淄博、济宁、德州、聊城、滨州、菏泽市，河南省郑州、开封、安阳、鹤壁、新乡、焦作、濮阳市，简称"2+26"城市，含河北省定州市、辛集市，河南省济源市。

17. 污染物排放标准是什么？

答：污染物排放标准规定了各个污染源的排放量或排放浓度限值，目的在于根据经济发展和技术能力情况，控制一个地区的某种污染物排放总量，以达到预定的环境质量目标。污染源达标排放是确保空气质量达标的基本前提。

18.《火电厂大气污染物排放标准》（GB 13223—2011）中规定的重点地区是指什么？

答：《火电厂大气污染物排放标准》（GB 13223—2011）中规定的重点地区指根据环境保护工作的要求，在国土开发密度较高、环境承载能力开始减弱，或大气环境容量较小、生态环境脆弱，容易发生严重大气环境污染问题而需要严格控制大气污染物排放的地区。

19.《火电厂大气污染物排放标准》（GB 13223—2011）中规定的大气污染物特别排放限值是指什么？

答：《火电厂大气污染物排放标准》（GB 13223—2011）中规定的大气污染物特别排放限值指为防治区域性大气污染、改善环境质量、进一步降低大气污染源的排放强度、更加严格地控制排污行为而制定并实施的大气污染物排放限值，该限值的排放控制水平达到国际先进或领先程度，适用于重点地区。

20.《火电厂大气污染物排放标准》（GB 13223—2011）中规定的氮氧化物排放（以 NO_2 计）限值是多少？

答：《火电厂大气污染物排放标准》（GB 13223—2011）中规定的氮氧化物（以 NO_2 计）排放限值如下：

（1）采用 W 型火焰炉膛的火力发电锅炉，现有循环流化床火力发电锅炉，以及 2003 年 12 月 31 日前建成投产或通过建设项目环境影响报告书审批的燃煤发电锅炉执行 $200mg/m^3$（标况下）限值。

（2）2003 年 12 月 31 日之后建成投产的燃煤发电锅炉执行 $100mg/m^3$（标况下）限值。

（3）天然气燃气轮机组执行 $50mg/m^3$（标况下）限值。

21. 北京市《锅炉大气污染物排放标准》（DB 11/139—2015）中规定的氮氧化物排放限值是多少？

答：北京市《锅炉大气污染物排放标准》（DB 11/139—2015）中规定的氮氧化物排放限值如下：

（1）2015 年 7 月 1 日～2017 年 3 月 31 日建成锅炉大气污染物排放浓度执行 80mg/m³（标况下）排放限值，2017 年 4 月 1 日建成锅炉大气污染物排放浓度执行 30mg/m³（标况下）排放限值。

（2）2015 年 6 月 30 日前建成锅炉大气污染物排放浓度在高污染燃料禁燃区外执行 150mg/m³（标况下）排放限值，在高污染燃料禁燃区内执行 80mg/m³（标况下）排放限值。

22. 河南省《燃煤电厂大气污染物排放标准》（DB 41/1424—2017）中规定的氮氧化物排放限值是多少？

答：河南省《燃煤电厂大气污染物排放标准》（DB 41/1424—2017）中规定自 2017 年 10 月 1 日起，河南省辖区内燃煤发电锅炉（含单台出力 65t/h 以上除层燃炉、抛煤机炉外的燃煤锅炉）氮氧化物执行 50mg/m³（标况下）限值；采用 W 型火焰炉膛锅炉和循环流化床锅炉执行 100mg/m³（标况下）限值。

排放限值指外排烟气中污染物任何 1h 浓度平均值不得超过的限值。

23.《山东省火电厂大气污染物排放标准》（DB 37/664—2013）中规定的氮氧化物排放限值是多少？

答：《山东省火电厂大气污染物排放标准》（DB 37/664—2013）中规定的氮氧化物排放限值是自 2017 年 1 月 1 日起，现有燃煤（含水煤浆）锅炉氮氧化物执行 100mg/m³（标况下）限值；采用 W 型火焰炉膛锅炉和循环流化床锅炉执行 200mg/m³（标况下）限值。

根据环境保护工作的要求，在国土开发密度较高、环境承载能力开始减弱，或环境容量较小、生态环境脆弱，容易发生严重环境污染问题而需要采取特别保护措施的地区，应严格控制企业的污染物排放行为，在上述地区的企业执行"特别排放限值"，W 型火焰锅炉和循环流化床锅炉执行 100mg/m³（标况下）限值；其他燃煤（含水煤浆）锅炉氮氧化物执行 $50mg/m^3$（标况下）限值。

24. 超低排放脱硝控制技术是什么？

答：超低排放脱硝技术煤粉锅炉宜选用高效低氮燃烧与 SCR 配合使用的技术路线，若不能满足排放要求，可采用增加催化剂层数、增加喷氨量等措施，应有效控制氨逃逸；循环流化床锅炉宜优先选用 SNCR，必要时可采用 SNCR-SCR 联合技术。

25. 《中华人民共和国环境保护税法》实施日期是哪一天？与排污费有何异同点？

答：实施开征日期：2018 年 1 月 1 日。

地位：通过由"费"改"税"，取代现行排污费。

意义：通过提升立法层级，提升"税收法定"原则，加大环境保护力度，鼓励企业少排污染物，提倡人与自然的和谐发展。

环境保护税与排污费异同点见表 1-4。

表 1-4　　　　　　　　环境保护税与排污费异同点

异同		排污费	环境保护税
相同点		征收费用的污染物是一致的，均对大气、水、固体、噪声等四类污染物征收费用	
不同点	征税费用不同	只要有污染的企业，收费标准是一样的	污染排放多，交税就越多；污染排放少，交税少。为防止排污企业认为交税后就可肆意排放，法律明确了直接向环境排放应税污染物的企业事业单位和其他生产经营者，除依照本法规定缴纳环境保护税外，应当对所造成的损害依法承担责任
	地方留成有变化	中央和地方留成按照 1：9 的比例	全部归地方留成，中央不再分成
	减税情况		《环境保护税法》还规定了两档减税优惠，企业少排污少缴税。纳税人排污浓度值低于规定标准 30% 的，减按 75% 征税；排污浓度低于标准 50% 的，减按 50% 征税

26.《环境保护税法》规定的大气污染物（二氧化硫、氮氧化物和烟尘）当量值是多少？月应纳税额如何进行计算？

答：大气污染物当量值：二氧化硫为 0.95t，氮氧化物为 0.95t，烟尘为 2.18t。

月应纳税额计算公式：

月应纳税额＝月应税污染物当量数×适用税额标准

月应税污染物当量数＝月污染物排放量÷污染物当量值

27. 生态环境部《关于推进环境污染第三方治理的实施意见》中第三方治理责任界定是什么？

答：《关于推进环境污染第三方治理的实施意见》中第三方治理责任界定是：排污单位承担污染治理的主体责任，可依法委托第三方开展治理服务，依据与第三方治理单位签订的环境服务合同履行相应责任和义务。第三方治理单位应按有关法律法规和标准及合同要求，承担相应的法律责任和合同约定的责任。第三方治理单位在有关环境服务活动中弄虚作假，对造成的环境污染和生态破坏负有责任的，除依照有关法律法规规定予以处罚外，还应当与造成环境污染和生态破坏的其他责任者承担连带责任。在环境污染治理公共设施和工业园区污染治理领域，政府作为第三方治理委托方时，因排污单位违反相关法律或合同规定导致环境污染，政府可依据相关法律或合同规定向排污单位追责。

第三节　燃煤电厂 NO_x 的生成机理

28. NO_x 的生成机理是什么？

答：煤燃烧产生的 NO_x 主要是 NO 和 NO_2，另外还有少量 N_2O。在煤的燃烧过程中，NO_x 的生成量和排放量与燃烧方式，特别是燃烧温度和过量空气系数等密切相关，燃烧形成的 NO_x 可分为燃料型、热力型和快速型三种。

（1）燃料型 NO_x。煤中的氮一般以氮原子的形态与各种碳氢化合物结合成氮的环状或链状化合物，燃烧时，空气中的氧与氮原子反应生成 NO，NO 在大气中被氧化成毒性更大的 NO_2。这种燃料中的氮化合物经热分解和氧化反应而生成的 NO 称为燃料型 NO_x。煤燃烧产生的 NO_x 中 75%～90% 是燃料型 NO_x。据研究，燃料型 NO_x 的生成和还原过程十分复杂，它们有多种可能的反应途径和众多的反应方程式，但是几乎所有的试验都表明，过量空气系数越高，NO_x 的生成和转化率也越高。

（2）热力型 NO_x。热力型 NO_x 是指空气中的 N_2 与 O_2 在高温条件下反应生成的 NO_x。温度对热力型 NO_x 的生成具有决定性作用，随着温度的升高，热力型 NO_x 的生成速度按指数规律迅速增长。以煤粉炉为例，在燃烧温度为 1350℃ 时，几乎 100% 是燃料型 NO_x，但当温度为 1600℃ 时，热力型 NO_x 占炉内 NO_x 量的 25%～30%。除了反应温度对热力型 NO_x 的生成有决定性影响外，还和 N_2 浓度及停留时间有关。也就是说，过量空气系数和烟气停留时间对热力型 NO_x 的生成有很大影响。

（3）快速型 NO_x。快速型 NO_x 主要是指燃料中碳氢化合物在燃料浓度较高的区域燃烧时所产生的烃，与燃烧空气中的 N_2 发生反应，形成的 CN 和 HCN 化合物继续被氧化而生成的 NO_x。在燃煤锅炉中，其生成量很小，一般在燃用不含氮的碳氢燃料时才予以考虑。

29. 煤燃烧过程中实际排放出的 NO 量远小于根据煤中氮含量计算出的 NO 理论排放量，原因是什么？

答：煤中的氮并不都转化成 NO，还有相当一部分转化成对环境无害的 N_2。通过对燃烧器内部和烟道气中 NO 浓度的分布分析表明，燃烧器从底部向上，NO 浓度趋于减小，烟道气中 NO 浓度更小，因为部分 NO 在煤的燃烧过程中还原生成了 N_2。与 NO 可以发生反应的物质还有焦炭、一氧化碳（CO）、氨气（NH_3）、氢气（H_2）、碳氧化合物等。其中 NO 与焦炭的反应最为重要，是 NO 还原的主要因素。

30. SCR 烟气脱硝包括哪些副反应？

答： 当前常规商用脱硝催化剂是以 V_2O_5 作为主要活性成分，其对 SO_2 和 Hg^0 的氧化也具有催化作用，且与脱硝反应存在竞争吸附关系，因此 SCR 烟气脱硝过程中主要有以下两个副反应：

$$2SO_2 + O_2 \longrightarrow 2SO_3 \qquad (1\text{-}4)$$

$$Hg^0 \longrightarrow Hg^{2+} \qquad (1\text{-}5)$$

其中反应式（1-4）是将烟气中的 SO_2 催化氧化为 SO_3，由于 SO_3 会导致后续设备腐蚀、堵塞、污染等一系列问题，因此在工程应用中一般要求严格控制脱硝催化剂的转化率。

反应式（1-5）是将烟气中的 Hg^0 催化氧化为 Hg^{2+}，考虑到 Hg^{2+} 能够有效在后续除尘、脱硫等设备中被脱除，因此这一副反应一般被认为是有利的。当前常规商用 SCR 脱硝催化剂对 Hg^0 虽然有一定的氧化作用，但初始汞氧化性能较低，通常在 10% 以下，且相关研究表明汞的氧化效率极大地依赖于烟气中 HCl 的浓度。近年来相关催化剂厂家也在积极开发高 Hg^0 催化氧化率的产品，目前已有部分工程应用业绩。

31. SCR 可能产生的问题主要有哪些？

答：（1）氨泄漏，指未反应的氨排出系统，造成二次污染，采用合理的设计通常可以将氨的泄漏量控制在 $2.5\,\text{mg/m}^3$ 以内。

（2）当燃用高硫煤时，烟气中部分 SO_2 将被氧化生成 SO_3，这部分 SO_3 及烟气中原有的 SO_3 将与 NH_3 进一步反应生成氨盐，从而造成催化剂中毒或堵塞。其发生的主要副反应有：

$$2\,SO_2 + O_2 = 2\,SO_3 \qquad (1\text{-}6)$$

$$2\,NH_3 + SO_3 + H_2O = (NH_4)_2 = SO_4 \qquad (1\text{-}7)$$

$$NH_3 + SO_3 + H_2O = NH_4HSO_4 \qquad (1\text{-}8)$$

这主要通过燃用低硫煤、降低氨泄漏量或将 SCR 反应器置于 FGD 系统后来控制或减少氨盐的生成。

（3）飞灰中的重金属（主要是 As）或碱性氧化物（主要有 MgO、CaO、Na$_2$O、K$_2$O 等）的存在会使催化剂中毒或活性显著降低。

（4）过量的 NH$_3$ 可能和 O$_2$ 反应生成 N$_2$O，尽管 N$_2$O 对人体没有危害，但近来的研究成果表明，N$_2$O 是造成温室效应的气体之一。其可能发生的反应为：

$$2NH_3 + 2O_2 + N_2O = N_2O + 3H_2O \tag{1-9}$$

32. 影响燃料燃烧时 NO$_x$ 生成的主要因素有哪几方面？

答：（1）燃料中氮化合物的含量。氮化合物含量越高，燃料型 NO$_x$ 生成就越多，例如气体燃料中氮化合物含量极少，故它燃烧时 NO$_x$ 生成几乎都是空气中氮转化而来；相反，固体燃料煤，特别是燃烧煤粉，烟气中的 NO$_x$ 绝大部分（90%）是由燃料中固有氮化物转化而来；而液体燃料则介于上述两者之间。

（2）火焰温度（或燃烧区的温度）和高温下的燃烧时间（或滞留时间）。温度越高，NO$_x$ 越易生成，特别是热力型 NO$_x$。

在 2000℃ 以上时几乎可以在瞬间内氧化而成；在 1600℃～2000℃ 范围内，如果持续时间较长，亦易生成 NO$_x$，若时间较短，则 NO 的生成速度就慢些；在 1500℃ 以下时，热力型 NO$_x$ 的生成速度就显著减慢，但燃料型 NO$_x$ 的生成并不变慢。

（3）燃烧区中氧的浓度。燃烧区中氧浓度增大，则不论热力型 NO$_x$ 还是燃料型 NO$_x$，其生成量都将增大。此外，当氧量供应适中时，燃烧温度较高，更易生成 NO$_x$；若空气供应不足，氧量减少，此时燃烧不完全，燃烧温度下降，这样虽然使 NO$_x$ 生产量减少，但会增多炭黑及 CO 等生产量。如果空气量大量过剩，燃烧区中氧量与氮量虽然明显增加，但由于此时燃烧温度下降反而会导致 NO$_x$ 生成减少，同时 NO$_x$ 浓度也被大量过剩空气量所稀释而下降。

在上列各因素中，火焰温度对 NO$_x$ 生成有很大的影响。温度越高，NO$_x$ 生成越多。此外 NO$_x$ 的生成还与燃烧方式和燃烧装置形式有很大关系。

33. 减少热力型 NO$_x$ 的措施有哪些？

答： 高温和高的氧浓度是产生热力型 NO$_x$ 的根源。因此，减少热力型 NO$_x$ 的措施有：

(1) 减少燃烧最高温度区域范围。

(2) 降低燃烧峰值温度。

(3) 降低燃烧的过量空气系数和局部氧气浓度。

34. 控制燃料型 NO$_x$ 产生的措施有哪些？

答： 燃料型 NO$_x$ 的产生是由于燃料中的氮在燃烧过程中氮离子析出与含氧物质反应而形成 NO$_x$。燃料中的氮并非全部转化成 NO$_x$，依据燃料和燃烧方式的不同而存在一个转化率，一般为 15%～30%。因此，控制燃料型 NO$_x$ 产生的措施有：

(1) 减小过量空气系数。

(2) 控制燃料与空气的前期混合。

(3) 提高入炉的局部燃烧浓度。

(4) 利用中间生成物反应降低 NO$_x$。

第四节　燃煤电厂 NO$_x$ 的控制技术与分析

35. 根据 NO$_x$ 的形成特点，把 NO$_x$ 的控制措施分成哪几类？

答： 根据 NO$_x$ 的形成特点，把 NO$_x$ 的控制措施分成燃烧前、燃烧中和燃烧后处理三类。

(1) 燃烧前脱氮，主要将燃料转化为低氮燃料，成本太贵，工程应用较少。

(2) 燃烧中脱氮，主要指各种降低 NO$_x$ 的燃烧技术，费用较低，脱硝率不高，但仍然能满足当前及今后短期的环保要求。

(3) 燃烧后脱氮，主要指烟气脱硝技术，脱除效率高。随着环保要求的日益严格，高效率的烟气脱硝技术将是主要的发展方向。

36. 降低 NO$_x$ 排放主要有哪几种措施？

答： 通常，降低 NO$_x$ 排放主要有两种措施：一是控制燃烧过

程中 NO_x 的生成，即低 NO_x 燃烧技术；二是对生成的 NO_x 进行处理，即烟气脱硝技术。

37. 从工程应用的角度把控制火电厂 NO_x 排放的措施分为哪两大类？

答： 从工程应用的角度把控制火电厂 NO_x 排放的措施分为两大类：一类是通过燃烧技术的改进（包括采用先进的低 NO_x 燃烧器）降低 NO_x 排放量；另一类是尾部加装烟气脱硝装置。

38. 《火电厂氮氧化物防治技术政策》主要有哪些指导意见？

答： 《火电厂氮氧化物防治技术政策》于 2010 年 1 月 27 日正式颁布实施。其主要条款对氮氧化物防治的技术路线指导意见如下：

第 2.1 条　倡导合理使用燃料与污染控制技术相结合、燃烧控制技术和烟气脱硝技术相结合的综合防治措施，以减少燃煤电厂氮氧化物的排放。

第 2.2 条　燃煤电厂氮氧化物控制技术的选择应因地制宜、因煤制宜、因炉制宜，依据技术上成熟、经济上合理及便于操作来确定。

第 2.3 条　低氮燃烧技术应作为燃煤电厂氮氧化物控制的首选技术。当采用低氮燃烧技术后，氮氧化物排放浓度不达标或不满足总量控制要求时，应建设烟气脱硝设施。

低氮燃烧器改造后，可以降低脱硝设施的建设和运行的成本。

针对低氮燃烧仍不达标或达不到质量控制要求的，需建设 SCR、SNCR 为主的烟气脱硝。

39. 火电厂烟气氮氧化物控制技术路线是什么？

答： （1）火电厂氮氧化物治理应采用低氮燃烧技术与烟气脱硝技术配合使用的技术路线。

（2）煤粉锅炉烟气脱硝宜选用选择性催化还原（SCR）技术，循环流化床锅炉烟气脱硝宜选用非选择性催化还原（SNCR）技术。

40. 炉内脱硝技术主要有哪些？

答： 炉内脱硝技术主要有：低过量空气燃烧技术、空气分级燃烧技术、低 NO_x 燃烧器技术、再燃烧技术等。

41. 如何评价炉内脱硝技术？

答：（1）低过量空气燃烧法虽然成本低廉，但是降低 NO_x 率一般为 $15\%\sim20\%$，使用起来会对锅炉带来一些的不良影响，例如，炉内氧浓度过低，低于 3% 时，会造成 CO 浓度的急剧增加，增加未燃烧的热损失；同时，也会引起飞灰含碳量的增加，燃烧效率降低。

（2）空气分级燃烧法降低 NO_x 率一般为 $20\%\sim30\%$，成本比低过量空气燃烧法稍贵一点。对于实施分级燃烧同样存在类似上述的问题，即由于在第一燃烧区内过量空气系数 $\alpha<1$，燃烧是在低于理论空气量的情况下进行的，因此必然会产生大量的不完全燃烧产物，以及大量没有完全燃烧的燃料，对抑制 NO_x 的效果是好的，但是产生的不完全燃烧产物越大，导致燃烧效率的降低及引起结渣及腐蚀的可能性增大。

（3）低 NO_x 燃烧器是用得较多的炉内降低 NO_x 技术。

（4）再燃烧也是一种较低成本的炉内降低 NO_x 技术。根据不同的再燃燃料、操作参数及锅炉条件，脱硝率在 $25\%\sim65\%$ 之间。

42. 炉内低 NO_x 燃烧方法是通过哪些方面来达到控制 NO_x 的目的？

答：炉内低 NO_x 燃烧方法是通过降低燃烧温度、减小过量空气系数、缩短烟气在高温区的停留时间，以及选择低氮燃料来达到控制 NO_x 的目的。

43. 实施炉内低 NO_x 燃烧技术会遇到哪些问题？

答：在实施炉内低 NO_x 燃烧技术时，会不同程度地遇到下列问题：

（1）较低温度、较低氧量的燃烧环境势必以牺牲燃烧效率为代价，因此，在不提高煤粉细度的情况下，飞灰可燃物含量会增加。

（2）由于在燃烧器区域欠氧燃烧，炉膛壁面附近的 CO 含量增加，具有引起水冷壁管金属腐蚀的潜在可能性。

16

（3）为了降低燃烧温度，推迟燃烧过程，在某些情况下，可能导致着火稳定性下降和锅炉低负荷燃烧稳定性下降。

（4）采取的大部分燃烧调整措施均可能使沿炉膛高度的温度分布趋于平坦，使炉膛吸热量发生不同程度的偏移，可能会使炉膛出口烟温偏高。

（5）脱硝率相对较低（一般为 15％～70％）。

44. 现有的低 NO_x 燃烧技术主要分为哪三类？

答：（1）第一类是指对运行和燃烧技术进行改进，包括降低燃烧过程的过量空气系数（LEA）、降低空气预热温度（RAP），部分燃烧器退出运行（BOOS）、浓淡燃烧（BBF）和烟气再循环（FGR）等，这些措施不必对燃烧系统进行大范围改动，方法简单、投资少，适用于老厂改造。其缺点是效果相对较差，降低 NO_x 产生量一般不超过 30％。

（2）第二类是指空气分级低 NO_x 燃烧器，主要是通过降低燃烧器一次区城内的氧气浓度，相应降低锅炉炉膛峰值温度，这是目前使用最为广泛的锅炉低 NO_x 燃烧措施，其典型形式包括以 ABB－CE 为主的用于切圆燃烧的低 NO_x 同轴燃烧系统（LNCFS），偏转二次风（CFS I 和 CFS II）和 Babock II 墙式燃烧双调风燃烧器，其 NO_x 的产生量可降低 30％～50％，其 NO_x 排放浓度可控制在 600mg/m³ 左右。

（3）第三类是在炉内燃烧器区域或炉膛内对已经产生的 NO_x 进行还原，包括同时采用空气分级和燃料分级的低 NO_x 燃烧器（三级燃烧方式）和炉膛内再燃法（IFNR），可使 NO_x 排放降至 $300\sim400mg/m^3$。再燃技术称为 IFNR 技术（In-Furnace NO_x Reduction），可将 NO_x 排放量控制在 200mg/m³ 以下。

45. 什么是低过量空气燃烧技术？

答：低过量空气燃烧技术使燃烧过程尽可能地在接近理论空气量的条件下进行，但随着烟气中过量氧的减少，可以抑制 NO_x 的生成，是一种简单的降低 NO_x 的方法。一般来说，采用低过量空气燃烧可以降低 15％～20％NO_x 排放，但是采用这种方法有一定的限制条件，如炉内氧的浓度过低，低于 3％ 以下时，会造成 CO 的含量急剧增加，从而大大增加化学未完全燃烧热损失。同时，也会引起飞灰含碳量的增加，导致机械未完全燃烧损失的增加，燃烧效率降低。此外，低氧浓度会使炉膛内某些地区成为还原性气氛，从而降低灰熔点引起炉壁结渣和腐蚀。因此，采用低过量空气燃烧来降低 NO_x 排放是有一定限制的，须慎重选择。

46. 什么是空气分级燃烧技术？

答： 空气分级燃烧技术是通过降低燃烧过程的过量空气系数 α 从而降低炉膛中 NO_x 的产生量。助燃空气分两个阶段送入，燃烧过程分成两个区域。第一个区是富燃区（$\alpha<1$），此区域内助燃氧气不足而燃料相对过量，在缺氧条件下燃烧，燃烧速度和燃烧温度降低，热力型 NO_x 的生成量降低，同时由于此时处于还原性气氛，燃料中释放的含氮中间产物 HCN、NH_3 等会被还原成 N_2，因而 NO_x 的生成量减少；第二区为燃尽区（$\alpha>1$），此时继续补充助燃氧气，燃料在富氧条件下燃尽，在此区间会有一部分的氮气氧化为 NO_x，但此时炉膛温度降低，热力型 NO_x 的生成量减少。所以，在锅炉燃烧过程中，将空气分级送入降低了 NO_x 总的生成量的。

炉内空气分级燃烧可显著降低 NO_x 的产生量，但也会分级燃烧不完全，飞灰中未燃尽碳增，降低厂热效率，在分级燃烧条件下，富燃区的一次风系数 λ 和停留时间 τ 是两个重要的影响因素。另外，煤种、煤粉细度等对分级燃烧也有影响。挥发分越高，NO_x 排放量越低，煤粉越细有利于降低 NO_x 排放量，同时有利于煤粉的完全燃烧。实际运行过程中，空气分级燃烧技术也会引起以下几个问题：

（1）分级燃烧影响了煤粉与空气的均匀混合，导致不完全燃烧，飞灰含碳量增加，热效率降低。同时飞灰含碳量高又影响飞灰的综合利用。

（2）分级燃烧导致燃烧器区域出现了还原性气氛，容易造成水冷壁腐蚀，引燃烧室受热面结渣。

因此分级燃烧要首先保证锅炉效率不降低或降低不多，同时消除水冷壁腐蚀结渣的可能性，才能实现锅炉高效低 NO_x 运行。

在空气分级燃烧条件下提高燃烧效率的方法是降低煤粉的粒径，并加强后期混合。防止水冷壁结渣的方法是偏转二次风或者采用贴壁风来使水冷壁附近保持较高的氧浓度。国外电站锅炉采用的燃尽风（OFA）风量比较大，一般占总风量的 $20\%\sim30\%$，这样可使炉膛主燃烧器区域处于还原性气氛（一般使 $\lambda=0.8\sim0.9$），可以还原已经产生的 NO_x，从而降低 NO_x 产生量。根据国外运行经验，采用 OFA 技术一般可使 NO_x 排放量降低 $20\%\sim35\%$，有时甚至可降低得更多。

47. 空气分级燃烧技术可以分为哪两种？

答： 空气分级燃烧技术可以分成垂直分级和水平分级两种。

（1）垂直分级是将一部分燃烧空气从主燃烧器中分离出来，从燃烧器上部送入炉膛，这股燃烧空气被称为燃尽风（OFA）。根据 OFA 安装位置的不同，又分成紧凑型 OFA 和分隔型 OFA。OFA 的量一般占总空气量的 $10\%\sim20\%$，具体的量根据分级程度的不同而不同。由于 OFA 的存在，主燃烧区的氧量下降了，空气量减少，燃料型 NO_x 的生成减少；由于燃烧温度降低，热力型 NO_x 的生成也减少了，因此，总的 NO_x 排放量降低了。

（2）水平分级是将二次风的喷射角偏转，与一次风形成大小不同的切圆，通过这种方式推迟二次风与一次风的混合，形成一定程度的空气分级。

48. 空气分级燃烧技术系统主要包括哪些？

答： 根据空气分级燃烧技术的系统主要包括低 NO_x 燃烧器和燃尽风系统。主燃烧区域的过量空气系数尽可能低，燃料在此区域缺氧燃烧，产生少量的 NO_x，烟气上行至燃尽区域，与燃尽风混合燃烧，此时由于燃烧温度低生成 NO_x 相对较少，而未燃尽炭在此得以燃尽，其布置方式如图 1-1 所示。

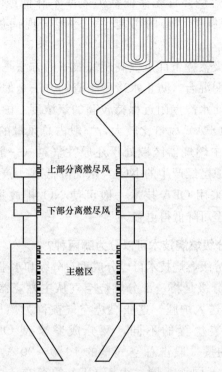

图 1-1　空气分级燃烧

49. 空气分级燃烧技术带来的主要问题是什么?

答: 由于空气分级燃烧降低了主燃烧区的空气系数,容易导致水冷壁附近还原性气氛增加,从而引起炉膛内的结渣和腐蚀问题。

50. 什么是再燃烧降低 NO$_x$ 技术?

答: 燃料再燃烧技术又称为燃料分级燃烧技术,其特点是将燃烧分成三个区域:主燃烧区、再燃烧区和燃尽区。

(1) 主燃烧区。处于氧化性或弱还原性气氛,该区域内主燃料在欠氧或弱还原性环境下燃烧,产生了 NO$_x$。

(2) 再燃烧区。将二次燃料送入炉内,使其呈还原性气氛($\alpha < 1$),在高温和还原气氛下,生成碳氢原子团,并与一次燃烧区生成的 NO$_x$ 反应,将 NO$_x$ 还原成 N$_2$。该区域通常也称为还原区

域，二次燃料通常称为再燃燃料。

（3）燃尽区。在还原区的上方，送入少量空气使再燃燃料燃烧完全，这部分二次风也称为燃尽风。

再燃烧降低 NO_x 原理如图 1-2 所示。

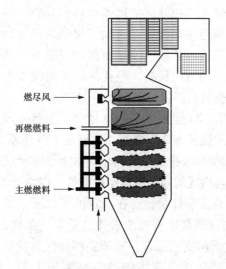

图 1-2　再燃烧降低 NO_x 原理

51. 再燃烧技术降低 NO_x 的影响因素主要有哪些？

答：（1）再燃燃料的种类和性质对再燃特性的影响。再燃燃料的品质对还原过程的质量是一个非常重要的影响因素，由于再燃燃料是从锅炉上部引入，一般停留时间比较短，所以宜选用易着火的燃料；此外还要求燃料含氮量低，以减少 NO_x 再生成量。煤可以作为二次燃料，但煤中的焦炭氮会使 NO 的还原效果降低，因此应尽量使用高挥发分煤种。另外，使用烟气作为二次燃料的输送介质可以保证燃料混合物中氧量较低，减缓二次燃料煤中氮的氧化反应速率，有利于 NO 分解。同时，还原反应使用超细煤粉，可加快挥发分完全燃烧和产生活性基团的速率，也有利于在该段极其短暂停留时间内维持高燃尽度。

（2）再燃燃料的份额。再燃燃料太少，则达不到理想地降低 NO_x 的效果。再燃燃料太多，既对燃料燃尽不利，也不会进一步降

低 NO_x 排放量。因此，再燃燃料的份额一般占锅炉总输入热量的 15％～20％。

（3）还原区的温度和停留时间。再燃燃料在还原区的温度越高，停留时间越长，则还原反应越充分，NO_x 降低效果越显著，因此主燃烧区燃烧一结束就应立即喷入再燃燃料。但再燃燃料的送入位置不能太靠近主燃烧区，否则不仅会降低燃料燃尽率，而且有较多的过量氧进入还原区使还原区内过量空气系数变大，对还原不利。对不同的燃煤设备，最佳的停留时间要由试验确定。再燃区内烟气和燃料的停留时间在 0.4～1.5s。

（4）主燃区 NO_x 生成水平和燃尽度。主燃区 NO_x 生成量越低越好，尽管当主燃区 NO 下降时，再燃区 NO 还原为 N_2 的还原率在下降，但总的 NO_x 排放量下降。一次区煤粉燃尽度越高越好，这样可使进入再燃区的残余氧量尽可能低，以抑制 NO_x 的生成。

（5）配风的化学计量比。在一定的条件下（如一定的温度和停留时间），各级燃烧区有一个最佳过量空气系数 α，此时主燃烧区生成的 NO_x 的浓度值最低。一般主燃烧区过量空气系数（煤粉炉，包括液态排渣炉、旋风炉前室）取为 1.1；上部燃尽区为 1.15～1.2，对于还原区取 0.7～0.9。

（6）再燃燃料与主烟气的混合。再燃燃料在烟气中的混合和扩散直接影响降低 NO_x 的效果。为了保证再燃燃料在还原区内的停留时间，最大限度地降低 NO_x 排放量，就必须使再燃燃料能快速、充分地与从主燃烧区上来的主烟气混合。

（7）燃尽风与主烟气的混合。为了保证再燃燃料在还原区内的停留时间，同时保证燃料的燃尽，燃尽风与主烟气的混合也必须快速、充分。

（8）再燃燃料的输送介质。用超细煤粉作为再燃燃料，则需要相应的输送介质，可以是空气或者是惰性气体，如烟气。输送管道内的过量空气系数（即输送介质的氧量与二次燃料完全燃烧需要的氧量比）对于 NO_x 的排放值有一定影响。如果氧量高，则再燃燃料中的氮和碳氢原子团的氧化反应会加快，从而阻止对一次 NO_x 的分解并增加二次燃料煤中氮含量向 NO_x 的转换。

52. 什么是燃料分级燃烧技术?

答: 燃料分级燃烧是一种改进燃烧过程的技术,其原理是用燃料作为还原剂来还原燃烧过程中产生的 NO_x。燃料分级的过程是:大部分燃料从燃烧器进入一次燃烧区,而一小部分燃料喷到二次燃烧区。在一次燃烧区内生成的 NO_x 在二次燃烧区大量地被碳氢原子团还原成氮气分子 N_2。燃料分级可以分为炉内 NO_x 还原和燃烧器 NO_x 还原,这表明 NO 再燃烧在炉内或在燃烧器内进行。有研究表明燃料分级燃烧可减少 50% NO_x 排放量。

目前,较为常用的燃料分级燃烧技术为细粉再燃技术。其基本原理是:细粉在主燃区上部的再燃区富燃料状态下燃烧,生成大量碳氢基团,形成还原性气氛,NO_x 在遇到烃根 CH_i 和未完全燃烧产物 CO、H_2、C、C_mH_n 时,发生 NO_x 还原反应;另外,细粉具有良好的燃烧特性,燃烧速率更快,极易燃尽,并且在燃烧过程中生成大量的 CO 气体,使炭颗粒表面的还原性气氛增加,还原部分以焦炭氮(C-H)形式析出的燃料 NO_x,降低 NO_x 排放的总量。

对于电站的燃煤锅炉,可以将从主燃料中分离出的细煤粉颗粒作为细粉送入炉膛内部燃烧,形成还原性气氛,类似于三次风的作用。一方面,可以用作部分燃尽风;另一方面,其中少量的细粉颗粒还可以形成还原性气氛,使部分 NO_x 还原成 N_2。

53. 什么是低过量空气系数燃烧(LEA)技术?

答: 低过量空气系数燃烧就是降低燃烧过程的助燃空气,保证在尽可能接近理论空气量的条件下进行燃烧。燃烧过程中过量空气系数低,可限制反应区内的氧量,因而对热力型 NO_x 和燃料型 NO_x 的产生起着一定的控制作用。从能量守恒的观点出发,在低过量空气的范围条件下进行的燃烧过程,可减少对燃料的使用,所以低过量空气燃烧运行具有重要意义。

一般说来,这种方法可降低 NO_x 排放 15%~20%。但过量空气系数也不能过低,当过量空气系数在低于 3% 下运行时,CO 和未燃尽碳将增加,造成热损失增加,燃烧效率将降低,并伴随着有可能会出现结渣、堵塞等其他问题。

54. 什么是烟气再循环技术?

答:烟气再循环技术是在锅炉尾部(一般是空气预热器前)抽取一部分低温烟气重新送入炉膛内,或者是与一次风或二次风混合后送入炉膛内,这样由于烟气的稀释,降低了炉膛的燃烧温度,稀释了炉膛中的氧气浓度,从而降低烟气中 NO_x 的产生量。

烟气再循环技术的原理是烟气中含氧量较低及其温度较低,部分烟气再循环喷入炉膛内合适的位置,降低炉膛局部温度,形成局部还原性气氛,从而抑制 NO_x 的生成。

55. 什么是浓淡偏差燃烧技术?

答:浓淡偏差燃烧技术是对装有两个燃烧器以上的锅炉,使部分燃烧器供应较多的空气(呈贫燃料区)即为燃料过淡燃烧,部分燃烧器供应较少的空气(呈富燃料区)即为燃料过浓燃烧。无论是过浓或者过淡燃烧,燃烧时过量空气系数 α 都不等于 1,前者 $\alpha > 1$,后者 $\alpha < 1$,故又称非化学当量比燃烧或偏差燃烧。

56. 什么是低 NO_x 燃烧器技术?

答:对煤粉锅炉来说,NO_x 的生成量与燃料和空气的混合情况关系密切,同时从 NO_x 的生成机理看,占 NO_x 绝大部分的燃料型 NO_x 是在煤粉的着火阶段生成的。因此,通过特殊设计的燃烧器结构,以及通过改变燃烧器的风煤比例,可以将前述的空气分级、燃料分级和烟气再循环降低 NO_x 浓度的原理用于燃烧器,达到抑制 NO_x 生成的目的。

根据 NO_x 控制原理的不同,低 NO_x 燃烧器可分为阶段燃烧型、自身再循环型、浓淡燃烧型、分割火焰型和混合促进型五类。

不同类型的燃煤锅炉,由于其燃烧方式、煤种特性、锅炉容量及其他具体条件不同,在选用不同的低 NO_x 燃烧技术时,必须根据其具体情况进行技术经济比较,使所选用的低 NO_x 燃烧技术和锅炉的具体设计和运行条件相适应。

57. 低 NO_x 燃烧器(LNB)技术的特点是什么?

答:LNB 的特点是在燃烧器出口实现分级送风并与燃料的合理配比达到抑制 NO_x 生成的目的。LNB 的设计用于控制燃烧器附近燃料与空气的混合及理论空气量，以阻止燃料氮向 NO_x 的转化和生成热力型 NO_x，同时又要保持较高的燃烧效率，主要是通过控制燃烧器喉部燃料和空气的动量及流动方向来实现的。低 NO_x 燃烧器控制 NO_x 排放的原理如图 1-3 所示。

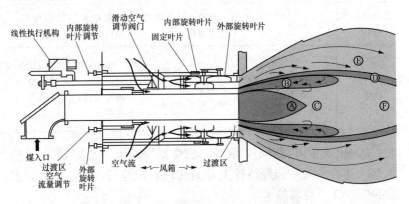

图 1-3　低 NO_x 燃烧器控制 NO_x 排放的原理

A—贫氧挥发物析出；B—烟气回流区；C—NO_x 还原区；

D—等温火焰面；E—二次风控制混合区；F—燃尽区

58. 低 NO_x 燃烧技术控制效果及优缺点各是什么？

答：低 NO_x 燃烧技术控制效果及优缺点见表 1-5。

表 1-5　　　　　　　低 NO_x 燃烧技术控制效果及优缺点

技术名称	控制效果	优　点	缺　点
空气分级燃烧（OFA）	最多降低 40%	投资低；有运行经验	并不是对所有炉膛都适用；有可能引起炉内腐蚀和结渣，并降低燃烧效率
降低投入运行的燃烧器数目	15%～30%	投资低；易于锅炉改装；有运行经验	能引起炉内腐蚀和结渣，并有导致飞灰含碳量增加的可能
燃料分级燃烧（再燃）	达到 50%	适用于新建或改造现有锅炉，可减少已形成的 NO_x；中等投资	可能需要第二种燃料；可能导致飞灰含碳量增加；运行经验较少

技术名称	控制效果	优 点	缺 点
低氧燃烧	根据原来的运行条件，最多降低 20%	投资最少，有运行经验	可导致飞灰含碳量增加
烟气再循环（FGR）	最多 20%	能改善混合燃烧；中等投资	需增加再循环风机；使用不广泛
低 NO_x 燃烧器	与空气分级燃烧合用时可降低 60%	适用于新建或改装的锅炉；中等投资；有运行经验	结构比常规燃烧器复杂，有可能引起炉膛结渣和腐蚀，并降低燃烧效率

从表 1-5 中可以看出，低 NO_x 燃烧器投资低、效果较好，从控制 NO_x 排放的效果和经济性上都是比较有优势的，是值得大力发展的低 NO_x 燃烧器技术。

59. 为什么低氮燃烧技术在低负荷时 NO_x 的排放不易控制？

答： 一般而言，为了保证汽温，锅炉在低负荷运行时通常会适当提高燃烧时的过量空气系数。过量空气系数的提高使得燃烧中氧量偏高，分级燃烧效果降低，也就是没有有效发挥空气分级的特点以降低 NO_x 的排放，这是锅炉低负荷时 NO_x 不易控制的主要原因。

另外，当机组在低负荷运行时，即使不参与燃烧配风的二次风门全关时，风门挡板仍留有一定的流通空隙，以保证约 10% 左右的二次风通过，冷却该燃烧器喷嘴。但由于锅炉在低负荷运行时，总的运行风量较小，而燃烧器停运风门全关时流通空隙的结构，冷却风量占燃烧风量的比例在低负荷时明显增加，低负荷运行时的主燃烧器区域的低氧量无法保证，分级燃烧效果降低，因此低负荷控制 NO_x 的效果不明显。

60. 催化还原法烟气脱硝分为选择性非催化还原法和选择性催化还原法的依据是什么？

答： 催化还原法烟气脱硝根据还原剂是否和烟气中的 O_2 发生反应而分为选择性非催化还原法和选择性催化还原法，主要的还原剂有碳氢化合物和 NH_3 两类。

61. 烟气脱硝技术有哪些？其技术特点是什么？

答： 烟气脱硝技术有液体吸收法、吸附法、选择性非催化还原法（SNCR）、选择性催化还原法（SCR）、电子束法等。液体吸收法的脱硝效率低，净化效果差；吸附法虽然脱硝效率高，但由于其存在吸附量小、设备过于庞大，再生频繁的问题，应用也不广泛；电子束法技术能耗高，并且有待实际工程应用检验；SNCR则存在氨的逃逸率高，影响锅炉运行的稳定性和安全性等问题；目前脱硝效率高，最成熟的技术是 SCR 技术。

烟气脱硝的技术特点比较见表 1-6。

表 1-6　　　　　　　　烟气脱硝的技术特点比较

方法	原 理	技术特点
SNCR	用氨或尿素类物质把 NO_x 还原为 N_2 和 O_2	效率较高，操作费用较低，技术已工业化。温度控制较难。氨气泄漏可能造成二次污染
SCR	在特定催化剂作用下，同氨或其他还原剂选择性地将 NO_x 还原为 N_2 和 H_2O	脱除率高，被认为是最好的烟气脱硝的技术，投资和操作费用大，也存在氨气的泄漏问题
吸附法	吸附	对于小规模排放源可行，具有投资少、设备简单、易于再生的特点。但受到吸附容量的限制，不能用于大排放源
电子束法	用电子束照射烟气，形成强氧化性氧氢基团、氧原子和 NO_2。这些强氧化基团氧化烟气中的二氧化硫和氮氧化物，形成硫酸和硝酸，加入氨气，则生成硫硝铵复合盐	技术耗能高，有待实际工程应用检验
液体吸收法	先用氧化剂将难溶的 NO 氧化为易于被吸收的 NO_2，再用液体吸收剂吸收	脱除率较高，但要消耗大量的氧化剂和吸收剂，吸收产物会造成二次污染

62. 烟气还原脱硝技术包括哪些? 其工艺特性是什么?

答: 烟气还原脱硝技术包括 SNCR、SCR 和 SNCR-SCR 混合法。在这些方法中, SNCR 的主要优点是投资及运行费用低, 缺点是对温度依赖性强, 脱硝率只有 30%～50%, 氨的逃逸量大。实际工程中应用最多的是 SCR 法。SNCR-SCR 混合法是一种有前景的烟气脱硝技术, 但牵涉的系统更多, 对技术的要求也更高。三种脱硝工艺特性比较见表 1-7。

表 1-7　　　　SCR、SNCR 及 SNCR-SCR 脱硝工艺特性比较

主要工艺特性	工艺方法		
	SCR	SNCR	SNCR—SCR
还原剂	NH_3 或尿素	NH_3 或尿素	NH_3 或尿素
反应温度 (℃)	320～400	850～1250	前段: 850～1250; 后段: 320～400
催化剂及其成分	主要为 TiO、V_2O_5、WO_3	不使用催化剂	后段加较少量催化剂,主要为 TiO、V_2O_5、WO_3
脱硝效率	70%～90%	大型机组可达 25%～40%, 小型机组配合 INB、OFA 技术可达 80%	40%～90%
SO_2 (SO_3) 氧化	催化剂中 V、Mn、Fe 等多种氧化金属会对 SO_2 的氧化起催化作用, SO_2 (SO_3) 氧化率高	不会导致 SO_2 (SO_3) 氧化	SO_2 (SO_3) 氧化较 SCR 低
NH_3 逃逸 (mg/m^3)	3～5	5～10	3～5
对空气预热器影响	NH_3 与 SO_3 反应形成 NH_4HSO_4, 造成堵塞或腐蚀	造成堵塞或腐蚀的机会为三者最低	造成堵塞或腐蚀的机会较 SCR 低

主要工艺特性	工艺方法		
	SCR	SNCR	SNCR—SCR
系统压力损失	催化剂会造成较大的压力损失,一般达980Pa	—	催化剂用量较SCR小,产生的压力损失相对较低,一股为392~588Pa
燃料的影响	高灰分会磨耗催化剂,碱金属氧化物会使催化剂纯化	无影响	高灰分会磨耗催化剂,碱金属氧化物会使催化剂纯化
锅炉的影响	受省煤器出口烟气温度的影响	受炉膛内烟气流速、温度分布及NO_x分布的影响	受炉膛内烟气流速、温度分布及NO_x分布的影响
占地空间	较大,需增加大型催化反应器和供氨或尿素系统	无需增设供氨或尿素系统	较小,需增加以小型催化反应器
使用业绩	多数大型机组成功运行	多数大型机组成功运行	多数大型机组成功运行

由表1-7可以看出,SCR技术成熟、运行可靠、便于维护,对NO_x脱除效率要求较高时经济性较好;SNCR占地面积较小,无需增加催化剂反应器,成本较低;SNCR—SCR混合法结合了SCR和SNCR两种工艺的有利特点,能够节省催化剂的使用量,降低一定的装置成本和占地空间。

63. 锅炉尾部烟气脱氮方法可分成哪两类?

答: 锅炉尾部烟气脱氮方法可分成干法和湿法两类。

(1) 干法有选择性催化还原(SCR)、选择性非催化还原(SNCR)、非选择性催化还原(NSCR)、分子筛、活性炭吸附法、等离子体法及联合脱硫脱氮方法等;

(2) 湿法有分别采用水、酸、碱液吸收法,氧化吸收法和吸收还原法等。

第二章

SCR 脱硝技术基本知识

第一节　燃煤电厂 SCR 脱硝技术介绍

64. 硝酸为什么不叫氮酸？

答：是一种习惯叫法，因为最初是从硝石中取得的。就像 HCL 不叫氢氯酸而叫盐酸一样。

65. 为什么去除 NO_x 的过程叫脱硝？

答：因为 NO_x 可以和水反应生成硝酸，从而污染大气环境。为了减少硝酸的生成，就要减少 NO_x，因此利用 NH_3 优先和 NO_x 发生的还原脱除反应，叫脱硝反应，也即脱硝技术。

66. SCR 脱硝的化学机理是什么？

答：SCR 脱硝技术是指在催化剂和氧气存在的条件下，在较低的温度范围（280～420℃）内，还原剂（如氨、CO 或碳氢化合物等）有选择地将烟气中的 NO_x 还原生成为 N_2 和 H_2O 来减少 NO_x 排放的技术。因为整个反应具有选择性和需要催化剂存在，故称之为选择性催化还原。

由于以氨作为还原剂时能够得到的 NO_x 的脱除效率最高，典型 SCR 反应条件下的化学反应式如下所示：

主反应方程式
$$4NH_3 + 4NO + O_2 \xrightarrow{\text{催化剂}} 4N_2 + 6H_2O \tag{2-1}$$
$$4NH_3 + 2NO + 2O_2 \xrightarrow{\text{催化剂}} 3N_2 + 6H_2O \tag{2-2}$$
$$4NH_3 + 6NO \xrightarrow{\text{催化剂}} 5N_2 + 6H_2O \tag{2-3}$$
$$8NH_3 + 6NO_2 \xrightarrow{\text{催化剂}} 7N_2 + 12H_2O \tag{2-4}$$

$$副反应方程式 \begin{cases} 4NH_3 + 3O_2 \xrightarrow{催化剂} 2N_2 + 6H_2O & (2\text{-}5) \\[4pt] 2NH_3 \xrightarrow{催化剂} N_2 + 3H_2 & (2\text{-}6) \\[4pt] 4NH_3 + 5O_2 \xrightarrow{催化剂} 4NO + 6H_2O & (2\text{-}7) \\[4pt] 2SO_2 + O_2 \xrightarrow{催化剂} 2SO_3 & (2\text{-}8) \\[4pt] NH_3 + SO_3 + H_2O \xrightarrow{催化剂} NH_2HSO_4 & (2\text{-}9) \\[4pt] 2NH_3 + SO_3 + H_2O \xrightarrow{催化剂} NH_4HSO_4 & (2\text{-}10) \end{cases}$$

可以作为 SCR 反应还原剂的有 NH_3、CO、H_2，还有甲烷、乙烯、丙烷、丙烯等。SCR 反应的反应物是 NO 而不是 NO_2，并且 O_2 参与了反应。通过使用适当的催化剂，上述反应可以在 $280\sim420℃$ 的温度范围内有效进行。反应时，排放气体中的 NO_x 和注入的 NH_3 几乎是以等摩尔比的量进行反应，可以得到 $80\%\sim90\%$ 以上的脱硝率。在反应过程中，NH_3 可以选择性地和 NO 反应生成 N_2 和 H_2O，而不是被 O_2 所氧化，其基本原理如图 2-1 所示。

67. SCR 主要包括哪几个过程？

答：SCR 主要包括以下几个过程：

(1) NH_3 通过气相扩散到催化剂表面，并向催化剂孔内扩散，吸附到活性中心。

(2) NO_x 气相扩散到吸附态 NO_x 表面，并发生反应生成 N_2 和 H_2O。

(3) N_2 和 H_2O 通过催化剂的微孔扩散到催化剂表面，之后扩散到烟气中。

68. 典型 SCR 脱硝系统的组成是什么？

答：典型 SCR 脱硝系统由还原剂的制备系统和脱硝反应系统两部分组成。脱硝反应系统由 SCR 催化反应器、喷氨系统、稀释空气供应系统所组成。此外还有控制系统，它根据反应器入口 NO_x 的浓度调整喷氨量。液氨存储和供应系统包括液氨卸料压缩机、液氨储槽、液氨蒸发槽、氨气缓冲槽和氨气稀释槽、废水泵和废水池等，如图 2-2 所示。

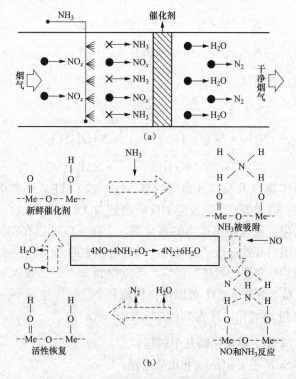

图 2-1 SCR 脱硝基本原理

（a）反应原理；（b）反应机理

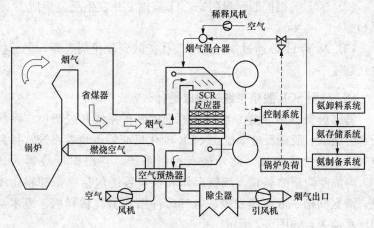

图 2-2 典型 SCR 脱硝系统

69. 典型的 SCR 脱硝工艺流程是什么？

答：典型的 SCR 脱硝工艺流程为：还原剂（氨）用罐装卡车运输，以液体形态储存于氨罐中；液态氨在注入 SCR 系统烟气之前经由蒸发器蒸发气化；气化的氨和稀释空气混合，通过喷氨格栅喷入 SCR 反应器上游的烟气中；充分混合后的还原剂和烟气在 SCR 反应器中反应，生成 N_2 和 H_2O，去除烟气中的 NO_x，如图 2-3 所示。

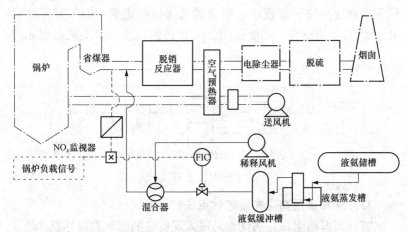

图 2-3 典型 SCR 脱硝工艺流程（液氨为还原剂）

70. SCR 主要的辅助设备和装置包括哪些？

答：SCR 主要的辅助设备和装置包括 SCR 反应器的入口和出口的管路系统、SCR 的旁路管路（如有）、吹灰装置、省煤器旁路管路系统（如有），以及增加脱硝装置后需要升级或更换的尾部引风机。

第二节　燃煤电厂常见的几种 SCR 反应器系统

71. 燃煤电厂中 SCR 反应器有哪三种布置方式？

答：燃煤电厂中根据 SCR 反应器工作环境（温度、粉尘浓度）的不同，有三种布置方式：

（1）高温高尘布置，SCR 反应器位于锅炉后部省煤器与空气预热器之间。

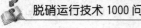

(2) 高温低尘布置，SCR 反应器位于高温电除尘器后空气预热器之前。

(3) 低温尾部布置，SCR 反应器位于烟气脱硫除尘之后。

72. SCR 高温高尘布置的工艺系统是什么？

答：在 SCR 高温高尘布置工艺系统中 SCR 反应器布置在省煤器的下游、空气预热器和除尘装置的上游、烟气温度约为 350℃ 的位置。在这一位置布置，采用金属氧化物催化剂，烟气温度通常处于 SCR 反应的最佳温度区间。SCR 高温高尘布置工艺系统如图 2-4 所示。

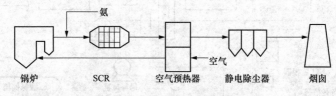

图 2-4　SCR 高温高尘布置

73. SCR 高温高尘布置的优点是什么？

答：高温高尘布置的优点是进入反应器的烟气温度达到 280～420℃，多数催化剂在这个温度范围内有足够的活性，烟气不需要再热即可获得较好的脱硝效果。

74. SCR 高温高尘布置的缺点是什么？

答：高温高尘布置的缺点是因催化剂处于未经除尘的烟气中工作，寿命会受下列因素的影响：

(1) 烟气携带的飞灰中含有 Na、K、Ca、Si、As 等成分时，会使催化剂"中毒"或受污染，从而降低催化剂的效能。

(2) 飞灰对催化剂反应器磨损。

(3) 飞灰使催化剂反应器通道堵塞。

(4) 高活性的催化剂会促使烟气中的 SO_2 氧化成 SO_3。

(5) 烟气温度降低，NH_3 会和 SO_3 反应生成酸性硫酸铵或硫酸氢铵，从而堵塞催化反应器通道和下游的空气预热器。

(6) 烟气温度升高，会将催化剂烧结，或使之再结晶而失效。

75. SCR 高温低尘布置的工艺系统是什么？

答：在燃煤锅炉系统中，当静电除尘器布置在空气预热器的上游时，通常使用低尘 SCR 系统，如图 2-5 所示。另外，低尘 SCR 不需要集尘箱，在设计蜂窝状催化剂时，催化剂的孔间距可以大约缩小到 4～7mm，这样所需要的催化剂体积相应地减小。更长的催化剂寿命、更小的催化剂体积和不必采用集尘箱，这些都意味着低尘 SCR 系统较高尘 SCR 系统具有更低的成本。但烟气通过电除尘器之后温度有所下降，在这种情况下，有时可能需要增加省煤器旁路的尺寸，以保证温度维持在 SCR 系统所需要的可操作温度区间范围之内。

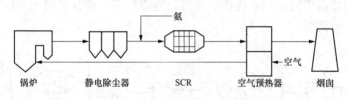

图 2-5 SCR 高温低尘布置

76. SCR 高温低尘布置工艺的优缺点是什么？

答：高温低尘布置 SCR 工艺的优点是：

（1）锅炉烟气经过静电除尘器之后，粉尘浓度降低，可以延长催化剂的使用寿命。

（2）与锅炉本体独立，不影响锅炉的正常运行。

（3）氨的泄漏量比高温高尘布置方式要少。

缺点是：

（1）与高尘布置一样，烟气中含有大量的 SO_2，催化剂可以使部分 SO_2 氧化，生成难处理的 SO_3，并可能与泄漏的氨生成腐蚀性很强的硫酸氨（或者硫酸氢氨）盐物质。

（2）除尘器需要在 300～400℃ 的温度下运行，对除尘器设备性能的要求较高。

（3）国内没有运行经验，并且国外可供参考的工程实例也比较少。

77. SCR 低温低尘布置的工艺系统是什么？

答：SCR 低温低尘布置如图 2-6 所示，通常将 SCR 反应器布置在所有气体排放控制设备之后，包括颗粒物控制设备和湿法烟气脱硫设备。在前面的气体控制设备中，已经除去了绝大多数对 SCR 催化剂有害的组分。由于不存在飞灰对反应器的堵塞及腐蚀问题，也不存在催化剂的污染和中毒问题，因此可以采用高活性的催化剂，减少了反应器的体积并使反应器布置紧凑。催化剂工作寿命可达高灰段催化剂使用寿命的两倍。但是，由于在尾部烟气的温度（50～60℃）低于 NH_3/NO_x 反应所需要的温度区间，因此烟气需要被重新加热。通常使用油或天然气的管路燃烧器或蒸汽加热器进行加热，再热烟气的热能通常有一部分通过气/气换热器进行回收。

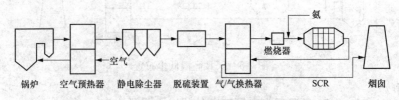

图 2-6　SCR 低温低尘布置

78. SCR 低温低尘布置工艺的优缺点是什么？

答：SCR 低温低尘布置工艺的优点是：

（1）锅炉烟气经过除尘脱硫后，可以采用更大烟气流速和空气流速，从而使催化剂的消耗量大大减少。

（2）氨的逃逸量是最少的，并且不会腐蚀构筑物（烟囱采用防腐烟囱）。

（3）不会产生 SO_3，防止二次污染。

缺点是：

（1）一定要设置烟气再热系统，增加了投资和运行成本。

（2）目前还很难找到符合反应条件的催化剂。

79. 如何评价 SCR 反应器的三种布置方式？

答：在工业生产中，高温高尘（高灰段）布置是目前应用最为广泛的一种。其优点是催化反应器处于 280～420℃ 的温度范围内，有利于反应的进行。缺点是由于催化剂处于高尘烟气中，条件恶劣，磨刷严重，寿命将会受到影响；同时，烟气中的飞灰和二氧化硫使催化剂活性降低，影响脱除效率，NH_3 的逃逸会影响后面的设备。这些问题通过优化设计或采取一定的措施，可以避免或减轻，从而保证系统的性能和使用寿命。

高温低尘段布置方式由于除尘器需要在 $300 \sim 400℃$ 温度下正常工作，面临的问题比较多，因此很少采用。

低温低尘布置方式中，催化剂工作在无尘、无 SO_2 的净烟气中，催化剂活性高，反应器布置紧凑。但由于烟气温度低，难以达到催化剂的工作温度，因此，需要在烟道内加装燃油或燃气的燃烧器，或用蒸汽加热器来加热烟气，从而增加全厂能源消耗和运行费用。

第三节 还原剂的选择与制备

80. SCR 脱硝还原剂的原料主要有哪三类？

答：常用的脱硝还原剂有液氨、氨水和尿素。

（1）液氨。常温下，液氨（又称无水氨）是无色气体，有刺激性恶臭味，通常以加压液化的方式储存，转化为气态时会膨胀850倍。由于氨是 B2 类（高毒性、燃烧性）物质，氨气在与空气混合物中的浓度达到 $15\% \sim 28\%$，遇到明火会燃烧和爆炸；泄漏时，会对人身安全造成相当程度的危害。因此，在交通运输及 SCR 系统现场使用过程中，都需要采取相应的安全措施。

（2）氨水。用于燃煤电站 SCR 烟气脱硝的还原剂—氨水，常用的浓度在 $20\% \sim 30\%$ 之间，相对比较安全，但由于运输时体积较大，运输的成本相对较高。氨水呈弱碱性和强防腐性，对人体有害，在空气中达到一定的浓度时，也有爆炸的危险。

（3）尿素。与液氨和氨水相比，尿素是无毒、无害的化学品，为白色或浅黄色的结晶体，吸湿性较强，易溶于水。由于尿素需要水解或热解才能得到氨蒸气，在转化为氨气的同时伴随着 H_2O、CO_2 等副产物的产生。为防止工艺过程中水蒸气的凝结和高腐蚀性的氨基甲酸铵的形成，相关的设备和管道都需要采用不锈钢材质，同时还需设置伴热措施。因此，其工艺系统相对比较复杂，设备和运行费用都较高。

脱硝系统的三种还原剂消耗量的一般比例（质量比）为：液氨：氨水（25％）：尿素 ＝ 1∶4∶1.7。

液氨、氨水和尿素三种不同还原剂的技术比较见表 2-1。

表 2-1		液氨氨水与尿素的技术比较	
项目	液氨（99％氨）	氨水（25％氨）	尿素
还原剂费用	便宜（100％）	较贵（150％）	贵（180％）
生产 1kg 氨气所需要的还原剂量	1.01kg	4kg	1.76kg
运输费用	便宜	贵	便宜
安全性	有毒	有害	无
存储条件	高压	常压	常压，干态
存储方式	储罐（液态）	储罐（液态）	料仓（颗粒状）
初投资费用	便宜	贵	贵
运行费用和要求	便宜，需要热量蒸发液氨	贵，需要高热量蒸发、蒸馏水和氨	贵，需要高热量水解或热解尿素
设备安全条件	有法律法规规定	需要	基本上不需要

综上所述，在这三种脱硝还原剂原料中，液氨的投资、运输和使用成本为三者最低，但在运输和使用过程中需要严格执行相关的安全规程规定，具有一定的危险性和安全隐患；氨水的质量百分比一般为 20％～30％，较液氨安全，但运输体积大，运输成本较液氨高；尿素是一种颗粒状的农业肥料，安全无害，但其具有制氨系统复杂、设备占地大、初投资大等问题。

81. SCR 还原剂如何选择？

答：实际工程最终选用何种方式制氨，需进行详细的技术经济比较，并结合当地法律法规的要求，以及考虑氨来源的可靠性和稳定性，才能最后确定采用何种制氨方法。相关选择建议参考表 2-2。

还原剂	优点	确定	建议
表 2-2		SCR 还原剂选择建议	
液氨	还原剂消耗量低、运输和使用成本低、初投资低	有安全隐患需要严格的安全和防火措施	在危险管理许可条件下，对于大型机组，建议采用，以节约成本
氨水	如果溢出，其蒸汽的浓度也较大，相对液氨比较安全	相对液氨，其还原剂的成本约高 2~3 倍，蒸发能量也高 10 倍左右；储存的成本也较高	考虑到无水氨的危险性，可以选择；对于小型机组，建议采用
尿素	无毒、无危险；运输方便、便宜	需要解决尿素的吸潮问题，相对液氨成本高 3~5 倍，更高的蒸发能量消耗和更高的储存成本	在法律不允许使用液氨的情况下，推荐使用

82. SCR 脱硝工艺中氨气有哪几种制备方法？

答：SCR 脱硝工艺中直接参加化学反应的是还原剂氨气，其制备方法分为：直接法和间接法。

（1）直接法：通过液氨或氨水汽化制取氨气。

（2）间接法：通过水解或热解干尿素法制取氨气。

83. 以液氨制备氨气的工艺流程是什么？

答：以液氨制备的氨气为还原剂，其 SCR 脱硝工艺流程为：来自存氨罐的液氨靠自身的压力进入蒸发器中，被蒸发器内的热水加热蒸发成氨气；从氨气缓冲罐出来的氨气与从稀释风机出来的空气在氨气/空气混合器中混合稀释，通过注入系统被注入烟气中；被稀释的氨气和烟气在 SCR 前被充分混合均匀后进入催化剂层反应，从而完成 NO_x 的脱除，如图 2-7 所示。

84. 以氨水制备氨气的工艺流程是什么？

答：在燃煤电厂 SCR 脱硝工艺流程中，还原剂氨水（约 25% 的水溶液）由槽车运输到现场，并用卸载泵卸载到储存罐，通过

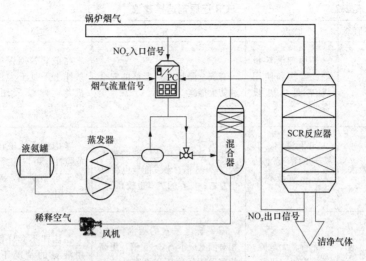

图 2-7　液氨制备氨气及脱硝的工艺流程

蒸发器得到纯净的氨气，经过氨气/空气稀释系统，再通过喷氨设施喷入烟气，烟气中的 NO_x 与 NH_3 在催化剂的作用下发生反应，生成产物 N_2 和 H_2O，如图 2-8 所示。

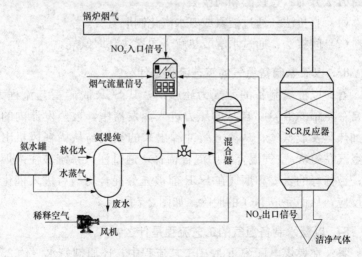

图 2-8　用氨水制备氨气及脱硝的工艺流程

85. 为什么不能直接将氨水喷射进入热烟道中?

答:如果将氨水直接喷射进入热烟道中,氨和水都会蒸发,由于水分中含有 NaCl 等盐分,会引起催化还原效率迅速下降。因此,通常在使用氨水作为脱硝还原剂时,都需要一个加热器将氨和水分离开来。

86. 尿素制备氨气与以液氨和氨水制备氨气的工艺不同点是什么?

答:利用尿素制备氨气,需要利用专门的设备将尿素转化为氨,再输送至 SCR 反应器中。

87. 尿素制氨的主要方法有哪两种?

答:尿素制氨的主要方法有水解法制氨和利用燃料燃烧的热能或加热器(电加热器或高温烟气加热器)作为热源分解尿素制氨的热解法两种。

88. 水解法制氨工艺的流程是什么?

答:如图 2-9 所示,运输卡车首先把尿素倾倒在一个倾卸罐里储存。需要水解时,用溶解液泵将溶解液(一般为去离子水)送入尿素溶解槽,颗粒状尿素经提斗机输送至尿素溶解槽,经搅拌后,配置成质量分数为 40%~50% 的尿素溶液;搅拌合格的尿素溶液,温度约为 60℃,利用溶解泵打入溶液储罐储存,用尿素溶液泵加压至表压约为 2.6MPa,送入水解换热器。尿素溶液先与水解器出来的温度约为 200℃的残液换热,温度升至 185℃左右,然

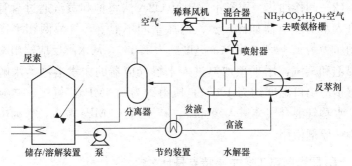

图 2-9 水解干尿素制取氨气工艺流程

后进入尿素水解器进行分解。

从水解器底部排出的温度约为 200℃、含不高于 1% 的氨和微量尿素的水解残液经水解换热器后，温度降至 90℃，进入溶解液槽，作为尿素溶解液使用，多余的水解残液送污水处理站（或直接抛洒在煤场）。

从气氨缓冲罐出来的 NH_3、CO_2、H_2O 等气态混合物，与加热后的稀释风混合进入脱硝氨喷射系统，氨气与空气的混合温度维持在 175℃ 以上。

89. 水解法制氨工艺化学反应方程式是什么？

答： 水解法制氨工艺化学反应方程式为：

$$NH_2CONH_2 + H_2O \longrightarrow NH_2CO_2NH_4 \tag{2-11}$$

$$NH_2CO_2NH_4 \longrightarrow 2HN_3 + CO_2 \tag{2-12}$$

90. 尿素水解器的蒸汽加热方式分为哪两种？

答： 尿素水解器的蒸汽加热方式分为直接加热和间接加热两种。

（1）直接加热。尿素水解器的操作压力约为 2.2MPa，操作温度约为 200℃，水解器用隔板分为 9 个小室。采用绝热压力约为 2.45MPa 的蒸汽通过塔底直接加热，蒸汽均匀分布到每个小室。在蒸汽加热和不断鼓泡、破裂的蒸汽、水流搅拌作用下，使呈 S 形流动的尿素溶解得到充分加热和混合，尿素分解为氨和二氧化碳。

（2）间接加热。尿素水解制氨 U2A 法将饱和蒸汽通过盘管方式进入水解反应器加热，蒸汽与尿素间不混合，气液两相平衡体系的压力为 1.4～2.1MPa，温度约为 150℃，从水解反应器出来的低温饱和蒸汽，用来预加热进入水解反应器的尿素溶液。水解反应器顶部出口温度约为 190℃，压力约为 2.0MPa，氨气、二氧化碳、水蒸气混合气体进入缓冲罐，减压到 0.2MPa 左右，作为电厂脱硝还原剂使用。

91. 尿素制氨工艺主要特点是什么？

答： 尿素制氨工艺的主要特点是安全、可靠，避免了 SCR 系统直接使用液氨或氨水带来的运输、储存和运行中所面临的相关安全问题和环境污染问题。

92. 热解法制氨与水解法制氨工艺流程的不同点是什么？

答： 尿素粉末储存于储仓，由称重给料机（或计量罐）输送到溶解罐用除盐水将固体尿素溶解为 $50\% \sim 70\%$ 的尿素溶液（需要外部加热，尿素溶液温度保持在 40℃以上），通过尿素溶液混合泵输送到浓度溶液储罐；尿素溶液经给料泵、计量与分配装置、雾化喷嘴等进入绝热分解室，稀释空气经加热后也进入分解室。雾化后的尿素液滴在绝热分解室内分解，生成的分解产物为氨气和二氧化碳，分解产物经由氨喷射系统进入脱硝烟道。尿素热解法制氨工艺流程如图 2-10 所示。

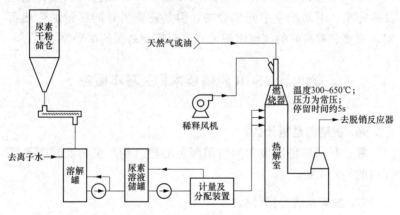

图 2-10　尿素热解法制氨工艺流程

热解室可利用燃油、燃气、电加热器、高温烟气和高温蒸汽等作为热源，来完全分解尿素。在烟气的温度（$450 \sim 600$℃）下，热解室提供了足够的停留时间以确保尿素到氨 100％转化率。

热解室的容积是依据尿素分解所需的氨量来确定的。热空气将通过加热器控制装置，以维持适当的尿素分解温度。尿素经过尿素计量与分配装置、喷射雾化装置注入热解室，尿素的喷射量是由 SCR 反应器所需氨量来决定的。负荷跟踪性将适应锅炉的负荷变化要求。系统在热解室出口提供氨气/空气混合物。

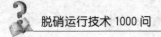

93. 热解制氨工艺中常用热源方式主要有哪两种？

答： 热解制氨工艺中常用热源方式主要有两种：一种是利用电热器加热热一次风；另一种是利用高温烟气加热器加热热一次风。

94. 热解制氨工艺反应式是什么？

答： 尿素热解法制氨中，尿素首先分解成异氰酸和氨气，异氰酸再分解成氨气和二氧化碳，工艺反应式为：

$$CO(NH_2)_2 \longrightarrow NH_3 + HNCO \qquad (2\text{-}13)$$
$$HNCO + H_2O \longrightarrow NH_3 + CO_2 \qquad (2\text{-}14)$$

95. 尿素热解工艺与水解工艺相比主要特点是什么？

答： 尿素热解工艺与水解工艺相比，热解工艺的主要特点是反应完全、不易产生中间聚合物，但是需要另外的热量加热热解室，需要非常良好的气流组织形式，对控制系统的水平要求高。

第四节　SCR 脱硝技术相关基本概念

96. 脱硝岛是指什么？

答： 脱硝岛是指包含为脱硝服务的建（构）筑物及控制系统在内的整套系统。

97. 脱硝系统是指什么？

答： 脱硝系统是指采用物理或化学的方法脱除烟气中氮氧化物（NO_x）的系统。

98. 选择性催化还原法（SCR）是指什么？

答： 选择性催化还原法（SCR）是指利用还原剂在催化剂作用下有选择性地与烟气中的 NO_x 发生化学反应，生成氮气和水，从而减少烟气中氮氧化物排放的一种脱硝工艺。

99. 脱硝还原剂是指什么？

答： 脱硝还原剂是指脱硝系统中用于与 NO_x 发生还原反应的物质及原料。

100. 脱硝催化剂是指什么？

答：脱硝催化剂是指促使还原剂与烟气中的 NO_x 在一定温度下选择性地发生化学反应的物质。

101. SCR 反应器是指什么？

答：SCR 反应器是指使用选择性催化还原方法除去烟气中氮氧化物的装置，包括反应器进口段、主体、出口段、反应器支撑结构、导流板和均流整流装置。

102. 喷氨混合系统是指什么？

答：喷氨混合系统是指在 SCR 反应器进口烟道内将经空气稀释后的氨气喷入及与烟气均匀混合的系统，一般有喷氨格栅、烟气混合器等。

103. 喷氨格栅是指什么？

答：喷氨格栅是指将还原剂均匀喷入烟气中的装置，包括喷氨管道、喷嘴、支撑件、连接件和流量控制装置。

根据烟道截面积大小，喷氨格栅应将烟道截面分成多个控制区且单独可调，每个区域应设有若干个喷嘴，以匹配烟气中氮氧化物的浓度分布。喷氨格栅应结构简单，分布效果好、不易积灰，宜设置防磨角钢，保护喷氨格栅管道和喷嘴，减少其磨损。

104. 静态混合器是指什么？

答：静态混合器是指实现还原剂与烟气均匀混合的装置。喷氨静态混合器应与喷嘴对应组成，保证氨气区域可控可调。典型的有涡流、旋流、纵向涡、V 型喷氨静态混合器。

105. 还原剂制备区是指什么？

答：还原剂制备区是指脱硝还原剂（液氨、氨水或尿素等）卸载、储存、蒸发（水解、热解）、输送等工艺设备、电控装置和安全设施等集中布置区域，通常也称为氨区。

106. 卸氨压缩机是指什么？

答：卸氨压缩机是指从液氨运输车向液氨储存罐输送液氨的设备。

107. 稀释风机是指什么？

答：稀释风机是指为还原剂的稀释与混合提供空气的设备。

108. 氨氮摩尔比是指什么？

答：氨氮摩尔比指喷入氨的物质的量与 SCR 反应器入口氮氧化物物质的量之比。

109. 氨氮摩尔比计算公式是什么？

答：氨氮摩尔比计算公式为：

$$n = \frac{M_{NO_2}}{M_{NH_3}} \times \frac{C_{slipNH_3}}{C_{NO_x}} + \frac{\eta_{NO_x}}{100} \qquad (2-15)$$

式中，n 为氨氮摩尔比；M_{NO_2} 为 NO_2 的摩尔质量，g/mol；M_{NH_3} 为 NH_3 的摩尔质量，g/mol；C_{slipNH_3} 为折算到标准状态、干基、6%O_2 下的氨逃逸质量浓度，mg/m^3；C_{NO_x} 为折算到标准状态干基 6%O_2 下的 SCR 反应器入口烟气中 NO_x 浓度，mg/m^3；η_{NO_x} 为脱硝效率，%。

110. 氨逃逸是指什么？

答：SCR 反应器出口烟道中氨的浓度。

111. 氨逃逸质量浓度是指什么？

答：SCR 反应器出口烟气中氨的质量与烟气体积（标准状态，干基，6%O_2）之比，单位为 mg/m^3。

SCR 和 SNCR－SCR 氨逃逸控制在 2.5mg/m^3（干基，标准状态）以下；SNCR 氨逃逸控制在 8mg/m^3（干基，标准状态）以下。

112. 还原剂耗量计算公式是什么？

答：还原剂耗量计算公式为：

$$G_{NH_3} = Q \times \frac{C_{NO_x}}{M_{NO_2}} \times n \times M_{NH_3} \times 10^{-6} \qquad (2-16)$$

式中：G_{NH_3} 为还原剂耗量，kg/h；Q 为折算到标准状态、干基、6%O_2 下的 SCR 反应器入口烟气流量，m^3/h；C_{NO_x} 为折算到标准状态、干基、6%O_2 下的 SCR 反应器入口烟气中 NO_x 浓度，mg/m^3；M_{NO_2} 为 NO_2 的摩尔质量，g/mol；n 为氨氮摩尔比。

113. SO₂/SO₃ 转化率是指什么？

答：烟气中的二氧化硫（SO_2）在反应器中被氧化成三氧化硫（SO_3）的百分比，计算公式为：

$$X = \frac{M_{SO_2}}{M_{SO_3}} \times \frac{C_{SO_3-out} - C_{SO_3-in}}{C_{SO_2-in}} \times 100\% \tag{2-17}$$

式中：X 为 SO_2/SO_3 转化率，%；M_{SO_2} 为 SO_2 的摩尔质量，g/mol；M_{SO_3} 为 SO_3 的摩尔质量，g/mol；C_{SO_3-out} 为折算到标准状态、干基、6%O_2 下 SCR 反应器出口的 SO_3 浓度，mg/m³；C_{SO_3-in} 为折算到标准状态、干基、6%O_2 下 SCR 反应器入口的 SO_3 浓度，mg/m³；C_{SO_2-in} 为折算到标准状态、干基、6%O_2 下 SCR 反应器入口的 SO_2 浓度，mg/m³。

114. SCR 烟气脱硝装置的脱硝效率是指什么？

答：指烟气脱硝装置脱除的 NO_x 量与未经脱硝前烟气中所含 NO_x 量的百分比，计算公式为：

$$n_{NO_x-SCR} = \frac{C_{NO_x-in} - C_{NO_x-out}}{C_{NO_x-in}} \times 100\% \tag{2-18}$$

式中：n_{NO_x-SCR} 为 SCR 烟气脱硝装置的脱硝效率，%；C_{NO_x-in} 为折算到标准状态、干基、6%O_2 下 SCR 反应器入口的 NO_x 浓度，mg/m³；C_{NO_x-out} 为折算到标准状态、干基、6%O_2 下 SCR 反应器出口的 NO_x 浓度，mg/m³。

115. 脱硝工艺有哪些副产物？

答：脱硝过程是利用氨将氮氧化物还原，反应产物为无害的水和氮气，因此脱硝过程不产生直接的副产物。可能造成二次污染的物质有逃逸的氨和达到寿命周期的废催化剂。

逃逸的氨随烟气排向大气，当逃逸氨的浓度超过一定限值时，会对环境造成污染，因此氨逃逸水平是脱硝装置主要的设计性能指标，也是脱硝装置运行过程中必须监视和控制的指标，脱硝装置的氨逃逸水平典型的设计值为不大于 3μL/L。当氨逃逸量超过此限值时，应更换催化剂。

废催化剂可用作水泥原料或混凝土及其他筑路材料的原料，

或返回厂家处理从中回收金属、再生等。

第五节　SCR 脱硝系统物料平衡

116. SCR 脱硝技术物料平衡是什么？

答：SCR 脱硝技术物料平衡是指系统主要输入流体是烟气、稀释空气和还原剂，输出的是反应后的烟气及逃逸的氨气等。图 2-11 所示是 SCR 脱硝技术的工艺总物料平衡示意图。

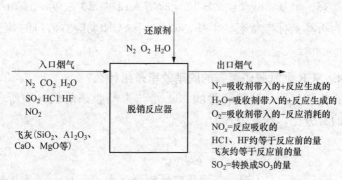

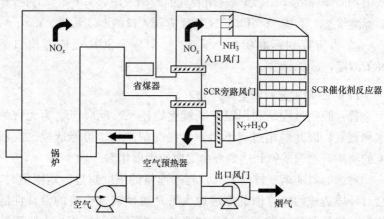

图 2-11　SCR 反应器物料平衡示意

117. 在 SCR 脱硝工艺中 NO_x 与 NH_3 反应顺序是什么？

答：根据试验研究，在 SCR 脱硝工艺中，（NO 和 NO_2），

NO、NO_2 与 NH_3、反应时的反应顺序为：（NO 和 NO_2）$>NO>$ NO_2。因此，相同摩尔数的 NO 和 NO_2 与 NH_3 反应是按照式 (2-21) 进行的，接下来是剩下的 NO 与 NH_3 按照式（2-19）反应。

（1）当 NO 和 NH_3 按相同的摩尔数反应时，化学方程式为

$$4NO + 4NH_3 + O_2 \longrightarrow 4N_2 + 6H_2O \qquad (2\text{-}19)$$

（2）当 NO_2 和 NH_3 按 $3:4$ 的摩尔比反应时，化学方程式为

$$6NO_2 + 8NH_3 \longrightarrow 7N_2 + 12H_2O \qquad (2\text{-}20)$$

（3）NO 和 NO_2 的混合气体（$NO \geqslant NO_2$）和 NH_3 按 $1:1$ 的摩尔比反应时，化学方程式为

$$NO + NO_2 + 2NH_3 \longrightarrow 2N_2 + 3H_2O \qquad (2\text{-}21)$$

（4）当 NO 和 NO_2 的混合气体中 NO 的量小于 NO_2 的量时，相同摩尔数的 NO 和 NO_2 与根据式（2-21）反应之后，剩下的 NO_2 按照式（2-20）反应。

在 SCR 脱硝工艺中，由于 NO 的含量占整个 NO_x 的 95% 左右，所以式（2-19）的反应是主要的。

118. SCR 系统如何进行物料平衡计算？

答：在进行 SCR 系统物料平衡计算时，第一个重点是确定图 2-12 中 $1\sim3$ 路烟气中 NO_x、NH_3 和 SO_2 含量的变化，其中 NO_x、NH_3 的变化根据脱硝效率和式（2-19）反应所示的摩尔比计算得出，SO_2 含量的变化在设计阶段一般根据选择催化剂的特性，结合工程经验进行估算得出；第二个重点是根据稀释比的要求确定图 2-12 中 $4\sim7$ 管路中的氨气和空气的量。

119. 还原剂消耗量如何进行估算？

答：由于实际工程中，NO_x 含量主要以 NO 为主，所以一台炉脱硝还原剂的消耗量可以通过以下公式进行估算：

$$q_{mNH_3} = \frac{17}{44}M \cdot C_{NO_x} \cdot q_{V_g}\frac{21-\alpha}{21-6}\left(1 - \frac{C_{H_2O}}{100}\right) \times 10^{-8}/\left(1 - \frac{\beta}{100}\right)$$

$$(2\text{-}22)$$

$$C_{NO_x} = C_{NO} + C_{NO_2}$$

式中：q_{mNH_3} 为 NH_3 的流量，kg/h；M 为摩尔比，通常等于 SCR 系

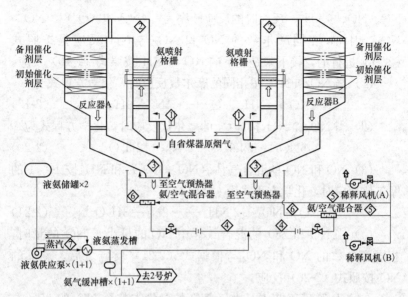

图 2-12　物料平衡计算

统的脱硝效率；C_{NO_x} 为 NO_x 含量（标态、干基、6%O_2），mg/m³；C_{NO} 为 NO 含量（标态、干基、6%O_2），mg/m³；C_{NO_2} 为 NO_2 含量（标态、干基、6%O_2），mg/m³；C_{H_2O} 为烟气中 H_2O 的含量，%；q_{V_g} 为烟气流速（标态、湿基），m³/h；β 为氨的逃逸率；α 为实际 O_2 量；$\dfrac{17}{44}$ 为 NH_3 和 NO_x 的分子量之比；10^{-8} 为单位转换系数。

　　通常烟气污染物的浓度给定的状态是标态、干基、6%O_2，而烟气给出的状态是标态、湿基、实际氧，因此在实际估算中，要注意烟气的状态、污染物浓度的状态及含氧量的情况，必须统一到同一个基准上来。

120. 不同含氧量的 NO_x 数值换算公式是什么？

　　答： 对于 SCR 系统，不同含氧量的 NO_x 数值换算公式为：

$$[NO_x] = \frac{21 - [O_2]}{21 - [O_2]^*}[NO_x]^* \tag{2-23}$$

式中：$[NO_x]$ 为 NO_x 含量（实际氧量、标态），mg/m³；$[NO_x]^*$ 为 NO_x 含量（6% 氧量、标态），mg/m³；$[O_2]$ 为实际氧量，%；

$[O_2]^*$ 为 6％氧量，％。

121. 质量-体积浓度与体积浓度之间是如何转换的？

答：用每立方米大气中污染物的质量数来表示的浓度叫质量-体积浓度，单位是 mg/m^3 或 g/m^3；体积浓度是用每立方米的大气中含有污染物的体积数，常用的表示方法是 $\mu L/L$。质量-体积浓度与体积浓度的换算关系为：

$$X = MC/22.4 \tag{2-24}$$

$$C = 22.4X/M \tag{2-25}$$

式中：X 为污染物的浓度值，mg/m^3；C 为污染物的浓度值，$\mu L/L$；M 为污染物的相对分子质量。

122. 在标准状态下 30mg/m³ 的氟化氢的体积浓度是多少？

答：氟化氢的相对分子质量为 20，则

$$C = 30 \times 22.4/20 = 33.6\mu L/L \tag{2-26}$$

123. 已知大气中二氧化硫的浓度为 5μL/L，标准状态下用 mg/m³ 表示的浓度值是多少？

答：二氧化硫的相对分子质量为 64，则

$$X = 5 \times 64/22.4mg/m^3 = 14.3mg/m^3 \tag{2-27}$$

124. 稀释风量如何进行估算？

答：为了系统运行等的安全性和保证 NH_3 和烟气的有效混合，一般需要在 NH_3 进入烟道之前，先和一定量的空气进行充分混合。目前国内 NH_3 稀释空气比在设计时满足锅炉在 BMCR 时 NH_3 含量小于 5％，因此可以根据 NH_3 的消耗量估算稀释风的量，具体计算公式为（BMCR）：

$$V_{air} = \frac{95}{5} \times q_{VNH_3} \tag{2-28}$$

$$q_{VNH_3} = \frac{1}{0.771} \times q_{mNH_3} \tag{2-29}$$

式中：V_{air} 为标态下稀释空气量，m^3/h；$\dfrac{95}{5}$ 为标态下稀释空气比率；

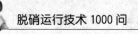

q_{VNH_3} 为标态下 NH_3 流量，m^3/h；q_{mNH_3} 为 NH_3 流量，kg/h。

第六节 SCR 工艺系统的能量平衡

125. SCR 反应器及其烟道系统中能量平衡主要涉及哪三部分?

答: 在 SCR 脱硝系统正常运行情况下，反应器及其烟道系统中的能量平衡主要涉及三部分：化学反应的反应热、稀释空气温升吸收热和反应器及其烟道的散热等。

理论上，NO、NO_2 被 NH_3 还原反应都是反应热：

(1) NO 还原：

$$NO + NH_3 + \frac{1}{4}O_2 \longrightarrow N_2 + \frac{3}{2}H_2O \qquad (2\text{-}30)$$

反应热约为 $Q = 97kcal/mol$（NO）。

(2) $NO + NO_2$ 还原：

$$NO + NO_2 + 2NH_3 \longrightarrow 2N_2 + 3H_2O \qquad (2\text{-}31)$$

反应热约为 $Q = 97kcal/mol$（$NO + NO_2$）。

(3) NO_2 还原：

$$3NO_2 + 4NH_3 \longrightarrow \frac{7}{2}N_2 + 6H_2O \qquad (2\text{-}32)$$

反应热约为 $Q = 110kcal/mol$（NO_2）。

在某工程计算数据中，在所有反应热都被烟气吸收的假定下，流动烟气温度增加大约 $3.6℃$。

126. 在 SCR 系统中引起烟气温度下降的原因是什么?

答: 在 SCR 系统中引起烟气温度下降的原因是由于系统的保温散热和稀释风量的吸收造成的，根据经验，其温降大约在 $2\sim 4℃$ 之间。

127. 尿素热解的能量需求是什么?

答: 为了提高热解效率并降低低温能耗，尿素热解系统正常运行时，稀释风采用锅炉空气预热器后一次热风（压力约为 $10kPa$，温度为 $300℃$），经过再加热到 $650℃$ 左右，热解炉出口的混合气体温度设计约为 350℃。从能耗比例来看，尿素溶液中的蒸发、升温需要的能耗比例在 60% 以上，其次是稀释风能耗约为30%，因此从节约能的角度来讲，应尽量提高尿素溶液的质量浓度和氨空混合比。

尿素热解的主要反应式为：
$$CO（NH_2）_2+H_2O=2NH_3+CO_2+H_2O \qquad (2-33)$$
反应热约为 $Q=20kcal/mol[CO(NH_2)_2]$。

第七节　影响 SCR 脱硝性能的关键因素

128. 催化剂对 SCR 脱硝性能的影响是什么？

答：催化剂是 SCR 系统中的主要部分，其成分组成、结构、寿命及相关参数直接影响 SCR 系统的脱硝效率及运行状况。目前，应用于燃煤电厂烟气脱硝中的 SCR 催化剂有很多，不同的催化剂，其适宜的反应温度也不同。如果反应温度太低，催化剂的活性降低，脱硝效率下降，则达不到脱硝的效果，催化剂在低温下持续运行，将导致催化剂的永久性损坏；如果反应温度太高，则 NH_3容易被氧化，生成 NO_x 的量增加，甚至会引起催化剂材料的相变，导致催化剂的活性退化。

在相同条件下，反应器中催化剂体积越大，NO_x 的脱除率越高，同时氨的逃逸量也越少，但费用会显著增加。催化剂的体积也取决于催化剂的可靠寿命，因为催化剂的寿命受很多不利因素的影响，如中毒和固体物的沉积等。催化剂的初投资成本约占项目投资的 50%，催化剂的寿命决定着 SCR 系统的运行成本，因此催化剂的性能在 SCR 脱硝技术中是很关键的因素。

129. 反应温度对 SCR 脱硝性能的影响是什么？

答：不同的催化剂，其适宜的反应温度不同。反应温度不仅决定反应物的反应速度，而且决定催化剂的反应活性。

催化剂只在特定的温度范用内才起作用，因此 SCR 系统运行时要选用最佳的操作温度。如果 SCR 反应器的反应温度过低，则会造成反应动力学减小和氨泄漏，进而造成锅炉尾部受热面的积灰结垢；泄漏的氨与 SO_3 反应形成 $(NH_4)_2SO_4$ 或 NH_4HSO_4，会造成空气预热器等设备的堵塞与腐蚀。因此，氨泄漏必须小于 $5mL/m^3$（最好低于 $2\sim3mL/m^3$）。烟气温度高于其反应温度时，催化剂的通道与微孔发生变形，导致有效通道和面积减少，加速催化剂的老化。另外，温度过高还会使 NH_3 直接转化为 NO_x。目前 SCR 系统大多设定在 $280\sim420℃$ 的范围内。

在 SCR 系统中，最佳的反应温度由所使用的催化剂类型和烟气成分来决定。对大多数金属氧化物催化剂来说，SCR 反应器的最佳反应温度为 $250\sim427℃$，如常用的钛基氧化钒 SCR 催化剂的最佳反应温度为 $343\sim399℃$，铁类氧化物性催化剂的最佳反应温度为 $300\sim400℃$；而非金属氧化物催化剂的最佳反应温度较低，如活性焦炭类催化剂的反应温度为 $100\sim150℃$。实际操作时，选择合适的 SCR 反应器反应温度，一些设备在低负荷运行时采用省煤器旁路来维持理想的反应温度。当烟温接近最佳反应温度时，反应速率会增加，这时使用较少量的催化剂可达到同样的脱硝效果。图 2-13 为一某金属氧化物性催化剂的脱硝效率与温度的变化关系。由图 2-13 可看出，在 $370\sim400℃$ 的范围内，NO_x 的脱硝效率随温度的升高达到最大；反应温度大于 $400℃$ 时，脱硝效率下降。

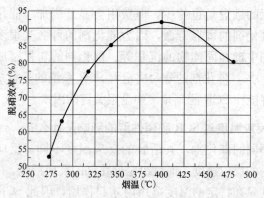

图 2-13　脱硝效率与烟温的变化关系

130. SCR 脱硝装置最低温度要求的原因是什么?

答: 为了减少氨分子与 SO_3 和 H_2O 反应生成 $(NH_4)_2SO_4$ 或 NH_4HSO_4,减少 SCR 系统运行对下游设备运行带来不利影响,应控制其最低运行温度。

131. NH_3 喷嘴管表面最低温度有何要求?其计算公式是什么?

答: NH_3 喷嘴管表面温度应在 SO_3 结露点以上,即

$$\frac{t + t_g}{2} > t_d \tag{2-34}$$

式中 t——氨/空气温度,℃;

t_d——烟气中 SO_3 的结露点,℃;

t_g——最低连续负荷时烟气温度,℃。

SO_3 结露点温度的计算方程式为:

$$t_d = 20\lg V + a \tag{2-35}$$

式中 V——烟气中 SO_3 的量,%;

a——由烟气中 H_2O 含量决定的常数,%。

当 H_2O 的含量为 15% 时,$a=201$;当 H_2O 的含量为 10% 时,$a=194$;当 H_2O 的含量为 5% 时,$a=184$。

132. SCR 脱硝装置最高烟气温度要求的原因是什么?

答: 为避免烟气温度过高使催化剂烧结变形加速老化,使 NH_3 直接转化为 NO_x,SCR 系统的烟气温度应控制在 450℃ 以下。

133. 烟气在反应器内的空间速度对 SCR 脱硝性能有何影响?

答: 空间速度大,烟气在反应器内的停留时间短,将导致 NO_x 与 NH_3 的反应不充分,NO_x 的转化率低,氨的逃逸量大,同时烟气对催化剂骨架的冲刷也大。但若烟气流速过小,所需的 SCR 反应器的空间增大,催化剂和设备不能得到充分利用,经济上不合算。空间速度在某种程度上决定反应是否完全,同时也决定着反应器的沿程阻力。

134. 氨气输入量及与烟气的混合程度对 SCR 脱硝性能的影响是什么?

答: NH_3 输入量既要保证 SCR 系统 NO_x 的脱除效率,又要保

证较低的氨逃逸率。只有气流在反应器中速度分布均匀及流动方向调整得当，NO_x 转化率、氨逃逸率和催化剂的寿命才能得以保证。采用合理的喷嘴格栅，并为氨和烟气提供足够长的混合烟道，是使氨和烟气均匀混合的有效措施，可以避免由于氨和烟气的混合不均所引起的一系列问题。

135. SCR 脱硝效率的主要影响因素有哪些?

答: 影响脱硝效率的主要因素有反应温度、NH_3/NO_x 摩尔比、烟气空间速度（S_v）、氨与烟气的良好混合、催化剂等。

(1) 反应温度。反应温度在一定程度上影响着 NH_3 与 NO_x 的化学反应速率，还影响催化剂的活性。SCR 催化剂对烟气温度的依赖性由催化剂的活性组分性质及比例决定的。不同种类的催化剂具有各自独特的正常工作温度范围。目前广泛采用的 SCR 商业催化剂一般的工作温度在 $250\sim420℃$ 之间。当温度较低时，催化剂活性会下降，势必会影响 NO_x 与 NH_3 发生催化还原反应的速率，进而影响脱硝效率，还有可能发生 SO_2 的氧化反应，生成的 SO_3 形成硫酸氨附着于催化剂的表面，进一步阻止 NO_x 催化还原反应的顺利发生。而当温度较高时，一方面，会直接影响催化剂的活性；另一方面，可能会发生 NH_3 被 O_2 氧化生成 NO 的副反应，从而增加烟气中的 NO_x，间接影响脱硝效率。因此，在 SCR 运行过程中，反应温度的控制非常重要。

(2) 烟气空间速度。烟气的空间速度 S_v 是单位体积催化剂能处理的烟气体积流量（转化为标准状态湿烟气），该参数反映了烟气在 SCR 反应器内停留时间的长短。通常情况下，SCR 系统的脱硝效率会随着烟气空间速度的增大而降低，较大的空间速度不仅会造成对催化剂骨架的冲刷作用，影响催化剂的机械寿命，还会缩短烟气在 SCR 反应器内的停留时间，使得 NO_x 与 NH_3 不能够充分反应，降低脱硝效率，增加氨的逃逸量，造成二次污染。而当烟气空间速度较小时，催化反应设备就必须较大，催化剂用量也多，投资增加。因此，在进行 SCR 系统设计时，需要选择合理的烟气空间速度，以保证氨和氮氧化物的充分反应。烟气空间速度通常需要根据反应器布置、脱硝效率、烟气的温度、粉尘浓度等相关因素综合考虑。

(3) NH_3/NO_x 摩尔比。从 NH_3 与 NO_x 发生的催化还原反应式可以看出，理论上脱除 $1mol$ NO_x 需要还原剂 NH_3 的量为 $1mol$。在一定的范围内，NO_x 的脱除效率会随着系统内 NH_3/NO_x 摩尔比的增加而增大，当 NH_3/NO_x 摩尔比小于 1 时更加明显。当 NH_3/NO_x 摩尔比较小时，NH_3 不足，会导致 NO_x 的脱除率较低；当 NH_3/NO_x 摩尔比较大时，NH_3 未能充分利用就随烟气排出，将造成二次污染，或者与下游的 SO_3 在一定条件下发生反应生成硫酸氨，影响空气预热器和除尘器的稳定运行。合理调节 NH_3 与 NO_x 的比值，是保证烟气脱硝效率的重要手段。

在脱硝系统运行时，提供的还原剂氨气不可能 100% 参与反应，其中小部分的氨气没有参与催化还原反应而随着烟气被带入下游的烟道，这种现象称为氨的逃逸。氨的逃逸率是指反应器出口烟气中氨的浓度 $[\times 10^{-6}$ $(V/V)]$ 转换成 6% O_2 量、干基的数值，氨的逃逸率是脱硝性能的重要指标之一。一般将氨的逃逸量控制在 $5mg/L$ 以内。必须注意的是，当系统运行较长时间后，脱硝催化剂活性会降低，氨逃逸量将超过允许值，这时就必须在 SCR 反应器内增加一层催化剂或更换新的催化剂代替失活的催化剂。

(4) 氨与烟气的混合。要使得烟气中 NO_x 的去除率达到预定值，必须创造良好的反应条件，也就是保证氨与烟气达到良好的混合，以便在催化剂的作用下能够充分接触、反应。在设计时应用合理的喷氨格栅，能够使气流在反应器中分布均匀、流动方向调整得当，以保证催化剂能够发挥良好的作用。

(5) 催化剂。在 SCR 脱硝系统中，催化剂是至关重要的。催化剂加速 NO_x 与还原剂 NH_3 的还原反应，其性能直接影响脱硝效率。催化剂运行寿命指在催化剂安装之后，脱硝系统运行直至催化剂的活性不再满足脱硝系统的性能要求的累计时间，一般商业上应用的催化剂的运行寿命为 $24000h$ 左右。在催化剂投入使用的过程中，催化剂的活性会因烟气的成分或飞灰等的作用而逐渐下降，当其活性达不到系统的要求时需要及时清洗或更换催化剂。

必须注意的是，催化剂不仅仅会加快 NO_x 与 NH_3 的还原反应，还会促进 SO_2 向 SO_3 的氧化作用。SO_3 的形成会给整个系统的稳定运行造成负面影响，SO_3 会转化成硫酸氨或硫酸氢氨，造成空气预热器的堵塞或管道的腐蚀。在运行时要尽量防止 SO_2 向 SO_3 的转化，一般 SCR 脱硝系统设计要求是 SO_2/SO_3 转化率不大于 1%。

SCR 脱硝系统中，影响脱硝效率的因素不止以上五个因素，还包括烟气条件如烟气中的 O_2 浓度、水含量及烟气中的飞灰等。在进行 SCR 系统设计时需要综合考虑所有因素并借助相关的软件（如 CFD）进行模拟优化，才能够使所设计的 SCR 系统能够满足要求。

第三章

SCR 脱硝系统

第一节 SCR 烟气系统

136. SCR 脱硝技术的特点是什么?

答:SCR 脱硝技术需要设置 SCR 反应器,多为高温高尘布置,安装在锅炉省煤器与空气预热器之间,对场地有一定要求,初始投资和运行成本较高,具有以下特点:

(1) 技术适用性强。SCR 脱硝技术对煤质变化、机组负荷波动等具有较强适应性,可根据烟气特点选择适用的催化剂。

(2) 影响性能的因素多。影响脱硝效率的因素主要包括催化剂性能、烟气温度、反应器及烟道的流场分布均匀性、氨氮摩尔比等。

(3) 能耗较小。SCR 脱硝技术的脱硝效率为 $50\% \sim 90\%$,脱硝系统阻力一般控制在 1400Pa 以下,能耗主要是风机的电耗,占对应机组发电量的 $0.1\% \sim 0.3\%$。

(4) 存在的主要问题。锅炉启停机及低负荷时,烟气温度达不到催化剂运行温度要求,此时 SCR 系统不能有效运行,会造成短时 NO_x 排放浓度超标。逃逸氨和 SO_3 会反应生成硫酸氢氨,导致催化剂和空气预热器堵塞。逃逸氨及废弃催化剂处置不当会引起二次污染。采用液氨作为还原剂会存在一定环境风险。

137. SCR 脱硝工艺系统主要包括哪些?

答:SCR 脱硝工艺系统主要由脱硝反应系统、氨制备及氨储运系统和其他辅助设备组成。

(1) 脱硝反应系统由 SCR 反应器、烟气系统(包括 SCR 的旁

59

路烟道和省煤器旁路烟道)、喷氨系统、静态混合器等组成。

(2) 液氨储运系统包括卸料压缩机、氨储罐、氨蒸发器、缓冲罐等。

(3) SCR 其他辅助设备和装置主要包括 SCR 反应器的相关管路系统和吹灰装置等。

138. SCR 脱硝技术工艺系统设计的主要技术原则和工作内容有哪些?

答:(1) 合理选择催化剂。根据烟气温度、烟气成分、烟气压降、烟气 NO_x 浓度、NO_x 脱除率、氨的逃逸量、催化剂寿命、SO_2/SO_3 转换率、烟气含尘量及其成分组成,以及反应器的布置空间等合理选择催化剂型式和用量。

(2) 优化反应器、烟道系统的设计。为保证烟气流场的稳定、均匀性,工程设计中需要借助于 CFD 模拟的效果对 SCR 系统的烟气系统、反应器进行设计,必要时还需要建立实体物理模型以确认烟气平稳均匀流动。

(3) 合理设计氨/烟气混合系统。针对项目进行个性化设计,合理布置喷氨格栅,以达到 NO_x/NH_3 分布均匀、烟气速度分布均匀、减小烟气温度偏差、获得最小烟气压降的目的。

(4) 合理布置氨区设备。根据规程规范的要求,合理布置氨区的设备、消防设施及氨泄漏检测系统,保证 SCR 系统还原剂供应的需求。

139. SCR 烟气系统包括哪几部分?

答:(1) 从锅炉省煤器出口到 SCR 反应器的过渡烟道。

(2) 省煤器旁路烟道 (如果有)。

(3) SCR 反应器旁路烟道 (如果有)。

(4) SCR 反应器进口烟道。

(5) SCR 反应器。

(6) SCR 反应器出口烟道。

(7) 上述烟道体上的加强肋、烟道体之间的膨胀节必要的测点、检修孔 (门)、导流板及必要的支吊架及维护通道和保温结构。

(8) 布置在 SCR 入口烟道上的喷氨格栅系统等。

140．SCR 烟道设计的基本内容和技术要求是什么？

答：(1) SCR 系统烟道布置的要点是：烟道的形状或结构应先依照设计理念进行规划，然后由计算机流体模拟和物理模型进行验证确认。

(2) 合理设置膨胀节，避免烟道的膨胀对锅炉本体及 SCR 反应器产生影响。

(3) 根据 CFD 分析结果确定导流板的位置、形状和数量。

(4) 烟道采用内、外支撑形式，受力好，用材省。由于烟道尺寸大且使用温度高（400℃左右），单独采用内支撑或外支撑结构形式都不合适，需采用内、外支撑组合形式。内采用内撑杆结构，外采用加固肋结构。

(5) 烟气系统的设计必须保证灰尘在烟道的沉积不会对运行产生影响，在必要的地方设置清灰装置，对于烟道中灰尘的聚集，需要根据规程合理选取积灰荷载。

(6) 烟道系统的设计应考虑可能发生的运行条件，合理选择设计参数（如温度、压力、风载、雪载、地震荷载）。

(7) 根据烟气运行温度，合理选择烟道体材质，保证系统安全运行。

(8) 根据烟气流速和灰尘含量，合理考虑系统的防磨耐腐措施。

(9) 合理布置 SCR 系统运行和性能试验所需要的测试孔和装置。

141．SCR 入口烟道的布置有哪几种形式？

答：SCR 入口烟道的布置需要根据燃料煤的燃烧后灰渣特性，锅炉省煤器出口的位置、标高及整个工程场地条件和 CFD 计算机模拟结果，综合考虑后确定。常见的几种连接形式如图 3-1 所示。无论哪种方案，在烟道界面设计时，需要按照规程规范考虑适当的烟气流速，既要防止灰尘过多的积聚，又要考虑系统的磨损。

当烟气中存在大颗粒状灰尘（如爆米花样的大颗粒灰尘）时，应该考虑图 3-1（a）的方案，设置垂直烟道，并在垂直烟道底部设置除尘灰斗装置；对于塔形锅炉，由于炉体安装位置较高，可以选择图 3-1（b）的方案，同样需要在省煤器底部设置灰斗，防止高温像渣块或爆米花样的大颗粒烟尘进入反应器；当从锅炉到SCR 反应器没有垂直管段时，可以考虑图 3-1（c）的方案，需要在省煤器出口烟道适当位置设置如格栅网类机械装置，来捕获像渣块或爆米花样的大颗粒烟尘进入反应器。

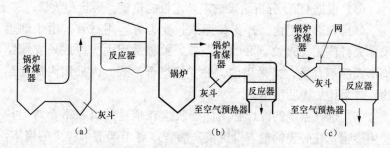

图 3-1　SCR 入口烟道常见连接形式

142. SCR 出口烟道的布置有哪几种形式？

答： SCR 出口烟道的布置，需要结合整个工程场地条件、主机空气预热器的布置情况，结合 CFD 计算机模拟结果综合考虑，常见的几种形式如图 3-2 所示。

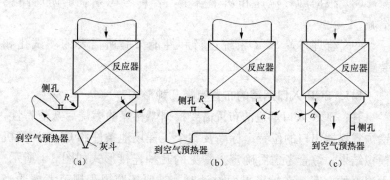

图 3-2　燃煤电站 SCR 出口烟道的几种布置型式

当需要按图 3-2（a）设计出口烟道时，为了避免飞灰在出口烟道的积聚，图中烟道的倾斜角 $\alpha \leqslant 45°$，同时需要在出口烟道的适当位置设置灰斗，以收集和排出飞灰。

同样，无论哪种方案，在烟道界面设计时，需要按照规程规范考虑适当的烟气流速，既要防止灰尘过多的积聚，又要考虑系统的磨损。

143. 反应器入口是否需要设置灰斗？

答： 在 SCR 脱硝工程建设中，为了降低工程造价、简化系统或受空间限制，经常取消设置 SCR 反应器入口灰斗。但从已投运脱硝机组运行情况来看，部分造成催化剂堵塞的正是可以通过设置反应器入口灰斗除去的大颗粒飞灰。建议对未设置省煤器灰斗且飞灰浓度较高、大颗粒飞灰较多或存在"爆米花"飞灰的项目，应设置反应器入口灰斗以保护催化剂、提高系统运行的可靠性、减少烟道内的磨损和降低运行维护成本，必要时还可在灰斗上方设置大灰滤网以拦截大颗粒飞灰。

144. 烟道体及加固肋的设计要求是什么？

答： 烟道一般是由气密性焊接、具有足够强度的钢板制成，能承受所有荷重条件。烟道外部要有充分的加固和支撑，来防止过度的颤动和振动。

SCR 矩形烟道体的设计温度、设计原理及相邻面板间的边接应按 DL/T 5121—2000《火力发电厂烟风煤粉管道设计技术规程》的相关规定执行，以保证系统的安全稳定运行。根据 DL/T 5121—2000 第 6.2.7 条（燃煤锅炉除尘器前的烟道内不宜设置内撑杆；当必须设置时，宜采用 16Mn 钢管；当用碳钢管时，在迎气流的一侧应采取防磨措施）规定和第 6.16、6.2.7 条的规定及其条文说明，考虑到 SCR 流场分布的影响，建议在 SCR 烟道设计中，烟道体加固肋的设计宜采用纵横并重的技术方案，以减少内衬杆的数量，既保证系统安全需要，又能满足 SCR 流场需求。

有关 SCR 烟道体设计中的积灰荷载问题，依据 DL/T 5121—

2000 的附录 F 中的 F.0.1 条"除尘器前水平烟道积灰高度"确定的原则。烟道体内积灰高度建议不宜小于烟道高度的 1/5。

145. SCR 烟道系统为什么采用非金属膨胀节？安装要求是什么？

答： SCR 烟道系统膨胀节的设计应根据 DL/T 5121—2000《火力发电厂烟风煤粉管道设计技术规程》的规定执行。

SCR 烟气系统的膨胀节由于要承受轴向、径向、角位移及有效地吸收振动，因此应优选带内挡板、耐高温的非金属膨胀节。对于 SCR 烟气系统的非金属膨胀节，膨胀节的材料中需要设置不锈钢丝网以承受烟气压力。根据产品的特性，金属膨胀节的设置宜避免产生径向位移。但在实际 SCR 工程中，由于烟气温度较高，烟道的侧向位移量和水平位移量均较大，而且烟道不够长，金属膨胀节一般不能满足安全使用要求，因此采用非金属膨胀节补偿热位移。

为了保证烟气流场的均匀性，工作时如烟道错边，势必影响流场分布和喷氨格栅的使用效果，因此膨胀节安装时应 100％预偏，即安装时膨胀节两侧烟道错边，工作时两侧烟道轴线在一直线上。

146. SCR 烟气系统支吊架设计选型是什么？

答： SCR 烟气系统支吊架的布点、选型要结合烟道系统膨胀节的设置和支吊架荷载分配均匀性确定。

在吸收轴向位移的膨胀节补偿量分配范围内，烟道的两端应设置固定支架，在该范围内的支吊架宜为导向或限位支架，以保证系统的膨胀和安全运行。由于进口烟道存在三向位移，因此一般采用可变弹簧支吊架来承受烟道部分质量；出口烟道存在两向水平位移，一般采用带摩擦片的刚性支架和固定支架来承受烟道部分质量；根据膨胀节的设置，反应器入口设计弹簧支吊架和导向支架，以便来分担荷载和烟道膨胀。

另外，位于地震烈度 8 度及以上地震区的 SCR 烟道的支吊架的设置应考虑地震力的影响；露天布置烟风道的支吊架结构强度，应考虑风、雪荷载的作用，必要时需要设置一定的限位、止晃设施。

147. SCR 烟气系统为什么要设置导流板？如何进行设置？

答：当进入 SCR 反应器前的烟气分布不均匀时，会导致脱硝效率下降，为保证脱硝效率，在实际工程中需要根据 CFD 模拟需要情况，在 SCR 反应器入口前的烟道中设置导流板，从而使进入 SCR 反应器的烟气更均匀。另外，在安装了脱硝装置后，为了保证回到空气预热器的烟气流场分布均匀，需要根据 CFD 模拟烟气流场的情况，在连接烟道内设置若干导流板，以消除流场的不均匀性。

（1）导向叶片。急转弯头的内边弯曲半径 r_N 与弯头进口径向宽度 b 的比值：等截面积急转弯头 $r_N/b \leqslant 0.25$、扩散急转弯头 $r_N/b \leqslant 1$、收缩急转弯头 $r_N/b < 0.2$ 时可装设导向叶片。

（2）导流板。在缓转弯头中，当烟道的两邻边的比值为 $a/b \leqslant 1.3$ 时宜装设导流板。当 $a/b < 0.8$ 时，装设 1~2 片；当 $a/b = 0.8~1.3$ 时，装设 1 片。

在设计导流板的同时，需要考虑烟气流速、飞灰分布情况确定防磨板设置的位置，否则烟道不宜装设导流板。

148. SCR 脱硝系统挡板门设置要求是什么？

答：在 SCR 脱硝系统中，如果设置了省煤器旁路或反应器旁路，就会涉及脱硝系统挡板门的设置问题。当设置脱硝系统旁路挡板时，应该尽量减少旁路运行或主烟道运行在关闭挡板引起的积灰。主要挡板门及主要技术要求见表 3-1。

表 3-1　　　　　SCR 脱硝系统挡板门的设置

序号	挡板名称	要求/规范
1	省煤器旁路挡板	开关型，关闭时尽量减少泄漏
2	脱硝系统进口挡板	开关型，关闭时尽量减少泄漏
3	脱硝系统旁路挡板	开关型，关闭时完全防止泄漏
4	脱硝系统出口挡板	开关型，关闭时尽量减少泄漏

第二节　SCR 系统的烟气旁路

149. SCR 脱硝系统设置省煤器烟气旁路的主要作用是什么？

答：当烟气的温度较低时，引一路烟气绕过省煤器直接进入 SCR 的反应器中，保证烟气的温度处于 SCR 催化剂的活性温度区间之内，以保证系统的安全、高效运行，防止产生硫酸铵或硫酸氢铵造成催化剂和空气预热器的堵塞。

150. SCR 脱硝系统是否设置省煤器烟气旁路与什么有关？

答：省煤器的烟气旁路设置与否，与环保政策是否要求脱硝装置在省煤器出口温度低于最小喷氨温度时 SCR 系统仍然运行的要求有关。

当省煤器出口烟气温度较低时，一方面，催化剂活性会比较低；另一方面，还原剂氨与烟气中的 SO_3 反应生成的硫酸氢铵会沉积在催化剂上，进一步降低催化剂的活性，甚至造成催化剂不可逆的活性降低。因此，一般要求脱硝装置喷氨时烟气的温度要大于 300℃。如果要求脱硝装置在省煤器出口温度低于最小喷氨温度时仍然运行，就需要加装省煤器旁路，以提高 SCR 进口的烟气温度。

在我国，绝大多数大型燃煤电厂煤器出口温度在满负荷下大于 350℃，即使在 50％负荷下也大于 320℃，因此，一般情况下，脱硝装置不需要设置省煤器旁路。

151. SCR 脱硝装置设置省煤器烟气旁路有哪几种形式？

答：SCR 脱硝装置设置省煤器烟气旁路，则可以根据工程的实际情况，参考图 3-3 中的几种方案进行设置。

无论采用哪种方案，为了保证喷氨系统的运行效果，烟气旁路的入口点都要保证距离喷氨格栅的长度 L 和烟道系统的烟气流速。

实际工程中，如果锅炉省煤器至反应器之间有水平烟道和垂直烟道连接，当入口的水平烟道较长时，可以考虑图 3-3（a）方

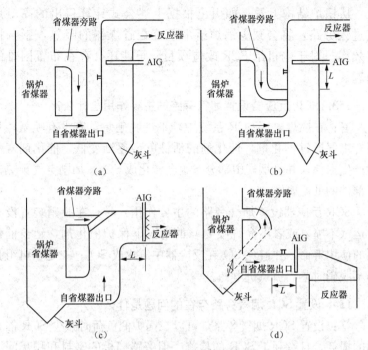

图 3-3　省煤器旁路的几种形式

注：AIG 为喷氨格栅。

案；如果水平段较短时，可以考虑采用图 3-3（b）方案；若两者都不能满足布置要求时，可以考虑图 3-3（c）方案；如果锅炉省煤器至反应器之间没有垂直烟道连接时，可以考虑采用图 3-3（d）方案。

152. 省煤器烟气旁路的容量如何选择？

答： 对于省煤器出口温度较低的锅炉，假如希望脱硝装置在低负荷下投运，由于其温度低于最小喷氨温度，就要通过省煤器烟气旁路来增加 SCR 进口烟温。所以旁路烟气量的计算式为：

总烟气量×最小喷氨反应器入口温度 ＝（总烟气量－旁路烟气量）×控制负荷省煤器出口温度＋旁路烟气量×控制负荷省煤器入口温度

确定烟气量后，按照 15m/s 的速度来设计旁路烟道尺寸即可。

从锅炉结构上看，如引出根据上述公式计算得出的高温烟气进入旁路，将会减少锅炉给水系统在省煤器的吸热，影响机组效率。对于老机组 SCR 改造项目，可能还会存在布置困难的问题。

153. SCR 反应器设置烟气旁路的主要作用是什么？

答： 在燃煤电厂 SCR 系统中，不论脱硝装置有没有喷氨，只要有烟气通过催化剂，催化剂的活性就会逐渐变低，催化剂寿命就产生损耗，并且烟气中部分 SO_2 会转化成 SO_3，加剧空气预热器等部件的低温腐蚀。

SCR 反应器设置烟气旁路的主要作用：一是在脱硝装置没有投运（不喷氨或者不允许喷氨）的情况下保护催化剂，延长催化剂的使用寿命，并避免 SO_2 在反应器中氧化成 SO_3；二是在机组长期不脱硝时节约引风机电耗。

154. 设置 SCR 烟气旁路存在的问题是什么？

答： 设置 SCR 烟气旁路，可以在锅炉低负荷时减少 SCR 催化剂的损耗，且有利于 SCR 的检修。但旁路挡板的密封和积灰问题严重，投资、运行和维护费用较高。是否设置 SCR 旁路，主要依据锅炉冷态启动的次数，一般认为若每年冷态启动在 5 次之内，则无需旁路。

155. 不设置反应器烟气旁路的燃煤电厂 SCR 系统需要考虑哪些问题？

答： 燃煤电厂 SCR 系统不设反应器旁路，虽然烟气通过了反应器，但是脱硝设备并不算投运，而催化剂的寿命损耗却在发生。因此不设反应器旁路，并不能保证脱硝设备的投运率更高。不设置反应器旁路就要在设计和运行中采取各种其他措施，确保脱硝设备安全、经济和稳定运行。需要重点考虑以下五个方面的问题：

（1）避免催化剂烧结。

（2）避免启动和低负荷运行时烟气结露。

（3）避免启动时油沾污。

（4）锅炉爆管时蒸汽泄漏。

（5）避免灰负荷过大对催化剂的磨损。

156. 避免催化剂烧结的对策是什么？

答： 为了避免催化剂的烧结，就需要提出脱硝系统合适的设计温度，让催化剂供应商合理选择配方及生产工艺，以提供满足运行温度要求的催化剂。

在省煤器出口设计烟气温度比较高的情况下，确定催化剂设计烟气温度范围需要对锅炉设计的成熟性、燃料的沾污特性、锅炉运行和设计值正常的偏差，以及设计条件和运行条件可能的偏差等因素进行评估。

如果催化剂设计温度选用得过高，催化剂及与之相关的反应器等成本就会升高；如果设计温度选用得过低，一旦在运行中，省煤器出口温度超过了允许值，就必须降负荷运行，否则催化剂就会因烧结而失去部分活性。

157. 避免启动和低负荷运行时烟气结露对催化剂的影响对策是什么？

答： 在点火时催化剂处于冷态的情况下，烟气通过反应器时会在催化剂表面结露。避免结露的方法就是对催化剂进行预热。如果提高锅炉空气预热器入口空气温度的方式是采用暖风器，就可以在锅炉点火以前，先投运暖风器来对锅炉进口空气进行加热，然后让空气流经锅炉后对催化剂进行预热。这种方法，对于无暖风器的热风再循环的空气加热系统，或者在没有可用的邻炉加热蒸汽时，无法采用。

在锅炉低负荷运行时，如果其省煤器出口的烟气温度低于允许的喷氨温度，为防止硫酸氢铵和硫酸铵在催化剂表面的沉积，应立刻停止喷氨。

158. 避免启动时燃油沾污催化剂采取的措施是什么？

答： 正常情况下，锅炉停炉及低负荷稳燃过程中燃用轻柴油时，燃烧比较完全。在锅炉冷态启动过程中，沾污在催化剂表面的油污会在锅炉负荷和烟气温度升高后蒸发，对催化剂活性的影响在可以接受的范围。但是如果是在锅炉调试过程过长等情况下，锅炉频繁启停，并且油枪雾化效果很差时，由于油未完全燃烧，会造成较多的油滴沾污在催化剂的表面。附着在催化剂表面的油滴就有可能在更高的温度下燃烧，造成催化剂的烧结。

如果脱硝装置未设置反应器旁路，就要在设计和运行时采取有效的措施，防止事故的发生：

（1）采用新型点火方案（如等离子点火），降低锅炉燃油量。

（2）油枪采用蒸汽雾化，保证油的雾化效果。

（3）在锅炉燃烧系统启动调试的后期或者锅炉本体主要调试完成后再安装催化剂。

（4）适时吹灰，减少催化剂表面灰和油的污染。

（5）在锅炉点火启动或者调试过程中，已经发现较长时间内燃油雾化及燃烧效果很差，或者已经发现催化剂表面受到了油的沾污，就需要采取分段升温的方法，缓慢加热催化剂，使催化剂表面沾污油滴的各成分分段蒸发。

采取以上措施后，就能确保不会发生油沾污造成的恶性事故。

159. 避免在锅炉爆管时对催化剂的影响采取的措施是什么？

答：锅炉一旦爆管，就会有大量的蒸汽进入烟气，流经催化剂。在爆管时由于烟气温度及汽水侧工质的温度都很高，烟气的相对湿度很小，在烟气温度下降以前，对催化剂寿命损耗的速度几乎没有影响。

锅炉爆管后，需要采取一系列停炉措施：烟风侧切断燃料的供应，汽水侧停止给水并进行疏水和排汽。如果在汽水侧疏水、卸压、降温完成前，通风温度先行降得太低，爆管泄漏处就会有大量的蒸汽进入低温空气，使空气相对湿度过大甚至局部出现水滴，在较短的时间造成催化剂较大的寿命损耗。

在没有反应器旁路的情况下，必须保证发生锅炉爆管以后，及时对汽水侧进行疏水和卸压操作，以减少和终止烟气中含湿量的增加；并在泄漏处还有大量蒸汽喷出的情况下，保证反应器入口烟气或者空气的温度不要太低，必要时可在炉膛投入燃料进行加热。

160. 避免灰负荷过大对催化剂的磨损采取的措施是什么？

答： 对于煤源不稳定，只是偶尔燃用灰分比设计和校核煤质高很多的燃料时，在不设置反应器旁路的情况下，很难同时兼顾技术和成本两个方面，即在保证安全的情况下，又具有较低的投资和运行成本。对于灰负荷比较大的情况，能够采取的对策主要包括以下几个方面：

（1）保证反应器内催化剂入口处烟气速度的均匀性。烟气速度低时，催化剂内自吹灰能力减弱，容易积灰；烟气速度高时，催化剂容易发生磨损，催化剂机械寿命减短。如果催化剂入口处烟气速度分布不均匀，在同一个反应器内部会同时出现烟速过低和过高的现象，既不能保证催化剂的机械寿命，也不能保证催化剂不堵灰。

（2）选用活性材料内外均匀的催化剂。在高灰情况下，尽可能选用活性材料内外均匀的催化剂，而避免采用表面涂层的催化剂。因为在高灰下，催化剂的迎灰面以及内壁都会发生一定程度的磨损，表面涂层的催化剂在表面发生磨损后，催化剂的活性会大幅度地降低。

（3）选用抗磨损性强的催化剂。端部硬化技术、较大的催化剂壁厚及板式催化剂内部的不锈钢网，都有利于防止或者减少催化剂迎灰面的磨损。这三种方法各有优缺点，针对具体项目，充分考虑技术经济性，可以选用具备一到两种防磨损技术的催化剂。

（4）选择大节距的催化剂。一般当烟气中的灰分高于标态 $20 \sim 25 \mathrm{g/Nm^3}$ 的时候，板式催化剂板间净空（催化剂节距减去催化剂壁厚）不宜小于 5mm，蜂窝式催化剂净空不宜小于 6mm。当烟气中的灰分约在标态 $30 \mathrm{g/Nm^3}$ 及以上时，就应该选用更大节距的催化剂。

（5）选用合适的烟气速度。在烟气中灰分较小时，反应器及催化剂内烟气速度设计范围可以比较大。对于中等灰负荷，倾向于选用相对较高的烟气速度，以增加自吹灰能力。当灰负荷非常高并且灰的磨损性比较强时，催化剂的磨损问题则可能上升为主要矛盾，这时烟气速度就不能选得太高，以保证催化剂的机械寿命。需要注意的一点是，催化剂的堵塞和磨损都有一个时间累积效应，相对而言，催化剂的堵塞可能会在较短的时间恶化。因此，在确定反应器和催化剂内的烟气速度时，不同灰分煤质的使用频率，也是考虑的因素之一。如果极高灰分的煤质燃用的时间很短，在设计烟气速度时，抗堵塞方面就可以考虑得多一点。

（6）合理吹灰。催化剂的吹灰方式包括两种：介质吹灰（一般是蒸汽吹灰）和声波吹灰。声波吹灰的原理是利用停歇时间很短的声波，防止灰在催化剂内沉积。一旦催化剂内已经发生了堵灰情况，声波吹灰的清灰效果就很弱。蒸汽吹灰是一种强力吹灰的方式，一般每班或者每天运行一次。因此在灰分很高的情况下，采用蒸汽吹灰器，并在运行中，在燃用灰负荷偏高煤质及在低负荷运行时增加吹灰次数。

第三节　氨气/空气混合系统

161. SCR 烟气脱硝成功的关键因素是什么？

答：SCR 烟气脱硝成功的关键因素有：

（1）烟气与 NH_3 充分混合。

（2）按进入反应区的 NO_x 浓度及去除率严格控制 NH_3 的喷入量。

162. 脱硝装置有哪两个重要指标？

答：脱硝装置有两个重要指标：脱硝效率和投资成本。通常脱硝效率与催化剂的体积密切相关，而催化剂成本是脱硝装置投资成本的重要组成部分，所以说，这两个指标是互相制约的一对矛盾。

163. 脱硝效率、氨逃逸率与 NH_3/NO_x 摩尔比的关系是什么？

答：据图 3-4 可知，当催化剂的体积确定后，脱硝效率随着 NH_3/NO_x 摩尔比的增加而增加，当 NH_3/NO_x 摩尔比达到 0.95

时，脱硝效率接近 90%；当 NH_3/NO_x 摩尔比继续增加时，脱硝效率增加趋于缓慢，直至 95%，该值几乎不再增加，也就是说，此时氨逃逸率迅速增加。

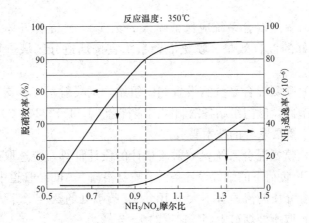

图 3-4　脱硝效率、氨逃逸率与 NH_3/NO_x 摩尔比的关系

164. 喷氨混合系统的一般技术要求是什么？

答：喷氨混合系统的一般技术要求是：

（1）根据锅炉负荷、烟气温度、SCR 脱硝反应器进出口 NO_x 浓度以及 NH_3/NO_x 摩尔比等，喷氨混合系统各支管阀门开度应定期进行优化调整。

（2）当喷氨混合系统采用喷氨格栅（AIG）时，其在烟道中的安装位置和喷嘴数量宜通过流场模拟确定。

（3）当喷氨混合系统采用静态混合器时，其扰流板的数量、安装角度、大小应与喷嘴数量、混合距离对应设计，安装位置宜通过流场模拟确定。

（4）喷氨棍合系统的设计使用寿命和可用率应与主体工程脱硝技术装备保持一致，且设计使用寿命不低于主体脱硝技术装备约剩余使用寿命。装置可用率应保证在 98% 以上。

（5）根据氨的喷射流量计算稀释空气的流量，氨与空气的混合器出口（或尿素热解炉出口）氨气浓度宜不大于 5%（体积比）。当氨与空气的混合器出口（或尿素热解炉出口）氨气浓度大于 7%（体积比）时应报警，当氨与空气的混合器出口（或尿素热解炉出口）氨气浓度大于 10%（体积比）时切断还原剂供应系统。

（6）喷氨混合系统应保证喷入的氨气/空气混合气体与烟气达到良好的混合效果。喷氨混合系统宜按烟道分区域进行调节控制。

（7）喷氨混合系统宜设置阀门组站，氨喷射系统各支路应设流量调节阀，阀门组站各钢制阀门应符合 GB/T 12224—2015《钢制阀门一般要求》的技术要求。

（8）喷氨混合系统氨喷射流量计的设计计算，应选取燃煤锅炉 BMCR 负荷下的烟气设计条件。喷氨格栅（AIG）管道中的氨/空气混合介质的流速宜不大于 10m/s，喷嘴处的氨/空气混合介质的流速宜取所处烟道中烟气速度的 1～3 倍。

（9）为减少喷氨混合系统烟气阻力，喷氨管道的间距宜 180～400mm。为防止喷嘴堵塞，喷嘴孔径宜不小于 6mm。

165. 喷氨混合系统技术性能指标是什么？

答：（1）NH_3/NO_x 摩尔比相对标准偏差（第一层催化剂入口处）在脱硝效率低于 85% 时宜不大于 5%，在脱硝效率不低于 85% 时宜不大于 3%。

（2）烟气流速相对标准偏差（第一层催化剂入口处）小于 15%。

（3）喷氨混合系统烟气阻力不大于 200Pa。

166. 氨混合距离和混合强度对喷氨点数量布置的影响是什么？

答：氨气经过空气稀释后注入省煤器与 SCR 反应器的连接烟道内，与烟气中 NO_x 混合后进入 SCR 反应器进行催化还原反应。从喷氨截面至催化剂表层的距离称为混合距离，它直接影响了布置在喷氨截面上的喷氨点数量，其关系如图 3-5 所示。图中混合强度是在 SCR 反应器进口段内为 NH_3/NO_x 混合提供的条件，包括烟道布置、导流板和筛板设计、氨喷射系统设计和其他提高混合强度的策略等。由图 3-5 可见，在同等混合强度下，混合距离越小，单位面积内所需的喷氨点就越多；当混合距离递减到一定程度时，所需的喷氨点数据迅速增加。在工程设计时，混合距离是根据 SCR 装置的可用空间、烟道结构等来确定的，在已建机组进行脱硝改造的工程中，常常因为预留空间不足而影响混合距离的设计。混合强度则一般受系统压降、烟道结构和设计理念限制，喷氨点数量则受设备成本和运行成本限制。为了在成本控制的条件下实现良好的 NH_3/NO_x 混合效果，应当合理利用装置的可用空间，尽量提高 NH_3/NO_x 的混合强度。

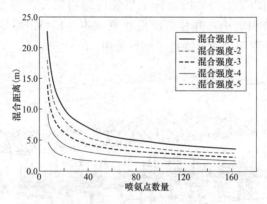

图 3-5　喷氨点数量、混合距离与混合强度的关系

167. 提高氨混合强度的策略是什么？

答：氨被喷入烟道后开始扩散，与烟气中 NO_x 发生混合。根据烟道的尺寸和烟气的参数可以确定，烟道内流体的雷诺数远大于 4000，所以氨发生涡流扩散。在工程中，由于混合距离和喷氨点数量都受到限制，仅依靠氨扩散一般都不能满足 NH_3/NO_x 的混合效果，需要采用一定的策略来提高混合强度，如配置静态混合器、动态混合器和喷氨格栅（AIG）。静态混合器需要足够的混合距离，而且系统压降较大，也不容易得到理想的效果；动态混合器效果明显，系统压降略小，所需要的喷氨点少，但是也需要足够的混合距离。

脱硝运行技术 1000 问

168. ENVIRGY 氨气/空气喷嘴/混合系统是什么？其优点是什么？

答： ENVIRGY 系统可使还原剂均匀分布，符合烟气中 NO_x 的分布规律，适于在大型锅炉的 SCR 系统上应用，如图 3-6 所示。每个氨气喷嘴部分的稀释氨气的流速都可通过安装在供气管道上的流量调节装置来调节。每个喷嘴的下游（沿烟气方向）都装有一个静态混合叶片，来确保氨气和烟气均匀地混合在一起，喷嘴的数量是由规定的覆盖比率决定的，其实质则是 NH_3/NO_x 摩尔比。

ENVIRGY 的氨喷射系统在空间有限（氨射入的位置和催化剂床之间的距离很短）的条件下也能得到均匀分布的效果，这可使系统的体积更小，并显著降低投资成本。ENVIRGY 系统不但减少了设计费用，而且降低了运行费用。

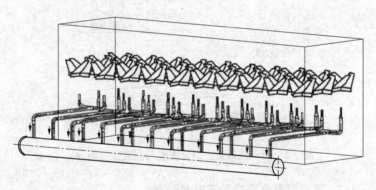

图 3-6　ENVIRGY 氨气/空气喷嘴/混合系统

169. FBE 氨涡流混合技术工作原理是什么？其优点是什么？

答： 德国 FBE 公司（费赛亚巴高科环保公司）Vortex mixer（涡流混合器）氨涡流混合技术如图 3-7 所示。其工作原理利用了空气动力学中驻涡的理论，在烟道内部选择适当的直管段，布置几个圆形或其他形状的扰流板，并倾斜一定的角度，在背向烟气流动方向的适当位置安装氨气喷嘴，这样在烟气流动的作用下，就会在扰流板的背面形成涡流区，这个涡流区在空气动力学上称为"驻涡区"。驻涡的特点是其位置恒定不变，也就是说，无论烟气流速的大小怎样变化，涡流区的位置基本不变。稀释后的氨气通过管道喷射到驻涡区内，在涡流的强制作用下充分混合，实现混合均匀性，达到催化剂入口混合度均匀性的技术要求。其除了可优化烟气和氨混合状况外，还具有以下优点：

（1）减少注射孔。

（2）降低喷嘴因氨中颗粒而形成堵塞的概率。

（3）控制简便，调试时间短。

（4）压力损失小，节约装置用电。

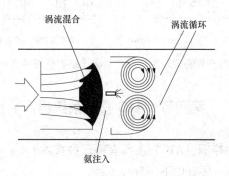

图 3-7　涡流混合器原理

170. 三角翼静态混合器系统功能的特征是什么？

答：德国 BALCKE DURR 公司（巴克·杜尔公司）的 DEL-TA WING（三角翼）静态混合器系统功能的特征为：在圆形、椭圆形或三角板（板与气体流呈一定角度放置）的前缘产生广延恒温态的旋涡。旋流系统的交叉流动部件迫使不同密度、温度和浓度的烟气流在最短的距离内进行最好的混合，并且压降最小，可以在全负荷工况和低负荷流量下获得很好的混合质量。

171. 氨气喷射管一般分为哪两种？混合管安装在什么部位？

答：喷氨格栅可以根据混合距离灵活调节喷氨点的数量，可以根据各工程 NO_x 的浓度调节相应的 NH_3 浓度。

常用的喷射管布置一般分为格栅式和分区式两种。混合管（见图 3-8）常安装在喷嘴下游相邻喷射管之间的中心线上。混合管应安装在离水平或垂直喷射管大于 $3.5d$ 的地方，此外，还要考虑喷嘴的检修空间。

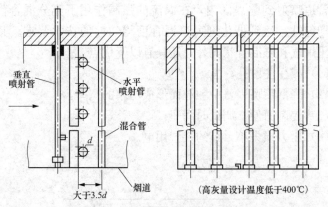

图 3-8　混合管布置示意（假设格栅式喷射管安装在水平烟道）

第四节　AIG 喷氨系统设计

172. 喷射格栅（AIG）主要有哪三种技术？

答：AIG 主要有以下三种技术：

（1）配合涡流式静态混合器使用的喷射技术，喷嘴个数和静态混合器的片数一样，总量一般只有几个，因此喷嘴直径会很大。

（2）线性控制式喷射格栅技术，沿着烟道的两个相互垂直的方向或者其中一个方向分别引若干个管子，每根管子上又设置若干喷嘴，每个管子的流量可以单独调节，以匹配烟气中 NO_x 的含量。

（3）分区控制式喷射格栅技术，一般把烟道截面分成 20～30 个大小相同的区域，每个区域有若干个喷射孔，每个分区的流量单独可调，以匹配烟气中 NO_x 的分布。

在氨喷入的初始，分区控制的技术容易获得最均匀的 NH_3/NO_x 摩尔比分布。第一种技术，氨在喷入的初始，氨和烟气的混合最差，NH_3/NO_x 摩尔比的分布也是最不均匀的，并且第一种技术必须和静态混合器配合使用。

为防止烟道积灰对喷氨系统的影响，氨喷射格栅应优先考虑安装在反应器前的竖直烟道中。

173. 喷氨格栅的作用是什么？

答：喷氨格栅作用是：

（1）每个喷口的氨能够在设计的混合段长度内和每个喷嘴区域内的烟气均匀混合。

（2）喷入氨的分布和烟气中 NO_x 的分布尽量匹配，使得 NH_3/NO_x 摩尔比的分布尽量均匀。氨的分布效果会对整个 SCR 工艺系统的烟气脱硝效率及氨逃逸率产生直接的影响。目前，应用于燃煤电厂的 SCR 工艺系统普遍采用的是喷氨格栅（AIG）的方法。

174. SCR 工艺的氨喷射系统由哪些部分组成？

答：SCR 工艺的氨喷射系统包括稀释风机（或送风机出口引出）、静态（氨气/空气）混合器、供应支管和喷射格栅（AIG），如图 3-9 所示。

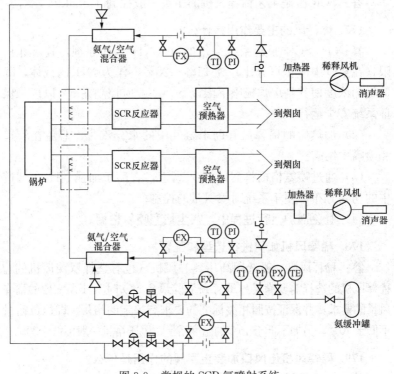

图 3-9　常规的 SCR 氨喷射系统

175. SCR 脱硝氨喷射系统工艺流程是什么？

答：SCR 脱硝氨喷射系统工艺流程为：

（1）制氨车间储罐中的液氨送到蒸发器中蒸发产生气态氨，气态氨经氨缓冲罐被稀释空气稀释后，由氨喷射格栅喷入 SCR 反应器入口前的烟道中。

（2）稀释风系统组件。稀释空气风机（或由送风机出口引出一路管道）提供氨/空气混合用的空气。

（3）氨注射格栅（AIG）。安装于通向 SCR 的烟道内部带有喷射喷嘴的格栅，喷射系统设置流量调节阀，能根据烟气不同的工况进行调节，使格栅喷入的氨流量与 NO_x 浓度匹配，同时，喷射系统需要具有良好的热膨胀性、抗热变形性和抗振性。

176. SCR 脱硝工艺稀释风机的压头一般控制在多少？

答：SCR 脱硝工艺稀释风机的压头一般控制在 5.5kPa 左右。

177. 稀释风的主要作用是什么？

答：（1）SCR 脱硝系统采用的氨（NH_3）还原剂，其爆炸极限（在空气中体积百分比）为 $15\% \sim 28\%$，作为 NH_3 的载体，降低氨的浓度使其到爆炸极限下限以下，一般应控制在 5% 以内，保证系统安全运行。

（2）加热后的稀释风有助于氨气中的水分汽化，避免在管道和喷嘴中结露。

（3）通过喷氨格栅将 NH_3 喷入烟道，有助于加强 NH_3 在烟道中的均匀分布，便于系统对喷氨量的控制。

（4）避免锅炉运行过程中，灰尘堵塞喷氨格栅。

178. 稀释风机如何进行选型和配置？

答：稀释风机一般选用高压离心风机（也有选择罗茨风机的）。稀释风机的选择需要满足 SCR 系统脱除最多 NO_x 时 NH_3 所需要的稀释风量的要求，并保证按照相关标准的要求有一定的裕量：即风量裕量不低于 10%，另加不低于 $10\,^{\circ}C$ 的温度裕量，风压裕量一般不低于 20%。

179. 稀释风机出风口加装止回阀的作用是什么？

答：一般在稀释风机进口处管道上设置自动控制阀门，在稀释风机出风口加装止回阀，避免因备用风机投用时，停运风机发生倒转。

180. 氨气/空气混合器的作用是什么？

答： 氨气/空气混合器的作用是将氨与稀释空气均匀混合，氨气被稀释成质量比小于 5% 的混合气。一般会控制氨气/空气混合器内的压力为 350Pa，在混合器内部还会设置隔板。

181. 氨气/空气混合器由哪几部分组成？内设隔板的作用是什么？

答： 氨气/空气混合器内设隔板，使得经过压力和流量调整后的氨气与空气能在混合器内充分混合，把氨稀释成质量比小于 5% 的混合气。图 3-10 所示为一种氨气/空气混合器。氨气/空气混合器的组成部分包括混合器本体、混合叶片和氨喷嘴。

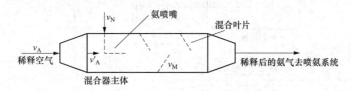

图 3-10　氨气/空气混合器

182. 氨气/空气混合器本体直径和喷嘴数量如何进行计算？

答： 氨气/空气混合器本体直径和喷嘴数量计算式如下：

（1）混合器本体直径 D。

$$\frac{v_A'}{v_A} = 0.5 \sim 0.7 \tag{3-1}$$

$$\frac{v_M}{v_A} = 0.5 \sim 0.7 \tag{3-2}$$

式中　v_A——稀释空气流速，m/s；

$\quad\quad v_A'$——混合前空气流速，m/s；

$\quad\quad v_M$——混合后氨气流速，m/s。

（2）氨喷嘴数 N。

$$N = \frac{Q}{Av} \tag{3-3}$$

脱硝运行技术1000问

式中　v——喷射速度；

　　　A——喷嘴截面积；

　　　Q——氨气流量。

183. 喷氨格栅系统分为哪几种？分别适用于哪些工况？

答： 喷氨格栅系统分为以下四种：

（1）从一个方向安装喷氨管道系统，如图 3-11 所示。这种系统适用于烟道断面积较小、进口 NO_x 和烟气流量在深度方向上比较均匀的情况。

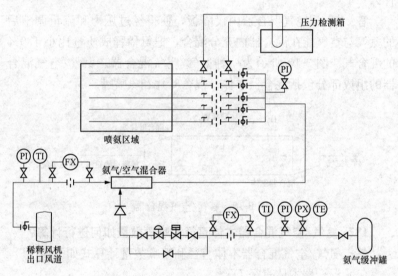

图 3-11　从一个方向安装喷氨管道系统

（2）喷氨管路网状型布置系统，如图 3-12 所示。这种系统适用于喷氨处烟道断面较大、进口处的 NO_x 或烟气流量在烟道宽度或深度方向喷氨点距离催化剂层较近处不均匀的情况。

（3）从两侧安装喷氨管路系统，如图 3-13 所示。这种系统适用于喷氨处的烟道长度较大的烟气系统。

（4）在烟道中分区安装喷射管（分区型）系统，如图 3-14 所示。这种系统适用于喷氨处烟道断面较大、进口 NO_x 流量不均匀，或烟气流量特别高，或需要高脱硝效率的情况。

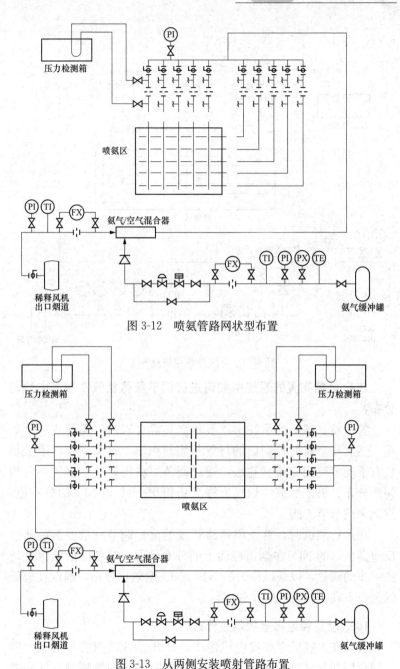

图 3-12　喷氨管路网状型布置

图 3-13　从两侧安装喷射管路布置

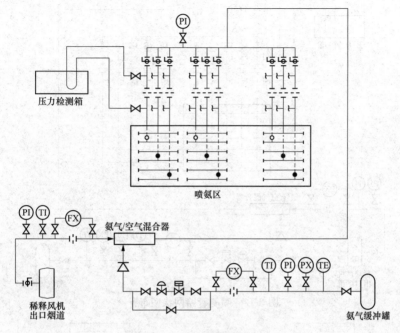

图 3-14　分区型喷氨管路布置

184. 喷氨布置的系统中如何进行调节获得氨气在烟气中均匀分布？

答：喷氨布置的系统中，氨和空气混合以后，先到达一个集箱，然后每个喷射控制区的母管从集箱引出，每个供应管道上都装有手动节流阀和流量孔板，通过调节可获得氨气在烟气中更均匀的分布。根据烟道中烟气取样分析得出 NH_3 和 NO_x 的分布值，据此来调节节流阀。

在运行调试时，首先将每路管线的流量调节一致；然后通过反应器出口的 NO_x 在烟道截面上的分布情况，对各区的流量进行进一步的调整，以获得均匀的 NH_3/NO_x 摩尔比分布，确保在较低的漏氨下获得较高的脱硝效率。

185. 喷氨管道布置规则是什么？

答：在大容量燃煤发电机组中，SCR 系统喷射管道类型一般为网状型和分区型。网状型和分区型氨喷射管的氨喷嘴应优先考虑要放置在烟道的直管段,直管段要尽可能在反应器的上游和在烟气量偏转小(速度变化系数 $\varepsilon \leqslant 20\%$)并且不会出现逆流的地方。

另外,在工程设计中,还需要考虑烟气流速对喷氨系统的影响。必要时,对于网状型,氨喷射管就要排成两排或采用 L 形角钢装在喷射管上;对于分区型也同样要安装如 L 形角钢来保护喷氨管道。

在喷射管排成两排时,喷射管的水平和垂直距离就应该大于 $3.5d$(d 表示管道外径),还应结合喷嘴的检修空间作出决定。

186. 喷嘴设计应满足哪些要求?

答: 喷嘴设计应满足以下几点要求:

(1)通常,喷嘴处的喷淋速率应该与烟道里的烟气速率一致,且不大于 $25m/s$。

(2)根据相关工程试验资料表明,节流开口直径要在 $\phi 5 \sim \phi 25$ 范围内。

(3)喷射管的大小和开口直径设置应保证从氨稀释空气到喷射部分的压降在允许范围内。

(4)通常,L/D(表示氨气混合区距离/喷嘴当量直径)应设置为 A(A 值的大小,各公司根据其工程经验会有所不同)。L 为氨混合区域距离,此距离是在喷氨格栅和催化剂之间,定义为弯曲部分的平均距离。当弯曲部分是两个或更多时,L 是考虑了流线后计算出的平均距离,D 为喷嘴倾斜的当量直径,具体意义如图 3-15 所示。

187. AIG 喷嘴设计分为哪几种方式?

答: AIG 喷嘴设计分为以下几种方式:

(1)只有少数几个喷嘴,不需调整各喷射格栅,只靠混合的导板或装置使氨和烟气混合。

(2)将烟道断面分成数个方格区域,各个区域由个别单独的阀门控制,意即单独的喷射格栅控制。

(3)喷氨格栅为网状结构,如横向数支喷射格栅,纵向也数

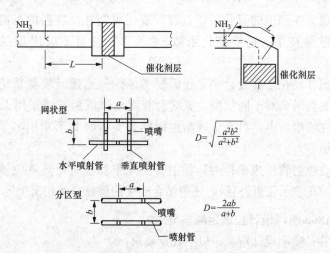

图 3-15　氨混合区域距离和喷嘴当量直径定义

支喷射格栅，交织成方格状，因此每个阀门控制好几个区域，每个区域也被好几个阀门所影响，这种设计要调整就稍微难些。

（4）氨分区理念设计，各分区的喷嘴分别控制，实际运行中，可以根据流场和 NO_x 的分布，灵活调整分区内的氨喷射量。

图 3-16 所示为燃煤电站 SCR 系统中常用的两类喷氨格栅上氨喷嘴示意，其中图 3-16（a）所示为带套管的喷嘴，图 3-16（b）所示为无套管的喷嘴，实际工程中需要根据燃料类型和烟气流速确定选择。

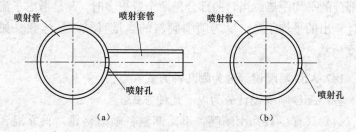

图 3-16　燃煤电站 SCR 氨喷嘴结构示意
（a）带套管的喷嘴；（b）无套管的喷嘴

188. 氨喷嘴喷射氨量如何进行调整？

答：关于氨喷嘴喷射氨量的调整，一般要在反应器出口的烟道断面上取数个代表点测量 NO_x 的量,看这几点的 NO_x 值差异是否合乎要求。由烟气流径可知道出口这几点相对应的喷氨点所在,若某点出口 NO_x 高,则相应的喷氨格栅的注氨量不够,需要加大阀门开度;反之,若某点出口 NO_x 低,则相应的喷氨格栅的注氨量过多,需要减少该阀门开度。如果要求有较高的脱硝效率及较低的氨逃逸率,出口的量测点就取点数多一些,要求 NO_x 值的差异就小一些,一般要求多为 10~40 点。

第四章

SCR 催化剂

第一节 SCR 催化剂工作原理及分类

189. 催化剂的作用是什么?

答:催化剂的作用是降低反应活化能。

190. 催化剂的催化作用是什么?

答:在化学反应中催化剂有选择性地加速化学反应的作用称为催化剂的催化作用。

191. SCR 催化剂的功能是什么?

答:在 SCR 反应中,催化剂促使还原剂选择性地与烟气中的氮氧化物在一定温度下发生化学反应。

192. 根据反应物和催化剂的状态,通常将催化剂作用分为哪两类?

答:根据反应物和催化剂的状态,通常将催化剂作用分为均相催化和多相催化两类。

(1)反应物和催化剂同处于一相(溶液或气体组成的均匀体系中)时,其催化作用称为均相催化作用。

(2)当催化剂与反应物处于不同相时(通常是催化剂呈固体,反应物为气体或液相),其催化作用称为多相催化作用。催化还原法烟气脱硝即属于多相催化反应。

在多相催化反应中,反应物在催化剂表面上的接触是关键因素之一,因为催化反应是在表面完成的。反应物接触催化剂表面首先需在表面上被吸附,这种吸附往往是化学吸附,化学吸附的结果导致反应物分子化学键的松弛，使反应得以进行下去，因此也称固体催化剂为触媒。

193. 催化剂在催化反应中有哪三个显著的特征？

答： 催化剂在催化反应中的三个显著特征为：

（1）加快化学反应速率，控制反应方向。

（2）不改变化学反应的平衡和反应热。

（3）对化学反应具有特殊的选择性。

194. 催化剂加快反应速率的机理是什么？

答： 催化反应过程中加快化学反应速率是催化剂最为显著的特征。催化剂加快反应速率的机理是改变了化学反应的历程，降低了化学反应的活化能，使化学迅速进行。加快反应速率，缩短了反应达到平衡所需要的时间。

195. 工业催化剂有哪三类组分？

答： 工业催化剂通常不是单一的物质，而是由多种物质组成。绝大多数工业催化剂有三类可以区分的组分，即活性组分、载体、助催化剂。其中，载体是催化剂活性组分的分散剂、黏合剂或支撑体，是负载活性组分的骨架。

196. 催化剂载体的功能有哪些？

答： 催化剂载体的功能主要有以下几方面：

（1）提供有效的表面和适宜的孔结构。

（2）增强催化剂的机械强度，使催化剂具有一定的形状。

（3）改善催化剂的传导性。

（4）减少活性组分的含量。

（5）载体提供附加的活性中心。

（6）活性组分与载体之间的溢流现象和强相互作用。

197. 催化剂载体的主要作用是什么？

答： 催化剂载体主要作用是提供具有大的比表面积的微孔结构，在 SCR 反应中所具有的活性极小。

198. 催化剂的宏观物性是指什么？

答： 催化剂的宏观物性是指由组成各粒子或粒子聚集体的大小、形状与空隙结构所构成的表面积、孔体积、形状及大小分布的特点，以及与此有关的传递性及机械强度等。

199. 用于 SCR 系统的商业催化剂主要有哪几类？

答： 用于 SCR 系统的商业催化剂主要有四类，即贵金属催化剂、金属氧化物催化剂、沸石催化剂和活性炭催化剂。

贵金属催化剂主要是 Pa、Pt 类的贵金属，负载于 Al_2O_3 等载体之上，制成球状或蜂窝状。它具有很强的 NO_x 还原能力，但同时也促进了 NH_3 的氧化。目前，贵金属催化剂主要用于天然气及低温的 SCR 催化方面。

金属氧化物催化剂主要是氧化钛基 $V_2O_5-WO_3$（MoO_3）/ TiO_2 系列催化剂。其次是氧化铁基催化剂，是以 Fe_2O_3 为基础，添加 Cr_2O_3、Al_2O_3、SiO_2 及微量的 MgO、TiO、CaO 等组成，这种催化剂活性较氧化钛基催化剂活性要低近 40%。

沸石催化剂是一种陶瓷基的催化剂，由带碱性离子的水和硅酸铝的一种多孔晶体物质制成丸状或蜂窝状。反应机理具有分子筛的作用，只有那些能穿过沸石微孔进入催化剂孔穴内的分子才有机会参加化学反应过程，具有较好的热稳定性及高温活性。

活性炭催化剂由于活性炭与氧接触时具有较高的可燃性，这是它不能广泛应用的原因之一。

200. SCR 催化剂可根据哪些方面进行不同的分类？

答： SCR 催化剂可根据原材料、结构、工作温度、用途等方面进行不同的分类。

201. 火电厂用 SCR 催化剂按原材料可以分为哪几种类型？

答： 按催化剂原材料来分，应用于燃煤机组烟气 SCR 脱硝工程中的催化剂大致有三种类型：贵金属型、金属氧化物型和离子交换的沸石分子筛型。

（1）第一类催化剂主要是 Pt-Rh 和 Pd 等贵金属类催化剂，通常以 Al_2O_3 等整体式陶瓷作为载体。早期设计安装的 SCR 系统中多采用这类催化剂，其对 SCR 反应有较高的活性且反应温度较低，但是缺点是对 NH_3 有一定的氧化作用。因此在 20 世纪八九十年代以后逐渐被金属氧化物类催化剂所取代，目前仅应用于低温条件下及天然气燃烧后尾气中 NO_x 的脱除。

（2）第二类是金属氧化物类催化剂，广泛应用的 SCR 催化剂大多是以 TiO_2 为载体，以 V_2O_5 或 V_2O_5-WO_3，V_2O_5-MoO_3 为活性成分；其次是氧化铁基催化剂，以 Fe_2O_3 为基础，添加 CrO_x、Al_2O_3、ZrO_2、SiO_2 及微量的 MnO_x、CaO 等组成，这种催化剂活性较氧化钛基催化剂活性要低 40%。

（3）第三类是沸石分子筛型，主要是采用离子交换方法制成的金属离子交换沸石。通常采用碳氢化合物作为还原剂。所采用的沸石类型主要包括 Y-沸石、ZSM 系列、MFI、MOR 等。这一类催化剂的特点是具有活性的温度区间较高，最高可以达到 600℃。

202. 金属氧化物类催化剂反应机理是什么？

答：当采用金属氧化物类催化剂时，通常以氨或尿素作为还原剂。反应机理通常是氨吸附在催化剂的表面，而 NO 的吸附作用很小，在这一类催化剂中，以具有锐钛矿结构的 TiO_2 做载体。

203. 钒作为主要活性成分的催化剂，其活性温度区间是多少？

答：钒作为主要活性成分催化剂的活性温度区间为 300～400℃。

204. 金属氧化物类催化剂中加入 WO_3 和 MoO_3 的主要作用是什么？

答：金属氧化物类催化剂中加入 WO_3 和 MoO_3，其主要作用是增加催化剂的活性和增加热稳定性，防止锐钛矿的烧结和比表面积的丧失。另外 WO_3 和 MoO_3 的加入能和 SO_3 竞争 TiO_2 表面的碱性位，并代替它，从而限制其硫酸盐化。

205. 在催化剂的制备过程中加入玻璃丝、玻璃粉、硅胶等的作用是什么？

答：在催化剂的制备过程中加入玻璃丝、玻璃粉、硅胶等以增加强度、减少开裂，并加聚乙烯、淀粉、石蜡等有机化合物作为成型黏结剂。

206. SCR催化剂按结构可以分为哪三种?

答：SCR催化剂按结构来分可分为板式、波纹式和蜂窝式。

（1）板式催化剂为非均质催化剂，一般是以不锈钢金属网格为基材，负载上含有活性成分的载体压制而成；以玻璃纤维和TiO_2为载体，涂敷V_2O_5和WO_3等活性物质，其表面遭到灰分等的破坏磨损后，就不能维持原有的催化性能，催化剂再生几乎不可能。

（2）波纹式催化剂为非均质催化剂，外形如起伏的波纹，压制形成小孔；以柔软纤维为载体，涂敷V_2O_5和WO_3等活性物质，催化剂表面遭到灰分等的破坏磨损后，也不能维持原有的催化性能，催化剂再生不可能。

（3）蜂窝式催化剂属于均质催化剂，一般是把载体和活性成分混合物整体挤压成型，以TiO_2、V_2O_5、WO_3为主要成分，催化剂本体全部是催化剂材料，因此其表面遭到灰分等的破坏磨损后，仍然能维持原有的催化性能，催化剂可以再生。具有强耐久性、高耐腐性、高可靠性、高反复利用率、低压降等特性。

207. 目前在火电厂脱硝工程中应用最多的催化剂是哪一种?

答：目前在火电厂脱硝工程中应用最多的催化剂是氧化钛基V_2O_5-WO_3（MoO_3）/TiO_2系列催化剂。

208. SCR催化剂按载体材料可以分为哪两种?

答：SCR催化剂按载体材料来分可分为金属载体催化剂和陶瓷载体催化剂。陶瓷载体催化剂耐久性强，密度轻，其主要成分为堇青石。

209. SCR催化剂按工作温度可以分为哪三种?

答：根据所使用催化剂的催化反应温度，SCR工艺分成高温、中温和低温。一般高温大于400℃，中温为300～400℃，低温小于300℃。根据选择的催化剂种类，反应温度可以选择在280～420℃之间，甚至可以低到80～150℃。

210. SCR 催化剂按用途可以分为哪三种？

答：SCR 催化剂按用途分类可分为燃煤型和燃油、燃气型。

燃煤和燃油、燃气型催化剂的主要区别是蜂窝内孔尺寸，一般燃煤型大于 5mm，燃油、燃气型小于 4mm。

211. 燃煤电站的 SCR 催化剂至少应满足哪些条件？

答：燃煤电厂 SCR 的烟气量较大，污染物 NO_x 的浓度较低，烟气成分也比较复杂，而且气量、烟气流速、温度等在运行过程中经常发生变化，因此，为了保证系统安全、稳定、连续的运行，一般要求燃煤电厂的 SCR 催化剂至少应满足以下几个条件：

（1）在适用的温度范围内，具有较高的活性。因为只有高活性，才能保证在高效反应温度范围内，有效地去除低浓度的 NO_x。

（2）具有较高的选择性。由于锅炉烟气成分复杂，具有较高的选择性，才能避免或降低其他不利的影响，如避免 SO_2 向 SO_3 的转换等。

（3）具有较高的抗化学性能。燃煤电厂锅炉烟气通常含有粉尘、重金属、SO_2、HCl、Na_2O、K_2O、As 等易使催化剂中毒的物质，因此要求催化剂具有较强的抗毒能力，化学稳定性越高，寿命越长。

（4）在较大的温度波动下，有较好的热稳定性。由于锅炉烟气的温度变化较大，为了保证系统的适用性，要求催化剂能有比较宽的温度范围。

（5）机械稳定性好，耐冲刷磨损。

（6）压力损失低，使用寿命长。

第二节　SCR 催化剂的结构及特点

212. 用于 SCR 工艺的催化剂应满足哪些条件？

答：用于 SCR 工艺的催化剂应满足以下条件：

（1）在较低的温度和较宽的温度范围，具有较高的活性。

（2）较高的选择性，较低的 SO_2/SO_3 转化率。

（3）具有抗二氧化硫（SO_2）、卤素氢化物（HCl、HF）、碱金属（Na_2O、K_2O）、重金属（As）等特性。

（4）在较大的温度波动范围内，具有良好的热稳定性。

（5）机械稳定性好，耐冲刷磨损。

（6）压力损失低。

（7）使用寿命较长。

（8）废物易于回收利用。

（9）成本较低。

213. SCR 催化剂有哪些技术指标？

答：当前工业应用中，除化学成分外，SCR 催化剂主要有以下技术指标：

（1）节距。蜂窝式催化剂为蜂窝孔径与内壁厚度之和，平板式催化剂为催化剂单元内相邻两单板中心层之间的距离，以 mm 表示。

（2）几何比表面积。烟气流通通道的总表面积与催化剂体积的比值，以 m^2/m^3 表示。

（3）开孔率。烟气流通通道的总截面积与催化剂截面积的比值，以％表示。

（4）轴向抗压强度。常温下，当施加的压力方向与烟气流通通道的方向平行时，按规定条件加压，蜂窝式催化剂试样发生破坏前单位面积上所能承受的最大压力，以 MPa 表示。

（5）径向抗压强度。常温下，当施加的压力方向与烟气流通通道的方向垂直时，按规定条件加压，蜂窝式催化剂试样发生破坏前单位面积上所能承受的最大压力，以 MPa 表示。

（6）磨损强度。蜂窝式催化剂经加速试验磨损前后质量损失的百分比与所消耗的磨损剂质量的比值，或平板式催化剂在旋转式磨耗测试仪上按照特定条件研磨前后的质量差，以％/kg 或 mg/100U 表示。

（7）黏附强度。当平板式催化剂受到弯曲压力或含尘气流冲刷时，由活性物质等组成的涂层附着于金属基材的能力。

(8) 微观比表面积。单位质量催化剂的表面和内孔的总表面积，以 m^2/g 表示。

(9) 孔容。单位质量催化剂的内孔的总容积，以 mL/g 表示。

(10) 微孔孔径。催化剂的微孔宽度（如圆柱形孔的直径或狭缝孔相对壁间的距离），以 nm 表示。

(11) 脱硝效率。烟气中脱除的 NO_x 量与原烟气中所含 NO_x 量的百分比。

(12) 活性。催化剂在还原剂与氮氧化物发生化学反应过程中所起到的催化作用的能力，以 m/h 表示。

(13) SO_2/SO_3 转化率。烟气中的 SO_2 在催化反应过程中被氧化成 SO_3 的体积浓度百分比。

(14) 氨逃逸。反应器出口烟气中氨的质量与烟气体积（标态、干基、$6\%O_2$）之比，以 mg/m^3 表示。

214. 蜂窝式催化剂单元是什么？

答：蜂窝式催化剂单元是指截面尺寸为 150mm×150mm 的蜂窝式催化剂单体。

215. 蜂窝式催化剂模块是什么？

答：蜂窝式催化剂模块由一定数量的催化剂单元在模块框内组装而成。

216. 蜂窝式催化剂缺口是指什么？

答：蜂窝式催化剂缺口是指催化剂单元端面及外壁上出现的开口。

217. 蜂窝式催化剂孔变形是指什么？

答：蜂窝式催化剂孔变形是指构成催化剂孔道的壁出现变形，偏离了水平线或垂直线。

218. 蜂窝式烟气脱硝催化剂产品的规格是按什么来划分的？

答：蜂窝式烟气脱硝催化剂产品的规格按单元截面上均匀排布的方形孔道数划分，有 16 孔（16 孔×16 孔）、18 孔（18 孔×18 孔）、22 孔（22 孔×22 孔）和 35 孔（35 孔×35 孔）等。

219. 板式催化剂单板是指什么？

答： 板式催化剂单板是指金属网表面均匀涂覆活性组分，按照一定的规格褶皱并剪切而成的催化剂板，是平板式催化剂的基本组成部分。

220. 板式催化剂单元是指什么？

答： 板式催化剂单元由一定数量的催化剂单板在金属盒内组装而成。

221. 板式烟气脱硝催化剂产品的规格是按什么来划分的？

答： 板式烟气脱硝催化剂产品的规格按节距进行划分，有 6.1mm 节距、6.3mm 节距、6.5mm 节距等。

222. 催化剂面速度是指什么？

答： 催化剂面速度 AV 是指烟气流量与催化剂单元体的总几何表面积（催化剂单元体体积与几何比表面积的乘积）之比，即

$$AV = \frac{Q}{VA_P} \tag{4-1}$$

式中 Q——标准状态下烟气流量，m^3/h；

V——催化剂体积的数值，m^3；

A_P——催化剂的几何比表面积，m^2/m^3。

223. 蜂窝式催化剂的几何比表面积计算公式是什么？

答： 蜂窝式催化剂的几何比表面积计算式为

$$A_p = \frac{4dn^2 \times 1000}{ab} \tag{4-2}$$

式中 A_p——催化剂的几何比表面积，m^2/m^3；

d——蜂窝式催化剂的孔径，mm；

n——蜂窝式催化剂单元体端面上一排的孔数；

a，b——分别为蜂窝式催化剂单元体的横截面尺寸，mm。

224. 平板式催化剂的几何比表面积计算公式是什么？

答： 平板式催化剂的几何比表面积计算公式为

$$A_p = \frac{2wn \times 1000}{ab} \tag{4-3}$$

式中　w——折弯前的单板宽度，mm；

　　　n——平板式催化剂单元体中单板的数量。

225. 蜂窝式催化剂的开孔率计算公式是什么？

答：蜂窝式催化剂的开孔率计算公式为

$$\varepsilon = \frac{d^2 n^2}{ab} \times 100 \tag{4-4}$$

式中　ε——催化剂的开孔率，%。

226. 板式催化剂的开孔率计算公式是什么？

答：板式催化剂的开孔率计算公式为

$$\varepsilon = \left(1 - \delta_p w \frac{n}{ab}\right) \times 100 \tag{4-5}$$

式中　δ_p——板式催化剂单元体中单板的厚度，mm；

　　　w——折弯前的单板宽度，mm；

　　　n——板式催化剂单元体中单板的数量。

227. SCR 蜂窝式催化剂的特点是什么？

答：蜂窝式催化剂元件（陶瓷）的制作一般是通过挤压工具整体成型，经干燥、烧结、切割成满足要求的元件，这些元件被装入钢框架内，形成催化剂模块。蜂窝式催化剂具有模块化、相对质量较轻、长度易于控制、比表面积大、易改变节距、适应不同工况、回收利用率高等优点。

228. SCR 板式催化剂的特点是什么？

答：板式催化剂元件为最小构成单位，数十片元件组成了催化剂单元，催化剂单元截面积是 464mm×464mm，高度一般为 500~850mm；再由催化剂单元组成催化剂模块；催化剂模块通常情况在长宽高方向上由 4×2×2 共 16 个催化剂单元构成。

SCR 板式催化剂的制作是采用金属板作为基材浸渍烧结成型。活性材料与蜂窝状催化剂相似。具有对烟气的高尘环境适应力强的优点，但比表面积小等特点。

229. SCR 波纹状催化剂的特点有哪些？

答：波纹状催化剂外形如起伏的波纹，从而形成小孔。加工工艺是先制作玻璃纤维加固的 TiO_2 基板，再把基板放到催化活性溶液中浸泡，以使活性成分能均匀吸附在基板上。其优点是比表面积较大、压降比较小。

230. 在催化剂模块上表面设置金属质的保护网的目的是什么？

答： 在催化剂模块上表面设置金属质的保护网的目的是为了避免大块的灰粒进入催化剂内壁，堵塞催化剂。为了加强对催化剂单元的保护，分别设有内保护层和外保护框架等结构。

231. 蜂窝式与板式脱硝催化剂可以互换、混装吗？

答： 蜂窝与板式脱硝催化剂可以互换甚至混装。在蜂窝式与板式催化剂生产过程中，催化剂模块已经按可互换的标准尺寸进行设计，在脱硝工程设计时，也会考虑催化剂型式调整所带来的影响（如荷载）。从脱硝性能上来说，通过选型调整，蜂窝式和板式催化剂均能够达到相同的性能指标。而在进行脱硝数模和物模实验时，催化剂的型式并不是流场设计的影响因素。理论上，脱硝流场主要关注最上层催化剂入口的流场条件，而不同催化剂型式对流场的影响一般可忽略不计。在国外已有大量蜂窝式与板式催化剂换装或混装业绩，为消除流场或积灰不利影响，甚至有单层混装的成功运行案例，国内近年来也陆续出现类似工程业绩，从运行情况来看催化剂型式调整或混合使用并未对脱硝装置运行产生不利影响。需要注意的是，同等工况下，板式催化剂较蜂窝式催化剂用量要大，因此需提前核实吹灰器位置，另外如果蜂窝式催化剂改平板式催化剂，还需核实反应器单层层高及荷载。

第三节　常用 SCR 催化剂的活性及成分

232. 催化剂活性指什么？

答： 催化剂活性是指催化剂的催化能力，就是指某一特定催化剂影响反应速率的程度。

233. SCR 脱硝催化剂的活性是什么？

答： 根据 DLT 1286—2013《火电厂烟气脱硝催化剂检测技术

规范》的定义，SCR 脱硝催化剂的活性即"脱硝催化剂在氨基还原剂与氮氧化物反应的过程中所起到的催化作用的能力"，活性的计算公式为

$$K = 0.5 \times AV \times \ln \frac{MR}{(MR - \eta) \times (1 - \eta)} \quad (4\text{-}6)$$

式中　K——催化剂单元体的活性，m/h；

　　　AV——面速度，m/h；

　　　MR——氨氮摩尔比。

根据 GB/T 31584—2015《平板式烟气脱硝催化剂》与 GB/T 31587—2015《蜂窝式烟气脱硝催化剂》的定义，SCR 脱硝催化剂的活性即"脱硝催化剂在还原剂与氮氧化物反应的过程中所起到的催化作用的能力"，"当氨氮摩尔比等于 1 时"，活性的计算公式为

$$K = -AV \times \ln(1 - \eta) \quad (4\text{-}7)$$

式中　K——催化剂单元体的活性，m/h；

　　　AV——面速度，m/h；

　　　η——催化剂的脱硝效率的数值，以百分数表示。

式（4-6）与式（4-7）的差异在于其限定了前提条件为"氨氮摩尔比等于 1"。但需要说明的是，上述定义与计算公式更大程度上是针对催化剂的性能表现所提出的，而并未指明脱硝催化剂活性的内在含义与影响因素。实际上，由于 SCR 脱硝反应是物质传递与化学反应的综合过程，脱硝催化剂的活性应是一个同时取决于催化剂物化特性与实际反应条件的综合指标，其中物化特性包括催化剂的化学成分、表观结构、微观结构等，实际反应条件包括烟气成分、温度、流速等。因此活性应是在特定工作条件下 SCR 脱硝催化剂综合性能的特征值。即当提到某一个催化剂产品的活性时，应指明是在多少体积量、温度、烟气量等条件下的催化剂活性。由于涉及面速度（烟气流量与催化剂单元体的总几何表面积之比），在实际工程应用中，往往体积量越大，则催化剂活性越低。

在实际工程应用中经常会涉及不同催化剂或同一催化剂不同

时期活性的比较，此时须特别明确催化剂的工作条件，在此前提下的催化剂活性才具有可比性。特别是当涉及催化剂的寿命评估与预测时，须对特定工作条件下的一系列催化剂活性进行拟合分析，形成寿命管理曲线，才能够有效预测催化剂的剩余寿命。从催化剂活性的应用角度而言，其更多应用于研究机构、催化剂公司、第三方技术服务单位，而普通用户（发电企业）对其使用较少。

234. V_2O_5 催化剂的活性与含量、温度的关系是什么？

答：SCR 系统上常用的催化剂主要成分为 V_2O_5/TiO_2，其结构常采用板式或蜂窝式。V_2O_5 催化剂的活性与含量、温度的关系如图 4-1 所示。

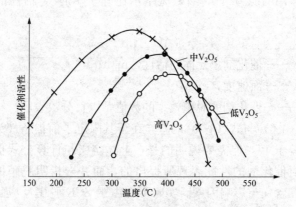

图 4-1　V_2O_5 催化剂活性与含量、温度的关系

235. 如何表示催化剂活性与脱硝性能之间的关系？

答：美国的研究者用下面的动力学公式来表示催化剂的活性和脱硝性能的关系，计算公式为

$$\frac{k}{S_V} = -\ln\left(1 - \frac{\eta}{M}\right) \tag{4-8}$$

式中　k——常数，表征催化剂的活性；

　　　S_V——空间速度，等于烟气流量除以催化剂体积，相当于与催化剂体积相同的烟气流经催化剂所需要的时间的倒数；

η——设计的脱硝效率；

M——反应器进口的 NH_3/NO_x 摩尔比。

式（4-8）主要反映了氨的相对浓度对脱硝反应速度的影响。后来的研究表明，经修正的 Langmuir-Hinshelwood 关系能够更好地反映催化剂反应过程，即

$$\frac{k}{S_V} = -\ln\left(1-\frac{\eta}{M}\right) + \frac{\ln\left[(1-\eta)\big/\left(1-\frac{\eta}{M}\right)\right]}{Kc_{NO}(1-M)} \quad (4\text{-}9)$$

式中　K——NO_x 在催化剂表面的吸附系数；

c_{NO}——催化剂入口的 NO_x 浓度。

此公式除了氨的相对浓度以外，还反映了 NO_x 的浓度对脱硝反应速度的影响。

上述公式定义的催化剂活性 K 是与催化剂体积有关的空间活性。除了催化剂的成分和微观特性以外，它还与催化剂的形式和节距等几何特性有关。

实际上，脱硝反应是与催化剂和烟气的接触面积直接相关的，因此，在比较和评价不同厂家以及不同型号的催化剂时，使用面积活性的概念，使催化剂的活性只与催化剂的物理特性有关，更接近于催化剂的本质。让成分与微观特性相同但是几何特性不同的催化剂，具有相同的活性常数。催化剂的面积活性 k_a，可以按照下述定义，即

$$\frac{k_a}{A_V} = -\ln\left(1-\frac{\eta}{M}\right) + \frac{\ln\left[(1-\eta)\big/\left(1-\frac{\eta}{M}\right)\right]}{Kc_{NO}(1-M)} \quad (4\text{-}10)$$

式中　k_a——催化剂的面积活性；

A_V——催化剂的面积速度，$A_V = S_V \times$ 比表面积，比表面积为单位体积催化剂具有的表面积，与催化剂的节距有关，对于蜂窝式催化剂，还与催化剂的壁厚有关。

236. SCR 催化剂主要由哪三部分组成？

答：工业催化剂常用的是固态催化剂，SCR 系统的催化剂亦是如此，其主要由活性成分、助催化剂和载体三个部分组成。

（1）活性成分又称活性主体或主活性物资，它能单独对化学

反应起催化作用，缩短反应时间。

(2) 助催化剂单独存在时并没有催化活性，然而它的少量加入，却能明显提高反应活性成分的催化能力。

(3) 载体的功能是以承载活性成分和助催化剂的，它的主要作用在于提供大的比表面积，提高活性成分和助催化剂的分散度，以节约活性成分，其次是抗热冲击和抗机械冲击等。

237. V_2O_5/TiO_2催化反应机理是什么?

答：SCR催化剂主要是以TiO_2作载体，活性组分为V_2O_5或V_2O_5-WO_3、V_2O_5-MoO_3，催化反应温度范围是300～400℃的金属氧化物类催化剂。在这类脱硝催化剂中，SO_3具有高活性和抗SO_2性能，参与催化反应的主要活性组分是V_2O_5，它不仅会催化还原NO_x，也会催化氧化SO_2，添加WO_3或MoO_3，可以抑制SO_2的氧化，并增加催化剂的活性和稳定性，同时，能够抑制烟气中的As造成的催化剂中毒。一般V的负载量不超过1%～1.5%，负载的WO_3或MoO_3分别约为10%和6%。

NH_3和NO_x的催化还原反应是在催化剂的活性位上进行的，这种活性位就是氨的吸附位置，而V_2O_5-WO_3/MoO_3系列的催化剂上有两种活性位——Lewis酸性位和Bronsted酸性位。Lewis酸性位是由钒、钛、钨氧化物所提供的，它吸附的物质是分子态的NH_3；Bronsted酸性位是由钒和钨所提供，吸附NH_4^+。

238. SCR催化剂活性成分是什么?

答：SCR催化剂活性成分均为WO_3和V_2O_5。

239. V_2O_5活性成分的主要作用是什么?

答：钒是其中最主要的活性组分，能够单独加快反应速度，缩短反应时间。钒的担载量可能不尽相同，但是通常不超过1%（质量分数）。但是同时V_2O_5也能将SO_2氧化成SO_3，这对SCR反应是不利的，因此，钒的担载量不能过大。

240. TiO_2活性成分的主要作用是什么?

答：以具有锐钛矿结构的TiO_2作为载体具有很多优点。首先，钒的氧化物在TiO_2的表面有很好的分散度。因此，以锐钛型TiO_2

为载体 V 类的催化剂所获得的活性最高。其次，SO_2 氧化生成的 SO_3 可能与催化剂载体发生反应，生成硫酸盐，但是在 TiO_2 作为载体的条件下，其反应很弱且是可逆的。此外，在 TiO_2 表面生成的硫酸盐的稳定性要比在其他氧化物如 Al_2O_3 和 ZrO_2 要差。因此，在工业应用过程中不会使硫酸盐遮蔽表面活性位，同时这部分少量的硫酸盐还会增强反应的活性。

241. 三氧化钨活性成分的主要作用是什么？

答：三氧化钨（WO_3）的含量很大，大约能够占到 10%（质量分数），主要作用是增加催化剂的活性和增加热稳定性。WO_3 能够增强 SCR 反应中钒氧化物活性的机理还不是很清楚，一些学者认为其增加了钒氧化物的酸性，从而增强了反应的活性；也有学者认为 SCR 反应需要两个活性位，WO_3 提供了另外一个活性位。因为 V_2O_5/TiO_2（锐钛矿）本身就是一个很不稳定的系统，是一种亚稳定的 TiO_2 的同素异形体，它在任何温度和压力条件下都有形成热稳定形式金红石的趋势，这样会造成锐钛矿的烧结和比表面积的丧失。WO_3 和 MoO_3 的加入能够阻碍这种变化的发生；另外，WO_3 和 MoO_3 的加入能和 SO_3 竞争 TiO_2 表面的碱性位并代替它，从而限制其硫酸盐化。

242. MoO_3 活性成分的主要作用是什么？

答：在 SCR 反应中，加入 MoO_3 能提高催化剂的活性，而另外一个特殊的作用是防止烟气中 As 导致催化剂中毒。

243. 硅基颗粒添加剂的主要作用是什么？

答：在蜂窝状催化剂中加入硅基的颗粒以提高催化剂的机械强度。

244. 影响催化剂的结构和活性成分的主要因素有哪些？

答：影响催化剂的结构和活性成分的主要因素有：锅炉的燃料种类、系统的脱硝效率、烟气运行温度、入口 NO_x 的浓度、入口烟气中的粉尘浓度及粒径、入口烟气中 SO_2 的含量及出口 SO_3 浓度限制、SCR 出口氨逃逸率的要求等。

第四节　SCR 催化剂的设计条件

245. 催化剂的设计条件包括哪几项内容?

答: 催化剂的设计条件包括以下几项内容:

(1) 锅炉燃煤的煤质和锅炉本体结构。

(2) 要求的脱硝效率。

(3) 反应器出口烟气中未反应氨气 (氨逃逸) 的最大容许量。

(4) 为避免后续设备受硫酸氨影响,系统可接受的最大 SO_2/SO_3 转化率。

(5) 催化剂理想寿命和基于烟气中灰量和其他成分得出的催化剂预期失活速率。

246. 如何控制氨逃逸率与二氧化硫的氧化率?

答: 燃煤电站 SCR 装置出口逃逸的氨和三氧化硫在 $150 \sim 200℃$ 之间形成黏稠的硫酸氢氨,容易导致空气预热器阻塞;另外,当烟气中三氧化硫含量较高时,烟囱出口会形成淡黄色的硫酸烟雾。

因此,需要控制氨的逃逸率和二氧化硫的氧化率。通常对于 SCR 工艺来说,氨的逃逸率选取的范围为 $2 \sim 5ppm$,二氧化硫的氧化率选取的范围在 $0.5\% \sim 1.5\%$。一般,二者分别按照 3ppm 和 1% 来选取,但在实际过程中,当燃料中的含硫量大于 2% 以上时,建议酌情选取较低的数值;当燃料中的含硫量小于 1% 时,可选取较高的数值。

当要求的二氧化硫的氧化率较低时,就需要减少脱硝活性较高但是对二氧化硫氧化反应有较强催化作用的 V_2O_5,增加脱硝活性相对略低但是有较强的抗二氧化硫氧化特性的 MoO_3 和 WO_3 等的含量。因此,要达到相同的活性,催化剂用量就会增加。

氨的逃逸率越低,催化剂末端烟气中氨的浓度就越低,还原反应的速度就越慢,催化剂用量也就越多。

247. 催化剂设计箱体的作用是什么？

答：催化剂模块以箱组合的形式安装，设计箱体主要是考虑保证催化剂在反应器中便于安装到适宜固定的位置，同时它也充当运输容器，保护催化剂模块在运输过程中免遭损坏。

248. 催化剂箱体格栅上安装不锈钢网格的作用是什么？

答：催化剂箱格栅上安装不锈钢网格作用是保护催化剂，避免外来物损伤催化剂，防止大块灰尘及爆米花状颗粒进入催化剂内部堵塞催化剂。

249. 防止催化剂箱体间烟气短路，采取的措施是什么？

答：在箱体与箱体顶部间隙之间焊接密封板或密封条，箱体和反应器壁之间有斜板，这些部件有效防止催化剂模块间烟气短路。在 SCR 壁板和催化剂之间的死角处装设屋脊状密封装置，可以有效避免灰尘的堆积和碳粒的聚集。

250. 催化剂表面积是提供什么的场所？

答：催化剂表面积是提供反应中心的场所。

第五节　烟气化学成分对催化剂性能的影响

251. 烟气中含水率对催化剂特性的影响是什么？

答：水是 SCR 反应的产物，它能够与催化剂的表面相互作用，从而改变活性位的结构，进而抑制 SCR 反应的发生，是由于在催化剂的表面 H_2O 和 NH_3 争夺活性位的结果。水的存在通常能够提高 SCR 反应的选择性，比如降低钒类催化剂作用下 N_2O 的生成量等。

一般来讲，对于特定的催化剂，烟气中含水率越高，对催化剂的活性越不利。烟气中含水率对催化剂活性的影响曲线如图 4-2 所示。

252. SCR 脱硝催化剂为什么怕水？

答：当前商用的脱硝催化剂为多孔隙结构，新鲜催化剂如暴

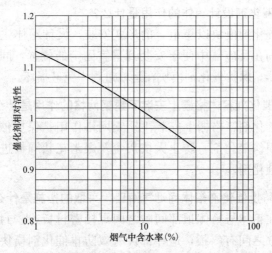

图 4-2　烟气中含水率对催化剂活性影响曲线

露在水环境下，会吸收大量水分，而催化剂的使用温度是 300～420℃，温度的骤升将导致催化剂表面开裂、变形，进而导致催化剂的破损，直接影响催化剂的使用寿命。同时催化剂吸收大量水分之后，烟气中的飞灰更易沾附在催化剂表面，加剧 K、Na 等碱金属可溶解盐对催化剂的毒化，进而进一步加快催化剂的活性下降，导致催化剂的使用寿命缩短。因此在催化剂的运输、储存和使用过程中要防止置于含湿量高的环境下，一般新鲜催化剂采用塑料隔水膜进行包裹、运输。

253. 烟气中含氧量对催化剂特性的影响是什么？

答：一般来讲，烟气中的含氧量浓度增大，有利于 NO_x 的还原，对催化剂的活性有利。根据经验，一般在烟气中含氧量大于 3％以上时，对 SCR 系统的 NO_x 脱除效率基本没有影响，如图 4-3 所示。

254. 烟气中 NO_x 浓度对催化剂体积的影响是什么？

答：如图 4-4（a）所示，在给定 NO_x 脱除率和氨逸出量的情况下，所需催化剂的体积是由 NO_x 的入口浓度确定的；而图 4-4（b）所示的结果表明，当 NO_x 的入口浓度和氨逸出量一定时，所需催化剂的体积则依赖于系统所要求的 NO_x 脱除率。

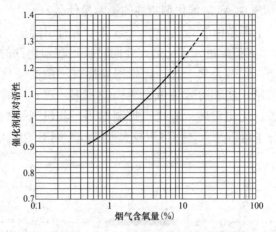

图 4-3 烟气中含氧量对催化剂特性影响曲线

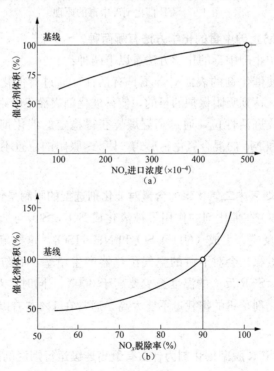

图 4-4 NOₓ入口浓度和 NOₓ脱除效率对所需催化剂体积的影响

255. 烟气中 As 对催化剂特性的影响是什么?

答:砷中毒是由于烟气中的气态 As_2O_3 所引起的,其原理如图 4-5 所示。其扩散进入催化剂,并同时吸附在催化剂的活性位及非活性位上。同碱金属一样,砷中毒同样在均质的催化剂上能得到很好的抑制,能够有效降低在表面的积聚浓度;同时对催化剂的孔结构进行优化对砷中毒也有抑制作用,其机理是相对小体积的反应物分子可以进入,而体积较大的 As_2O_3 则不能进入。

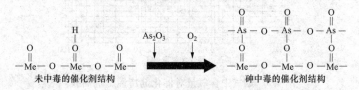

图 4-5　SCR 催化剂砷中毒的原理

256. 防止砷中毒的化学方法有哪两种?

答:防止砷中毒的化学方法有以下两种:

(1)使催化剂的表面对砷不具有活性,通过对催化剂表面的酸性控制,达到吸附保护的目的,使得催化剂表面不吸附氧化砷。

(2)改进活性位,通过高温煅烧获得稳定的催化剂表面,主要采用钒和 Mo 的混合氧化物形式,使 As 吸附的位置不影响 SCR 的活性位。

257. 烟气中二氧化硫的含量对催化剂选型的限制是什么?

答:SO_2 在催化剂的作用下被氧化成 SO_3,SO_3 与烟气中的水以及 NH_3 反应,生成 $(NH_4)_2SO_4$ 和 NH_4HSO_4。这些硫酸盐(尤其是硫酸氢铵)会对下游的空气预热器产生堵塞,而防止这一现象的发生,SCR 反应的温度至少要高于 300℃。同时,对于 V_2O_5 类商用催化剂,钒的担载量不能太高,通常在 1% 左右以防止 SO_2 的氧化。

258. SCR 脱硝催化剂为什么有最高连续运行烟温的限制?

答:目前,广泛应用于脱硝工程的是以锐钛矿结构的 TiO_2 作载体,V_2O_5 作为主要活性物质的催化剂,该类催化剂的运行温度区间为 300～420℃。其中上限值被称为最高连续运行烟温，是指在满足 NO_x 脱除率、氨逃逸浓度及 SO_2/SO_3 转化率的性能保证条件下，保证 SCR 系统具有正常运行能力的温度上限。与之对应的温度下限称之为最低连续运行烟温。在脱硝装置运行中，为了保证设备安全，必须避免脱硝催化剂运行烟温长时间高于最高连续运行烟温或者低于最低连续运行烟温。

纳米级的 TiO_2 锐钛矿结构从 450℃就开始出现相变，掺杂活性组分后的 TiO_2 从锐钛矿结构相变为金红石结构的温度还会进一步降低，导致脱硝催化剂更易烧结失活，因此当脱硝催化剂长时间在最高连续运行烟温及以上烟温运行，将造成脱硝催化剂失活，且这种失活是不可逆的，不能通过再生的方式使其恢复活性。在脱硝系统入口烟气温度大幅度升高以致接近催化剂最高连续运行烟温时，为避免催化剂发生烧结，应当立即调整锅炉运行工况以保护 SCR 催化剂。

259. SCR 脱硝催化剂为什么有最低连续运行烟温的限制？

答： 理论上钒钛催化剂的有效活性温度区间较宽，对于目前商用的 V_2O_5-WO_3/TiO_2 催化剂来说，在 150℃时就已经具备了较为明显的活性。但如图 4-6 所示，若省煤器出口烟气温度低于最低连续运行烟温会导致 NH_4HSO_4 在催化剂微孔内的生成和沉积以致催化剂活性衰减，即催化剂 ABS 现象。

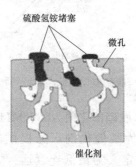

图 4-6　NH_4HSO_4 堵塞催化剂微孔示意图

ABS 即 ammonium bisulfate，中文名称硫酸氢铵，分子式 NH_4HSO_4。

NH$_3$ 与 SO$_3$、H$_2$O 反应生成 (NH$_4$)$_2$SO$_4$ 或 NH$_4$HSO$_4$，(NH$_4$)$_2$SO$_4$ 易分解为 NH$_4$HSO$_4$。NH$_4$HSO$_4$ 的熔点为 147℃，沸点为 491℃，具有很强的黏附性，易吸附烟气中的飞灰。NH$_4$HSO$_4$ 的生成与烟气温度、NH$_3$ 及 SO$_3$、H$_2$O 分压正相关。在催化剂微孔中，由于毛细凝聚现象，导致 NH$_4$HSO$_4$ 在更高的温度下发生凝结，一般此温度在 270~320℃之间，因此最低连续运行烟温主要取决于催化剂的微孔结构与烟气中的 SO$_3$ 和 NH$_3$ 浓度。相应的，一般催化剂设计最低连续烟温是根据设计指定的 SO$_3$ 和 NH$_3$ 浓度核算得出，而在实际运行中，则应根据实际浓度进行相应调整。

如图 4-7 所示，当催化剂长期运行于最低连续运行烟温时，一方面催化剂本身活性在低温条件下有可能降低；另一方面由于生成 ABS 堵塞催化剂微孔，也会导致催化剂活性降低，而在发电企业实际生产运行中，为了确保 NO$_x$ 达标排放，必须要确保脱硝效率，此时往往只能通过加大喷氨量来维持脱硝效率，而加大喷氨量又会进一步促进 ABS 生成，造成活性降低、喷氨量增大、ABS 之间的恶性循环，此外加大喷氨量必然会导致氨逃逸增大，对下游设备也将会产生不利影响。

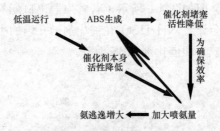

图 4-7　脱硝催化剂低温运行问题示意图

260. 什么是 SCR 脱硝催化剂 ABS、MIT、MOT？

答: 图 4-8 所示为某催化剂厂家提供的脱硝运行烟温计算图，其中上部曲线被定义为最低连续运行烟温，即 MOT，当脱硝催化剂在此温度以上运行时，不会发生 NH$_4$HSO$_4$ 沉积现象，是催化剂长期连续运行的最低烟温。中间曲线被定义为最低可喷氨温度，即 MIT，当脱硝催化剂在此温度以上、MOT 以下运行时，NH_4HSO_4缓慢、少量生成且可通过升温至 MOT 以上运行一段时间以恢复催化剂活性，因此在机组升降负荷时，可在此温度点开始或结束喷氨。下部曲线被定义为 ABS 析出温度，在此温度下 NH_4HSO_4 快速、大量生成且无法通过升温完全恢复催化剂活性。一般 ABS 温度与 MIT 大约相差 15℃，MIT 与 MOT 大约相差 20℃。

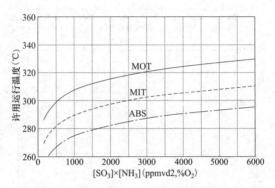

图 4-8　脱硝催化剂最低喷氨温度计算示意图

在实际脱硝运行中，若省煤器出口烟气温度低于 MOT 但高于 MIT，短时间投运可保证烟气达标排放，同时烟气中的 SO_3 与 NH_3反应生成 NH_4HSO_4并沉积在催化剂表面，可通过提高负荷运行使其分解，促使催化剂的活性恢复。但长期投运或在 ABS 温度下投运，一方面会导致 NH_4HSO_4 沉积在催化剂表面从而使催化剂的微观结构和性能发生不可逆的变化；另一方面氨逃逸增加，进入空气预热器后与烟气中的 SO_3 在合适温度下生成 NH_4HSO_4，会附着在空气预热器表面从而引起空气预热器腐蚀和堵塞，严重的会影响机组出力甚至造成机组停机。

261. 在温度窗口内 SCR 脱硝催化剂的活性受温度影响大吗？

答：如图 4-9（a）所示，在温度窗口内的低温区域催化剂活性较为平稳，在高温区域活性下降快；图 4-9（c）所示则是在高温区域活性较佳，低温区域较差；而图 4-9（b）则是在整个温度窗口内的活性均较为平稳。总体而言，对于特定的催化剂，其适应设计温度可以在一定程度上通过改变配方加以调整。

111

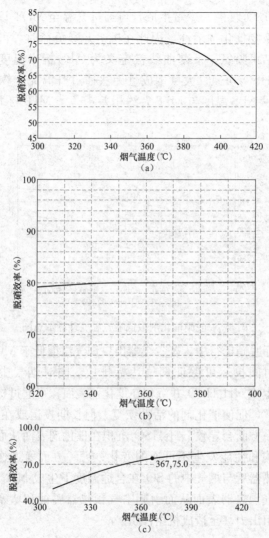

图 4-9   烟气温度与脱硝效率的关系（工程实例脱硝修正曲线）

第六节   烟气中飞灰对催化剂性能的影响

262. 烟气中的飞灰对催化剂的性能影响主要有哪几个方面？

答： 烟气中的飞灰对催化剂的性能影响主要有如下四个方面：

（1）飞灰成分对催化剂活性位的化学和物理影响，通常指催化剂中毒。

（2）非常细的飞灰颗粒在催化剂表面沉积，会堵塞进入催化剂活性位的通道或减少其活性表面积。

（3）SCR 反应器中烟气流动不均匀，飞灰中的颗粒会造成催化剂磨损。

（4）飞灰中 CaO 造成催化剂的毒化。

263. 飞灰中碱金属引起催化剂中毒机理是什么？

答： 通常，煤中含有的碱金属（钠、钾）的含量一般比钙、镁少得多，其中钠的含量又较钾少。它们的存在形式有两类：一类是活性碱，如氯化物、硫酸盐、碳酸盐和有机酸盐等；另一类是非活性碱，存在于云母、长石等硅酸盐中。它们在燃烧后产生的腐蚀性混合物，伴随烟气进入 SCR 系统。如果它们直接与催化剂表面接触，就可直接与催化剂活性组分反应，致使催化剂失去活性。

这是由于钠等可溶性碱金属盐的碱性比 NH_3 的大，碱金属盐与催化剂活性成分反应，造成催化剂的中毒。由于 SCR 反应集中发生在催化剂的表面，为了降低因碱金属在催化剂表面积聚对催化剂活性的影响，避免催化剂表面水蒸气的凝结是非常有效的措施。

264. 造成催化剂的堵塞原因是什么？

答： 造成催化剂的堵塞主要是因为铵盐及飞灰中的小颗粒沉积在催化剂的小孔中，致使烟气不能顺利流通，这样就会阻碍 NO_x、NH_3、O_2 到达催化剂活性表面，引起催化剂钝化。严重的堵灰，除了使催化剂钝化以外，催化剂内烟气流速还会大大增加，使催化剂磨蚀加剧以及烟气阻力升高，除了影响脱硝性能外，对锅炉烟风系统的正常运行也会带来不利的影响。

265. 防止催化剂堵灰的措施有哪些？

答： 防催化剂堵灰措施主要有以下几点：

（1）合理进行系统设计，防止大颗粒的飞灰进入 SCR 反应器。

（2）合理选择催化剂的间距，防止催化剂堵灰。

（3）选用合适的催化剂内烟气速度。

（4）设置合适的辅助吹灰装置，强化系统的吹灰效果。

（5）利用 CFD 计算机数值模拟和物理模型试验，优化流场设计。

266. 飞灰造成催化剂磨蚀的因素有哪些？

答：飞灰造成催化剂的磨蚀与多种因素有关，包括烟气中飞灰的浓度、飞灰的粒径、飞灰的入射角、烟气流速、催化剂运行的时间以及催化剂本身的硬度等因素。在正常情况下，催化剂的飞灰磨蚀主要发生在催化剂的迎灰面而不是催化剂的内部面，这主要是由于因流通面积的缩小而引起的入口效应使得磨蚀主要是发生在催化剂的上端表面。

由于催化剂自身结构的不同，一般的蜂窝式催化剂防飞灰磨蚀能力不如板式催化剂，采用边缘硬化技术的蜂窝式催化剂在一定程度上能够有效地防止飞灰对催化剂的磨蚀。催化剂的防磨机理如图 4-10 所示。

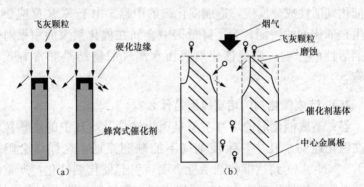

图 4-10 催化剂的方面机理

（a）边缘硬化的蜂窝式催化剂；（b）板式催化剂防磨机理

267. CaO 造成 SCR 催化剂中毒的原因是什么？

答：CaO 造成 SCR 催化剂中毒的原因是：CaO 造成微孔的堵塞、CaO 的碱性使得催化剂酸性下降和生成的 $CaSO_4$ 使得活性下降。其中，$CaSO_4$的生成造成催化剂表面的堵塞是催化剂性能下降的主要原因。

268. 催化剂 CaO 中毒的机理是什么？

答： 在 CaO 中毒过程中，CaO 首先在催化剂表面沉积，沉积速度相对较慢。沉积在催化剂表面的 CaO 与烟气中 SO_3 的反应属于气固反应，由于在催化剂表面有活性物质催化氧化生成的 SO_3，SO_3 浓度相对较高，反应速度为快速反应。快速反应后生成的 $CaSO_4$ 的体积会膨胀 14％ 左右，会遮蔽反应活性位，堵塞催化剂表面，影响反应物在催化剂的扩散。在 CaO 中毒机理中，其中 CaO 的沉积速度相对较慢，是控制关键，降低 CaO 在催化剂表面的沉积量是减缓催化剂中毒的有效手段。

在蜂窝式催化剂表面 CaO 的沉积速度要低于在板式催化剂表面的沉积速度，与板式催化剂的表面更加粗糙有关。

269. 对于飞灰中 CaO 引起的催化剂中毒，延长催化剂使用寿命，可以采用的技术手段包括哪些？

答： 对于飞灰中 CaO 引起的催化剂中毒，延长催化剂使用寿命，可以采用的技术手段包括：

(1) 在 SCR 工艺中，如果条件许可，可设置预除尘装置和灰斗，降低进入催化剂区域的烟气飞灰量。

(2) 加强吹灰频率，降低飞灰在催化剂表面的沉积。

(3) 对于高 CaO 含量的飞灰，选用合适的催化剂。

(4) 选择合适的催化剂量，增加催化剂的体积和表面积。

(5) 通过适当的制备工艺，增加催化剂表面的光滑度，减缓飞灰在催化剂表面的沉积。

第七节 烟气参数对催化剂性能的影响

270. 烟气温度对催化剂特性的影响是什么？

答： 不同的催化剂具有不同的适用温度范围。当反应温度低于催化剂的适用温度范围下限时，在催化剂上会发生副反应，

NH_3 与 SO_3 和 H_2O 反应生成（$(NH_4)_2SO_4$ 或 NH_4HSO_4，减少与 NO_x 的反应，生成物附着在催化剂表面，堵塞催化剂的通道和微孔，降低催化剂的活性。另外，如果反应温度高于催化剂的适用温度，催化剂通道和微孔发生变形，导致有效通道和面积减少，从而使催化剂失活。温度越高，催化剂失活越快。

烟气温度在影响催化剂正常脱除 NO_x 反应的同时，对 SO_2 向 SO_3 的转换也有明显的影响。烟气系统运行温度越高，SO_2 向 SO_3 转换的量也会越多，烟气中 SO_3 的浓度就越大；但是，太低的运行温度又会影响催化剂的性能，且增加下游空气预热器堵塞的概率。

271. 催化剂入口烟气分布均匀性对催化剂性能的影响是什么？

答：催化剂入口烟气分布均匀性对催化剂性能的影响是：

（1）催化剂入口含尘量的分布会影响催化剂的磨损和堵灰。当烟气速度分布偏差较大时，烟气速度小的地方容易发生堵灰，而烟气速度较大的地方容易发生催化剂的磨损。

（2）当烟气温度分布偏差较大时，可能在平均温度符合设计要求时，发生局部烟气温度过高催化剂烧结、或者局部烟气温度过低硫酸盐在催化剂沉积的现象。

272. 烟气温度的分布偏差通过什么来表示？

答：烟气温度的分布一般用数学平均值的允许最大、最小偏差来表示。对于烟气速度分布通常采用与平均值的标准偏差来表示偏离系数，计算公式为

$$\varepsilon = \frac{\sigma}{L_v} = \frac{1}{L_v}\sqrt{\frac{\sum(L_{vi}-L_v)^2}{N-1}} \tag{4-11}$$

式中　σ——温度变化系数；

　　　ε——标准温度偏差；

　　　$\overline{L_v}$——平均温度。

273. SCR 脱硝装置入口烟气偏差设计范围是多少？

答：SCR 脱硝装置入口烟气偏差设计范围见表 4-1。

表 4-1　　SCR 脱硝装置入口烟气正常允许分布偏差设计范围

名称	速度偏差	NH_3/NO_x	温度（℃）
范围	<10%～20%	<5%～10%	±10～±20

274. NH_3/NO_x 摩尔比分布偏差对脱硝效率的影响是什么？

答：NH_3/NO_x 摩尔比分布偏差对脱硝效率的影响程度，与脱硝效率高低有关。在相同的入口 NH_3/NO_x 摩尔比偏差下，脱硝效率越高，出口 NH_3/NO_x 摩尔比的偏差就越大。而在接近催化剂出口处，当反应物浓度都比较低时，NH_3/NO_x 摩尔比分布偏差对脱硝反应速度的影响比较大。在脱硝效率较低时，反应器中反应物 NO_x 的含量永远是比较大的，在靠近催化剂出口处，NH_3 浓度的正负偏差对脱硝反应速度的影响在一定程度上相互抵消，因此，NH_3/NO_x 摩尔比的偏差对脱硝效率的影响较小。随着脱硝效率的增加，NH_3/NO_x 摩尔比偏差会使得接近催化剂出口处，在某些部位，NO_x 较多而 NH_3 较少，而在另外一些部位，NH_3 较多而 NO_x 较少。低 NH_3 浓度处的反应速度固然比较小，高 NH_3 浓度处由于 NO_x 的浓度偏低，其反应速度也不高，由此导致脱硝效率降低和氨逃逸增加。

对于 NH_3/NO_x 摩尔比分布偏差的要求，除了与脱硝效率和氨逃逸率有关外，还与脱硝系统入口 NO_x 的浓度有关。在相同的脱硝效率和入口 NH_3/NO_x 摩尔比偏差的情况下，较高的入口 NO_x 浓度对应的出口 NH_3/NO_x 摩尔比偏差较大。因此，在入口 NO_x 浓度较大时，对入口 NH_3/NO_x 摩尔比偏差的要求也较高。

一般对于烟煤，当脱硝效率大于 80% 时，要求 NH_3/NO_x 摩尔比偏差系数不大于 5%；脱硝效率低于 80% 时，偏差系数不大于 10%。对于入口 NO_x 浓度较大的无烟煤，当脱硝效率大于 70% 时，就应要求 NH_3/NO_x 摩尔比偏差系数不大于 5%。

第八节　催化剂的设计制造

275. 催化剂成分的设计依据是什么？

答：催化剂成分的设计依据是根据具体工程项目中烟气的温

脱硝运行技术 1000 问

度、NO_x 含量、硫的含量、灰分的大小及 Ca、Ma、As 等元素含量等参数的大小来确定催化剂中的主要成分 V_2O_5、WO_3、TiO_2 等量的多少。

276. 催化剂体积的设计依据是什么？

答：催化剂体积的精确设计主要依据以下四个方面：

(1) 电厂的运行参数，包括烟气流量、烟气温度及成分等。

(2) SCR 装置要求达到的性能指标，包括脱硝率、SO_2/SO_3 的转化率、NH_3 的逃逸率等指标。

(3) 催化剂的活性。

(4) 烟气流速、NH_3/NO_x 摩尔比和温度分布状况。

277. 催化剂制备是什么？

答：制备合格的固体催化剂，通常要经过制备（使之具有所需的化学组分）、成型（使其几何尺寸和外线满足要求）和活化（使其化学形态和物理结构满足活泼态催化剂的要求）等步骤。

278. 板式催化剂的生产工艺主要步骤有哪些？

答：板式催化剂的生产工艺主要步骤有：陶瓷载体的生成、SCR 活性成分的浸渗、催化剂单元嵌入碳钢外壳、模块组装等四个步骤。

279. 平板式催化剂生产工艺流程是什么？

答：平板式催化剂生产工艺流程为：计量→混合→钢网浸涂→弯曲切制→填充单元→煅烧→模件组装。

280. 蜂窝式催化剂生产工艺流程有哪几种？

答：蜂窝式催化剂生产工艺流程主要有：

(1) 计量→混合→成型→热处理→切制→装配→存储→运输。

(2) 计量→混合、揉制→初挤压→挤出成型→干燥→煅烧→切割→模件组装→运输。

(3) 计量→混合→挤出成型→干燥→烘烤→剪裁→检查→装配→运输。

118

281. 蜂窝式催化剂的制造工艺单元是什么?

答:蜂窝式催化剂的制造工艺单元如下:

(1)材料的计量与称重,即根据原材料的配比要求精确进行称重。

(2)原料混合及反应,即利用陶瓷混合工艺对原材料进行充分混合,并实现部分化学反应。

(3)泥坯生产及挤压成型(蜂窝型),即将混合后的原料制成陶瓷泥坯,并用挤压设备制成所需要规格的蜂窝型胚体。

(4)干燥成型,即将挤压后的胚体进行干燥成型。

(5)煅烧,即将成型后的胚体进行煅烧,实现催化活性并转化成陶瓷。

(6)成品切割,即按照规格要求对煅烧后的胚体进行切割,将边角废料回收利用。

(7)装配,即将催化剂单元成品按规格要求进行装配。

282. 催化剂煅烧的作用包括哪些?

答:催化剂煅烧是对催化剂母体在不低于其使用温度下进行的热处理过程,煅烧时的气氛通常是空气,也可以是惰性气体或还原性气体。煅烧的作用包括:

(1)除去化学结合水和挥发性物质。

(2)形成所需的化学成分、化学形态——活性相。

(3)获得一定的晶型、微晶粒度、孔径和比表面等。

(4)提高催化剂的机械强度。

(5)得到一定的孔隙结构。

控制好温度是煅烧过程的关键:温度过低,时间过短,形成不了活性相;温度过高,时间过长,又会造成烧结,甚至破坏活性相。

283. 蜂窝式催化剂与板式催化剂主要不同点是什么?

答:蜂窝式催化剂是承载材料与活性成分混合挤压成型,板式催化剂则是活性材料位于承载材料上。

284. 催化剂维护的主要工作有哪些?

答:催化剂的维护的主要工作有:

（1）在可使用吹灰器的地方，在停机之前必须立即清洁催化剂。在不能使用吹灰器的地方，如在燃气/蒸馏系统中，采用真空吸尘器清除所有堆积的灰尘、疏松的绝缘材料或铁锈鳞壳。

（2）在反应器低于最低操作温度之前，关闭氨喷射。应通过上游热电偶测量温度，以确保所有催化剂在冷却周期内都大于最低温度。

（3）采取措施防止催化剂暴露于锅炉洗涤水、雨水或其他湿气。不得用水清洗催化剂。

（4）停用期间，应当检查催化剂，看是否具有腐蚀和堵塞。

年度（或预定的）催化剂评估提供了关于系统潜在性能和催化剂状况的有价值信息。试验结果确保催化剂正按所期望的情况执行功能。如果出现不寻常的高速减活率，调查可以确定原因和防止过早更换。也可评估催化剂寿命以有助于制定有效的催化剂更换战略。

第九节　催化剂的寿命管理

285. 为什么 SCR 脱硝催化剂采用"N＋1"模式布置？

答： 脱硝催化剂在实际使用过程中，由于存在烟气中含有的粉尘造成催化剂的冲刷、磨损、堵塞，含有的碱金属、重金属成分导致催化剂活性组分的中毒等情况，催化剂的化学活性与物理性能会发生逐步衰减，到一定程度必须要进行更换或加装。一般而言，脱硝催化剂的化学寿命是指催化剂在脱硝装置内安装完成后，烟气首次通过催化剂开始，至催化剂不能满足性能指标要求，必须要进行更换（加装）的时间，需特别注意的是化学寿命是指脱硝反应器内的催化剂总体而非单层，一般在新建脱硝工程中，首次安装催化剂要求化学寿命不低于 3 年或 24000h；脱硝催化剂的机械寿命是指催化剂的物理性能不足以支撑其发挥化学活性，必须要进行更换的时间，一般要求时间为 9 年或 10 年。

如图 4-11 所示，对于新装"N"层脱硝催化剂的脱硝装置，当催化剂的化学寿命到期时，已经不能满足脱硝性能要求，必须要进行相应处理。但需要说明的是，此时催化剂的化学活性并非完全丧失，且物理性能仍能够满足运行要求，此时可通过加装"1"层催化剂来提升脱硝催化剂整体活性，继续满足脱硝运行要求，待"N+1"层催化剂化学寿命到期后，可通过再更换一层旧催化剂来提升脱硝催化剂整体活性，继续满足脱硝运行要求，如此循环，可实现对催化剂活性的充分利用，从而降低脱硝装置的运行成本。如直接安装"N+1"层催化剂，则多余的"1"层催化剂在脱硝反应器内同样接受烟气冲刷、磨损、毒化等，并不能达到分次加装的使用效果，不利于催化剂活性的充分利用。

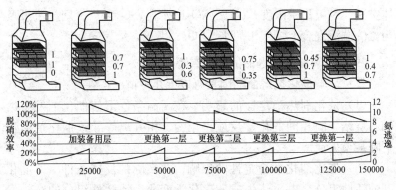

图 4-11 "N+1"催化剂加装/更换示意图

286. 什么是催化剂管理？

答：催化剂管理主要是指用系统化的方法合理运行催化剂，并预测催化剂何时需要加装备用层或替换，或再生。

SCR 装置投入运行之后，电厂运行的实际工况很难与设计值完全吻合，如煤质发生变化，燃烧方式的调整等等都会影响到催化剂的活性与使用寿命，为了跟踪检测催化剂的活性，分析实际情况下催化剂劣化的原因和优化催化剂的管理，定期检查和优化催化剂运行，对催化剂进行分析和检测是最为直接和准确的方法。

287. 催化剂的稳定性是指什么？

答：催化剂的稳定性是指活性和选择性是否随时间变化。

288. 工业催化剂的稳定性包括哪三个方面？

答：工业催化剂的稳定性包括热稳定性、化学稳定性和机械稳定性三个方面。

289. 工业催化剂的寿命是指什么？

答：工业催化剂的寿命，是指工业生产条件下，催化剂的活性能够达到装置生产能力和原料消耗定额的允许使用时间，也可以是指活性下降后经再生活性又恢复的累计使用时间。

290. 影响催化剂催化效果的反应条件主要包括哪些？

答：影响催化剂催化效果的反应条件主要包括反应温度、气体空速、NO_x 初始浓度、NH_3/NO_x 摩尔比、O_2 含量、烟气流型及与氨的湍流混合、烟气中的水、SO_2、飞灰含量等。

291. 影响催化剂寿命的因素有哪些？

答：影响催化剂寿命的因素有以下几种情况：

（1）催化剂热稳定性的影响。在高温条件下使催化剂发生熔融和烧结，固相间的化学反应、相变、相分离等导致催化剂活性下降甚至失活。

（2）催化剂化学稳定性的影响。在实际的反应条件下，催化剂的活性组分会发生流失或发生化学变化，或活性组分的结构发生变化从而导致催化剂活性下降和失活。

（3）催化剂中毒或被污染的影响。催化剂在实际使用过程中，发生结焦污染现象或含硫、氮、氧、卤素和磷等非金属组分以及含砷化合物、重金属元素等毒化而出现暂时性或永久性失活。

（4）催化剂力学性能的影响。催化剂在实际使用过程中，由于机械强度和抗磨损强度较小，导致催化剂发生破碎、磨损，造成催化剂孔隙率变小、床层压力降增大、传质效果差等，影响最终的使用效果。

292. SCR 催化剂的化学寿命是什么？

答：SCR 催化剂的化学寿命，也称催化剂的活性，是指催化剂的活性能够满足脱硝系统的脱硝效率、氨的逃逸率等性能指标时，催化剂的连续使用时间。化学寿命一般大于 2.4 万 h，就是指所选择的催化剂到了这个时间，SCR 的脱硝效率等技术指标的保证值仍能够满足设计。

293. 催化剂化学寿命分为哪两个阶段?

答: 当烟气通过催化剂时，催化剂的活性就要降低。催化剂的活性降低，一般分为两个阶段。

(1) 第一个阶段催化剂非常清洁，催化剂活性随运行时间下降很快。

(2) 第二个阶段是催化剂受到沾污并毒化到一定程度以后，由于饱和以及动态平衡机理，催化剂活性下降的速度慢慢降低，然后下降的速度稳定在一定的水平;当性能降低到一定程度后，脱硝效率就得不到保证，就说明催化剂的"寿命"到了，到达"寿命"后的催化剂并不是没有使用价值了，仍然可以使用，但性能非常低。

催化剂寿命按照小时计算，用在高灰/高温布置方式的催化剂寿命最短，最短的有 2 万～3 万 h 的;如果是低温布置方式的，就是在脱硫后面的 SCR，可以达到 10 万 h。

294. 在役催化剂 SO_2/SO_3 转化率超标是否对应化学寿命到期?

答: 当前行业内普遍认可脱硝效率、氨逃逸浓度、SO_2/SO_3 转化率是脱硝催化剂的三大性能保证值，且相互融合为一个整体，任一指标不达标即可判定催化剂不合格或化学寿命到期。

大量在役催化剂的检测结果显示，通常随着运行时间的延长及催化剂活性的降低，催化剂的 SO_2/SO_3 转化率也会逐渐降低，但也有个别项目出现升高现象，究其原因有可能是由于烟气中能够促进 SO_2 氧化的成分(如 Fe_2O_3、碱金属)沉积在催化剂表面所导致。

在实际工程应用中，SO_2/SO_3 转化率指标主要用于控制新催化剂的质量，而由于其在实际运行中不可控，且对于脱硝装置及其他设备运行的影响相对氨逃逸较小，故主要采用脱硝效率、氨逃逸及衍生指标来判定催化剂化学寿命是否到期，而 SO_2/SO_3 转化率指标建议作为辅助判定指标。

295. SCR 催化剂的机械寿命是什么?

答:SCR 催化剂的机械寿命,是指催化剂的结构及其强度能够保证 SCR 的脱硝设计效率时的运行时间。机械寿命一般大于 9 年,并可再生利用而不发生机械损伤。

296. 催化剂的机械寿命由什么来决定,受哪些因素影响?

答:催化剂的机械寿命通常由催化剂的结构特点和催化剂壁厚决定,受系统烟气流速、烟尘含尘量等因素的影响。

297. 在结构方面采取哪些措施来提高催化剂的寿命?

答:为了提高催化剂的机械寿命,对于催化剂的基本结构可以采取以下措施来提高催化剂的强度,降低催化剂的磨蚀:

(1)可以在催化剂中加入金属板或玻璃纤维。例如,当板式催化剂迎灰面表层的陶瓷物质被飞灰磨蚀后,其相对比较耐磨的不锈钢基材就会对后面的陶瓷物质起到保护作用,防止催化剂受到进一步的磨蚀。

(2)提高边缘硬度。

298. 催化剂的使用寿命一般为几年?

答:催化剂的使用寿命一般为 3~5 年。

299. 从哪些迹象可以说明催化剂活性降低?

答:经过一段时间使用后,催化剂活性降低或失去活性。有许多迹象可说明催化剂活性降低,如脱硝效率降低、氨逃逸量增大、SO_2/SO_3 转化率升高、积灰严重等。

300. 在保证脱硝率及氨逃逸等性能指标要求的条件下,催化剂的最小相对活性通常设计应为多少?

答:在保证脱硝率及氨逃逸等性能指标要求的条件下,催化剂的最小相对活性(实际活性/初始活性:K/K_0)通常设计为 $65\%\sim80\%$。

301. 在实际过程中,提高催化剂利用率的方法是什么?

答:SCR 催化剂活性是多层催化剂活性之和。在实际工程中,采用多层及一个备用层催化剂,可以延长催化剂使用时间。首先增加一个备用层，然后各层逐个更换，提高了催化剂利用率。

302. 催化剂费用是什么？

答：催化剂费用是指在脱硝装置运行寿命期内，更换催化剂的总费用摊销到每年的运行成本。

303. 使催化剂活性降低或中毒的原因是什么？

答：SCR 装置运行过程中，由于烟气中的碱金属、砷、催化剂的烧结，催化剂孔的堵塞，催化剂的腐蚀以及水蒸气的凝结和硫酸硫铵盐的沉积等原因使催化剂活性降低或中毒。

（1）催化剂的烧结。催化剂长时间暴露于450℃以上的高温环境中可引起催化剂活性位置的烧结，导致催化剂颗粒增大，表面积减小，而使催化剂活性降低。采用钨（W）退火处理，可最大限度地减少催化剂的烧结。

（2）碱金属使催化剂的中毒。烟气中含有的 Na、K 这些腐蚀性的混合物如果直接和催化剂表面接触，会使催化剂活性降低。反应机理是在催化剂活性位置碱金属与其他物质发生了反应。对于大多数应用来说，避免水蒸气的凝结，可排除这类危险的发生。对于燃煤锅炉来说，这种危险比较小，因为在煤灰中多数的碱金属是不溶的；对于燃油锅炉，中毒的危险是较大的，主要是由于水溶性碱金属含量高；特别对于燃用生物质燃料，如麦秆或木材等，碱金属中毒是非常严重的，由于观察到这些燃料中水溶性 K 含量很高。

（3）砷中毒。砷（As）中毒主要是由于烟气中的气态 As_2O_3 引起的。As_2O_3 扩散进入催化剂表面及堆积在催化剂小孔中，然后在催化剂的活性位置与其他物质发生反应，引起催化剂活性降低。在干法排渣锅炉中，催化剂砷中毒不严重。在液态排渣锅炉中，由于静电除尘器后的飞灰再循环，引起砷中毒是一个严重的问题。对于其他类型的锅炉，砷中毒的考虑是由于其他因素而造成催化剂的钝化。

（4）碱土金属（Ca）。飞灰中自由的 CaO 和 SO_3 反应，吸附在了催化剂表面，形成了 $CaSO_4$，催化剂表面被 $CaSO_4$ 包围，阻止了反应物向催化剂表面的扩散及扩散进入催化剂内部。

（5）催化剂的堵塞。催化剂的堵塞主要是由于铵盐及飞灰的小颗粒沉积在催化剂小孔中，就会阻碍 NO_x、NH_3、O_2 到达催化剂活性表面，引起催化剂钝化。可以通过调节气流分布，选择合理的催化剂间距和单元空间，并使 SCR 反应器进入温度维持在铵盐沉积温度之上，来降低催化剂堵塞。对于高灰段应用，为了确保催化剂通道通畅，安装吹灰器是必要的。

（6）催化剂的腐蚀。催化剂的腐蚀主要是由于飞灰撞击在催化剂表面形成的。腐蚀强度与气流速度、飞灰特性、撞击角度及催化剂本身特性有关。通过采用耐腐蚀催化剂材料，提高边缘硬度，利用 CFD 流动模型优化气流分布，在垂直催化剂床层安装气流调节装置等措施降低腐蚀。

304. 失效催化剂的处理方式主要有哪些？

答： 失效催化剂的处理方式主要有：

（1）清洗回用。对于结构保持完整、仍有较高活性的催化剂，一般由催化剂厂家采用专用设备进行清洗，经检验合格后可继续使用。

（2）再生。催化剂的再生是把失去活性的催化剂通过浸泡洗涤、添加活性组分以及烘干的程序使催化剂恢复大部分活性。已经残破但仍有较高活性的催化剂可以由催化剂原料提供商回收，经粉碎提炼出催化剂制造所需原料，再提供给催化剂厂家制造新催化剂。

（3）填埋。对于没有经济价值的旧催化剂，一般采用破碎后填埋的方法来处理。

305. 失效催化剂如何清洗回用？

答： 对于失活的催化剂，首先要取样化验确定催化剂活性降低的原因是物理原因还是化学原因，为节约成本，对于结构保持完整、仍有较高活性的催化剂可清洗后回用。

对于被飞灰堵塞的 SCR 催化剂的简单冲洗可以在反应器内部进行，但有时简单的冲洗并非有效的清洗手段，其主要原因是灰颗粒很难从催化剂通道中冲洗出来，在孔隙口的细小颗粒由于固液表面的滞留作用而紧紧贴覆。因此，催化剂的完全清洗需要将其移出反应器，采用将催化剂完全浸入到使用超声波振荡的液体中的方式去除积灰。

306. 失效无法再生回用的催化剂，一般的处理方式有哪些?

答: 失效无法再生回用的催化剂，一般的处理方式有:

（1）把催化剂压碎后进行填埋，填埋按照微毒化学物质的处理要求，在填埋坑底部做好防渗透处理。

（2）将催化剂研磨后与燃煤混合，经锅炉高温燃烧，热解后的催化剂材料与粉煤灰一起进行处理。

（3）交由有危险固废物处理资格和经验的处理厂处理。

307. 测量催化剂活性损失常用的主要方法是什么?

答: 测量催化剂活性损失的方法很多。一种常用的主要方法是根据催化剂的表面积和试验台上的烟气流速，测量 NO_x 还原速度，计算催化剂的活性常数;再通过比较试验催化剂与新鲜催化剂的活性便可计算活性损失。

第十节　失效催化剂的处理

308. 催化剂的失活如何进行分类?

答: 根据催化剂失活的原因，Camaxob 等将催化剂的失活分为两类，即化学变化引起的失活和结构改变（包括总表面积、活性组分表面积及其利用率的改变）引起的失活。Hegedus 把催化剂的失活归结为三类，即化学失活、热失活、机械失活。Hughes 则归纳为中毒失活、堵塞失活、烧结和热失活。按照催化剂失活机理分为催化剂热烧结、催化剂中毒、催化剂堵塞、催化剂磨损四种。

309. 什么是催化剂失活，分为哪两类?

答: 催化剂失活是指催化剂失去催化性能。催化剂失活通常分为两类:化学失活和物理失活。

（1）化学失活被称为中毒，催化剂中毒的原因主要是反应物、反应产物或杂质占据了催化剂的活性位而不能进行催化反应。

（2）物理失活是指催化剂的微孔被堵塞，NO_x 与催化剂的接触被阻断，使其不能进行催化反应。

310. 什么是催化剂中毒失活？

答：催化剂中毒失活即为催化剂的活性和选择性下降，其原因是微量外来物质的存在而导致的活性下降，而那些"微量外来物质"被称为催化剂毒物。

不同的催化剂系统，催化剂中毒失活的原因各不相同。就算是在同一催化系统，相同的毒物在不同反应条件下，失活的原因也不尽相同。中毒本质就是由于毒物与催化剂某种成分形成了特别强的化学吸附键或发生化学反应变为别的物质，引起催化剂的性能发生变化，由此限制了催化剂对反应物的吸附和催化作用，导致催化剂活性降低，甚至完全丧失。当然，催化剂失活引起的催化剂的选择性下降也是时有发生的，这种情况是由于毒物能选择性地与不同活性中心作用导致的。

311. 催化剂中毒失活分为哪两种？

答：由于催化剂中毒的原因各不相同，中毒导致的失活分为暂时失活和永久失活两种。

（1）暂时中毒是指中毒作用是可逆的，如果将毒物去掉则催化剂的活性即可恢复。

（2）永久性中毒则是不可逆的，同时催化剂频繁地进行再生也不可能使其恢复活性。

可是，这两种情况下的失活也不是绝对的，当催化剂系统工作条件发生变化时，永久性中毒有可能转化为暂时性中毒，而暂时性中毒也有可能成为永久性中毒。

312. 催化剂中毒失活可分为哪两部分？

答：因中毒引起的催化剂失活可分为两部分：化学吸附引起的中毒和选择中毒。

（1）化学吸附引起的中毒。化学吸附引起的中毒物质有催化剂制备时原料混入的杂质，管路中的污物、泵的油沫，反应物中所含的有害杂质。催化剂活性点吸附毒物后使活性位置转变成钝性的表面化合物，影响催化剂的电子态。在毒物浓度比较小时，催化剂的活性与毒物的浓度呈线性关系；当毒物浓度较少时，催化剂活性随毒物浓度增加而很快下降，以后则缓慢下降。也即毒物初加入时的效应比后加入时所引起的效应大。

（2）选择中毒。催化剂在过量催化剂毒物作用下虽然失去了对某反应的活性，而对其他反应仍有反应活性，这种中毒称作选择中毒。

313. 失活烟气脱硝催化剂管理原则是什么？

答： 失活烟气脱硝催化剂（钒钛系）应优先进行再生，不可再生且无法利用的废烟气脱硝催化剂（钒钛系）在贮存、转移及处置等过程中应按危险废物进行管理。

314. SCR 脱硝催化剂报废应执行哪些程序？

答： 当脱硝催化剂寿命到期需要进行报废，应委托第三方技术服务单位进行催化剂综合评估，具体报废程序包括以下步骤：

（1）资料收集。即收集脱硝催化剂样品对应机组的运行数据和催化剂相关资料，包含机组运行的烟气条件、工况负荷以及样品同批次催化剂的检测、更换和再生等相关报告。

（2）现场检查。项目单位与第三方技术服务单位应对脱硝反应器内催化剂的整体情况进行检查、评判，包括积灰、磨损、堵塞、破裂、腐蚀、变形、烧结等外观情况，检查应涉及催化剂的每一个模块，形成检查报告并由双方共同签字确认。对外观状态不能满足催化剂再生要求的，则直接进入报废环节。

（3）抽样检测。对于现场检查未排除的催化剂进行随机抽样，然后进行实验室检测，根据检测指标判定是否直接报废或进入再生环节，对于再生后的催化剂也需进行性能指标检测，根据检测结果判定催化剂再生的可行性与经济性，最终决定是否进行催化剂报废。

315. SCR 脱硝催化剂报废的处理要求与方法有哪些？

答： 根据《关于加强废烟气脱硝催化剂监管工作的通知》（环办函〔2014〕990 号）要求，"鉴于废烟气脱硝催化剂（钒钛系）具有浸出毒性等危险特性，借鉴国内外管理实践，将废烟气脱硝催化剂（钒钛系）纳入危险废物进行管理"，因此报废催化剂应慎重进行相应处置，相关处理要求如下：

（1）报废催化剂应进行备案登记，详细记录催化剂型式、体积量、各指标检测结果。

（2）催化剂使用单位应为报废催化剂配套建设暂存场所，并设置危险废物识别标志。

（3）报废处理应以减量化、资源化和无害化为目标，委托具有资质的危废处理机构进行处理，积极采用最佳可行技术。

（4）报废催化剂运输单位应当如实填写联单的运输单位栏目，按照国家《危险废物转移联单管理办法》的规定，将危险废物安全运抵联单载明的接受地点，并将五联单随转移的报废催化剂交付报废催化剂接受单位。

根据当前行业内的技术研究与应用情况，催化剂报废处理主要方法如下：

（1）填埋处理。采用安全填埋技术时，应在填埋前进行稳定化/固化处理等预处理，并经破碎密封入混凝土中，由具备资质的危险废弃物填埋处理厂填埋处理。

（2）返厂处理。报废催化剂返回具有危险废弃物处理资质的催化剂厂进行处理，可作为原材料进行新催化剂生产，但须严格控制添加比例。

（3）与煤混烧。将报废的催化剂研磨后与燃煤混合进行燃烧，经热解后与粉煤灰一起进行处置。

（4）资源利用。通过各种物理、化学方法把报废的催化剂中有用的金属材料提取出来循环利用。

316. 废烟气脱硝催化剂（钒钛系）危废类别及废物代码是什么？

答： 废烟气脱硝催化剂（钒钛系）危废类别为 HW50，废物代码为 772—007—50，危险特性为 T（toxicity，毒性）。

317. 废烟气脱硝催化剂（钒钛系）是指什么？

答： 废烟气脱硝催化剂（钒钛系）是指由于催化剂表面积灰或孔道堵塞、中毒、物理结构破损等原因导致脱硝性能下降而废弃的钒钛系烟气脱硝催化剂。

318. 废烟气脱硝催化剂（钒钛系）处置方法是什么？

答： 废烟气脱硝催化剂（钒钛系）处置方法是：

（1）预处理，是指清除废烟气脱硝催化剂（钒钛系）表面浮尘和孔道内积灰的活动。

（2）再生，是指采用物理、化学等方法使废烟气脱硝催化剂（钒钛系）恢复活性并达到烟气脱硝要求的活动。

（3）利用，是指采用物理、化学等方法从废烟气脱硝催化剂（钒钛系）中提取钒、钨、钛和钼等物质的活动。

319. 废烟气脱硝催化剂（钒钛系）预处理工艺的要求是什么？

答： 应在密闭、具备良好通风条件的装置内清除废烟气脱硝催化剂（钒钛系）表面浮尘和孔道内积灰，疏通催化剂淤堵采取必要的防尘、除尘措施，产生的粉尘应集中收集。

预处理场地要防风、防雨、防晒，并具有防渗功能，必须有液体收集装置及气体净化装置。

320. 废烟气脱硝催化剂（钒钛系）再生工艺的要求是什么？

答： 废烟气脱硝催化剂（钒钛系）再生工艺的要求是：

（1）针对收集的废烟气脱硝催化剂（钒钛系），应以再生为优先原则。再生方法可采用水洗再生、热再生和还原再生。

（2）可采用超声波清洗等技术，清洁废烟气脱硝催化剂（钒钛系）内部孔隙，增大废烟气脱硝催化剂（钒钛系）表面积。

（3）可通过酸洗等措施，深度清除废烟气脱硝催化剂（钒钛系）吸附的有害金属离子或化合物。

（4）可采用浸渍等方法对废烟气脱硝催化剂（钒钛系）进行活性成分植入，浸渍溶液应尽可能重复使用。

（5）应对再生后的烟气脱硝催化剂进行干燥或煅烧，煅烧设备应设有尾气处理装置。

(6) 经再生处理后的烟气脱硝催化剂，按照 DL/T 1286—2013《火电厂烟气脱硝催化剂检测技术规范》进行性能检测，保证其满足烟气脱硝催化剂要求及国家有关要求。

321. 废烟气脱硝催化剂（钒钛系）利用工艺的要求是什么？

答：废烟气脱硝催化剂（钒钛系）利用工艺的要求是：

(1) 因破碎等原因而不能再生的废烟气脱硝催化剂（钒钛系），应尽可能回收其中的钒、钨、钛和钼等金属。

(2) 为提高废烟气脱硝催化剂（钒钛系）中的金属回收率，可对其进行粉碎，粉碎过程中应采取必要的防尘和粉尘收集措施，确保不会造成二次污染。

(3) 为去除废烟气脱硝催化剂（钒钛系）中的其他物质或回收其中的二氧化钛等，可对废烟气脱硝催化剂（钒钛系）进行焙烧。

(4) 根据不同的生产工艺，可采用浸出、萃取、酸解或焙烧等措施对废烟气脱硝催化剂（钒钛系）中的钒、钨、钛和钼进行分离，分离过程均不得对环境造成二次污染。

322. 超声波清洗原理是什么？

答：超声波清洗是利用超声放在液体中的空化作用、加速度作用及直进流作用对液体和污物直接、间接的作用，使污物层被分散、乳化、剥离而达到清洗目的。

323. 什么是超声波空化作用？

答：超声波空化作用就是超声波以每秒两万次以上的不断高频变换的压缩力和减压力向液体进行投射。减压力作用时，液体中产生真空核群泡；在压缩力作用时，真空核群泡受压力压碎时产生强大的冲击力，剥离催化化剂表面的污垢，从而达到精密洗净目的。

在超声波清洗过程中，真空核群泡很细，肉眼看不见，所看见的是空气泡，它对空化作用产生抑制作用降低清洗效率。清洗过程中要完全排走液体中的空气泡，否则影响真空核群泡的空化作用效果。

324. 什么是超声波直进流作用？

答：超声波在液体中沿声音的传播方向产生流动的现象称为直进流，声波强度在 $0.5W/cm^2$ 时，肉眼能看到直进流，垂直于振动面产生流动，流速约为 $10cm/s$。通过此直进流使被清洗物表面的微油污垢被搅拌，污垢表面的清洗液也产生对流，溶解污物的溶解液与新液混合，使溶解速度加快，对污物的搬运起着很大的作用。

325. 什么是超声波加速度作用？

答：液体粒子推动产生的加速度。对于频率较高的超声波清洗机，空化作用就很不显著了，这时的清洗主要靠液体粒子超声作用下的加速度撞击粒子对污物进行超精密清洗。

326. 超声波清洗效果及相关参数有哪些？

答：超声波清洗效果及相关参数有：

（1）清洗介质。采用超声波清洗，一般有两种清洗剂，即化学清洗剂和水基清洗剂。清洗介质是化学作用，而超声波清洗是物理作用，两种作用相结合，以对物体进行充分、彻底的清洗。

（2）功率密度。超声波的功率密度越高，空化效果越好，速度越快，清洗效果越好。如果对于精密的、表面光洁度甚高的物体，采用长时间的高功率密度清洗会对物体表面产生"空化"腐蚀。

（3）超声波频率。超声波频率越低，越容易在液体中产生空化作用，清洗效果也越好。频率高则超声波方向性强，适合于精细的物体清洗。

（4）一般来说，超声波在 $30\sim40℃$ 时空化效果最好。温度越高，清洗剂作用越显著。

通常实际应用超声波清洗时，采用 $30\sim60℃$ 的工作温度。

327. 什么是催化剂的热再生与热还原再生？

答：热再生是指将失效催化剂在 N_2 等惰性气体条件下，以一

133

定的速度升高催化剂的温度，对于催化剂中是附着于催化剂表面的易分解物质分解，是催化剂活性得到恢复的一种技术手段，催化剂失效形式主要为铵盐堵塞的场合，这种方法效果很好。

与热再生相似的是，热还原再生是在 N_2 等惰性气体条件下，添加一定的还原性气体（如 NH_3），在高温条件下，失效催化剂得到再生，还原性气体还原催化剂表面的高价硫，实现催化剂的脱硫再生。

采用哪种再生方法，要根据催化剂的类型和失效原因来决定，板式催化剂可采用水洗再生，也可以用热还原法或热再生，对于蜂窝式和波纹式催化剂一般采用热还原再生更有效。

328. 失效催化剂再生工艺流程是什么？

答：失效催化剂再生工艺流程：

（1）取样化验确定催化剂活性降低的原因，目的是确定清洗催化剂的时间和再生过程中需要添加的药品。

（2）机械清理，检查催化剂表面是否存在机械损伤。

（3）在可移动的专用清洗设备中清洗催化剂，并遵循专有的催化剂清洗工艺要求。

（4）将催化剂放置在专用支架上，尽可能晾干孔隙中的液体，最后使用专用干燥设备将每个催化剂模块干燥到一定程度。

329. 催化剂再生过程是什么？

答：催化剂再生过程：再生前对催化剂模块的测试、机械清洁、振动清洁、高压冲洗、化学处理及干燥过程。

首先，要取样化验催化剂活性降低的原因，是物理原因还是化学原因，目的是确定催化剂再生的可行性及方法，制定清洗的时间和再生过程中需要添加的药品。

然后，清洗催化剂上的粉尘，根据具体情况可用高压水清洗，并在水中充入空气，使其产生漩涡或气泡对蜂巢内部进行深入清洗。同时在水中添加化学药剂，随气泡能更好地附在孔内。对于失活不严重的情况，可以采用现场再生，即在 SCR 反应器内进行清灰，清除硫酸氢氨和比较容易清除的物质。这种方法简便易行，费用很低，但只能恢复很少的活性。也可把催化剂模块从 SCR 反应塔中拆除，放进专用的振动设备中，清除大部分堵塞物，如硫酸氢铵和其他可溶性物质以及爆米花样灰；在振动设备中将采用专用的化学清洗剂，产生的废水其成分和空气预热器清洗水相似，可以排入电厂废水处理系统。

对于深度失去活性的催化剂，可运送到专业的催化剂再生公司进行。

330. 催化剂清洗和再生通常采用哪两种方法？

答：当催化剂需要清洗和再生，可通过干洗或湿洗（使用一种水溶剂）在原地、现场和非现场进行。

干法清洗方法通常涉及真空吸尘与空气切割相结合，以去除反应器中的灰分。在气体应用中，这可能包括去除绝缘材料碎屑及（或）锈垢。如模块中存在飞灰积累，这一流程通常非常有效。催化剂的干法清洗可在原地或现场外进行，具体取决于现场的物流供应和停机等因素的考虑。

湿法清洗流程是一项比较严密的清洗流程，能够从催化剂表面上去除大多数化学品积累。一般能够恢复由于较大和细小物品阻隔而失活的催化剂。

331. 什么是催化剂的在线清洗？

答：催化剂在线清洗是指在不拆除催化剂模块的情况下，采用以除盐水为主的清洗介质对催化反应器中催化剂模块逐一进行清洗，从而达到提高催化剂活性的目的。

采用在线清洗的优点是不需拆卸催化剂模块，省去了催化剂的搬运。再生过程工期短，无废弃物处理费用，同时对催化剂无物理与化学损坏。

催化剂顶部喷嘴与底部液体收集系统组成一个密封不漏水的体系，顶部喷射除盐水，冲洗堵塞颗粒、表面釉质覆盖层、去除可溶性有毒物质（Na^+ 与 K^+），并在启炉时用热空气烘干，防止湿水分积集在催化剂晶体微孔上。

催化剂的清洁是一项困难且技术含量高的工作，既要使催化剂表面干净以保证其具有够的活性，又要避免操作过度使催化剂载体和活性成分受到损害。

332. 什么是催化剂的离线清洗？

答：催化剂的离线清洗是指把催化剂从 SCR 反应器中拆除，送至催化剂厂家，在专门的再生设施中对催化剂进行清洗和活性成分增补。

以在液体（一般为水）中清洗，并在水中加入一种表面活性物质的复合物和能够增加催化剂附加活性场所的金属复合物。通过使用超声波清洗设备可以进一步加强清洗的有效性。

因此，该工艺将除去沉积物及化学吸附物质和离子，使"旧"活性区可以使用，形成新的催化反应活性区域。

333. 清洗过后的催化剂为什么要进行烘干？

答：催化剂在清洗过程之后在高温烟气中一般要将再生的催化剂完全烘干，主要因为以下两点：

（1）催化剂孔隙中残留的水可能会快速蒸发，使催化剂产生裂缝从而受损。

（2）烟气中的灰尘或飞灰极容易粘到湿催化剂表层，堵塞催化剂孔隙造成催化剂失效。

因此必须在 $60 \sim 120℃$ 的温度条件下进行彻底干燥。

334. 催化剂离线再生过程是什么？

答：催化剂整个再生过程为：用卡车将把用清洗设备运送到操作场地后，将活性降低后催化剂投入预洗池，将其完全浸入溶液中，使催化剂中的有毒物质溶解，再放入超声波池中利用超声波将催化剂表面污物去除，并清通催化剂中被堵塞的通道，然后再进行冲洗去除催化剂中溶解的有毒物质，并加入活性物质进行特殊处理，进一步清洗催化剂，最后再进行干燥，即可重新投入使用。在清洗过程中，应采取措施增加催化剂模块和清洗液的接触来达到最佳的清洗效果。

浸泡在预洗池中的催化剂在一定的温度和 pH 值条件下，除去了覆盖在其表面的飞灰等杂质，并除去表面的砷、磷、铊、钠、钾、钙等化学杂质。

经过浸泡处理的催化剂在超声波的作用下，进一步除去催化剂微孔中砷、磷、铊、钠、钾、钙等引起中毒的化学杂质。

最后浸泡在含有催化剂活性成分的活化池中，增补运行中损失的活性材料。

再生后催化剂活性可恢复到原来的 $90\%\sim100\%$。

335. 在催化剂再生过程中，应执行的质量控制步骤是什么？

答： 在催化剂再生过程中，应执行以下质量控制步骤：

（1）在进入工艺操作前，对每个催化剂模块的外观进行检查，并记录模块数量及任何检查结果。

（2）记录每个模块的清洗日期、时间和实际工艺步骤。

（3）检测温度和 pH 值。

336. 蜂窝式催化剂失效处理方法有哪些？

答： 由于失效的催化剂含有危险成分（包括五氧化二钒），催化剂必须在获得许可的危险废物填埋处理厂进行处理。失效的催化剂可以返还给催化剂销售商，由其负责处理失效催化剂。返还和处理手续及费用在销售时或洽谈更换催化剂的合同条款时进行协商。

废催化剂可能的再利用方法包括用作水泥原料或混凝土及其他筑路材料的混凝料，从中回收金属、再生等。催化剂销售商和用户之间协议的普遍规则是要求销售商承担失效催化剂的所有权和处理责任。

如果允许，在施用 CaO 对金属钒处置后，失效的催化剂可以作为填料物料处置。钒和烟气中的许多其他吸附到催化剂表面物质都是易溶于水的，因此必须对这些物质进行包裹处置。

另一个有效的处置方法是将这些催化剂研磨后与燃煤混合，送入燃煤电厂锅炉进行燃烧。经热解后的催化剂材料与粉煤灰一起进行处置。

经研磨的催化剂材料也可被用作水泥或制砖行业。

另外，很多危险固废焚烧厂也可以处理废催化剂。

337. 板式催化剂失效处理方法有哪些？

答： 板式催化剂处理主要采用以下两种方法：

（1）废催化剂经破碎，密封入混凝土中，由专业固废处理公司在填埋场处理。

（2）催化剂作为钢材回收。催化剂材料包含钢材和一些催化剂元素（Ti、Mo、V 等），因此使用过的催化剂由钢厂作为铁屑回收是可能的。

其中第二种方法从经济性和环保角度更为普及。

338. 催化剂性能的检查与测试要求有哪些？

答： 催化剂性能的检查与测试要求如下：

（1）正常运行中的记录。在 SCR 系统正常运行时，做好相关数据的记录；分析负荷变化时 SCR 系统性能的改变；如果必要，应进行适当的相对测量并与分析结果做比较。

（2）实际设备的性能测试。在 SCR 系统设备起动运行后的 3 个月、6 个月、1 年，应按照设计的条件分别进行定负荷下的 NH_3/NO_x 摩尔比的变化测试，验证系统的各项性能保证指标和分析催化剂的性能。该测试应每年进行一次。

（3）由催化剂测试块确定催化剂的性能。在实际工程中，SCR 反应器每层催化剂都设置有催化剂测试样本，小块的催化剂测试样本将和主催化剂同时装入，当需要进行上述的性能测试时，应取出小块的催化剂测试样本。然后，应在严格的条件下进行温度变化的测试、NH_3/NO_x 摩尔比变化的测试和物理性质测试，以便由此确定脱硝性能并判断更换催化剂的时间。

具体的试验方法可参照相关的 SCR 催化剂选型规程。由于催化剂的物理特性比较特殊，因此不会发生催化剂性能的快速变化，所以评价催化剂性能应通过长期的数据判断趋势。如果催化效率在一段期间内有下降趋势，例如 3~6 个月，可以推测出催化剂性能已经退化，但催化剂性能的最终判断应咨询催化剂供应商或按催化剂供应商提供的建议执行。

第五章

反 应 器

第一节 反应器基本概念

339. SCR 反应器主要功能是什么？

答： SCR 反应器是烟气脱硝系统的核心设备，其主要功能是承载催化剂，为脱硝反应提供空间，同时保证烟气流动的顺畅与气流分布的均匀，为脱硝反应的顺利进行创造条件。

340. SCR 反应器有哪两种布置方式？

答： SCR 脱硝工艺的核心——催化剂反应器装置，有水平和垂直气流两种布置方式，如图 5-1 所示。在燃煤锅炉中，由于烟气中的含尘量很高，一般采用垂直气流布置方式。

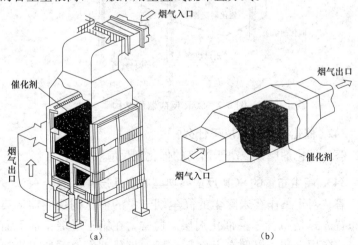

图 5-1　SCR 反应器水平和垂直气流布置方式
（a）垂直气流布置；（b）水平气流布置

341. SCR 反应器的范围包括哪些？

答：通常，一个反应器的范围自反应器入口膨胀节（不含）起，到反应器出口膨胀节（不含）止，主要包括入口烟道、带加固肋的反应器壳体、烟气整流板及其支撑、催化剂层及其支撑、催化剂的检修维护设施（轨道、葫芦）、反应器的支撑、出口烟道、反应器内部的密封设施、必要的检修维护平台和相关的仪器仪表等。其中，主要部件名称及安装部位如图 5-2 所示。

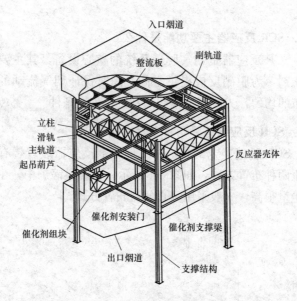

图 5-2　SCR 反应器的结构

342. 催化剂层数取决于什么？

答：催化剂层数取决于所需的催化剂反应表面积。

343. 高尘布置的 SCR 反应器典型布置几层催化剂？

答：对于工作在未除尘的高尘烟气中的催化剂反应器，典型的布置方式是布置三层催化剂层。通常，在第三层催化剂下面还有一层备用空间，以便在上面某一层的催化剂失效时加入第四层催化剂层。

140

344. 反应器内整流层的作用是什么?

答：在最上一层催化剂层的上面，是一层无催化剂的整流层，其作用是保证烟气进入催化剂层时分布均匀。

345. 反应器支撑结构包括哪些?

答：反应器支撑结构包括反应器内壁支撑结构、催化剂支撑结构和外壁支撑结构。

第二节 反应器的工艺设计

346. 反应器布置原则是什么?

答：反应器布置原则是：

（1）反应器采用高温高尘布置，并靠近锅炉本体。

（2）反应器应根据锅炉容量、空气预热器的数量和脱硝系统可靠性配置单炉单反应器或单炉双反应器。

（3）反应器内部烟气宜采用自上而下的流动方式。

347. 反应器结构与支撑设计一般规定是什么?

答：反应器结构与支撑设计一般规定是：

（1）反应器设计温度应不低于锅炉 BMCR 工况下燃用设计或校核煤质的最高工作温度，并应能承受运行温度 420℃且不少于 5h 的冲击。

（2）反应器的设计压力和瞬态防爆设计压力应与锅炉设计压力和炉膛瞬态防爆设计压力一致，且应符合 DL/T 5121—2000《火力发电厂烟风煤粉管道设计技术规程》的规定。

（3）反应器截面平均烟气流速应取 4~6m/s，催化剂入口烟气速度分布的相对标准偏差应小于 15%。

（4）反应器催化剂层与层之间的高度宜不小于催化剂模块高度加上 1700~2200mm。

（5）反应器应设计催化剂安装孔和人孔门，催化剂安装孔尺寸应不小于 1500mm×2000mm，人孔门尺寸应符合 DL/T 5121—2000 的规定。

（6）反应器应能在入口烟气粉尘和 NO_x 浓度为最小值和最大值之间任何点运行。

（7）反应器内催化剂的支架宜可兼作催化剂安装时的滑行导轨，导轨方向应与主支撑梁方向一致，并与安装或更换催化剂模块的专用工具相匹配。

（8）反应器尺寸应根据烟气流速、催化剂模块大小及布置方式确定。

348. 反应器结构设计要求是什么？

答： 反应器结构设计要求是：

（1）反应器应采用分段密封焊接而成，并充分考虑耐热、热膨胀等方面的要求。

（2）反应器壁板厚度应不小于 6mm，材料宜选用低合金结构钢 Q345B。

（3）反应器外壁应采用型钢加强，保证在设计温度和压力下反应器的强度和刚度。

（4）反应器外壁加强结构宜连续布置，并包含在保温层内。

（5）反应器内壁可采用钢管、钢板及型钢加强，其中导流板、均流整流装置及催化剂支撑框架梁同时可作为反应器的内撑加强结构。

（6）反应器应根据锅炉容量、脱硝效率、催化剂性能等参数，设置合适的催化剂层数量，并在初装催化剂时至少预留 1 层催化剂安装层。

349. 反应器支撑设计要求是什么？

答： 反应器支撑设计要求是：

（1）反应器本体应采用整体支撑方式或悬吊方式。

（2）采用支撑方式时，应充分考虑反应器本体内部结构的温差应力、支架热膨胀引起的对承重钢架的水平推力等影响。

（3）采用支撑方式时，反应器本体的支座应布置在同一水平面上，并依据热膨胀需要合理选取热膨胀基准点，设置若干滑动支座及限位支座。

（4）采用悬吊方式时，悬吊横梁应分上下两层，上层在竖向应能自由移动，下层固定不动。

350. 导流板与均流整流装置设计要求是什么？

答：导流板与均流整流装置设计要求是：

（1）一般规定。

1）反应器进口段宜设置导流板和均流整流装置。

2）导流板和均流整流装置的结构和尺寸应根据流场模拟和物模试验结果来设计。

（2）导流板。

1）导流板设计应考虑防磨措施，且板厚宜不小于6mm。

2）导流板的设计应充分考虑其支撑结构。

（3）均流整流装置。

1）均流整流装置应密布整个反应器横截面，格栅间距应根据流场数值模拟和物模试验结果进行优化设计。

2）均流整流装置的高度应不小于200mm。

351. SCR反应器的设计包括哪些？

答：SCR反应器的设计既包括反应器钢结构、反应器壳体及其进出口外形的设计，又包括其流场的优化设计等。反应器进出口通过设置柔性接头与机组主体连接，在烟气进口段，液氨汽化后与稀释空气混合，经喷氨格栅喷入反应器。

352. SCR反应器优化设计必须考虑的问题是什么？

答：对SCR反应器进行优化设计必须考虑反应器入口处合理分布烟气和氨，采用氨-空气混合器、烟道内的氨-烟气混合装置、烟气整流板、喷氨格栅等都是合理分布烟气和氨的有效措施，但这些设计需要在预先完成的流体模拟实验或实物模型试验验证的基础上进行。

353. 温度、进口烟气流速和NH_3/NO_x摩尔比的变化对催化剂体积增加的影响是什么？

答：图5-3是温度、进口烟气流速和NH_3/NO_x摩尔比的变化对催化剂体积增加的影响。由图可见，温度的偏差对催化剂体积影响较小，而气流速度偏差影响较大一些；NH_3/NO_x摩尔比偏差的影响最大。

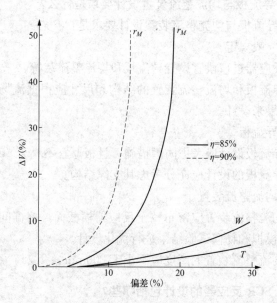

图 5-3　温度、进口烟气流速和 NH_3/NO_x 摩尔比的变化
对催化剂体积增加的影响

η—NO_x脱除率；T—烟气温度分布；W—进口流场分布；r_M—NH_3/NO_x摩尔比

354. 反应器在第一层催化剂的上部烟气运行应满足哪些条件？

答：为保证 SCR 系统的性能参数，一般要求反应器在第一层催化剂的上部烟气运行应满足：

（1）速度变动系数，变动系数的误差在±10％以内。

（2）温度最大偏差，平均值的±15℃。

（3）NH_3/NO_x摩尔比变动，误差在±5％以内。

（4）烟气入射催化剂角度（与垂直方向的夹角），±10°。

355. 反应器在设计时应考虑的因素有哪些？

答：SCR 系统的性能主要取决于催化剂的质量和反应器的设

计条件。设计反应器时应考虑以下因素：

（1）SCR反应器本体的设计除应满足相应的工业标准外，反应器应与周围设备布置相协调，一般设计成烟气垂直向下流经反应器的结构，入口设置气流均布的整流板，并根据需要在反应器进口设置导流板，对于反应器内部易于磨损部位应设计考虑必要的防磨措施。

（2）合理设计反应器、催化剂的支撑结构。反应器支撑结构设计应考虑适当滑动和限位措施，以免受热膨胀影响，以防止地震时催化剂翻转或移动；反应器内部各类加强板、支撑梁应设计成不易积灰的形式。

（3）反应器壳体上应设计足够大小和数量的人孔门、必要的测试孔；仪器和催化剂取样口处应设置维护平台，保证在设备正常运行、试运及检修时人员正常工作的需要，并配有可拆卸的催化剂测试元件。

（4）SCR反应器结构应合理选材，能承受规定的设计压力和设计温度，一般能够在400℃的环境下长期工作，当运行温度为450℃时，能够经受不少于5h的考验而不产生任何损坏。

（5）合理地设计催化剂模块安装设施，催化剂模块一般可以通过使用起吊葫芦和（或）催化剂搬运小车运输和安装进行安装，因此，反应器的结构设计应能满足催化剂安装方案的要求。

（6）根据烟气条件，合理选择反应器内部烟气流速，并在催化剂模块上方要留有合理的检修维护空间，确定反应器的体积和截面尺寸，一般流经反应器本体的烟气流速在5m/s左右，既满足检修更换催化剂的要求，又能节约投资。

（7）根据工程情况，反应器内部应设置相应的吹灰装置，高灰分时应当设置隔板、整流板、金属网和必要的吹灰设施以防止系统积灰，使烟气流动顺畅。

（8）合理选择保温结构，使经过反应器的烟气温度变化小于5℃；主梁和柱子应当完全在反应器外壳里面，使所有结构件截面温度相同。同一个结构件截面温度分布均匀时可以减少热应力和热变形（比如凸起），从而能够耐受反应器内快速的温度变化。

（9）密封系统应完善。由于未反应烟气的泄漏会直接严重影响脱硝效率，故应当注意密封系统，以减少烟气泄漏。

（10）降低压力损失。包括结构件在内的所有内部件的设计应尽可能减少压力损失，所有的内部件尽量不破坏气体分配的均衡。

（11）催化剂单层高度应合理。为保证运行效果，每层催化剂模块中的催化剂单元不能高于四层；甚至在增加催化剂层的情况下，每层催化剂单元总高也不能高于四层。在确定催化剂层数时应考虑到此标准。

356. 什么是线速度？

答：SCR 的线速度代表气流流过催化剂横截面的速度，它是决定反应器横截面面积和气体在反应区停留时间的重要参数。其计算公式为：

$$L_V = \frac{q_{V\text{fluegas}}}{3600 A_{\text{catalyst}}} \tag{5-1}$$

式中　L_V——烟气线速度，m/s；

　　A_{catalyst}——催化剂层截面积，m^2；

　　$q_{V\text{fluegas}}$——锅炉烟气流量，m^3/h；

　　3600——单位换算系数。

各工程公司根据自己的经验，其线速度的取值各有不同，其大小一般在 5~6m/s 之间。

357. 什么是面速度？

答：SCR 系统的面速度描述的是烟气掠过催化剂表面的速度，其定义是单位时间内烟气体积与催化剂的几何表面积之比，是反映催化反应特征的一个参数。其计算公式为

$$A_V = \frac{q_{V\text{fluegas}}}{V_{\text{catalyst}} \beta_{\text{specific}}} \tag{5-2}$$

式中　A_V——面速度，$m^3/(h \cdot m^2)$ 或 m/h；

　　V_{catalyst}——催化剂体积，m^3；

　　β_{specific}——催化剂比表面积，由催化剂特性确定，m^2/m^3。

358. 什么是空间速度？

答： 空间速度描述的是烟气体积流量（标准状态下的湿烟气）与 SCR 反应塔中催化剂体积的比值，反映了烟气在 SCR 反应塔内停留时间的长短。根据定义其计算公式为

$$S_V = \frac{q_{\text{Vfluegas}}}{V_{\text{catalyst}}} \qquad (5\text{-}3)$$

式中　S_V——空间速度，1/h。

实际上，S_V 的倒数所表达的就是时间概念，即接触时间，是催化剂的重要性能参数，也是催化剂反应器的主要设计参数。由于烟气体积随温度、压力的变化而变化，所以在工程中常要变换成标准状态下的体积，并以反应前标态体积流量为基准来计算空间反应速度。

359. SCR 反应器的设计有两哪种计算方法？

答： SCR 反应器的设计有两种计算方法：经验计算法和数学模型法。

（1）经验计算法是利用生产的经验参数设计新的反应器，或通过中间试运测得最佳工艺条件参数（如反应温度、空间速度）和最佳操作参数（如空床速度和许可压降），在此基础上求出相应条件下的催化剂体积和反应器截面积与高度。

（2）数学模型法是借助与反应动力学方程、物料流动方程、物料衡算和热量衡算方程，通过对它们联立求解，求出在指定反应条件下达到规定脱硝效率的催化剂体积，是建立在对化学反应深入研究的基础上进行的。

360. SCR 反应器截面尺寸如何进行计算？

答： SCR 反应器截面尺寸是由锅炉烟气流量和表面速度确定的。典型的流经催化剂的表面速度为 5m/s 左右，在实际工程中可以使用如下速度值公式来对催化剂截面积进行估算，即

$$A_{\text{catalyst}} = \frac{q_{\text{Vfluegas}}}{3600 \times 5} \qquad (5\text{-}4)$$

式中　A_{catalyst}——催化剂层截面积，m^2；

q_{Vfluegas}——锅炉烟气流量，m^3/h；

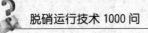

3600——单位换算系数。

考虑到催化剂几何形状及其安装结构，SCR 反应器的横截面积比催化剂横截面积大 15% 左右，因此，反应器横截面积公式为

$$A_{SCR} = 1.15 \times A_{catalyst} \qquad (5\text{-}5)$$

361. 催化剂体积如何进行估算？

答： 在工程中，一般催化剂至少安装两层，其中催化剂体积的估算式为

$$V_{catalyst} = \frac{q_{Vfluegas} \ln\left(1 - \dfrac{\eta}{M}\right)}{K_{catalyst} \beta_{specific}} \qquad (5\text{-}6)$$

式中　$V_{catalyst}$ ——催化剂估算体积，m^3；

　　　$q_{Vfluegas}$ ——锅炉烟气流量，m^3/h；

　　　η ——系统设计的脱硝效率，%；

　　　M ——NH_3 与 NO_x 的化学摩尔比；

　　　$K_{catalyst}$ ——催化剂活性常数；

　　　$\beta_{specific}$ ——催化剂比表面积，m^2/m^3。

362. 催化剂层数如何进行估算？

答： 根据工程烟气流量等参数，在确定了催化剂层的截面积和催化剂体积后，则可估算催化剂的层数，其计算式为

$$N_{layer} = \frac{V_{catalyst}}{h_{layer} A_{catalyst}} \qquad (5\text{-}7)$$

式中　$V_{catalyst}$ ——催化剂估算体积，m^3；

　　　$A_{catalyst}$ ——催化剂层截面积，m^2；

　　　h_{layer} ——催化剂模块的高度。

根据式（5-7）计算的结果，不包括工作后期需要安装的备用层，通常需要调整催化剂模块高度，使催化剂的层数接近于整数。

363. 反应器高度如何进行估算？

答： SCR 反应器的断面尺寸一般根据催化剂的层数（包括初始安装和预留层）、整流层安装高度和催化剂的安装空间等因素确定。反应器的高度（不包括反应器进出口烟道部分的高度）估算

公式为

$$H = (N+1)(C_1 + h_{layer}) + C_2 \qquad (5\text{-}8)$$

式中　H——反应器的高度，m；

　　$N+1$——催化剂的层数；

　　　C_1——支撑、安装催化剂所需要的空间高度，m；

　　　C_2——整流层安装高度及安装需要的空间高度，m。

式（5-8）中的 C_1 与 C_2 是个工程经验数据，与工程采用的吹灰器形式、催化剂安装方式都有一定的关系，为便于安装和检修，催化剂的层高一般以不小于 3.5m 为宜。

第三节　反应器的结构与支撑设计

364. SCR 反应器设计外压力一般为多少？

答：SCR 反应器设计外压力一般为 ±6kPa，反应器主要的受力有重力载荷、外压力和热应力。

365. 整流板主要作用是什么？

答：整流板一般安装在入口烟道底部、第一层催化剂上部，其主要作用是将烟气进一步梳理，调整烟气分配，保证烟气流场的均匀性。

366. 悬挂式 SCR 反应器结构及其工作原理是什么？

答：图 5-4 所示悬挂式 SCR 反应器结构。其工作原理是：反应器由相互独立的反应器壳体 1 和固定在立柱 6 上的顶部横梁两部分组成，反应器壳体 1 内设有若干催化剂托架 9，并分别与若干组螺纹吊杆 2 的下端相接，螺纹吊杆 2 的上端穿出反应器壳体 1 悬吊在反应器顶部的上梁 7 上，各层催化剂托架 9 的位置可以上下调节。

催化剂托架 9 各层均由四个下螺纹吊杆 2 悬吊在顶梁上，螺纹吊杆 2 中下部为圆柱杆，上段根据实际需要采用梯形螺杆，螺纹吊杆材料可为圆钢，也可选用厚壁钢管。顶梁分上下两层，上梁 7 两根，下梁 8 两根。上梁 7 坐落在立柱 6 上，竖向自由度不受约

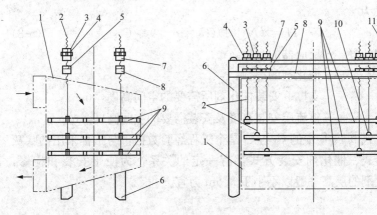

图 5-4　一种悬挂式 SCR 反应器结构

1—反应器壳体；2—螺纹吊杆；3—主螺母；4—推力轴承；5—辅助螺母；

6—立柱；7—上梁；8—下梁；9—催化剂托架；10—铰接头；11—吊耳

束，两端设有吊耳 11，可以用起吊上梁 7 的方法来调节催化剂的位置。下梁 8 固定在立柱 6 上，起到辅助支承和定位吊杆的作用。主螺母 3 通过推力轴承 4 将吊杆支承在上梁上，推力轴承 4 的作用主要是为了减小拧转主螺母 3 时的摩擦力。拧转主螺母可以升降吊杆，以此作为催化剂位置的主要调节手段。安装与更换催化剂时，通过调节主螺母将各层催化剂调至最方便的人孔位置。螺纹吊杆 2 与催化剂托架 9 采用铰链连接，以增加其振动的自由度。催化剂托架 9 安装时，应尽可能调整至水平面上，过大的倾斜度会导致吊杆升降不灵活。

367. 悬挂式 SCR 反应器结构有益效果是什么？

答：悬挂式 SCR 反应器结构有益效果是：

（1）最大限度地减小了应力，悬挂式结构使得催化剂层及其支承结构可自由热膨胀，而且与反应器本体之间互不影响，从而最大限度地减小了热应力。

（2）催化剂各层的位置可以自由调节，催化剂的安装与更换非常方便。

（3）有利于振打清灰，催化剂层悬吊于空中，接头采用铰接方式，使得催化剂层对振动激励很敏感，振打清灰效果好。

第四节　反应器的密封与防积灰设计

368. 应做好反应器哪几个部位的密封设计?

答: 为了保证 SCR 反应器内的烟气能 100% 通过催化剂,保证烟气中的 NO_x 在催化剂的表面能与 NH_3 充分发生化学反应,有效脱除 NO_x,应做好以下几个部位的密封设计和施工:

(1) 催化剂模块之间的缝隙,密封角钢焊到支撑梁上的催化剂的底框。

(2) 在催化剂模块和支撑梁之间的缝隙,两者之间金属接触的部分密封焊。

(3) 在催化剂模块和反应器外壳之间的缝隙,两者之间设置密封板。

369. 防止催化剂积灰的措施有哪些?

答: SCR 系统内的积灰不仅会直接或间接地减少催化剂有效体积而降低 SCR 性能,同时变硬的灰块掉下会造成催化剂的机械损伤,故在结构设计上应尽量减少积灰的可能。

SCR 反应器内防止积灰的设计除吹灰器系统以外,在结构设计上主要应注意如下几个方面:

(1) 整流板。在梳理烟气分配、保证烟气流场均匀性的同时,还可以拦截大块爆米花状灰块,阻止其冲击损伤催化剂接触,以减轻催化剂表面大颗粒飞灰的积聚。

(2) 催化剂上的金属格栅和金属网。催化剂块的顶部设置了合适的金属格栅及金属网,防止较大灰粒进入催化剂间隙,发生催化剂的堵塞;同时也能减少细小灰粒在催化剂表面积累,且对气流更均匀流动也有一定作用。

(3) 防积灰板。SCR 反应器内部结构的以下部位,在做好密封设计和施工图的基础上,要防止飞灰的积聚。这些部位包括:①在催化剂块之间的狭窄缝隙;②围绕催化剂模块外围,在催化剂模块和其他设施之间的空隙;③在各种支撑梁顶。

370. 应如何应对大颗粒飞灰?

答:飞灰是燃料燃烧过程中排出的微小灰粒。飞灰的粒径分布一般都是微米级的,有几微米的、几十微米的,也有几百微米的,一般都小于 $1000\mu m$。大颗粒灰特别是爆米花状灰,是一种低密度灰,具有疏松多孔、密度多小于水、外形不规则的特点,很容易达到 10mm 及以上的尺寸,多形成于锅炉受热面表面,较难通过烟道的扩展降低流速手段使其沉降。无论是蜂窝式催化剂还是平板式催化剂,大颗粒灰只要被烟气携带到催化剂表面,就很容易会导致催化剂的堵塞,一旦部分通道被堵塞,灰的堵塞面积会快速增加,致使 SCR 脱硝装置性能下降。

大颗粒飞灰可以通过安装大颗粒灰过滤系统来清除。为了防止大颗粒飞灰的堵塞,在脱硝系统设计中,发达国家的一般做法是在催化剂上游应用计算流体动力学技术优化设计灰斗、设置滤网等预除尘设备,以去除烟气中携带的大颗粒飞灰。省煤器灰斗优化主要借助计算流体动力学技术进行,通过优化灰斗外形,组织流场依靠惯性将大颗粒灰引至灰斗,将大部分大颗粒灰分离。在不具备对省煤器出口及灰斗外形进行优化的条件下,还可在省煤器灰斗出口和反应器上升烟道结合处设置大灰滤网,滤网下方设置灰斗,汇集拦截下来的大颗粒灰。另外在机组停运时,应及时清理掉大颗粒爆米花飞灰,防止灰颗粒沉积导致更多积灰。

第五节　SCR 反应器内的吹灰系统

371. 吹灰器选型有哪些注意事项?

答:我国燃煤机组燃用煤种多变且灰分较大,而且脱硝装置几乎全部为高尘布置的无旁路系统,因此在脱硝装置设计阶段除去通过流场设计尽量实现流场均匀外,还需考虑合适的脱硝吹灰器选型以尽量减小飞灰对催化剂的堵塞与磨损。SCR 脱硝工程高尘布置中常用的吹灰器有声波吹灰器和耙式蒸汽吹灰器两种。

声波吹灰器是利用声波发生装置将一定压力($0.6\sim0.8$ MPa)的压缩空气携带的能量转化为高声强声波,声波对积灰产生高加速度剥离作用和振动疲劳破碎作用，使积灰产生松动而脱离催化剂表面，再在烟气的冲刷力及灰粒本身的重量作用下被烟气带走。在声波的高能量作用下，粉尘不能在热交换表面积聚，可有效阻止积灰的生长，在工程实践中是用一个或几个发生器每隔一段时间就运行一次，并保持不断地重复这一循环来达到吹灰目的。在恶劣的工况下需频密地发声，而在积灰不严重的场合可适当延长停止段的时间。声波吹灰器在灰分较低的烟气条件下，可有效防止烟气在催化剂表面的积灰，但由于其吹灰力度较小，对于大量积灰的清除效果不佳。

耙式蒸汽吹灰器是一种适用于 SCR 催化剂的强力半伸缩式吹灰设备，过热蒸汽自喷射孔沿烟气流动的方向吹扫催化剂表面堆积的积灰，吹灰器移动一个行程后蒸汽吹扫就覆盖了反应器内的整个催化剂表面。耙式蒸汽吹灰器吹灰能力较强，对于催化剂表面已形成的积灰清除效果良好，但控制不当也会导致催化剂吹损，烟气湿度加大，易结成黏性积灰。此外蒸汽吹灰对于不同类型的催化剂的吹灰效果略有差别。板式催化剂的一个模块中一般布置两层催化剂元件，两层催化剂元件的单板交叉布置。在高灰的烟气条件下，两层催化剂元件的间隙会在一定程度上改变烟气在催化剂内的流场，造成局部的堵灰问题。因此一般要求催化剂元件间隙大于 3 倍的催化剂孔间隙，避免此处形成涡流。此间隙对于耙式蒸汽吹灰器的效果有减弱的作用，而对声波吹灰器则几乎没有影响。因此在使用板式催化剂时，与声波吹灰器相比，耙式蒸汽吹灰器在吹灰强度上的优势不如在蜂窝式催化剂明显，在吹灰方式的选取过程中要加以考虑。

建议在吹灰器选型时除考虑飞灰浓度外，还需考虑飞灰沾污特性与磨损特性。当入口烟尘浓度大于 $40g/m^3$ 且飞灰特性属于严重磨损或严重沾污时，宜考虑采用声波/蒸汽联用方案，以实现在运行中以声波为主、蒸汽为辅的运行方式。

372. 蒸汽吹灰系统工作原理是什么?

答：蒸汽吹灰系统是利用高压蒸汽的射流冲击力清除设备表面上的积灰。当整个装置运转正常时，对清除受热面的积灰和降

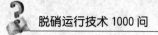

低排烟温度都有一定作用。

作为吹灰器的流体介质——蒸汽必须有一定的过热度，避免蒸汽含水流入催化剂，以防止催化剂失效。其特性要求：蒸汽压力为 0.6～1.0MPa，蒸汽温度应当至少比它在相应压力下的饱和温度高出 50～100℃。

喷嘴的数量安排应使其能覆盖整个催化剂表面范围，尤其要注意催化剂层大梁下部容易堆积灰尘的地方以及反应器的死角。喷嘴的布置要能使流体吹及这些区域。

在进行吹扫前，为了避免蒸汽管道的凝结水接触到催化剂，必须对凝结水进行排空；吹扫时，一般各层吹灰器的吹扫时间错开，即每次只吹扫一层或一层中的一部分催化剂。

373. 声波吹灰器工作原理是什么？

答：声波吹灰器（膜片式）是利用金属膜片在压缩空气的作用下产生声波，高响度声波对积灰产生高加速度剥离作用和振动疲劳破碎作用，积灰产生松动而落下。

图 5-5 所示为声波吹灰器的工作原理。声波吹灰器是由声波发生头将压缩空气携带的能量转化为高声强声波，通过声波的作用力使灰粒子和空气分子产生振动，破坏和阻止灰粒子在催化剂表面结合，使之处于悬浮流化状态，以便烟气或自身重力将其带走。在声波的高能量作用下，粉尘不能在热交换表面积聚，可有效阻止积灰的生长。

374. 声波吹灰器的布置设计选型时应考虑的问题是什么？

答：在对声波吹灰器进行选型设计时，必须要严格考虑声波吹灰器的横向作用距离及纵向作用距离。对于横向作用距离，必须要保证两个吹灰器之间的有效作用范围有一定的重叠，从而保证横向范围内的有效吹灰。对于纵向的吹灰距离，如果单个吹灰器作用距离不足以覆盖整个 SCR 反应器的长度，则可以考虑在侧向进行增强。

375. 声波吹灰器的选型原则是什么？

答：声波的频率越高能量衰减得越快，同时又要求在声波的

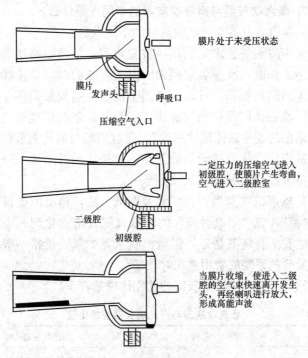

膜片处于未受压状态

膜片
发声头   呼吸口

压缩空气入口

一定压力的压缩空气进入
初级腔，使膜片产生弯曲，
空气进入二级腔室

二级腔

初级腔

当膜片收缩，使进入二级
腔的空气束快速离开发生
头，再经喇叭进行放大，
形成高能声波

图 5-5　声波吹灰器工作原理

有效作用范围内必须保证足够的声波能量使催化剂表面的积灰产
生足够的振动。因此，不同频率的声波吹灰器其有效作用范围也
不同。

声波的能量是由它的频率与声强决定的。低频声波的波长相
对于高频长，能量衰减少，不容易被粉尘吸收。因此，同样声强
的声波，频率越低，对粉尘的作用效果越大。但是如果频率小于
60Hz，声波将可能破坏固体结构以及机械连接装置。

376. 声波的波长的计算公式是什么？

答：
$$\lambda = \frac{v}{f} \tag{5-9}$$

式中　λ——声波的波长，不同频率的声波波长也不一样；

　　　v——声波传播速度，约为 340m/s；

　　　f——声波的频率，频率由声源而决定。

377. 蒸汽吹灰器与声波吹灰器的不同点是什么?

答: 蒸汽吹灰器与声波吹灰器的不同点是:

(1) 声波吹灰技术是利用声波发声器,把调制高压气流而产生的强声波,馈入反应器空间内。由于声波的全方位传播和空气质点高速周期性振荡,可以使表面上的灰垢微粒脱离催化剂,而处于悬浮状态,以便被烟气流带走。声波除灰的机理是"波及",吹灰器输出的能量载体是"声波",通过声场与催化剂表面的积灰进行能量交换,从而达到清除灰渣的效果。相对来说,声波吹灰器的设备采购和系统安装费用较低。

(2) 压蒸汽吹灰器,是"触及"的方法,输出的能量载体是"蒸汽射流",靠"蒸汽射流"的动量直接打击催化剂表面上的灰尘,使之脱落并将其送走,但蒸汽吹灰器的采购价格一般比较昂贵,安装蒸汽系统的费用也相对较高。

蒸汽吹灰器与声波吹灰器的性能比较见表 5-1。

表 5-1　　　　　蒸汽吹灰器与声波吹灰器性能比较

项目	蒸汽吹灰器	声波吹灰器
吹扫原理	蒸汽吹灰是待灰形成一定的厚度后,再进行吹扫清除,对灰熔点低和较黏的灰有明显效果	声波吹灰器是预防性的吹灰方式,阻止灰粉在催化剂表面形成堆积,黏结性积灰和严重堵灰以及坚硬的灰垢无法清除
水汽影响	蒸汽吹灰方式如果过热度太低,由于湿度的影响,长期运行对催化剂的失效影响很大	经试验和现场测试证明声波吹灰器对催化剂没有任何的毒副作用
对催化剂的磨蚀	蒸汽吹灰方式依靠机械的蒸汽冲击力来实现清灰,蒸汽流夹着粉尘,对催化剂的表面有一定的磨损	声波吹灰器对催化剂没有磨损,延长催化剂使用寿命,是非接触式的清灰方式,可降低 SCR 的维护成本
吹扫范围	蒸汽吹灰方式依靠的是机械的蒸汽的冲击力来实现清灰,如果喷嘴布置不合理,存在清灰死角影响吹灰效果很差,导致局部积灰	声波吹灰器不存在清灰死角问题。声波吹灰器由于是依靠非接触式的声波,实现灰尘从结构表面脱落而被烟气带走,声波在结构的表面能来回地反射及衍射,从而不存在死角,清灰非常彻底

续表

项目	蒸汽吹灰器	声波吹灰器
管道和附件	需要直径较大的带保温层的高压蒸汽管道，SCR 反应器外有很多管道备件需要安装，它伸出反应器外较长	需要安装直径为 50mm 的压缩空气气管。声波吹灰器很轻便，可以通过安装法兰很轻易地安装在 SCR 上，并仅仅伸出设备 0.7m
运行频率	每天吹 3 次的频率	10min 吹 10s 的频率。每次 0.368m³/声波吹灰器
维护工作量	机械传动和电气部分在运行中故障率高，检修和维护工作量大，费用高，每使用 1~2 年，蒸汽吹灰器的一些部件需要更换	结构简单可靠，启停操作方便运行安全，维修工作量少，费用低。钛合金膜片是唯一一个活动部件，通常寿命为 5 年
噪声影响	声音较小	噪声较大，在反应器外部的吹灰器发声部分必须做隔音处理，经过处理后的噪声水平可以降低到 75dB 以下
介质来源	蒸汽来源比较充分，但吹灰耗费蒸汽，运行费用较高，同时导致锅炉补给水和水处理费用增高	压缩空气需要量较小，需要配备空气储罐即可满足性能要求
适用灰分	适用于各种积灰的清除，对结渣性较强，灰熔点低和较黏的灰有较明显效果	适合于松散积灰的清除，对黏结性积灰和严重堵灰以及坚硬的灰垢无法清除

第六章

液氨与氨区

第一节 氨的基本特性

378. 氨的理化性质是什么?

答: 液氨(液体无水氨)主要用于制造硝酸、无机和有机化工产品、化学肥料,冷冻、冶金、医药等工业原料以及用于 SCR 系统的还原剂。液氨用槽车或钢瓶装运。

液氨是一种无色气体,有刺激性恶臭味。分子式为 NH_3;分子量 17.03,相对密度 0.7714g/l;熔点 $-77.7℃$;沸点为 $-33.35℃$,自燃点 651.11℃;蒸气密度 0.6,蒸气压 1013.08kPa (25.7℃),蒸气与空气混合物爆炸极限 16%~25% (最易引燃浓度 17%)。氨在 20℃ 水中溶解度 34%;25℃时,在无水乙醇中溶解度 10%,在甲醇中溶解度 16%。溶于氯仿、乙醚,它是许多元素和化合物的良好溶剂。水溶液呈碱性,0.1N 水溶液 pH 值为 11.1。液氨会侵蚀某些塑料制品,橡胶和涂层。遇热、明火,难以点燃而危险性较低;但氨和空气混合物达到上述浓度范围遇明火会燃烧和爆炸,如有油类或其他可燃性物质存在,则危险性更高。与硫酸或其他强无机酸反应放热,混合物可达到沸腾。

不能与下列物质共存:乙醛、丙烯醛、硼、卤素、环氧乙烷、次氯酸、硝酸、汞、氯化银、硫、锑、双氧水等。

379. 用于 SCR 烟气脱硝的还原剂一般有哪三种? 三种还原剂制氨工艺不同点是什么?

答: 用于 SCR 烟气脱硝的还原剂一般有三种:液氨、氨水及尿素。三种还原剂制氨工艺原理不同点是:

（1）液氨以减压加热方式将高压液氨转换成气氨，生产过程为物理过程，无化学反应，是当前普遍采用的烟气脱硝还原剂制备工艺。

（2）氨水的喷射有两种方式，一种是直接喷射系统，采用双流体喷嘴，用压缩空气使其雾化形成粒径分布正确的液滴。另一个氨水喷射方案是使用蒸发器蒸发氨水中的水和氨。蒸发设备下游段的喷射方式与液氨使用的方法相似。

（3）尿素制氨工艺的原理是尿素水溶液在一定温度下发生分解，生成的气体中包含二氧化碳、水蒸气和氨气。

尿素系统与液氨、氨水系统的主要差别在于安全方面的因素，尿素属于无毒无危险的化学物质，而液氨是国家规定的乙类危险品。

380. 脱硝还原剂如何进行选择？

答： 从运行成本看，从低到高依次为液氨系统、尿素水解系统、尿素热解系统。

从投资成本看，从低到高依次为液氨系统、尿素热解系统、尿素水解系统。

大机组还原剂用量大时，采用液氨较节省总体成本。但需考虑液氨保存区为危险工作场所。若为安全考虑，可采用尿素。小机组采用氨水；其次尿素，但操作成本较高。

第二节　氨区设计的基本规范

381. 液氨汽化的方法有哪几种？

答： 液氨汽化根据是否提供外部热源分为自然汽化和强制汽化。

382. 自然汽化是什么？其基本原理是什么？

答： 自然汽化是指液氨储罐的液氨依靠自身的显热和吸收外界的热量而汽化的过程，如图 6-1 所示。

自然汽化的基本原理是：当尚未从储罐里往外导出氨气时，

脱硝运行技术 1000 问

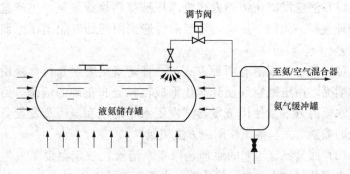

图 6-1　液氨自然汽化原理示意

储罐内液体温度与外界温度相同，压力为 t 时的饱和蒸汽压力为 p。当从储罐内将氨气导出时，由于液体温度与环境温度相同，液氨汽化只有消化自身的显热，于是液氨温度下降，这样液氨与外界温度产生偏差，汽化所需要的热量就通过储罐壁从外界吸收。当液氨汽化吸热量全部由外界传热提供时，液氨温度就不再下降并稳定在一定值。由于外界温度不断变化及其汽化效率偏低，此系统在实际工程中很少采用。

383. 强制汽化是什么，有哪两种方式？

答：强制汽化就是人为的加热液氨使其汽化，强制汽化一般在专门的汽化装置中进行。

强制汽化有两种方式，一种为气相导出方式；另一种为液相导出方式。

气相导出方式与自然汽化方式相同，是用热媒加热液氨储罐，并把液氨储罐的温度控制在容器设计压力时的温度以内。由于汽化能力低，不经济，目前已经很少应用。

目前，常采用是液相导出方式。

384. 强制汽化液相导出方式分为哪三种？

答：强制汽化液相导出方式，根据系统设置的不同又可以分为自压强制汽化、加压强制汽化和减压强制汽化。

385. 自压强制汽化的工作原理是什么？

答：自压强制汽化的工作原理是利用液氨储罐内液氨自身的

160

压力将液氨输送入汽化器，使其在外部热源加热过程中汽化，不断地向 SCR 系统输送氨气，其原理如图 6-2 所示。

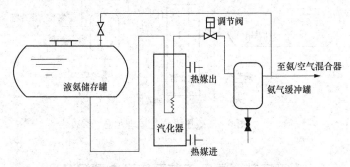

图 6-2　自压强汽化原理示意

386. 加压强制汽化的工作原理是什么？

答：加压强制汽化的工作原理是利用液氨泵加压到高于储罐的蒸气压后送入汽化器，使其在加压后从热媒获得汽化潜热汽化，其原理如图 6-3 所示。

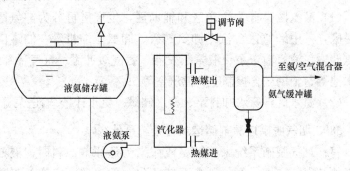

图 6-3　加压强汽化原理示意

387. 减压强制汽化的工作原理是什么？

答：液氨依靠自身的压力从储罐进入汽化器前，先进行减压再进入汽化器，依靠人工热源加热汽化，这种汽化方式称为减压汽化，其原理如图 6-4 所示。为了防止用气突然停止，汽化器内液氨继续汽化而导致汽化器超压，可以与调节阀并联一个回流阀，当停止用气、汽化器内压力达到控制压力时，液体经回流阀流回储罐。

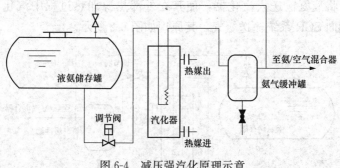

图 6-4 减压强汽化原理示意

第三节 氨区工艺系统及主要设备

388. 什么是氨区？

答：氨区指氨卸料、储存及制备的区域，仅指液氨区和氨水区。

（1）液氨区又分为生产区和辅助区，生产区再分为卸氨区与储罐区，其中卸氨区含汽车卸氨鹤管、卸氨压缩机等，储罐区含液氨储罐、液氨输送泵、液氨蒸发器、氨气缓冲罐、氨气稀释罐、废水池等；辅助区含控制室、值班室等。

（2）氨水区含氨水卸料泵、氨水储罐、氨水计量/输送泵等。

389. 烟气脱硝还原剂储运制备系统是什么？

答：烟气脱硝系统采用液氨或尿素为还原剂原料时，液氨或尿素的卸料、储存、氨气制备系统所包含的一整套完整的工艺设备、电控装置和安全设施系统。

390. 氨的存储和处理系统的作用是什么？包括哪些设备？

答：氨的存储和处理系统的作用是用于卸载并存储作为 SCR 反应剂的液氨（纯度为 99.6％或更高）。

氨的存储和处理系统一般由卸料压缩机、储氨罐、液氨蒸发器、废氨稀释槽、氨气泄漏检测器、报警系统、水喷淋系统、安全系统及相应的管道、管件、支架、阀门及附件组成。

391. 氨的储运和蒸发系统的主要作用是什么?

答：氨的储运和蒸发系统的主要作用是用于卸载并储存还原剂原料液氨，然后经过蒸发得到氨气。这个系统由卸料压缩机、液氨储罐、液氨蒸发器、氨气缓冲槽、氨气稀释槽等组成。

392. 卸氨压缩机是什么?

答：卸氨压缩机是利用气体压缩，将液氨运输车中液氨输送到液氨储罐的设备。

393. 卸氨压缩机的作用是什么?

答：卸氨压缩机的作用是液氨转移，把液态的氨从运输的罐车中转移到液氨储罐中。卸氨压缩机一般为往复式压缩机，它抽取槽车的液氨，经压缩后将液氨槽车的液氨推挤入液氨储罐中。

394. NH_3 卸料压缩机工作系统是什么?

答：NH_3 卸料压缩机系统工作系统及流程如图 6-5 所示。在槽车向储罐供氨的过程中，随着槽车氨量的减少，其压力也不断下降，甚至影响继续供氨，因此，需用卸氨压缩机提高槽车罐内压力，以保证其罐内的液氨可全部顺利卸出。

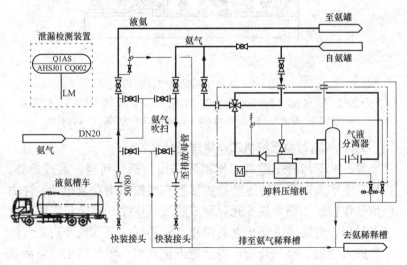

图 6-5　NH_3 卸料压缩机工作系统

在卸氨系统设计中，有时需要考虑将一个氨储罐的气氨压入另一个氨储罐，实现液氨储罐的置换，另外在液氨管道上需要设有安全阀（执行 SH/T 3007—2014《石油化工储运系统罐区设计规范》），以防管道超压。

395. 复式压缩机由哪几部分组成？

答：复式压缩机组整体结构如图 6-6 所示，由压缩机、两位四通阀、气液分离器、防爆电动机、止回阀、安全阀、底座及防护罩等组成。

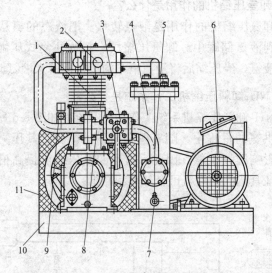

图 6-6 卸料压缩机组整体结构

1—压缩机；2—仪表；3—两位四通阀；4—气液分离器；5—进气过滤器；6—防爆电动机；7—排液阀；8—止回阀；9—安全阀；10—底座；11—防护罩

396. NH₃卸料压缩机工作原理是什么？

答：NH₃ 卸料压缩机工作原理是压缩机运转时，通过曲轴、连杆及十字头，将回转运动变为活塞在气缸内的往复运动，并由此使工作容积作周期性变化，完成吸气、压缩、排气和膨胀四个工作过程。当活塞由外止点向内止点运动时，进气阀开启，气体介质进入气缸，吸气开始；当到达内止点时，吸气结束。当活塞由内止点向外止点运动时，气体介质被压缩，当气缸内压力超过其排气管中的背压时，排气阀开启，即排气开始；活塞到达外止点时，排气结束。活塞再从外止点向内止点运动，气缸余隙中的高压气体膨胀，当吸气管中压力大于正在缸中膨胀的气体压力并能克服进气阀弹簧力时，进气阀开启，在此瞬时，膨胀结束，压缩机就完成了一个工作循环。

397. 卸氨管道上为什么经常会大量结冰或化霜？减少液氨管道的结冰或化霜的措施是什么？

答：由于卸氨过程液氨减压后蒸发吸热，所以卸氨管道上经常会大量结冰或化霜。为减少此类问题的发生，确保卸氨过程的安全，经常在槽车之后的卸氨管上连接一台蛇形管自然吸热器，减少液氨管道的结冰或化霜现象。

398. 气液分离器目的是什么？

答：由于液体的不可压缩性，压缩机只能压缩气体。如果不慎使液体进入气缸，就会产生"液击"，使压缩机严重损坏，大量的危险气体就会迅速泄漏出来，造成重大事故。为防止"液击"事故发生，该系列压缩机配置气液分离器，杜绝液体进入压缩机现象的发生，确保压缩机的安全运行。同时，免除庞大的气液分离器和稳压罐，节省投资。

399. 气液分离器由哪几部分组成？

答：气液分离器由筒体、浮子、切断阀、排液阀等组成，如图 6-7 所示。

400. 气液分离器工作原理是什么？发生进液情况时如何处置？

答：气液分离器工作原理是在正常情况下，气体经过进气过滤器进入筒体后，由于气体密度较小，浮子不会上升，气体顺利通过切断阀流进压缩机，压缩机正常运转。

若是液体进入筒体，液体的浮力就会把浮子托起，并关闭切断阀，使液体不能进入压缩机。

一旦发生进液，应首先关闭气相管线上的进排气阀门，切断电动机的电源开关，查找进液原因。彻底排除气相管线内的液体，打开气液分离器下方的排液阀门，将筒内的液体排除，此刻压缩

脱硝运行技术 1000 问

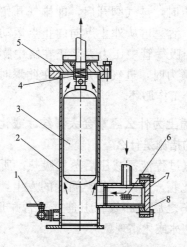

图 6-7　气液分离器
1—排污阀；2—分离器体；3—浮子；4—切断阀；5—分离器上盖；
6—过滤器；7—过滤器盖；8—O 形密封

机的进气压力表仍在零位，即使气液分离器内存液已经排净，但浮子仍被吸住，为使浮子复位，应先关闭进气管线上的阀门，后打开排液阀，使排气腔的高压气体回流到进气腔。此时，可以听到一声沉闷的轻响，表明浮子已经下沉复位，浮子复位后，即可按规定程序继续启动压缩机运行。

401. 两位四通阀工作原理是什么？

答：NH₃卸料压缩机两位四通阀是为简化操作而设置的，它是一种两位四通柱塞阀门。当将槽车的液相卸到储罐后，由于槽车罐的出液口距罐底有一定的高度，槽车停放时不可能是水平状态，槽车罐内将存留相当数量的液体和满罐高压力的气体不能卸净。这样将给用户带来经济损失，也为下次装车带来困难，因此，必须把存在槽车内的气、液回收。典型的卸车和余气回收作业的工艺流程如图 6-8 所示。

在卸车作业时，开启气相阀 3、6、7、9，开启液相阀门 2、10，使两位四通阀 4 的手柄处于正位，启动压缩机。此时，压缩机抽吸储罐 1 内的气相并使其压力降低，而槽车罐 8 内的气相压力

166

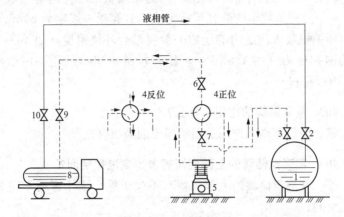

图 6-8　两位四通阀工作流程

升高，由于压力差的作用，槽车罐内的液体经液相管流进储罐。如前所述，卸车结束时，槽车内还留有一定数量的液体和满罐带压气体不能卸净，必须将这些液、气回收。

　　由于装有两位四通阀，使回收作业的操作变得极为简单，只要把液相管线上的阀门 2、10 关闭，将两位四通阀的手柄转动90°，即由正位变成反位（如图 6-8 中左侧所示），槽车罐内的气相在压缩机的抽吸下，压力降低，存留的液体不断汽化，直到把槽车罐内的液、气回收至槽车罐内保持一定的余压，回收作业结束，停车。

　　正位时，两位四通阀的手柄垂直向下，气体由四通阀的下法兰口进入压缩机组，经压缩后，由上法兰口排出，即低进高出；反位时，手柄水平向左，气体由上法兰口进入压缩机组，压缩后由下法兰口排出，即高进低出。

　　需要说明的是：在任何情况下，两位四通阀的手柄都不允许处在倾斜的位置，否则将堵塞压缩机的进排气通道。

　　402. 卸氨压缩机如何进行选型？

　　答：在 SCR 系统设计中，由于卸氨间歇运行的特点，通常设计中选择两套卸料压缩机，一用一备。为节约用水和简化系统，一般选择风冷式压缩机。

167

根据我国运输车辆的情况，卸氨压缩机的容量选择一般考虑 0.5～1h 能把氨罐车的液氨卸载完成，其容量一般定为 60m³/h 左右；压缩机吸入侧压力的设定一般要结合环境温度（如 40℃）对应的饱和压力（约 1.6MPa），压缩机的进出口的压差一般考虑 0.1MPa 左右。

403. 液氨储罐的作用是什么？

答：液氨储罐的作用是用于还原剂液氨存储。

404. 在液氨储罐的上部要留有多少氨汽化空间？

答：在液氨储罐的上部要留有不少于整个罐体容量 10% 的氨汽化空间。

在《防止电力生产事故的二十五项重点要求》（国能安全〔2014〕161 号）中要求严格控制液氨储罐充装量，液氨储罐的储存体积不应大于 50%～80% 储罐容器，严禁过量充装，防止因超压而发生罐体开裂或阀门顶脱、液氨泄漏伤人。

405. 液氨储罐如何进行选型？

答：液氨储罐是 SCR 脱硝系统液氨储存的设备，如图 6-9 所示，一般为能够承受一定压力载荷的罐体。氨罐的容积选择一般考虑锅炉 BMCR 工况下一周液氨的消耗量确定，并且要保证储氨罐的上部至少留有全部容量的 10% 的汽化空间。氨储罐属三类容器，其设计原则执行 SH/T 3007—2014《石油化工储运系统罐区设计规范》，选用卧式罐，设计压力取液氨介质在 50℃ 时的饱和蒸汽压力的 1.1 倍，或者按《压力容器安全技术监察规程》（质技监局锅发〔1999〕154 号）中第 34 条的规定，两者的数值基本一致，氨罐的工作温度一般为 -10～40℃，设备材质通常选用 16MnDR。储罐上安装有超流阀、止回阀、紧急关断阀和安全阀作为储罐液氨泄漏保护所用。储罐还装有温度计、压力表、液位计和相应的变送器，使信号送到主体机组 DCS 控制系统。在罐的顶部有一个 600mm 或更大直径的人孔门。根据规程要求，需要在罐附近安装一个氨泄漏传感器和报警器。

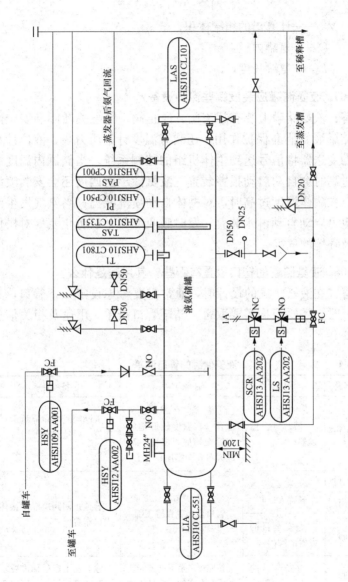

图 6-9 液氨储罐系统

169

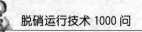

406. 液氨储罐计算体积估算公式是什么?

答:
$$V' = \frac{\pi}{24}D^2 \times 2 + \frac{\pi}{4}D^2 L \tag{6-1}$$

式中　V'——计算出的箱罐体积,m³;

　　　D——氨罐内径,m;

　　　L——氨罐长度,m。

407. 液氨储罐应装设哪些保护设备?

答:液氨储罐上装有超流阀、逆止阀、紧急关断阀和安全阀作为储罐液氨泄漏保护作用,还装有温度计、压力表、液位计和相应的变送器将信号送到主体机组的控制系统,当储罐内温度或压力过高时会自动启动报警装置。液氨储罐的四周还会安装喷淋装置,在罐体温度过高时,对槽体自动喷淋减温;当氨气发生泄漏时也可启动自动淋水装置,及时吸收氨气,以防止氨气对操作人员及环境的危害。

408. 液氨储罐的管口设置有哪些? 其用途是什么?

答:在液氨储罐的设计时,通常需要考虑设定如下管口,具体工程时,需要根据需要取舍。储罐管口清单、用途及相关信息见表 6-1。

表 6-1　　　　　　　　液氨储罐的管口清单

管口名称	用途	注意事项	备注
液氨出口	液氨至蒸发器	考虑管口在罐体上的位置(在温度较低地区布置在罐底,温度较高地区布置在罐顶)	关断阀要尽量靠近管口布置(距罐体表面 1m 之内)
液氨入口	从液氨装运车到罐入口	管口应布置在罐顶部	管道止回阀应靠近罐体入口布置
压力平衡门			
安全阀	为安全目的设置的阀门		
安全阀(备用)	为安全目的设置的阀门(备用)	按照规定是不需要安装备用安全阀的,但是要核对是否符合业主的要求	除非业主定的标准要求安装此附属设备,可以不设这个管口

管口名称	用途	注意事项	备注
人孔	为了人员进入内部检查	在箱罐顶部开设	
备用口		通常不需要留备用口；但是要确定业主有什么样的扩建计划，由此来考虑是否需要这个留口	
排污口	用来排放箱内液体以及杂质	在箱罐底部开设需安装两个关断阀	
连接管道出口	用于箱罐间交换液氨	在顶部开口	只有在需要箱罐间转移液体时才安装；关断阀安装在尽量靠近箱罐开口的位置（离箱罐表面 1m 以内）
连接管道入口		安装在箱顶或箱底均可（在低温环境下选择箱底安装，高温环境安装在箱顶）	如果不需要向其他箱罐排出液体，可不安装；止回阀尽可能安装在靠近出口的位置
氨气入口	用来平衡储存罐与蒸发槽之间的压力	箱顶开口	检查蒸馏器的工作方式；根据具体情况确定是否需要安装
温度开关接口	用来接温度开关（喷水）		
温度计口	测量现场温度		
压力计口	测量现场压力		
压力开关接口	用来接压力开关（为 ANN）		
液位计口	测量液位	箱顶和箱底各安装一个	
液位报警接口	放置液位开关		

409. 设计 2 台液氨储罐的目的是什么?

答：一般的设计中，使用 2 台液氨储罐互为备用，当正在使用的液氨储罐发生泄漏事故时，可以将发生泄漏事故的罐体内的液氨倒至备用储罐内。具体的操作过程是先通过卸料压缩机抽取备用液氨储罐中的氨气，以减小储罐内的压力，再通过专门的倒罐管路，将事故储罐中的液氨压入备用储罐中。

410. 液氨储罐内的液氨溶液是如何进入蒸发器的？

答：当环境的温度在高于－15℃时，利用压差可以实现从液氨储罐经由液氨输送泵旁路将液氨送入液氨蒸发器。因此，在一般的情况下，液氨储罐中的氨气的压力足以将液氨压入蒸发器。

在比较寒冷的地区，为了防止外界较低的气温导致的储罐压力不足而无法向蒸发器正常供应液氨的情况发生，需要设置液氨输送泵。一般根据液氨输送泵的使用频率来判断是否需要设置备用的液氨输送泵。

411. 什么是液氨蒸发器？

答：液氨蒸发器是将液态氨转变为气态氨的设备。

液氨蒸发器的加热源一般采用蒸汽加热，也可用电加热头加热。加热温度控制在 50℃左右。

412. 液氨蒸发器的作用是什么？

答：液氨蒸发器的作用将来自液氨储罐的液氨蒸发为气氨。

413. 液氨蒸发器结构原理是什么？

答：目前，SCR 工程中的液氨蒸发器一般以立式螺旋管式（见图 6-10）为主，管内为液氨，管外为温水浴，以蒸汽直接喷入水中加热至 40℃，再以温水将液氨汽化，并加热至常温。氨蒸发器水温通过控制过热蒸汽的调节阀，使氨蒸发器内水温保持在 40℃，当水的温度高过 55℃时则切断蒸汽来源，并在控制室 DCS 上报警显示。蒸发罐上装有压力控制阀将气氨压力控制在 0.2MPa，当出口压力达到 0.38MPa 时，切断液氨进料。在氨气出口管线上装有温度检测器，当温度低于 10℃时切断液氨进料，使氨气至缓冲槽维持适当温度及压力。蒸发槽也安装安全阀，可防止设备压力异常过高。

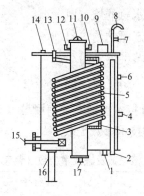

图 6-10 立式螺旋管式液氨蒸发器结构

1—工业水入口；2—溢流口；3—支架；4—温度显示；5—蒸发盘管；6、7—液位指示口；8—通风口；9—观察口（带盖板）；10—NH₃出口；11—观察口（带盖板）；12—预留口；13—液氨入口；14—液位开关；15—蒸汽入口；16—支柱；17—排污口

图 6-11 所示为卧式管壳式液氨蒸发器结构，在我国有的燃煤电站的 SCR 工程中也有应用。

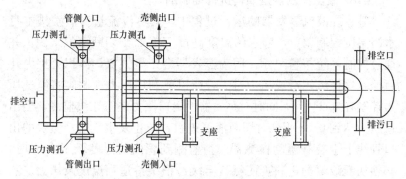

图 6-11 卧式液氨蒸发器结构

414. 液氨蒸发器消耗蒸汽量的估算公式是什么？

答：
$$q_{\text{msteam}} = \frac{q_{\text{mNH}_3}(h_2 - h_1)}{\eta(h_3 - h_4)} \tag{6-2}$$

式中 q_{msteam} ——消耗的蒸汽质量，kg/h；

q_{mNH_3} ——蒸发的 NH₃ 的质量，kg/h；

η ——换热效率；

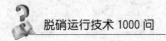

h_1——无水氨的焓，kJ/kg；

h_2——气态氨的焓，kJ/kg；

h_3——水蒸气焓，kJ/kg；

h_4——废水焓，kJ/kg。

415. 液氨蒸发罐技术参数主要有哪些？

答：液氨蒸发罐技术参数见表 6-2。

表 6-2　　　　　　　液氨蒸发罐技术参数（参考）

项　目	壳　程	管　程
工作压力（MPa）	常压	0.2
设计压力（MPa）	常压	0.9
工作温度（℃）	50	50
设计温度（℃）	90	90
主要材料	0Cr8Ni9/Q235B/16MnDR	0Cr8Ni9

416. 液氨蒸发器是如何进行控制的？

答：在液氨蒸发器的运行过程中，其蒸汽流量受蒸发槽本身水浴温度控制调节，当水的温度高过 55℃时则切断蒸汽来源，并通过控制系统报警显示。因为蒸发器会产生气氨，体积会扩大几百倍，这样可能造成压力过大，所以要利用压力控制阀将氨气压力控制在 0.2MPa。同时对蒸发器的出口压力进行在线监测，当出口压力达到 0.38MPa 时切断液氨进料，防止发生危险。氨气的出口管线上也装有温度检测器，当监测到管内的温度低于 10℃时，必须切断液氨的进料，使氨气至缓冲槽维持适当温度及压力。蒸发器还安装了安全阀，以防止设备压力过高。液氨蒸发器的出力应在设计工况下氨气消耗量的 100%～120% 之间进行选择，且不能低于 100% 校核工况下的氨气消耗量。

417. 氨气缓冲罐的作用是什么？

答：液氨经过液氨蒸发器蒸发为氨气后进入氨气缓冲罐，其作用是对氨气进行缓冲，稳定供氨气流的作用，保证氨气有一个稳定的压力，避免受蒸发器操作不稳定的影响。

418. 氨气缓冲罐的结构主要包括哪些?

答：氨气缓冲罐的结构主要包括氨气的进出口、安全阀以及排污阀等，其基本结构如图 6-12 所示。

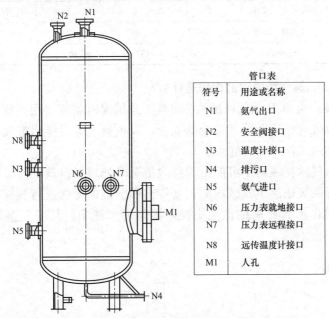

管口表

符号	用途或名称
N1	氨气出口
N2	安全阀接口
N3	温度计接口
N4	排污口
N5	氨气进口
N6	压力表就地接口
N7	压力表远程接口
N8	远传温度计接口
M1	人孔

图 6-12　立式氨气缓冲罐基本结构

419. 氨气缓冲罐内压设定应考虑哪些问题?

答：由于氨供给设备有可能设置在远离需求点的场所，所以氨气缓冲罐的内压设定应充分考虑到途中压头的压力损失。在蒸发器的上游设置有液氨压力控制阀，通过控制氨蒸发器进口调节阀，控制液氨蒸发流量，使气氨储罐压力保证在 0.2MPa 左右，当出口压力达到 0.38MPa 时，则应关断液氨进料。

420. 氨气缓冲罐主要技术参数有哪些?

答：氨气缓冲罐及稀释罐主要技术参数见表 6-3。

表 6-3　　　　　　氨气缓冲罐及稀释罐主要技术参数

项　　目	氨气缓冲罐	稀释罐
工作压力（MPa）	0.2	常压

续表

项　目	氨气缓冲罐	稀释罐
设计压力（MPa）	0.9	常压
工作温度（℃）	50	常温
设计温度（℃）	90	50
主要材料	0Cr8Ni9、Q235B、16MnDR	Q235-B

421. 氨气稀释罐的作用是什么？

答：当 SCR 烟气脱硝系统出现紧急情况时就需要用到氨气稀释罐以处理储运及蒸发系统的安全，以免氨气大量排出造成二次污染和对工作人员的危害。

氨气稀释罐属于可能出现危险情况时处理氨排放的设备，废氨稀释系统把位于氨区内的设备排出和泄漏的氨气进行稀释。罐中的稀释水需要周期性地更换，排到废水池中。其工艺系统如图 6-13 所示。

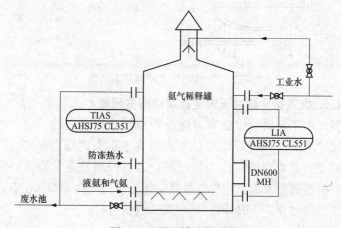

图 6-13　稀释罐工艺系统

422. 稀释罐所需水的流量取决于什么？

答：稀释罐所需水的流量取决于无水氨罐上布置的安全阀排气量，安全阀在排气时（大约气体占 95%，液体占 5%）所需要的水量为最大水量。稀释罐相关设计数据见表 6-3。

423. 稀释罐的结构是什么？

答：稀释罐结构如图 6-14 所示，稀释罐的液位由溢流管线维持，设计有箱顶喷水、箱侧进水，箱底部设置有氨气入口和废水排污口，根据工程的地理位置考虑是否需要设置防冻热水接口。

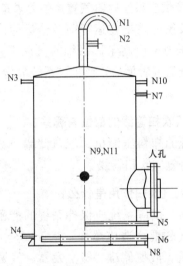

图 6-14　氨气稀释罐

N1—空气出口；N2—喷淋接口；N3—液位计上接口；N4—液位计下接口；
N5—防冻热水接口；N6—氨入口；N7—溢流接口；N8—排放接口；
N9—远传温度计口；N10—工业水口；N11—就地温度计

424. 氨区废水处理作用是什么？

答：氨区稀释罐的排放水、氨罐喷淋冷却水等一般都通过沟道或管道等收集到氨区的废水池中，由于废水具有一定的腐蚀性，所以一般需要通过废水泵，将脱硝废水排到全厂废水处理系统进行处理后排放。

425. 氨区废水泵可以选择哪两种型式？

答：氨区废水泵可以选择自吸泵或液下泵，工程中根据需要或业主的要求确定，其扬程和流量通常可按表 6-4 所示参数选择。

表 6-4   废水泵技术参数

项　　目	数　　据
设计流量	$25m^3/h$
设计扬程	30m 水柱

426. 氨储存及供应系统对氮气置换的要求是什么？

答：氨储存及供应系统在运行前及停运检修时必须进行氮气置换，氮气置换压力不应高于该系统的设计压力，氮气置换次数不应少于 3 次；经氮气置换后，要求该系统氧含量小于 1%（体积分数）。

427. 安装氮气吹扫管线的部位有哪些？

答：供氨系统的卸料压缩机、液氨储罐、氨气气化器、氨气缓冲罐等都应备有氮气吹扫管线。

428. 氨区的氮气吹扫作用是什么？

答：液氨储存及供应系统应保持系统的严密性，防止气氨的泄漏和氨气与空气的混合造成爆炸。基于安全方面的考虑，SCR系统的卸氨压缩机、液氨储罐、氨蒸发器、气氨罐等都备有氮气吹扫管线。

在系统运行之前，需要将整个系统管道、设备进行氮气置换，以保证气氨、液氨进入管道或罐内时，处于安全状态。在对氨区的设备进行检修之前必须用氮气吹扫管道，置换掉残留的氨气才能进行检修操作；在进行卸料之前及之后要排出相关管道里面的空气，防止在卸氨过程中发生危险，若发现卸氨管路的阀门损坏造成氨的泄漏，规范的操作是关闭压缩机后切断阀门，再对泄漏管道进行氮气吹扫，再更换损坏的阀门。

429. 为什么要在脱硝设备初次投运或检修后投运，液氨卸料之前进行氮气吹扫和氮气置换？

答：在设备初次投运或检修后投运，液氨卸料之前必须通过氮气吹扫管线对与氨直接接触的设备分别进行严格的系统严密性试验和氮气置换，防止氨气泄漏和系统中残余的空气混合爆炸，并造成爆炸的危险。

430. 氨区的氮气吹扫系统操作顺序是什么？

答：一般在与槽车接口处，软管后每根管道都有旁路管道连接到排放系统，这是用于卸氨前后排出管道中空气，防止氨与系统中残余的空气形成爆炸混合物造成危险。

具体操作是：将氮气分别以 0.5、1.0、1.5MPa 的压力充入，再分别排入废水箱，通过三次加压查漏（压力保持不变）、三次置换空气，系统可以进氨；卸氨完，关闭进出管道阀门，再加入氮气，使软管中的氨气得到稀释，再将管道内的气体排入废水箱，如此三次可将管道内氨气置换完。

如果卸氨管路阀门泄漏，可关闭压缩机后切断阀门，对这段管道用氮气置换后再更换阀门。

431. 氨系统管道、阀门及其附件材质有哪些要求？

答：根据氨的弱碱性、系统运行压力及腐蚀性，所有接触氨的管道可选用碳钢管或不锈钢管作为氨气管，氨系统中的所有阀门不允许采用灰铸铁制作，并且氨管道的阀门及其附件所有仪表与阀门的垫圈禁止采用铜质材料。

为了保证系统安全运行，SCR 氨系统管道及其阀门的设计压力一般按 2.5MPa 考虑，并且在所有接触氨与氨气的管道阀门等附件上需要安装防静电导体。

第四节 氨区的布置

432. 氨区布置遵循原则是什么？

答：按照相关的规程规范要求，并结合电厂总平面布置的要求，氨区的布置一般都是远离主厂房布置。实际布置时，为了保证氨区及电厂的安全运行，氨区的布置一般要遵循以下原则：

（1）储氨区布置在电厂全年最小频率风向的上风侧。

（2）按照有关标准和规定，确定罐区与周边建筑物的防火间距。

(3) 确定罐区与厂内主要道路及次要道路的防火间距符合有关标准和规定。

(4) 确定合理的罐区内设备防火间距。

(5) 罐区要设防火堤。

(6) 储罐、制氨气区域上面设置遮阳设施。

(7) 卸氨、储罐区需要设冷却喷淋和消防喷淋装置。

(8) 罐区要设消防通道。

通常，甲、乙、丙类流体储罐区与区外建筑物的防火间距满足 GB 50016—2014《建筑设计防火规范》，氨区内部的设施及相关设备的安全间距均满足 GB 50160—2008《石油化工企业防火规范》的要求。

按照规范要求，甲、乙、丙类液体的地上、半地下储罐或储罐组，应设置非燃烧材料的防火堤，防火堤内的有效容量不应小于最大罐的容量；储罐至防火堤内基脚线的水平距离不小于 3m；按照储罐的容量设计防火堤的高度为 1.0～2.0m。

直接通过液氨或氨水汽化制取氨气，液氨必须存放在圆形或圆柱形压力罐内，置放在地面或地下，存储罐的设计容量可供两星期使用。电厂存储罐的容量在 50～200m³ 之间。NH_3 的储放量超过 3t 就必须对其安全性作出评价，即分析可能产生的所有偶发事件及后果。因此，市区内的电厂必须建造地下储罐，尽管储放容量可能不需要这样做。地下储罐需要涂上防腐层（沥青），而地面储罐需要特殊的热反射层。

433. 氨区为什么采用两个及以上的氨罐及其相应的蒸发储存设备？

答：氨区采用两个及以上的氨罐及其相应的蒸发储存设备主要是为防止其中一个液氨储罐发生泄漏，并保证在一个液氨储罐维修时 SCR 反应器不间断供氨。

434. 氨气泄漏检测器的作用是什么？

答：为了防止氨气泄漏事故造成的危险发生，在 SCR 烟气脱硝系统的氨区周边会布置氨气检测器，用以显示检测器所在地空气中的实时氨气浓度。一旦发现空气中氨的浓度超过一定值，反馈信号会立即进入机组控制室并在机组控制室发出警报，这时就要求操作人员采取必要的措施，防止事故发生。

435. 液氨区关于防火堤的几个概念是什么？

答：液氨区关于防火堤的几个概念包括：

（1）防火堤，是指可燃液体物质储罐发生泄漏事故时，防止液体外流和火灾蔓延的构筑物。

（2）防火堤高度，是指由防火堤外侧消防道路路面（或地面）至防火堤顶面的垂直距离。

（3）防火堤有效容积，是指一个储罐组的防火堤内可以有效利用的容积。

（4）防火间距，是指防止着火建筑的辐射热在一定时间内引燃相邻建筑，且便于消防扑救的间隔距离。

第五节 SCR系统的消防、防爆与火灾报警系统

436. 脱硝系统最关键的安全问题是什么？

答：脱硝系统最关键的安全问题是：保持液氨储存及供应系统的严密性，防止氨气的泄漏，以及氨气与空气的混合造成爆炸。

437. SCR系统的消防与火灾报警系统主要涉及哪些区域及系统？

答：SCR系统的消防与火灾报警系统主要涉及脱硝系统SCR反应器本体区、氨区范围内的水消防系统、气体消防系统、火灾报警与消防控制系统、氨气泄漏检测系统。

通常烟气脱硝系统范围内的水消防系统、移动式气体灭火器、火灾及氨泄漏报警和消防控制系统，应作为一个子系统纳入主体工程火灾报警和消防控制系统。

438. 氨区消防及氨气泄漏检测报警及控制系统作用是什么？

答：在氨区设置火灾检测、报警和消防控制系统能对火灾进行探测和发出声光警报，并自动、遥控及就地启动灭火系统，对消防

和灭火系统设备的运行情况进行监视。SCR 脱硝系统设置就地探头、监视模块、控制模块，接入全厂火灾报警和消防控制系统。

液氨储存及供应系统周边根据 SY/T 6503—2016《石油天然气工程可燃气体检测报警系统安全规范》的规定设有氨气检测器，以检测氨气的泄漏，可 24h 监测空气中氨含量。当检测器测得大气中氨浓度过高时，在机组控制室发出报警，提醒操作人员采取必要的措施。脱硝系统氨泄漏及消防控制系统纳入全厂火灾报警和消防控制系统，检测器的数量及其布置位置需要根据工程的实际情况，按照规程规范的要求设置。

439. 氨区防火措施与消防给水系统如何进行设置？

答： 在储罐区、蒸发区和卸氨区设置喷淋设施，氨储罐设有遮阳棚，在操作室设置就地、远程报警信号显示屏。就地和远程都能 24h 监控氨储罐的压力和温度。当温度接近 40℃或压力接近 1.45MPa 时发出报警信号，操作人员闻警后可立即采取降温措施。同时还配置监测报警仪，可 24h 监测空气中氨含量，与储罐区、氨蒸发区和卸氨区自动喷淋系统连锁，可自动启、停喷淋系统。

自动喷淋系统按 GB 50219—2014《水喷雾灭火系统设计规范》规定，当液氨大量外泄或周围有明火时，可用大量雾状水吸收氨，防止人员中毒和发生火灾。操作室应配备一定数量的防毒面具和四氯化碳灭火器。

氨区消防系统纳入电厂消防系统，其消防用水均由电厂的消防水系统提供，火灾延续供水时间不宜小于 2h。供氨和储存系统按其保护半径及被保护对象的消防用水量，根据管道内的水压及消防栓出口要求的水压计算后确定，消防给水管道与电厂消防水总管相接。

氨区消防可采用传统的火灾报警系统联动雨淋阀的方式，也可采用更加迅速灵敏的氨泄漏检测仪通过 DCS 联动雨淋阀的方式。应用氨泄漏检测仪时，将氨区分为三个消防区域，分区域检测氨气的泄漏，并通过控制进行分区域的消防喷淋。氨泄漏检测仪报警值为 50×10^{-6}，分辨率至少为 2×10^{-6}，并且量程和报警值可调。雨淋阀通过本体自带电磁阀动作，有防冻要求，室外布置需要加保护箱。

氨区的消防水龙头可以输出压力不小于 0.35MPa、单个流量不小于 400L/min 的水量，一般在氨区每 50m² 必须布置一个；如果箱罐安装了防火保温外罩，那么每 100m² 安装一个消防水龙头。

440. 氨区防爆系统是如何设置的？

答：氨区为独立设置，并采用敞开式布置，主要设备都设有泄压设施。氨自燃点为 651.11℃，根据 GB 50058—2014《爆炸危险环境电力装置设计规范》分级为Ⅱ级，电气、自控设计和设备选型都应满足有关规定。

需要根据规范要求设置防雷和防静电系统，采取措施与周围系统作适当隔离，保证系统安全运行，并设安全警告装置。

441. 脱硝系统设工业电视监视系统作用是什么？

答：为了便于现场运行环境的监视，脱硝系统设闭路工业电视监视系统，接入主机工业电视系统，运行人员可在控制室内对生产现场的主要设备运行情况、安全情况进行监视。工业电视系统的设计可按 GB 50115—2009《工业电视系统工程设计规范》进行设计，监视范围划分为以下两个系统：SCR 反应器系统和氨区。

脱硝工业电视系统的监视点配置可按表 6-5 考虑。

表 6-5　　　　　　　　　燃煤电站工业电视配置建议

监视区域	数量	备注	监视区域	数量	备注
氨区电控设备间	1	室内	SCR 反应器	1/反应器	全天候
氨区	2	全天候，防爆			

442. 氨区设置喷淋冷却保护系统的作用是什么？

答：氨区设置喷淋冷却保护系统的作用是为了防止液氨储罐温度过高而造成泄漏，每个氨储存设备都设置冷却喷淋阀门，通过设备本体的测温点进行相应设备的连锁喷淋，当储罐内温度高于 40℃或压力高于 1.55MPa 时报警。储罐四周安装有工业水喷淋管线，当储罐罐体温度高于 33℃时，自动淋水装置启动，将罐体自动喷淋降温至 28℃左右。

第七章

尿素与尿素制氨工艺

第一节 尿　　素

443. 尿素的物理及化学性质是什么？

答： 尿素是一种白色或浅黄色的结晶体，吸湿性较强，易溶于水。尿素分子式为 $CO(NH_2)_2$，在高温高压（$160 \sim 240℃$，$2.0MPa$）或者高温常压（$300 \sim 650℃$，$0.1MPa$）条件下，$C-N$ 断裂分解成 NH_3 与 CO_2。因尿素运输、储存方便，无需安全及危险性的考虑，故随着尿素转氨制备技术的日渐成熟，尿素逐渐用于燃煤电站 SCR 烟气脱硝系统的还原剂制备。

尿素分子量为 60.06，工业或农业用品为白色略带微红色固体颗粒，无臭无味，含氮量约为 67%，密度为 $1.335kg/m^3$，熔点为 $132.7℃$。尿素分子结构式如图 7-1 所示。

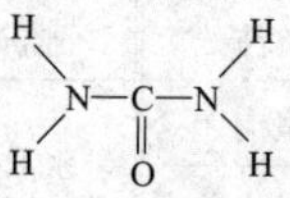

图 7-1　尿素分子结构式

444. 尿素的工业生产过程是什么？

答： 尿素的工业生产方法是用液氨和二氧化碳为原料，在高温高压条件下直接合成尿素，合成尿素的反应总式为

$$2NH_3(g) + CO_2(g) \longrightarrow CO(NH_2)_2(c) + H_2O(l) - 21.34kcal(放热) \tag{7-1}$$

式（7-1）为一个放热反应，反应式中括号内符号表示物质的状态（c 为结晶体，g 为气体，l 为液体；下同），反应的放热值是

在 1atm、25℃时的反应热（下同）；但实际的合成反应普遍认为应是在液相中分如下两大步完成的，即

$$2NH_3\ (g) + CO_2\ (g) \longrightarrow NH_2COONH\ (c) \qquad (7-2)$$

$$NH_2COONH_4\ (c) \longrightarrow CO\ (NH_2)_2\ (c) + H_2O\ (l)\ (7-3)$$

尿素合成生产是一个平衡的化学反应，由于生产过程、设定的反应条件、如何处理未转化的反应物的方法不同，反应结果也可能不同。未反应的反应物可用以生产其他产品，如硝酸铵或硫酸铵，也可回收再投入反应。

尿素在生产中通常伴随着副产品，如甲醇，也可用来制造下游产品，如三聚氰胺等。

445. 尿素品质是如何进行划分的？

答：尿素品质参数是按照 GB 2440—2017《尿素及其测定方法》中规定进行划分的，划分为优等品和合格品，尿素品质参数见表 7-1。

表 7-1 尿素品质参数

项 目		工业用		农业用	
		优等品	合格品	优等品	合格品
总氮（N）的质量分数	≥	46.4	46.0	46.0	45.0
缩二脲的质量分数	≥	0.5	1.0	0.9	1.5
水分	≤	0.3	0.7	0.5	0.6
铁（以 Fe 计）的质量分数	≤	0.0005	0.0010		
碱度（以 NH_3 计）的质量分数	≤	0.01	0.03		
硫酸盐（以 SO_4^{2-} 计）的质量分数	≤	0.005	0.020		
水不溶物	≤	0.005	0.040		
亚甲基二脲（以 HCHO 计）	≤			0.6	0.6
粒度 d 0.85～2.80mm	≥			93	90
1.18～3.35mm	≥				
2.00～4.75mm	≥				
4.00～8.00mm	≥				

446. 选用尿素制氨系统工艺注意事项有哪些？

答：尿素制氨系统工艺注意事项有：

（1）尿素作为还原剂其潮解问题的解决。

（2）尿素溶液中加添加剂，可能会有甲醛和尿素添加剂，在管道和罐中容易产生沉淀，且尿素添加剂长期影响 SCR 催化剂使用寿命。

（3）由于工艺运行条件，卸压阀可能受到电位腐蚀。

447. 以尿素为还原剂的制氨工艺流程是什么？

答：燃煤电站 SCR 系统中，以尿素为还原剂的制氨工艺流程是：固体尿素首先溶解在除盐水中，然后通过输送泵、计量装置将尿素溶液输送到热解或水解系统中分解制氨。

448. 尿素在水中的溶解度是多少？

答：尿素在水中的溶解度如图 7-2 和表 7-2 所示，不同浓度尿素溶液的结晶温度见表 7-3。

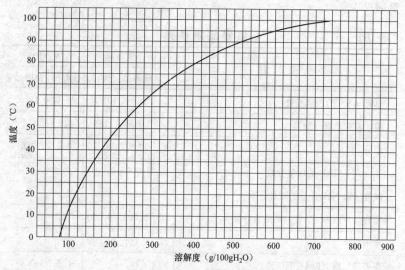

图 7-2　尿素在水中的溶解度

表 7-2　　　　　　　　　尿素在水中的溶解度

水的温度（℃）	20	40	60	80	100
溶解度（g/100gH$_2$O）	108	167	251	400	733

表 7-3   不同质量分数尿素溶液的结晶温度

尿素溶液浓度（%）	40	45	50	55	60	65	70	75	80
结晶温度（℃）	2	10	18	28	37	48	58	68	80

第二节　尿素水解制氨工艺

449. SCR 系统中尿素制氨一般采用哪两种方式？

答：SCR 系统中尿素制氨一般采用水解和热解两种方式。

（1）水解法是将尿素以水溶液的形式加以分解。尿素水解制氨工艺是在一定压力和温度条件下，将浓度约为 40%～60% 尿素溶液加热分解成氨气，加热介质通常为蒸汽。根据蒸汽加热方式的不同，尿素水解制氨工艺分为直接加热法和间接加热法。

（2）热解法是直接快速加热雾化后尿素溶液，得到固态或熔化态尿素，纯尿素在加热条件下分解，为 SCR 提供还原剂——氨。

450. 尿素水解制氨系统有哪两种方式？

答：尿素水解制氨系统有普通水解和催化水解两种方式。

451. 尿素水解制氨气的典型系统流程是什么？

答：尿素水解制氨气的典型系统流程包括：

（1）运送至现场的颗粒尿素送入尿素颗粒储仓，经尿素计量罐加入尿素溶解罐中的工艺冷凝水（或按比例补充的新鲜除盐水）中充分溶解，以配制一定浓度的尿素溶液。溶解罐中工艺冷凝水（或除盐水）通过蒸汽加热维持在 40℃ 左右，溶解罐设置有搅拌器。溶解罐中的尿素溶液通过尿素溶液泵送入尿素溶液储罐中。

（2）供给泵将尿素溶液储罐中的尿素溶液送入水解反应器。

（3）尿素溶液在水解反应器中通过蒸汽加热后产生水解，转化为 NH_3 和 CO_2，水解后的残留液体尽可能回收至系统设备中重复利用，以减少系统热损失。水解反应器的设计应保证溶液有足够的停留时间，加热蒸汽一般由汽机抽汽作为汽源。

（4）尿素水解后生成的 NH_3、CO_2 进入缓冲罐，再由缓冲罐送至氨和空气混合器中与稀释空气混合后供应至锅炉 SCR 氨喷射系统，氨气供应管道加装电动流量调节阀门，以控制氨气供应量。

流程图如图 7-3 所示。

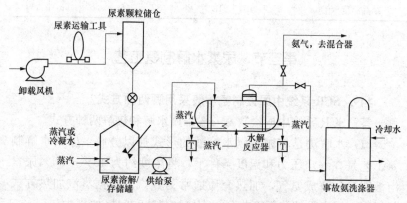

图 7-3 典型尿素水解制氨气系统流程图

452. 尿素水解制氨系统主要包括哪些设备？

答: 尿素水解制氨系统主要包括：尿素颗粒储仓、尿素计量罐、尿素溶解罐、尿素溶解泵、尿素溶液储罐、供液泵、水解反应器、缓冲罐、蒸汽加热器及疏水回收装置等。

453. 尿素水解的基本原理是什么？

答: 尿素水解制氨的工艺原料为干态尿素颗粒，使用高温、高压蒸汽对尿素溶液进行水解，得到最终产物 NH_3、CO_2 和 H_2O 的混合物，调压后直接进入 SCR 系统喷氨装置，主要反应式为

$$CO(NH_2)_2(c) + H_2O(l) \longrightarrow 2NH_3(g) + CO_2(g)$$
$$+ 21.34kcal(吸热) \tag{7-4}$$

实际上，尿素的水解是分两步来完成的，具体为：

$$CO(NH_2)_2 + H_2O(l) \longrightarrow NH_2COONH_4(尿素+水\longrightarrow 氨基甲酸铵)$$
$$\tag{7-5}$$

$$NH_2COONH_4 \longrightarrow 2NH_3 + CO_2(氨基甲酸铵\longrightarrow 氨+二氧化碳)$$
$$\tag{7-6}$$

上述反应总体上是吸热反应，其中第一步式（7-5）反应为放热反应，第二步式（7-6）为吸热反应。在一定的压力和温度条件下反应达到平衡，通过控制反应温度的升高或降低来控制产生氨

气混合气体的数量，从而适应不同锅炉负荷的变化。水解反应器在一个较高温度及压力接近平衡的工况条件下运行，利用蒸汽换热，反应器内维持一个闭合的物料平衡。在反应过程中，要使尿素的水溶液水解成 NH_3 需要一定的条件和时间，因此其跟踪机组负荷变化的速度稍慢，响应时间约为 5～15min。

454. 尿素水解制氨工艺是通过什么来控制氨气的产生量？

答：尿素水解制氨工艺是通过控制反应温度的升高或降低来控制产生氨气混合气体的数量，从而适应不同锅炉负荷的变化。

455. 尿素水解率的计算经验公式是什么？

答：在工业上完全混合式的水解反应器（简称水解器）有立式和卧式两种类型，一般可以按几个串联的全混反应器处理，就是把它看成几个等温度的小室，每个小室为完全混合，计算此类尿素水解率的经验公式为

$$u_i/u_0 = (1+k\tau)^n \tag{7-7}$$

$$k = 1.076 \times 10^{12} e^{-13677/T} \tag{7-8}$$

式中　u_i——入水解器尿素浓度；

　　　u_0——最终排出液中残留尿素浓度；

　　　τ——在水解器中停留时间，min；

　　　n——水解器分割小室的数量；

　　　k——尿素水解器反应速度常数；

　　　T——水解反应器温度，K。

对于 U2A（urea to ammonia）尿素水解工艺，尿素水解率的表达式为

$$R = Ae^{\left(\frac{E}{kT}\right)} \tag{7-9}$$

式中　A——反应器中水与尿素摩尔比系数；

　　　E——反应的活化能；

　　　k——尿素水解反应器速度常数；

　　　T——反应器反应温度，K。

456. 水解反应器影响因素是什么？

答：尿素水解是尿素合成的逆反应，影响水解反应的主要是

189

反应温度（T）、尿素溶液的浓度、溶液停留时间（τ）、反应的活化能等，其次是要不断地将生成物中的 NH_3 和 CO_2 移走，使反应始终向水解方向进行。

（1）反应温度（T）的影响。尿素水解是吸热反应，提高温度有利于化学平衡，在 60℃ 以下，水解速度几乎为零；至 100℃ 左右，水解速度开始提高；在 140℃ 以上，尿素水解速度急剧加快。图 7-4 所示为 U2A 工艺在 40％尿素溶液时尿素热解氨产率与温度的关系，图 7-5 所示为 160℃ 和 170℃ 时尿素水解率曲线。

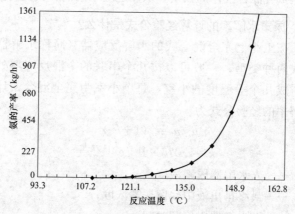

图 7-4　U2A 工艺在 40％尿素溶液时尿素热解氨产率与温度的关系曲线

（2）停留时间（τ）的影响。尿素水解率随停留时间的增加而增大，如图 7-5 所示。

（3）尿素浓度的影响。尿素的水解率还与尿素溶液的浓度有关，溶液中尿素浓度低，则水解率大。

（4）反应溶液中氨浓度的影响。尿素的水解率与溶液中氨含量的关系也是密切相关，氨含量高的尿素溶液水解率较低。水解器在水解反应中，能否有效地将水解生成的 NH_3 和 CO_2 从水溶液中解析出来（即移走生成物），是水解反应能否有效进行下去的关键，根据化工行业的经验，如果反应环境中的 NH_3 和 CO_2 含量降低为原来的 10％，即使进料中尿素含量提高 6 倍，最终废液中尿素含量将降低为原来的 5％左右。

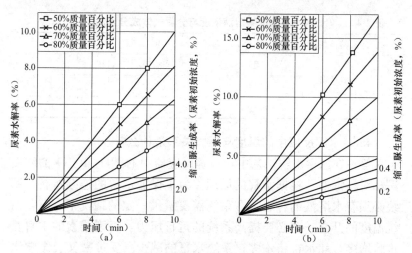

图 7-5 不同浓度下尿素溶液水解率与停留时间的关系

（a）160℃时尿素水解率曲线；（b）170℃时尿素水解率曲线

457. 水解反应的主要产物是什么？

答：尿素水解产品气的主要组成部分是 NH_3、CO_2、水蒸气，但如果尿素中含有甲醛，那么产品气中也会有微量甲醛出现，少量的甲醛在进入烟气系统、通过 NO_x 催化剂后，有 95% 或更高的去除效率。由于甲醛的存在，在 pH 值小于 5 的溶液中可能会发生聚合反应，但对于 pH 值大于 9 的水解工艺系统中则不会发生聚合反应。不同尿素溶液发生水解时，其产物组成比例如图 7-6 和表7-4所示。

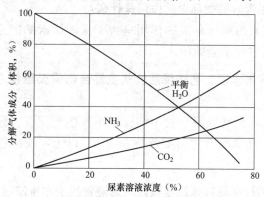

图 7-6 尿素溶液浓度与分解气体成分比例关系

表 7-4　　　　两个典型尿素溶液浓度与分解气体成分比例

尿素溶液浓度（质量分数，%）		40	50
U2A 分解产物 （体积分数，%）	NH$_3$	28.5	37.5
	CO$_2$	14.3	18.7
	水蒸气	57.2	43.8

458. 水解反应中的温度与压力关系是什么？

答：在尿素水解工艺中，水解反应器中的 NH$_3$ 和 CO$_2$ 的浓度是相对较低的。根据水解的原理，为了保证水解的连续运行，系统必须有水溶液的存在，在系统需要氨量一定的情况下，随着系统温度的升高，有必要提高系统的运行压力，否则尿素的水解氨也将增多，耗水也将增多；系统水量的减少，反过来又会影响水解反应的进行速度和效率，所以对应一定的水解系统，在某一浓度尿素溶液水解系统中，系统运行的压力和温度是对应的，升高运行温度，必须同时提高系统运行压力，已保持系统的水平衡。

459. 尿素溶液温度至少需要维持在多少温度以上？

答：为了避免溶解尿素再结晶，在循环管路上设置热交换器，利用蒸汽对循环的尿素溶液加热，尿素溶液温度至少需要维持在比结晶温度高 10℃的水平或更高水平，如对于 50%浓度的溶液可维持在 30℃以上。

460. 尿素溶解循环泵的作用是什么？

答：尿素溶解循环泵的作用是为了保证尿素的完全溶解，需对尿素溶液进行不断循环。

461. 尿素水解工艺稀释后的气氨混合物需要维持在多少温度以上？

答：为保证气氨混合物不结露且不发生逆反应，尿素水解工艺稀释后的气氨混合物需要维持在 175℃以上，输送管道需伴热保温。

462. 为什么要在水解给料泵与溶液管线上布置清洗工艺水？

答：为了防止尿素输送系统温度一旦出现误差，尿素溶液就容易结晶析出，所以在水解给料泵与溶液管线上需布置清洗工艺水。

463. 尿素水解工艺主要有哪几种？

答： 尿素水解技术主要有 AOD（ammonia on demand）法、U2A（urea to ammonia）法、SafaDeNO$_x$ 法及 Ammogen 等几种工艺。

464. AOD 法工艺系统原理是什么？

答： 将蒸汽直接加热尿素溶液，在温度约为 200℃ 与压力为 2.0MPa 条件下制备氨气，尿素残液循环用于尿素溶液。其主要工艺流程图如图 7-7 所示。

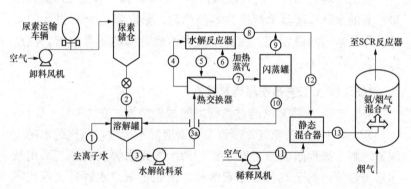

图 7-7　AOD 工艺流程图

通过卸料风机将运输车辆里的尿素输送到尿素储仓里，或者用人工方式、斗提机方式将袋装尿素拆包倒入尿素筒仓。

尿素经计量旋转给料机进入溶解罐，在搅拌器下与除盐水及水解反应器底流（部分）液体混合均匀，将尿素制成 40%～60% 浓度的溶液。

从尿素溶液溶解罐出来的溶液经过滤后，用尿素水解给料泵加压至表压 2.6MPa 送至热交换器，利用水解后约 200℃ 的尿素残液的余热将尿素溶液预热至 185℃ 左右，然后进入尿素水解器进行分解。

水解器用隔板分为若干个小室，采用绝对压力为 2.45MPa 的蒸汽通入塔底直接加热，蒸汽均匀分布到每个小室。在蒸汽加热和不断鼓泡、破裂的蒸汽、水流的搅拌作用下，使呈 S 形流动的尿素溶液得到充分加热与混合，尿素分解为氨和二氧化碳。

从尿素水解器出来的气氨混合物（氨、二氧化碳、水蒸气），温度约为 190℃，压力约为 2.0MPa，其中气氨成分约为 20%～30%（体积比），具体数量随喷入水解器的蒸汽量而变化。气氨混合物经过除雾器去除水分后，进入到缓冲稳压罐（如有），从缓冲稳压罐出来的 NH_3、CO_2、H_2O 等气态混合物，通过压力调节阀减压到约 0.2～0.3MPa，在喷入烟道参与脱硝反应前，首先需要用空气将气氨稀释到 5%（体积比），作为电厂 SCR 脱硝还原剂使用。

从水解器底部排出的残液温度约 200℃，其中含约 1% 氨和微量尿素的水解残液经水解换热器换热后，温度降至 90℃进入闪蒸罐，作尿素溶解液使用，因此经搅拌溶解合格的尿素溶液，温度通常在 60℃左右。

465. U2A 工艺系统原理是什么？

答： U2A 法将蒸汽通过盘管加热尿素溶液，在 150℃、1.4～2.1MPa 条件下制备氨气，蒸汽与尿素溶液不接触，蒸汽疏水用于尿素溶解，流程图如图 7-8 所示。U2A 尿素水解制氨工艺采用从水解器盘管内的蒸汽预热尿素溶液，清除了尿素水解后含氨残液的排放，可减少废液处理量。

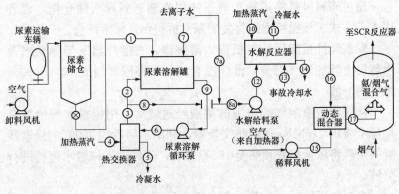

图 7-8 U2A 法工艺流程图

U2A尿素水解制氨工艺的卸料部分与AOD法基本一样，对于一些小机组或用量较少的项目，也可用尿素溶液储存代替仓储干尿素。

尿素经计量旋转给料器进入溶解罐与除盐水混合，将尿素溶解制成40%～60%浓度的溶液。

输送到水解器的尿素溶液先后要经过尿素溶液循环泵及水解给料泵，溶液在水解器内加热后发生水解，水解为NH_3和CO_2。U2A法工艺的正常运行是在稳定的压力下完成水解的，水解器进出物质是平衡的，水解器中的溶液中有3%～5%的氨、1%的二氧化碳、20%左右的尿素水解中间产物，典型的水解溶液pH值为10.5。

从尿素水解器出来的气氨混合物（氨、二氧化碳、水蒸气），温度约为150℃，压力约为0.552MPa，在正常操作期间，这些气体的体积浓度是与反应器中的液相组成处于平衡状态的，等于水解尿素的水解转换的产物。气氨混合物经过除雾器去除水分后，进入到缓冲稳压罐，作为电厂SCR脱硝还原剂使用。

466. U2A尿素水解制氨工艺是通过什么来控制水解反应的速度和产氨量？

答： U2A尿素水解制氨工艺由于整个反应是吸热反应，所以可通过控制送入的蒸汽量，根据SCR系统需要的氨量，来控制水解反应的速度和产氨量。

467. U2A尿素水解过程主要有哪三个闭环控制？

答： U2A尿素水解过程包括三个闭环控制，控制原理如图7-9所示。

（1）根据氨的需要量信号来控制尿素水解的氨生成量。

（2）控制进入水解器的溶液量来控制液位。

（3）控制供入的蒸汽量来控制反应的压力。

468. SafeDeNO$_x$法水解工艺原理是什么？

答： 与其他尿素水解制氨技术相比，SafeDeNO$_x$工艺涉及熔融颗粒尿素过程，而不是将尿素溶解在水中，并且在水解过程中使

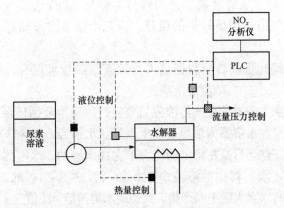

图 7-9　U2A 尿素水解控制原理

用催化剂来加快反应，所以系统具有快速响应氨需求的变化能力，其工艺流程如图 7-10 所示。

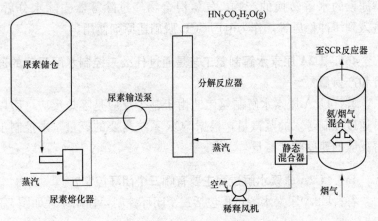

图 7-10　SafeDeNO$_x$ 工艺流程

　　由于该工艺在生产速率变化过程中的温度和压力都保持恒定，系统会产生恒定比率为氨、二氧化碳和水蒸气的混合气体。其他尿素水解制氨工艺系统中运行的温度或压力需要根据氨的需要而不断发生变化，在变化过程中反应是不平衡的，水解产物氨、二氧化碳和水蒸气的比例也是变化的，这对控制 SCR 系统的脱硝效率和氨的逃逸是不利的。

469. SafeDeNO$_x$法水解工艺生产相同氨气量时尿素溶液浓度变化对能耗的影响是什么?

答: 表7-5是SafeDeNO$_x$法水解系统每小时生产45kg氨,尿素溶液浓度分别为80%和40%的相关数据对比,其中系统使用的蒸汽压力为1.38MPa,供给系统水的初始温度为12℃。

表7-5　　　浓度为80%和40%尿素溶液水解相关数据对比

项目内容	单位	80%尿素溶液	40%尿素溶液
尿素溶液耗气量	kg/h	18	9
尿素水解耗气量	kg/h	87	235
尿素输送耗气量	kg/h	60	
总耗气量	kg/h	165	244
耗水量	kg/h	20	120
水解器内的水量	kg/h	80	120
水解器内换热器面积	m²	2.24	6.1
NH₃的产出量	kg/h	45	45
CO₂的产出量	kg/h	59	59
H₂O的产出量	kg/h	56	96
NH₃产量的质量比	%	28	23
CO₂产量的质量比	%	37	29
H₂O产量的质量比	%	35	48
分解混合气体积	m³/min	0.84	1.1

从表7-5对比的数据来看,在相同的出力(45kg/h)情况下,80%浓度的系统较40%浓度的节约32.4%的蒸汽(为79kg/h),节约水100kg/h;反应器内换热器的换热面积约为40%浓度的1/3。图7-11所示为高浓度尿素水解器内不同浓度尿素溶液水解较40%浓度溶液水解节能曲线。

470. SafeDeNO$_x$高浓度尿素,溶液催化水解是如何进行控制的?

答: 图7-12所示为SafeDeNO$_x$高浓度尿素催化水解控制示意

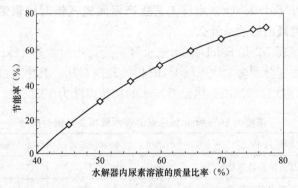

图 7-11　高浓度尿素催化水解节能率

图，从主机系统获得的氨需要量信号 10 作为氨水解控制器 12 最基本的控制输入。当需求量信号 10 发生变化时，控制器 12 就会按比例地改变输入的尿素溶液 14，同时通过水解加热器 20 控制进入水解器 16 内的热量，输入的尿素溶液量的减少，将导致反应的混合液 22 浓度的下降，进而影响水解氨的产率；几分钟后，水解器 16 内溶液的浓度与分解产率将建立新的平衡，满足 SCR 系统中氨的需求量；在整个变化过程中保持系统的温度和压力稳定，有利于系统的液位控制。

　　高浓度溶液的输入系统的主要设备仪表有尿素溶液计量泵 24、流量计 28、流量控制器 30、控制阀 32 等。水解控制器 12 接受、分析氨需求信号 10 的变化，按比例向尿素溶液控制器 30 发出指令，控制器 30 调整控制阀 32 的开度，并利用流量计 28 监测高浓度尿素溶液 14 的流量。

　　水解器 16 补充工艺水系统的主要设备仪表有蒸汽 34、流量传感器 38、蒸汽流量控制器 40、控制阀 42、关断阀 44 和压力表 48 水解器内工艺水的补充是通过蒸汽 34 的输入来实现的，蒸汽量需要根据尿素溶液 14 的供给量按比例进行补充。

　　水解器 16 热量输入系统的主要设备仪表有反应混合物 22、加热器 20、加热盘管 50 蒸汽流量传感器 52、蒸汽流量控制器 54、流量控制阀 58、热电偶 64、温度控制器 68、蒸汽冷凝液输出装置 62 和 60、关断阀 70、压力表 72 等。

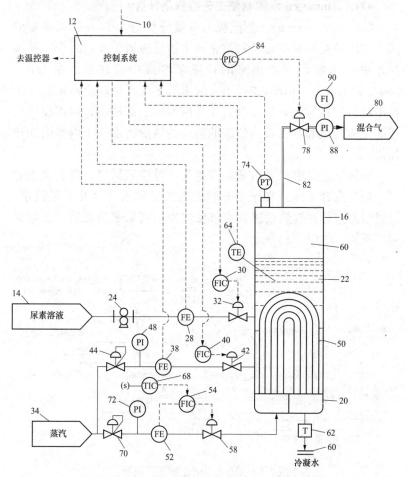

图 7-12 SafeDeNO$_x$高浓度尿素催化水解控制示意

水解器 16 运行压力控制系统的主要设备仪表有压力传感器 74、控制阀 78、混合气 80、压力控制器 84、混合气流量计 88（流量指示器 90）、输送管线 82 等。水解器 16 的压力是由压力传感器 74 监测的，压力的控制是由压力控制器 84 控制调节阀 78 开度来实现的，在混合气输送管路 82 上设置有带流量指示器的流量计。压力控制阀主要用来控制水解器内的压力，其开关是不受信号 10 的影响的。

471. Ammogen 水解制氨工艺流程是什么？

答： Ammogen 的工艺流程为质量分数为 40％～60％浓度的尿素浓溶液被尿素溶液给料泵送到水解反应器、经过一个节能换热器吸收水解反应器出来的稀尿素溶液中的热量。在 180～250℃和 1.5～3.0MPa 条件下，尿素的多级水解反应在水解反应器中进行。在这里，气体蒸汽在反应器的底部喷出，带走反应生成的二氧化碳和氨。反应所需的额外的热量将由一个内置的加热器提供。

水解反应器中产生出来的含氨气流被空气稀释，此后进入氨气—烟气混合系统。在尿素分解出来的贫尿素液（几乎是纯水）经过节能换热器放热给送到水解反应器的富尿素溶液后回到尿素溶解系统，如图 7-13 所示。

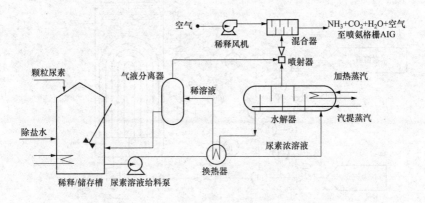

图 7-13　Ammogen 水解工艺流程

472. 成都锐思尿素水解制氨工艺流程是什么？

答： 成都锐思尿素水解制氨工艺属于蒸汽与溶液完全混合式的流程，尿素水解装置由水解塔体、内部设施、加热设施、仪表、调节控制设施等组成，如图 7-14 所示。尿素溶液水解塔采用上小下大的立式结构形式；水解塔底部设置换热盘管；水解塔采用该公司开发的专用填料；水解塔顶部设置专用除雾器，使尿素水解产物混合气不带水滴。

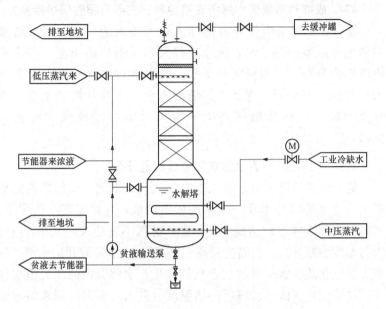

图 7-14 成都锐思尿素水解立式装置系统

473. 成都锐思尿素水解制氨工艺是如何进行控制的?

答: 成都锐思尿素溶液水解控制系统设置三个独立的就地控制系统:尿素原料储存与尿素溶液制备控制系统、尿素溶液储存与输送控制系统、尿素溶液水解控制系统。每个控制系统均能独立完成各子系统的控制,同时能与机组 DCS 完成通信,接受机组信号进行产氨量的调节。

气氨的产生主要依靠温度的控制,水解塔内温度若低于某一值 (T),水解反应不会发生,温度通过控制进入水解塔内的蒸汽进行自调节,并利用蒸汽使混合气体维持在恒定的压力。当脱硝过程需氨量增加时,进入水解器的热量也随之增加,由于水解器内的温度上升,因此,尿素水解加速,并且混合气以最快的速度从水解器内排出;当需氨量减少时,减少进入水解器内的蒸汽,由于需求减少,水解器内的温度逐渐降低,但不得低于水解发生最低温度。上述调节由需氨点提供信号至水解装置,由水解装置的 PLC 控制系统自动完成。

474. 成都锐思尿素水解塔在紧急状况主要有哪些保护措施?

答: 在水解塔内设计有冷却水进入塔内的措施,当水解塔在紧急状况紧急停车时,能迅速降低水解器内的压力;若水解塔内压力升高,且现场无冷却水,则可通过在水解塔上设置压力释放阀及安全阀,保证水解塔的安全,压力释放阀及安全阀释放的混合气体或液体进入尿素溶液储存罐或尿素溶液返流罐。

475. 成都锐思尿素水解塔启停过程是什么?

答: 成都锐思尿素水解系统在初次启动期间,水解塔内先输送入一定量的除盐水及一定量的尿素溶液,并且在蒸汽作用下,水解器内的液体逐渐达到平衡状态;蒸汽不断进入,水解器内压力与温度不断升高,当温度升高到 T_1 时,尿素溶液开始水解,气氨、二氧化碳、水蒸气的混合气体产生;水解器内的压力值根据产氨量来设定(依据水解器内的温度、进入水解器内尿素溶液的浓度及水解塔的容积等相关参数进行功能调节)。

系统正常关闭时,尿素溶液与蒸汽停止进入水解器,但水解器内的余热仍能使反应继续进行,直至水解器内的物料消耗殆尽(水解器出口阀门处于开状态)。当水解器内的温度降低到温度 T_0 时,水解器可处于备用状态。在该状态下,水解器内为一平衡状态可随时启动,并不需要补充进入除盐水。在机组事故状态时,水解装置的入蒸汽阀、出混合气阀、入尿素溶液阀均处于关闭状态。由于水解器内仍有余热,水解反应仍在发生,水解塔内压力会高于设定值,这时启动保护措施程序。

476. 成都融科能源尿素水解制氨工艺系统是什么?

答: 成都融科能源尿素水解制氨工艺属于高浓度尿素溶液水解工艺,溶液浓度采用尿素在水中的饱和溶解浓度。在蒸汽加热的水解过程中,通过对反应条件(温度、压力、反应时间等)的控制,确保尿素制氨主反应顺利进行,同时有效抑制可产生缩二脲及其他缩合物的缩合反应的发生。该工艺对机组的负荷适应性好,通过启动时添加微量的催化剂,使得水解反应的响应时间大大缩短；在正常和事故工况下，SCR反应器出口氨逃逸量不超标，对机组特别是空气预热器运行没有不良影响。

水解器由圆柱形壳体、内部加热装置、其他内部件、热工仪表、阀门及相应的外部管道组成。水解器可根据场地要求，设计成立式或水平式结构。水解器底部设置排污和放空口，排污余热可回收用于加热尿素溶液。

第三节 尿素水解制氨系统的工程设计

477. 什么是尿素区？

答：尿素区是指储存和溶解尿素的区域，包括尿素储仓、尿素溶解罐、尿素溶液储罐、尿素溶液循环输送泵等。

478. 以尿素为还原剂的 SCR 脱硝系统，NH_3 的制备及供应系统主要包括哪些设备？

答：以尿素为还原剂的 SCR 脱硝系统，通常 NH_3 的制备及供应系统主要包括干态尿素储罐、卸料系统（斗式提升机、流化风电加热器、袋式除尘器、仓壁振动器）、尿素溶解罐（带盘管式加热器）、尿素溶解罐搅拌器、尿素溶液储罐、尿素溶液混合泵、溶解车间地坑泵、疏水泵、溶解罐排风扇、尿素溶液给料泵、水解反应器、稀释风机等。如果考虑简化卸料系统，也可以袋装尿素库存方式，这样就可省去干态尿素储仓及卸料系统等设备，其缺点就是需要较多的人工操作。

479. 尿素水解制氨工艺是如何进行配置的？

答：通常尿素的卸料、储存系统应按多台机组共用的母管制系统设计，而尿素计量、分配及分解反应器制氨系统则按单元机组配置。

480. 尿素储仓配置电加热热风流化装置作用是什么？

答：尿素储仓配置电加热热风流化装置作用是将加热后的空气注入仓底，以防止固体尿素吸潮、架桥及结块堵塞。

481. 根据尿素来源的状态不同，尿素卸车有哪三种卸车方法？

答： 根据尿素来源的状态不同，尿素卸车有以下三种卸车方法：

（1）袋装尿素人工卸车。

（2）散装颗粒尿素利用槽车的车载风机卸入尿素储仓或尿素溶解罐。

（3）尿素溶液利用罐车自带输送泵卸入尿素溶液储存罐。

482. 尿素溶液的制备与储存是如何进行配置的？

答： 尿素溶液的制备及供应系统可按 2～4 台机组公用一套系统设计。颗粒尿素通过斗式提升机（或风机）、仓壁振动器进入尿素溶解罐，溶解罐搅拌器使尿素加快溶解，尿素溶液混合泵将溶液送到尿素溶液储罐。有关制备区内的系统如图 7-15 所示。

（1）尿素储仓。尿素储仓储存散装的颗粒尿素，储仓宜设计成锥形底的立式罐，其容积大小应至少满足全厂所有机组 1～3 天脱硝所需的尿素用量。储仓仓顶还应配有布袋过滤器；储仓上设置有减压阀、料位指示仪、电振动器等仪器维持正常的卸料，尿素储仓底配置电加热热风流化装置。

（2）干卸料及溶解系统。尿素溶解罐用以配制所需浓度的尿素溶液，自动称重给料机用以实现溶解罐尿素给料的计量，自动称重给料机宜采用变频电动机驱动。

尿素溶解罐根据工程需要设置 1～2 个，其总容积大小应满足所承担 SCR 装置在 BMCR 工况下 1 天的尿素溶液用量。根据工艺需要，将尿素溶液制备成 40%～60%（质量分数）的尿素溶液储存。为了加快尿素的溶解，可用低压加热器的疏水作溶解水（控制水温低于 100℃）或用蒸汽加热溶解水至 40～80℃。配置尿素溶液的水应采用除盐水。

每个尿素溶解罐可各设 1 台自动称重给料机。尿素溶解罐内配制好的溶液通过尿素溶液输送泵送入尿素溶液储存罐，输送泵为离心泵，按 2×100% 配置。尿素溶液输送泵兼备再循环系的功能。当该系统服务的机组台数较多时，也可选用两套由自动称重给料机、尿素溶解罐及输送泵各一台组成的单元制系统。

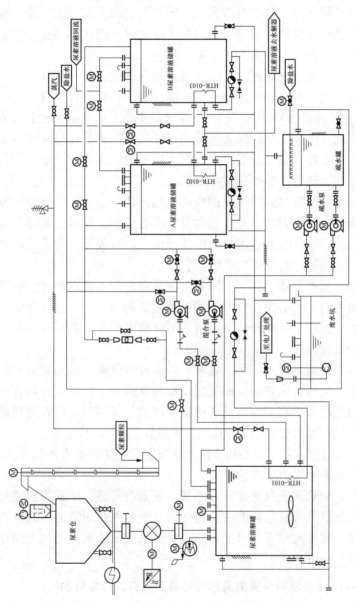

图 7-15 尿素制备区内卸料、溶液制备与储存系统

尿素溶解罐设有人孔、颗粒尿素进口、蒸汽进口、溶解水进口、循环回流口、尿素溶液出口、呼吸管、溢流管、排污管、搅拌器、液位及温度测量等设施。为了防止尿素溶液的结晶，溶解罐和管道应进行蒸汽或者电伴热。

（3）尿素溶液储存罐。尿素溶液储存罐用以储存配制好的尿素溶液，当尿素采用湿法储存时，储存罐的总储存容量宜为全厂所有 SCR 装置 BMCR 工况下 5～7 天的平均总消耗量。尿素溶液储存罐通常设置 2 台。尿素溶液储存罐内及循环管线应设伴热装置。当尿素溶液温度过低（≤配制浓度下的结晶温度＋5℃）时，启动在线加热器以提升溶液的温度。

尿素溶液储存罐的顶部四周应有隔离防护栏，并设有梯子及平台等安全防护设施，并且罐体外应实施保温。尿素溶液储存罐应设人孔、尿素溶液进出口、循环回流口、呼吸管、溢流管、排污管、蒸汽管、液位及温度测量等设施。

（4）尿素溶液混合泵。尿素溶液混合泵为不锈钢本体、碳化硅机械密封的离心泵，每只尿素溶解罐设两台泵，一运一备，并列布置。此外，溶液混合泵还利用溶解罐所配置的循环管道将尿素溶液进行循环，以获得更好的混合。

（5）尿素溶液给料泵。通常，两台机组设置一套尿素溶液供应装置，为两台锅炉的脱硝装置供应尿素溶液。供应装置包含两台全流量的多级离心泵、一套内嵌双联式过滤器等，母管出口装有一只远传压力变送器用于自动变频调节。

（6）冲洗水系统。在尿素溶液管道上设置完善的水冲洗系统，以消除尿素溶液结晶的影响。

（7）加热蒸汽及疏水回收系统。尿素溶解罐、尿素溶液储罐的蒸汽加热系统及尿素溶液管道的蒸汽伴热系统所需的蒸汽从指定的主厂房蒸汽母管接口处接出。加热系统的疏水可用以配制尿素溶液，也可回送主厂系统中。

483. 尿素水解反应器及水解制氨是如何进行配置的?

答： 尿素水解反应器及水解制氨配置为：

（1）水解反应器。每台锅炉设一套尿素溶液水解室。U2A 尿素水解反应室覆有隔热材料，通常最大设计压约为 2.0MPa，最高工作温度约为 205℃。

（2）水解制氨。浓度约 40％～60％的尿素溶液被输送到水解器内，饱和蒸汽通过盘管的方式进入水解器，饱和蒸汽不与尿素溶液混合，通过盘管回流，冷凝水由回收装置回收。尿素溶液从储罐输送到水解反应器中，在尿素溶液输送管道上设置有调节阀，通过调节阀调节尿素溶液的输送量，以便使水解反应器中尿素溶液保持在一个高于蒸汽管道的基本稳定的液面水平上。

由于尿素水解反应是一个吸热的过程，所以需要不断地向反应器蒸汽管道内注入低压蒸汽，以提供水解反应所需要的热量。水解反应器内的压力是通过控制反应器内的温度变化来实现的。具体来说，根据氨气产量的要求，通过调节注入的蒸汽流量和输出的冷凝液流量，以改变反应器内的温度，进而适应和调节反应器内的压力变化。

当水解反应器中混合溶液的液面高于蒸汽管道之后，加热程序启动，混合溶液被加热到低于尿素水解反应的温度。此时，系统进入"氨气输出"状态，更多的蒸汽进入反应器中的蒸汽管道内，尿素溶液转化生成氨基甲酸铵，随后再分解为氨气和二氧化碳。水解生成的氨气、二氧化碳、水蒸气通过反应器顶部管道排出，注入 SCR 反应器的喷氨格栅中。

484. 尿素水解系统设计应注意哪些问题？

答：尿素水解系统设计应注意以下问题：

（1）外购干尿素易吸湿潮解，尿素宜配制成溶液进行湿法储存。

（2）配置尿素溶液的水应尽可能地使用除盐水或低硬度的水源，当溶解水的硬度较高时，需添加化学阻垢剂对配制尿素溶液的工业水进行稳定处理。

（3）在尿素制氨系统中，配制好的尿素溶液，由于浓度较高，接近其饱和溶液浓度，为了防止尿素溶液的再结晶，所有尿素溶液的容器和管道必须进行伴热（蒸汽或者电伴热），使溶液的温度保持在其相应浓度的结晶温度以上。

（4）配制尿素溶液的水温度应加以控制，防止溶液温度高于130℃，此时尿素会分解为氨和二氧化碳。

（5）由于尿素解后氨气中含有一定量的 CO_2，为了避免 NH_3 与 CO_2 在低温下逆向反应，生成氨基甲酸，成品氨气输送管道应考虑伴热保温措施，维持管内氨气温度在175℃以上。

（6）同样原因，稀释气用的空气应加热到175℃以上，由于中间产物氨基甲酸铵具有较强的腐蚀性，容器内又储存着危险物品氨气，腐蚀可能造成的泄漏是一个严重的安全隐患，所以尿素水解系统中，除了固体尿素仓库外，其他的设备和管道均为不锈钢制。

第四节　尿素的热解制氨工艺

485. 尿素热解制氨气的典型系统流程是什么？

答： 尿素热解制氨气的典型系统流程（见图7-16）包括：

（1）尿素粉末储存于储仓，由螺旋给料机输送到溶解罐里，用除盐水将固体尿素溶解成40%～50%（质量分数）的尿素溶液，

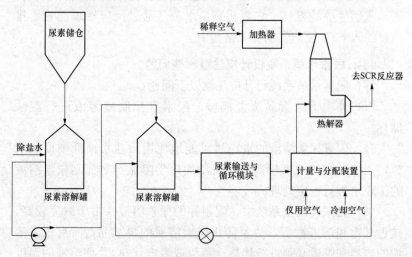

图 7-16　典型尿素热解制氨气系统流程图

通过尿素溶液给料泵输送到尿素溶液储罐。

（2）尿素溶液经由供液泵、计量与分配装置、雾化喷嘴等进入绝热分解室，稀释空气经燃料加热后也进入分解室，雾化后的尿素液滴在绝热分解室内分解。

（3）经稀释风降温后的分解产物温度为 $260\sim350℃$，经由氨喷射系统进入 SCR 反应器。

486. 尿素热解原理是什么？

答：尿素热解反应过程是将高浓度的尿素溶液喷入热解炉，在温度为 $350\sim650℃$ 的热烟气条件下，液滴蒸发得到固态或者熔化态的尿素，纯尿素在加热条件下分解和水解，最终生成 NH_3 和 CO_2，NH_3 作为 SCR 还原剂送入反应器内，在催化剂作用下有选择性地将 NO_x 还原成 N_2 和 H_2O。热解主要反应总式可表示为

$$CO(NH_2)_2 + H_2O =\!=\!= 2NH_3 + CO_2 \tag{7-10}$$

487. 尿素热解氨气分哪为三步？

答：尿素热解氨气的生成分三步来实现：

（1）尿素水溶液蒸发析出尿素颗粒。

（2）尿素热解生成等物质的量的氨气和异氰酸（HNCO）。

（3）异氰酸进一步水解生成等物质量的氨气和二氧化碳。

$$NH_2CONH_2(溶液) \longrightarrow NH_2CONH_2(固) + H_2O(气)$$
$$\tag{7-11}$$

$$NH_2CONH_2 \longrightarrow NH_3 + HNCO \tag{7-12}$$

$$HNCO + H_2O \longrightarrow NH_3 + CO_2 \tag{7-13}$$

化学反应式（7-11）和式（7-12）为吸热反应。

488. 尿素热解制氨系统主要包括哪些设备？主要化学过程是什么？

答：尿素热解制氨系统主要包括：尿素颗粒储仓、尿素计量罐、尿素溶解罐、尿素溶液泵、尿素溶液储罐、供液泵、热解器、缓冲罐、加热器等。

热解法制氨主要化学过程为

$$CO\,(NH_2)_2 \longrightarrow NH_3 + HNCO \tag{7-14}$$

$$HNCO + H_2O \longrightarrow 2NH_3 + CO_2 \qquad (7\text{-}15)$$

489. 尿素热解反应速率表达式是什么?

答:热解法属于直接快速加热雾化后的尿素溶液进行分解反应,跟踪机组负荷变化的速度较快,响应时间仅为 $5\sim10\mathrm{s}$。未分解的气体状态 HNCO 随 NH_3 起进入 SCR 催化剂,SCR 催化剂化学反应式 (7-13) 也有催化作用,也能促进异氰氨的进一步水解。

尿素水溶液喷射到热解炉后,随着液滴的雾化与扩散,较高的炉温使水分蒸发,产生固态或液态的尿素,如反应式 (7-11)。根据 Arrheniu 定理,反应式 (7-16) 的反应速率 r 可表达为

$$r_{\text{thermo}} = K_{\text{thermo}} \exp\left(\frac{-E_{\text{thermo}}}{RT_s}\right) \cdot c_{\text{co(NH}_2)_2} \qquad (7\text{-}16)$$

式中　　K_{thermo}——频率因子;

　　　　E_{thermo}——活化能;

　　　　T_s——热解环境温度;

　　　$c_{\text{co(NH}_2)_2}$——尿素物质的量浓度;

　　　　R——热解反应速度常数。

如将尿素水溶液看作单物质,则尿素物质的量浓度与蒸发了的尿素水溶液物质的量浓度相等。

490. 尿素热解反应的影响因素有哪些?

答:尿素热解反应的影响因素包括温度、流场分布、雾化系统等。

491. 温度对尿素热解反应的影响是什么?

答:温度对尿素热解反应的影响是:根据尿素溶液的反应机理,温度越高,反应速度越快,分解越完全。无氧条件下尿素热解有效分解率如图 7-17 (a) 所示,尿素有效分解率 x 在热解温度 $t = 450\,^{\circ}\mathrm{C}$ 时约为 73.5%,当 t 升至 $600\,^{\circ}\mathrm{C}$ 左右后即达到 100%,并大致维持至 $900\,^{\circ}\mathrm{C}$。此后,若进一步升高热解温度,分解率出现了明显下降的趋势,是由于水分等其他成分引起热解产物中的 NH_3 或 HNCO 部分转化为 N_2 所致。如图 7-17 (b) 所示,随着氧含量的增加,尿素有效分解率的曲线发展形状基本不受影响。氧含量

的增加在高温区段使得曲线稍微左移，在中、低温区段下则没有明显变化。试验发现，氧含量的增加，也会使得高温区段的 NH_3 生成浓度曲线向低温方向偏移；并且，氧含量升高，还将使得中温区段（NH_3 产量最高区段）变得更为平坦。

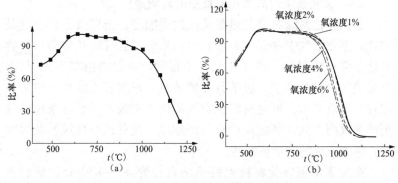

图 7-17　尿素热解有效分解率

492. 造成尿素热解炉底部尾管沉积物存积的原因是什么？

答：在尿素热解炉使用过程中，常发生底部尾管处沉积物存积过多，导致出口风少，系统供氨量不够，直接造成热解护停运清理，影响脱硝装置的可靠性。通常沉积物坚硬，有气孔，成蜂窝状。沉积物的形成主要是由于尿素未能热解造成的。热解炉尾管沉积物形成的机理比较复杂，足够的热量和较好的尿素溶液雾化效果是影响热解效果的两个重要因素，如果热解炉内热空气的流量低或温度低，那么都会造成尿素溶液得不到完全热解而在尾部形成沉积。

493. 流场分布对尿素热解反应的影响是什么？

答：流场分布对尿素热解反应的影响是：尿素热解炉内稀释空气以较大的速度从稀释风口喷出，在与尿素溶液混合区域，形成一个速度较大的湍流区域，该湍流有利于尿素溶液与高温空气充分混合，有利于氨气的生成和混合。在上部区域速度较小，形成一个相对封闭的区域，导致尿素溶液生成的氨在此积累，热解炉上部 NH_3 浓度高，出口处的 NH_3 体积分数很小。

在热解炉热解段靠近边壁部分存在着强烈的回流现象，回流区内 NH_3 浓度很高，部分尿素溶液被卷入到回流区域内分解，由于这里流出速度小，生成的氨气不能扩散出来。回流能够阻止气体组分的扩散。

494. 雾化系统对尿素热解反应的影响是什么？

答：雾化系统对尿素热解反应的影响是：当尿素雾化空气品质差，雾化空气中含有油、水和尘，那么，运行较长时间后，容易堵塞浮子流量计，浮子流量计不报警，尿素溶液得不到雾化，直接喷入尿素热解炉，影响其热解效果，尿素直接沉积到热解炉尾管，造成堵塞。可更换雾化空气的供气来源，将原有杂用空气更换为仪用空气，并定期检查压缩空气系统的运行状况，及时维护，保证系统的清洁和畅通。

在尿素溶液雾化颗粒索特平均直径为 $20\sim150\mu m$、喷射速率为 $5\sim25m/s$，喷射温度为 $27\sim77℃$ 时，尿素水溶液蒸发时间为 $0.1s$，尿素热解时间为 $0.7s$ 左右。因此，在一定溶液粒径情况下，需要合适的回流区和合适的风速，以延长尿素溶液在热解炉内的停留时间，避免尿素溶液在热解炉内停留时间不足。

495. 尿素热解工艺流程是什么？

答：尿素热解工艺的常用流程为：尿素溶液经由给料泵、计量与分配装置、雾化喷嘴等进入绝热热解炉。稀释空气经加热后也进入热解炉。雾化后的尿素液滴在绝热热解炉内分解，生成的分解产物为氨气和二氧化碳，分解产物经由氨喷射系统进入脱硝烟道。

热解炉的容积是依据尿素分解所需的体积来确定的。尿素经过喷射器注入热解炉，尿素的添加量由 SCR 反应器需氨量来决定，负荷跟踪性将适应锅炉负荷变化要求。系统在热解炉出口处提供氨/空气混合物。氨/空气混合物中的氨体积含量小于 5%。

496. 尿素热解热源的选择有哪些？

答：根据工艺的温度需要，热解炉可利用柴油、燃气、电源、高温蒸汽、高温烟气等作为热源来完全分解尿素。在所要求的温度（如 $350\sim650℃$）下，热解炉需要提供足够的停留时间，以确保尿素到氨的 100% 转化率。尿素热解是吸热反应（0.1MPa、$25℃$），主要反应式为

$$CO(NH_2)_2(c)+H_2O(l)\longrightarrow 2NH_3(g)+CO_2(g)+21.34kcal$$

$$(7\text{-}17)$$

第五节 尿素热解制氨系统的工程设计

497. 尿素热解制氨系统的主要设备有哪些？

答：尿素热解制氨系统包括尿素储仓（如需要）、干卸料（如需要）、给料机（如需要）尿素溶解罐、尿素溶液给料泵、尿素溶液储罐、供液泵、计量与分配装置、背压控制阀、绝热分解室（内含喷射器）、加热器及控制装置等。

498. 尿素热解制氨系统尿素溶液的输送与循环系统主要包括哪些设备？

答：尿素热解系统溶液的输送系统是用以向计量与分配装置输送一定压力及流量的尿素溶液，并与尿素溶液储存罐组成自循环的回路。包括过滤器、两台 100% 循环输送泵、在线电加热器、压力控制站及用于远程控制和监测循环系统压力、温度、流量及浓度等的仪表等。

尿素溶液的输送、循环系统一般两台或三台锅炉可共用一套装置。循环输送泵进口应设过滤器，泵出口应设加热器。加热器的功率应能补偿尿素溶液在管道输送中热量的损失；压力控制站用以调节循环装置出口尿素溶液压力，为后续的计量与分配装置提供所需的压力。

499. 尿素热解制氨系统计量与分配装置主要包括哪些设备？

答：通常每台机组配置一套计量分配系统。尿素溶液的计量与分配装置通过使用单独的化学计量泵和压力控制阀，精确地计量和控制输送到每一个雾化喷射器的尿素流量。尿素流量及喷射

区域的开启和关闭的控制是根据锅炉负荷变化及 NO_x 分析仪等反馈信号自动调整的。

每一个雾化喷射器的尺寸和特性应保证高效脱硝所需的尿素流量和压力。喷射器采用 316L 不锈钢制造，包括用于插入调整的适配器、快速接头和用于尿素溶液和雾化空气管路连接的长钢丝编织的可弯曲软管。

进入雾化喷射器的尿素溶液应经过滤装置，防止喷枪堵塞。尿素溶液管道采用电伴热。冲洗水经内嵌双联式过滤器引入计量模块的进口母管，用以计量泵维护前的冲洗。

500. 尿素热解炉包括哪些设备？

答：尿素热解炉是尿素热解制氨的核心设备，热解炉包括内外出口连接法兰，过滤网，热源控制管理系统和温度控制、烟气压力控制，以及氨/空气混合物的流量、压力及温度的控制和过程指示等。

雾化喷射器应沿着热解炉的侧壁周边均匀布置，雾化尿素及雾化空气将同时引入热解炉，雾化空气压力应稳定，热解炉出口到喷氨格栅（AIG）入口的管道采用不锈钢材质。每台热解炉出口至 SCR 反应器管道要求有流量测量装置，并有相应的调节阀门。

501. 尿素热解炉工艺系统包括哪些？

答：热解炉的热源是利用从锅炉来的一次热风并辅以电加热其他热源，作为热源来完全分解尿素溶液的。在压缩空气作用下，浓度为 $40\%\sim50\%$ 的尿素溶液经双流体装置雾化成液滴喷入尿素热解炉，在常压与温度 $350\sim600℃$ 条件下，尿素液滴分解为 NH_3、CO_2、H_2O。热解炉出口尿素分解产物 NH_3、CO_2、H_2O 与空气的混合物温度约为 $320℃$，应高于尿素分解产物的逆反应温度。

502. 尿素热解工艺水冲洗系统的作用是什么？

答：在尿素溶液管道上设置完善的水冲洗系统，以消除尿素溶液结晶的影响。

503. 尿素热解系统常见问题有哪些？

答：尿素热解系统常见问题有：

(1) 热解炉在使用过程中，常常由于尿素未能热解而造成底部尾管处尿素存积过多，导致出口风量减少，系统供氨量不够，影响脱硝装置的可靠性。

(2) 如果尿素雾化空气品质差，尿素溶液得不到雾化，直接喷入尿素热解炉，则影响热解效果，尿素直接沉积到热解炉尾管，造成堵塞。

(3) 热解炉及其出口管道保温设计或施工不到位，致使混合气管道温度低于尿素分解产物的逆反应温度，管壁产生尿素结晶，致使管道堵塞。

(4) 由于空气预热器后的一次风仍含有一定的粉尘，脱硝喷氨格栅长期运行后，可能造成局部的喷嘴堵塞，影响脱硝系统效率，建议在喷氨格栅的调节门后增加压缩空气吹扫装置，定期对管道进行吹扫。

504. 当采用 SCR 尿素制氨时，尿素耗量计算公式是什么？

答：当采用 SCR 尿素制氨时，1mol 的尿素可生成 2mol 的氨，尿素耗量可按下式计算

$$W_n = 1.76 \times \frac{W_a}{\eta_n} \tag{7-18}$$

式中 W_n——BMCR 工况单机纯尿素的耗量，kg/h；

W_a——BMCR 工况单机纯氨的耗量，kg/h；

η_n——尿素热解或水解制氨的转化率（按制造商提供的数据选取），%；

1.76——尿素摩尔质量（60）与 2 倍氨摩尔质量（34）的比值。

第六节　尿素水解制氨系统的控制与操作

505. 尿素水解反应器的主要控制参数是什么？

答：一套自动操作的整套水解反应系统可由 DCS/PIC 自动控制，无人值守。根据设定的逻辑程序联合液位、温度、压力等条

件及其之间的各种计算关联式进行联锁控制，三个主要控制的参数为：

（1）水解反应器液位控制。水解反应器的液位，根据不同的需氨负荷维持不同的液位。反应器内的液位根据需氨负荷由给料泵和给料调节阀自动联锁控制。

（2）水解反应器溶液温度控制。水解反应器内的反应温度根据不同的需氨负荷由流量阀自动联锁控制。

（3）水解反应器内压力控制。水解反应器内的反应压力，由反应器出口阀门、蒸汽流控制阀和疏水调节阀自动联锁控制。

506. 水解反应器控制参数及主要物流流向是什么？

答：来自存储罐的尿素溶液，通过安装在水解反应器系统上的位控制阀送入水解反应器，调节这些阀门和溶液给料泵，控制尿素溶液的流量，以保持水解反应器恒定液体平面，并高于水解器中的加热蒸汽管束。图 7-18 所示为水解反应器控制参数及主要物流流向。

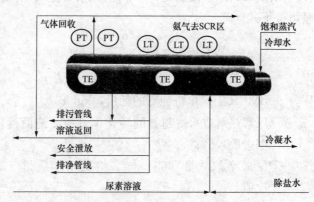

图 7-18　水解反应器控制参数及主要物流流向

507. 尿素水解反应器启动过程是什么？

答：气氨的产生主要依靠水解反应器内溶液的温度来控制，水解反应器内的温度若低于某一值（T_0），水解反应则不会发生，温度通过控制进入水解塔内的蒸汽量进行自调节，并利用蒸汽使混合气体维持在恒定的压力。

尿素水解反应器在启动之前，需要加满正常工作液位的溶液，该溶液由 50% 的除盐水和 50% 的稀释尿素溶液混合而成。首先，在空水解反应器中加入按体积计算 25% 的除盐水，然后将尿素溶液加入至按体积计算液位的 50%。水解反应器中尿素的初始浓度约为 25%。

将准备启动的水解反应器加入尿素溶液，直至液位高于蒸汽管束。当加热程序启动时，尿素溶液首先被加热至刚好低于尿素反应温度，即热备用状态。当 SCR 系统需要 NH_3 时，管束中流过更多的蒸汽，尿素水解成氨基甲酸铵，氨基甲酸铵依次分解为氨和二氧化碳，尿素水解反应是吸热反应，因此，该反应需要热量输入（低压控制），以实现氨气的连续产生。水解反应器在控制程序中选择的压力下运行。

508. 尿素水解反应器的超压保护措施有哪些？

答：尿素水解反应器中的压力是通过调节蒸汽流或冷凝流（依赖于氨的需求）保持维护的，加热蒸汽的温度和流量的改变都会引起水解反应器气液平衡压力的变化，进而影响 NH_3 的产生。为了防止 NH_3 泄漏，防止水解反应器的超压是必需的，通常有如下几种措施可预防水解反应器的超压：

（1）氨混合蒸汽排放。使来自水解反应器的混合蒸汽通过排放管道排放至废水箱。在废水箱中通过冷却溶液捕获氨，从而将排放至大气中的氨最小化。蒸汽排放通过一个自动的开关阀门进行控制。

（2）溶液紧急冷却。需要从主厂输送至水解反应器蒸汽管道的紧急冷却水。紧急冷却水比水解反应器中尿素溶液的温度更低，因此可使水解反应器较快地得以冷却到反应温度以下，使水解反应停止进行。紧急冷却水从蒸汽管道排出，并返回至主厂。

（3）反应液体排放。使来自水解反应器的液体通过排放管道排放至废水箱，在该罐中其液位低于反应器中的最低液位。在废水箱中通过冷却溶液捕获氨，从而将排放至大气的氨最小化。通过一个自动的开关阀控制液体排放，该开关阀在某设定压力时打开，并在水解反应器的选定目标工作压力时关闭。

509. 水解系统启动前必须检查的项目有哪些？

答：水解系统启动前必须检查的项目有：

（1）验证所有程序是否已经完成。

（2）验证所有需要维护程序是否已经完成。

（3）验证所有电气系统是否已经连接并可操作。

（4）验证所有伴热是否打开并正确运作。

（5）验证所有主机管道系统是否正确连接并可操作。

（6）验证所有过滤器是否无杂物。

（7）验证 DCS（或 PLC）是否被连接并可操作。

（8）验证所有仪器和驱动阀是否与 DCS（或 PLC）通信。

（9）验证所有手动阀门是否处于其正常运行位置。

（10）验证除盐水是否注入正常运行液位，并准备供应除盐水至系统。

（11）验证尿素溶液存储罐是否准备从尿素混合泵接收尿素溶液和（或）准备向尿素输送泵底盘供应溶液。

（12）验证尿素溶液存储罐（泵）、疏水箱、蒸汽饱和器底盘、水解反应器是否做好运行准备。

（13）验证水解反应器排污管是否注入除盐水至低液位设定点。

（14）确保用蒸汽清洗氨排空管线，在产生氨前加热管线至正确的工作温度。

（15）确保尿素、尿素溶液和除盐水都满足要求。

510. 水解反应器系统初始启动步骤是什么？

答：在启动水解反应器本体前，应先投入管道的伴热，直到伴热低温报警消失。水解反应器系统初始启动步骤为：准备→开始启动→初始填充→填充→填充完毕→加热→准备注入→注入→正常关闭和紧急关闭。

在启动过程中，当出现系统失误或正常关闭或紧急关闭被激活时，当前的启动操作状态有可能中断，系统就会转化成启动关闭状态，在水解反应器冷却并减压后，返回停止状态，在进行相关故障排除后，需要重新进入启动步骤。

511. 水解反应器有哪两种操作系统？

答： 水解反应器有自动与半自动两种操作系统。半自动模式用于启动和维护，自动模式是水解反应器的正常工作模式。水解反应器可以在任意控制模式中独立或同时开启和运行。

512. 水解反应器通常设有哪五个顺序控制？

答： 水解反应器通常设有溶液填充顺序控制、溶液加热顺序控制、水解制氨顺序控制、正常停止顺序控制、紧急停止顺序控制五个顺序控制。

513. 水解反应器自动操作系统是如何进行的？

答： 水解反应器在"自动"操作系统时，当操作人员按下START－开始键时，DCS将帮助水解反应器系统实现自动化操作，无需操作人员的干预，DCS自动依次按照溶液填充顺序控制、溶液加热顺序控制、水解制氨顺序控制、正常停止顺序控制、紧急停止顺序控制五个顺序控制先后次序执行，当出现报警时，可以自动或人为消除报警。显示DCS可显示当前的操作状态。

514. 水解反应器半自动操作系统是如何进行的？

答： 水解反应器在"半自动"操作系统时，每个顺序控制都需要操作员通过执行操作，每个顺序控制程序结束后，水解反应器就会暂停等待，需要操作员确认并执行下一步操作，操作人员必须通过DCS（PLC）上的按钮将逻辑电路推进到下一个逻辑状态。比如，在半自动模式中，如果所有许可指令都满足，系统将自动前进到预备开始状态；然而，操作人员必须按下"溶液填充顺序控制"准备填充，当"溶液填充顺序控制"的填充完成状态出现，系统就会暂停；等待操作人员按下"溶液加热顺序控制"准备加热，进入到加热状态，在加热时间持续约90min后，水解反应器的压力和温度均达到要求后，系统将进入到准备注入状态，然后暂停；等待操作员按下"注水解制氨顺序控制"，准备制氨按钮，将水解反应器推进到制氨状态。这时，水解反应器就已经完成正常启动过程，相关的控制阀门和参数均达到自动控制方式，

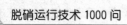

实现水解反应器的自动控制。

为了停止水解反应器操作，操作人员按下"正常停止顺序控制"，从而使其正常关闭；或者按下"紧急停止顺序控制"，从而使其紧急关闭。

515. 水解系统的关闭操作模式分为哪三类？

答：水解反应器关闭操作模式可以分为正常关闭、紧急关闭和长期关闭三类。

516. 水解系统的正常关闭操作模式是什么？

答：水解系统的正常关闭操作模式为：

（1）在正常关闭过程中，中断尿素溶液供给，并停止水解反应器的热量输送。

（2）在这种模式下，氨的排出管阀门处于打开状态。

（3）水解反应器中的余热继续转化成氨、二氧化碳和水蒸气，然后被输送到生产中。

（4）当水解反应器的温度降到某设定值，或水解反应器的压力降到某设定值，可将装置置于停滞模式，并留下随后重启水解反应器用的生产溶液。

（5）为了长期的关闭和维修，装置可以注入除盐水，直到尿素氨基酸甲铵含量被完全排除出，从而使水解反应器中只含有水和残留物质。

517. 水解系统的紧急关闭操作模式是什么？

答：水解系统的紧急关闭操作模式为：出现紧急情况时，可在任何操作模式下启动紧急关闭。在此模式下，所有工作阀门，包括氨产品供应阀门、紧急冷却水阀门都被关闭；如果达到足够高的压力，水解反应器尿素回流阀开启。

氨的泄漏量超过报警值会导致紧急关闭。水解反应器本体泄漏报警器发射紧急关闭信号，使一切处于非加热状态。

518. 水解系统的长期关闭操作模式是什么？

答：水解系统任何超过一个月的关闭都称为长期关闭，需遵守下面的程序：

（1）按照正常关闭程序去做。

（2）关闭水解反应器氨出口阀门。

（3）冲洗尿素排出管道。

（4）将水解反应器排放干净。

（5）用除盐水清洗水解反应器，然后将水排干净。

（6）打开所有排水阀。

（7）在所有外露阀门和开口上安装防护罩，以防止雨水或其他杂物进入系统。

第七节 尿素热解制氨系统的控制与操作

519. 尿素热解炉系统是什么？

答：热一次风配电加热器的尿素热解系统正常运行时，采用锅炉空气预热器后一次热风（压力约为 10kPa，温度在 300℃以上）经电加热器进行再加热，为尿素热解提供所需热量及稀释风，热解炉出口氨/空气混合物中氨浓度稀释至约 5%，送入 SCR 系统的 AIG 喷氨装置。

每台锅炉设置一台热解炉及与之配套的计量与分配装置，每套热解炉装置由若干个喷枪提供尿素溶液的分配和控制。

520. 尿素热解系统与锅炉侧 SCR 的联系信号是什么？

答：尿素热解系统与锅炉侧 SCR 的联系信号是需氨量信号。根据锅炉不同负荷的要求，计量与分配装置响应主机提供的需氨量信号，并根据需氨量信号及开启的喷枪数量，精确计算并自动控制每个喷射器尿素溶液的流量，从而达到自动控制的目的。

521. 热解炉系统计量与分配装置的作用是什么？

答：热解炉系统计量与分配装置的其作用是将尿素溶液分成若干支管线对应的尿素溶液喷枪，将尿素溶液均匀地喷入热解炉进行分解。

522. 尿素溶液循环系统的主要功能是什么？

答：尿素溶液循环系统主要功能是为计量与分配装置持续提

供尿素溶液需量并保证喷射区域所需压力，过滤尿素溶液以保证喷射器无故障运行，并作为尿素溶液储存及循环系统的本地（远程）控制和监测站，保证持续不间断运行。

523. 尿素溶液循环系统包括哪些？

答： 尿素溶液循环系统包括：配制合格的尿素溶液通过变频循环泵输送至每台机组的计量与分配装置，经过背压控制阀系统返回尿素溶液储罐形成一个循环回路。

524. 尿素溶液循环系统是如何进行控制的？

答： 储罐中的尿素溶液通过变频循环泵（一运一备）输送到热解炉的计量与分配装置，通过循环背压控制阀控制尿素溶液循环系统的容量，维持回路中流量和压力在适合的范围内，以保证热解炉系统尿素溶液的需要量，其中回流通过背压控制阀返回到尿素溶液储罐。

525. 尿素溶液循环系统控制阀站包括哪些设备？

答： 尿素溶液循环系统控制阀站包括不锈钢压力控制阀、压力传送器、本地压力显示、隔离阀和不锈钢管道及装配件等。

526. 尿素溶液计量和分配装置包括哪些设备？

答： 尿素溶液计量和分配装置包括不锈钢机架、尿素溶液流量控制阀、气动开关阀、止回阀、手动球阀、仪用及雾化空气调节阀和压力开关、电磁流量变送器、转子流量计、各种压力表、仪用空气过滤器及控制柜等。

527. 溶液循环及计量与分配系统的顺序控制是什么？

答： 溶液循环及计量与分配系统的顺序控制为：首先打开雾化空气阀，确认阀开；然后再打开尿素溶液阀，确认阀开；流量 PID 回路投入工作，在此过程中最重要的控制就是每支喷枪尿素溶液量的控制，采用条件流量 PID 控制，流量 SP 值是由氨需量来决定的。停止顺序：关闭尿素溶液阀，确认阀关；打开冲洗水阀进行冲洗，此时流量调节阀全开，冲洗完成后，关闭冲洗阀，关闭流量调节阀，关闭雾化空气阀。

528. 尿素喷枪主要由哪三条工艺管线构成？

答：尿素喷枪主要由尿素管线、雾化空气管线和冲洗水管线三条工艺管线构成。尿素溶液进入尿素溶液管线和雾化空气管线共同供给到喷枪，经由喷枪喷嘴雾化后喷入热解炉，尿素溶液在热解炉内经蒸发、热解成 NH_3。

529. 尿素热解炉温度控制采用什么方案？

答：热解炉的温度控制采用串级方案，其控制流程图及控制框图如图 7-19 所示。主温度控制回路在 DCS/PLC 中，主温度 PID 回路的温度测点 PV1 是热解炉的出口，此点温度是工艺上要求稳定的正常温度，在 320℃以上。主温度 PID 回路的输出 OP1 给副温度 PID 回路的 SP2，副温度控制回路在电加热器系统中，温度测点 PV2 是电加热器的出口。副温度 PID 控制器具有自动、手动、串级模式，当投自动时，副回路的温度控制是独立的，即 SP2 由人为给定，不受主温度回路的影响；当投串级时，副温度回路的温度控制是受主温度回路的影响的，即 SP2 是由主温度回路给定

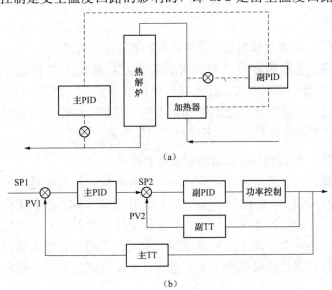

（a）

（b）

图 7-19　尿素热解炉控制原理

（a）控制流程图；（b）控制框图

的，并且随着主温度回路 OP1 的变化而变化。主温度 PID 回路具 PV 跟踪功能，实现无扰切换。

530. 热解炉的温度是通过控制什么来实现？

答：热解炉的温度控制是通过控制电加热器来控制通入热解炉的空气温度而实现的，该电热器通过自带的就地控制装置，根据电加热器出口的温度传感器与 PID 温度调节仪组成调节回路来实现电加热器出口空气温度控制，DCS（PLC）则根据热解炉出口温度与电加热器的 PID 温度调节回路组成一个串级调节回路，即根据热解炉出口设定的温度与实际温度的偏差，修正电加热器的 PID 温度调节仪设定值，从而使热解炉的出口介质温度达到设计要求。

热解炉的温度控制的具体方案为：通过热解炉出口三个温度测量点，进行三选一，来调整热风入口的电加热器启停（主要是控制可控硅数量），保证进入热解炉的热风温度根据需要的热风流量，调节热风入口挡板门的开度，保证进入热解炉的流量满足系统需要。

531. 尿素热解电加热器可以有哪两种控制方式？

答：电加热器可以有两种控制方式：就地控制和远方 DCS（PLC）自动控制方式。在远方自动控制方式下，DCS（PLC）只是发送启动或停止指令给电加热器控制系统，由电加热器就地控制系统控制电加热器内部各个设备（温度调节装置等）。

532. 简述热解炉溶液喷射装置的组成。

答：热解炉溶液喷射装置即为溶液喷枪，每套喷枪上有 1 个溶液开关阀、1 个溶液流量计、1 个溶液调节阀、1 个喷枪吹扫阀、1 个雾化空气开关阀、1 个雾化空气流量计、1 个雾化空调节阀，还有 1 个用于给喷枪冷却的空气开关阀。在尿素溶液回尿素溶液储罐管线安装有 1 个变送器，用于检测尿素溶液循环管线的压力。

533. 溶液喷射装置的作用是什么？

答：溶液喷射装置的作用是在正常运行过程中，将程序计算出来的、需要喷射进热解装置的尿素溶液输送到投运的喷枪中，并且要通过动态的调节喷枪上的调节阀，使热解反应充分进行。

534. 脱硝反应氨需量计算的主要依据是什么？

答：脱硝反应氨需量计算的主要依据是 SCR 反应器出口烟气 NO_x 浓度、从锅炉负荷换算出的烟气量及设定的烟气排放 NO_x 浓度，用 SCR 反应器出口烟气 NO_x 浓度作为实际脱硝运行的反馈数据对计算出的氨需量进行 PID 方式的修正调整，从而消除或减小由于实际烟气量与锅炉负荷换算出的烟气量不一致、从需氨量换算出的尿素需量不准确、尿素热解反应不稳定及其他相关原因导致的最终脱硝反应效果的偏差，形成一个反馈调节回路。

计算出来的氨需量乘以系数（如 3.7056），则得到脱硝反应尿素需量，该系数已考虑了尿素溶液的浓度、单位尿素分解出的氨量、脱硝反应 NO_x 与氨气的反应比例等因素；尿素溶液流量计送入的是体积流量，尿素量的计算及控制调节使用体积流量，操作画面显示的尿素流量、氨需量均用质量流量（kg/h）。在脱硝运行期间，程序自动将所需要的尿素溶液分配到投运的热解系统尿素溶液喷射装置喷枪中喷入热解炉内，尿素溶液在热解炉内经过高温分解，产生氨气，在与稀释风混合后，送入烟道 SCR 反应器中，实现脱硝反应。

535. 尿素喷枪的雾化与吹扫作用是什么？

答：热解系统尿素溶液喷射装置，还需要通过压缩空气，对尿素溶液进行雾化，以保证尿素能够比较充分地分解，除了对雾化空气母管阀进行监控外，在每个喷射装置的雾化空气路上分别配有 1 个流量计和 1 个调节阀，用于调节雾化空气流量与尿素溶液的流量相匹配。

为了防止尿素结晶，在喷射装置中造成堵塞，需要用空气对喷枪进行退出前的吹扫，程序自动对退出运行的喷射装置进行一次 90s 的空气吹扫。在非检修状态下，程序自动检测喷射装置的溶液开关阀阀位信号，一旦溶液开关阀关闭，则先关闭调节阀，再自动打开吹扫阀，并同时将喷射装置调节阀开到 100％，90s 后关闭吹扫阀、调节阀。

536. 喷射装置投运选择的作用是什么？

答：在系统操作画面上设计溶液喷射装置投运选择的按钮，显示喷射装置投运（停运）状态及投运条件状态指示。在启动热解系统程序控制前，要选择投运的喷射装置（至少选择 1 支）。在热解系统运行中，也可以进行喷射装置投运（停运）操作。运行中，可以选择新投运的喷射装置，并重新启动热解系统顺序控制，则新选择的喷射装置自动投运；运行中，如果将已经投运的改为选择喷射装置停运，则该喷射装置自动停运，并自动冲洗。

537. 溶液喷射装置流量调节阀控制的作用是什么？

答：溶液喷射装置流量调节阀控制的作用是在正常运行过程中，将程序计算出来的、需要喷射进热解装置的尿素溶液分配到投运的喷枪中。

通过动态地调节喷枪上的调节阀，来调节投运的喷枪喷射的尿素溶液流量，从而利于热解反应的均衡充分进行。喷枪调节阀通过一个独立的 PID 回路控制，运行的喷枪中的实际尿素溶液流量就是当前反馈值（PV），把尿素将溶液需求量分配到运行的喷枪调节阀 PID 控制回路的给定值（SP）。

538. 热解炉系统启动前的基本检查内容有哪些？

答：热解炉启动前，应首先要做好相关子系统的检查，包括尿素上料系统、尿素溶解系统、尿素溶液储罐系统、热解系统、废水池系统、排放系统、尿素溶液循环系统、计量与分配系统、除盐水系统、压缩空气系统等。对于热解炉需要做好以下基本检查：

（1）热解炉各平台、楼梯、扶手牢固，照明充足。

（2）各热解炉上人孔门、检查采样孔均已严密封闭，且各连接螺栓已紧。

（3）地脚螺丝牢固，保温结构完整牢固。

（4）各尿素喷枪装置完好，密封管道畅通，密封风门全开。

（5）尿素喷枪伸缩正常，喷嘴无堵塞。

（6）检查稀释风入口清洁无异物，进出挡板安装完好，挡板应严密关闭。

（7）各阀门电动执行器应完好，在就地手摇各挡板应开关灵活，无卡涩现象，挡板开关位置指示正确，且与 DCS（上位机或就地控制面板）显示相符，并处于"远方（远程）"位置。

（8）系统压力、温度、流量仪表正常。

539. 热解系统整体启动步骤是什么？

答： 热解系统整体启动步骤为：

（1）系统状态检测（无影响运行的异常报警）。

（2）启动 AIG 喷氨装置。

（3）系统运行允许（AIG 能使且烟道达到脱硝喷氨条件）。

（4）启动雾化空气阀。

（5）投入一次热风。

（6）启动电加热器。

（7）启动尿素溶液喷射装置。

540. 热解系统整体停止过程是什么？

答： 热解系统整体停止过程为：

（1）停止尿素溶液喷射装置。

（2）停止电加热器。

（3）切换一次热风为冷风。

（4）停止 AIG 喷氨装置。

541. 计量与分配系统及热解炉启动步骤是什么？

答： 计量与分配系统及热解炉启动步骤为：

（1）检查循环回路尿素溶液循环正常。

（2）检查冲洗水母管供水总门全开，水压正常。

（3）检查计量与分配系统和热解炉系统杂用压缩空气、仪用压缩空气各截门全开，母管压力正常。

（4）检查计量与分配系统控制箱的电源及开关、指示灯正常。

（5）关闭计量与分配系统所有排放阀。

（6）全开计量与分配系统冲洗水、雾化压缩空气、仪用压缩空气、所有喷枪手动阀门。

（7）全开计量与分配系统尿素进、出阀，并关闭计量与分配系统旁路阀，再次检查循环系统循环正常，压力、流量、温度正常且在允许范围内。

（8）开启两侧喷氨格栅挡板阀。

（9）开启一次热风挡板阀。

（10）开启电加热器入口电动阀。

（11）启动电加热器。

（12）当热解炉尾部出口温度达到设定值（如 320℃、三个测点平均值）后，将喷枪投入自动。

（13）当喷氨格栅入口温度达到设定值时，通知主系统运行可以喷氨。

（14）经主系统确认后，将两侧喷氨格栅自动。

542. 热解炉或喷氨系统投入后，注意事项有哪些？

答：热解炉或喷氨系统投入后，注意以下事项：

（1）要加强相关参数的监视调整和与单元的联系。

（2）应加强对尿素溶液罐液位、密度的监视和调整。

（3）应加强对热解炉热解室温度和热解炉出口温度的监视。

（4）应加强对需氨量、NO_x 参数、喷氨格栅出口流量和压力、尿素喷枪工作状况及尿素溶液总流量的监视。

（5）主系统应重点监视催化剂压力、压差在允许范围内，需氨量及 NO_x 手动、自动的切换应通知热解系统。

（6）发现参数异常时，按事故处理中的要求进行，事故处理中没有提到事故处理，运行人员可根据事故处理原则处理。

543. 热解炉的停止步骤是什么？

答：热解炉的停止步骤为：

（1）计量与分配系统停止喷氨。

（2）尿素喷枪水冲洗。

（3）检查热解室温度、热解炉出口温度、至喷氨格栅温度应下降。

（4）保持稀释风的运行。

（5）停止稀释风电加热器。

（6）关闭空气预热器后一次热风挡板门，开启空气与前一次冷风挡板门，给热解室降温。

（7）当热解室温度降到或接近环境温度时，再关闭一次冷风挡板门。

（8）如暂时（2h以上）不启动热解炉，应将至喷氨格栅及稀释风挡板关闭。

第八节　尿素水解与热解系统主要常见问题及处理措施

544. 水解系统常见问题及处理措施有哪些?

答: 水解系统常见问题及处理措施见表 7-6。

表 7-6　　　　　　　　　水解系统常见问题及处理措施

问　题	可能原因	措　施
水解反应器液位出现高—高警报	给料泵正在运行; 液位调节阀故障; 水平仪故障	停止给料泵; 检测和修理调节阀; 排出过多液体; 检查设备, 修理, 如有必要, 更换
水解反应器液位高	给料泵正在运行; 压力实然下降和/或气流突然上升带来液体膨胀（由于沸腾）	停止运行给料泵, 并关闭给料泵上的自动阀门; 确定压力突然下降或气流突然增加的原因（过度倾斜、泄漏和阀门控制失败）, 并纠正错误和监控系统操作
水解反应器液位低—低	阀门出现故障或截断阀被关上; 液位调节阀故障	检查并修理尿素供给管道中的堵塞问题; 检查并修理阀门; 检查并打开手动截止网; 检查液位调节阀, 修理或更换（如有必要）
	给料泵故障	检查并解决给料泵问题

续表

问 题	可能原因	措 施
水解反应器压力高或高—高警报	冷凝物压力控制阀门打开或没反应，或蒸汽饱和器故障	关闭水解反应器；修理或更换冷凝物压力控制阀门
	仪器故障	关闭水解反应器，修理或再次校准仪器（如有需要）
	氨截止阀故障	修理和再次校准自动阀门
	氨流量控制阀故障	检查操作；如有必要，进行修理和更换
水解反应器压力低或低—低警报	设备蒸汽低温	检查蒸汽供应
	冷凝物压力控制阀门关闭	修理冷凝物压力控制阀门
	仪器故障	关闭水解反应器，修理或重新校准仪器（如有必要）
	氨自动截止阀打开	检查和修理氨截止阀
	冷凝物返回线堵塞，比如控制阀门故障、截止阀被关闭或疏水器或过滤器故障	检查或修理冷凝物返回线中的堵塞
水解反应器高温警报	检查尿素原料浓度	尿素原料浓度低，并将结果上报主管
	冷凝物压力控制阀打开	修理或更换蒸汽流量控制阀
	仪器故障	关闭水解反应器和修理蒸汽流量控制阀
	水解反应器运行压力低	暂时增加高于正常操作设定点的压力设定点，并加入除盐水直到温度达到正常运行范围，然后将设定点和系统转至正常操作
	水解反应器操作超过额定功率	减少容量
低或无氨产生	尿素溶液浓度较低	检查尿素浓度和阻塞水解反应器，以及重启动
	注入水解反应器热量较低	检查蒸汽供应和蒸汽压缩
	氨截止阀闭合或出现故障	检查氨截止阀
	氨流量控制阀故障	检查阀门、修理和更换

545. 热解炉系统常见问题及处理措施有哪些？

答：热解炉系统常见问题及处理措施见表 7-7。

表 7-7　　　　　　　热解炉系统常见问题及处理措施

问　题	可能原因	措　　施
电加热器的进出口法兰处发现渗漏	密封垫圈损坏	更换密封垫圈
电加热器电源指示灯不亮	系统未送电，断路器未合闸	电源送电，断路器合闸
	指示灯损坏	更换指示灯
（在 DCS、PLC 处）系统工作时温度无法达到设定值，加热器内部和出口温差正常	按触器可能有一些损坏	更换接触器
	检查各空气断路器是否合上	如空气断路器没合上，及时合上；如果空气断路器损坏，更换相应空气开关
	加热管有部分损坏	利用内部备用加热管，更换损坏的加热管
（在 DCS、PLC 处）系统工作时温度无法达到设定值，加热器内部和出口温差不正常，内部报警频繁启动	流量不正常，系统有堵塞	疏通管路
	系统无法提供设计时的流量，实际提供流量比设计时少很多	可根据控制方式减少加热器功率
	出口或内部测温元件损坏，无法正确采集温度信号	更换测温元件
相关尿素溶解罐、废水池液位下降，各相关计量与分配冲洗用水中断，冲洗时热解室及热解炉出口温度不下降	化学除盐水泵故障，备用水泵联动不成功	暂时停止尿素溶液的制备和尿素喷枪的冲洗，关闭相应的阀门，在处理过程中，密切监视尿素溶解罐温度、液位的变化情况，必要时停止加热汽源
	误关盐水门	
	除盐水水管破裂	
脱硝反应 NO_x 超标	NO_x 测量不准	校准 NO_x 的测量
	烟气流量增大，烟气中的 NO_x 浓度增大	检查需氨量和 NO_x 浓度的设定
	喷氨格栅流量低	检查喷枪流量
		检查热解炉工作状态
		检查喷氨格栅挡板开度

第九节　尿素水解与热解系统的布置

546. 尿素水解与热解系统总平面布置原则是什么？

答： 无论是尿素的水解制氨还是尿素热解制氨工艺，两种制氨反应器装置都是与尿素溶液制备区域分开的，分解反应器就地布置在脱硝反应器附近的钢架范围。尿素储备（溶液制备）区域包括颗粒尿素的卸料系统、尿素储仓、尿素溶解罐、尿素储罐及控制等系统。总平面布置原则为：

（1）系统设备的布置应当考虑相关安全生产规程规范的要求。

（2）尿素溶液制备、储存及输送供应系统等应当相对集中布置。

（3）计量与分配系统、尿素喷射系统及反应热解炉（水解反应器）应靠近锅炉布置。热解系统的计量与分配系统应就近布置在喷射系统附近锅炉平台上，以焊接或螺栓的形式固定。

（4）尿素溶液制备系统应当就近设有独立的控制室。

（5）尿素制备区域应当设有通畅的道路，便于尿素的运输。

（6）尿素制备区域场地的面积可根据尿素溶液储存罐的容积确定。

547. 尿素水解与热解系统设备布置与安装设计的具体要求是什么？

答： 尿素水解与热解系统设备布置与安装设计的具体要求是：

（1）室外设备及管道应采用伴热方式并进行保温，管道及附件的布置应满足尿素热解（水解）制氨装置施工、操作和维护的要求，并应避免与其他设施发生冲突。

（2）尿素溶液制备、储存及氨气制备车间的室内外消防设计应符合 CB 50166 的规定。

（3）尿素溶液制备所需的用水源可为除盐水、反渗透产水、凝结水或电厂的工业水。如采用工业水，需根据其硬度情况，由工艺专业添加适量的阻垢剂。

（4）输送尿素溶液时，当管道的公称直径小于DN50时，管道内尿素溶液流速不宜大 0.5m/s；当管道的公称直径大于 DN5O 时，管道内尿素溶液流速不宜大于 1m/s。

（5）尿素溶液及其水解反应器后的氨气输送管道、阀门及管件均应考虑防腐要求，至少采用相应不锈钢材质。

（6）尿素溶液管道均应有保温措施避免尿素溶液结晶，并设置低位排水阀和高位排气阀，同时要考虑除盐水冲洗措施。

（7）热解炉（水解反应器）应建维修平台，方便反应器的检修维护。

第八章

SCR 附属系统设计

548. 380V 厂用系统及电动机通过什么实现保护？

答：380V 厂用系统及电动机由空气断路器脱扣器及电动机保护控制器实现保护。

549. 电动机保护控制器基本配置有哪些？

答：电动机保护控制器基本配置为：电流速断保护、过电流保护、过负荷保护、接地保护、低电压保护、断相保护、堵转保护。

550. 有哪些电气设备需要设计接地？

答：所有电气设备外壳、开关装置和开关柜接地母线、金属架构、电缆桥架、金属箱罐和其他可能事故带电的金属物都要进行接地设计；防雷保护的引下线设置专门的集中接地装置。接地系统由水平接地体和垂直接地极组成，以水平接地体为主。接地电阻应满足设备及人员安全；SCR 区利用主接地网做设备接地，不设置单独的接地网。当接地的设备较集中时，应设置接地干线，接地干线应从不同的两点接入主接地网，单个设备直接接入主接地网。

551. 以液氨为还原剂的系统氨区给水主要用于哪些部位？

答：氨区给水主要用于洗手池、洗眼器、喷淋降温、氨稀释、液氨蒸发、消防等。

（1）洗手池、洗眼器主要用于氨泄漏时的应急水冲洗，接自全厂生活用水。

（2）液氨储罐降温喷淋和液氨稀释用水均取自工业用水管路。

（3）消防水取自全厂消防水主干线。

552. 以液氨为还原剂的系统氨区排水包括哪些？

答：在氨区设置完善的废水排放系统包括：

（1）雨水排水接入就近的厂区雨水排水管道。

（2）氨排放管路为封闭系统，经由氨气稀释槽吸收成氨废水后排放至废水池。

（3）洗手池和洗眼器废水、喷淋房排水以及消防水等均排入氨区的地下废水池。

553. 以尿素为还原剂的系统主要用水有哪些？

答：以尿素为还原剂的系统主要用水包括淋浴器用水、冲洗地面用水及部分未预见用水等，主要生活污水为尿素溶液制备车间淋浴间排水及地面冲洗水，生活污水排入主厂生活污水排水管网，由主厂统一处理后回用或外排。

尿素溶液制备车间的消防管网就近接自主厂的消防给水系统，并形成环状供水管网。尿素溶液制备车间采用的主要灭火手段是以水为主要灭火剂的室内消火栓，消火栓应布置在尿素溶液制备车间门口等容易取用的地方。

554. 设备和系统采用保温的目的是什么？

答：采用保温是为了降低散热损失，限制设备与管道的表面温度。

555. 稀释后的气氨混合物温度需要维持多少度以上？

答：对于水解制氨系统，为保证气氨混合物不结露且不发生逆反应，稀释后的气氨混合物需要维持在 175℃以上，输送管道需伴热保温。

556. 尿素热解炉后的气氨混合物需要维持多少温度以上？

答：对于尿素热解炉后的气氨输送管道合理保温，一般需要保证氨喷射系统前的温度不低于 300℃。

557. SCR 装置防腐应考虑哪些主要因素？

答：SCR 装置防腐应考虑以下主要因素：

（1）设备及管道的工作环境，如介质成分、温度，设备和管道的腐蚀程度，以及设备和管道是否会受介质的冲刷及磨蚀等。

（2）设备及管道的结构形式、布置位置。

（3）防腐蚀施工条件。

（4）防腐蚀材料的使用寿命及维护费用。

（5）防腐蚀材料的价格、施工费用及供货的难易程度。

558. SCR 装置的腐蚀特性是什么？

答：SCR 进口的烟气温度一般为 300～400℃。由于烟气温度高于其露点温度，故此时的烟气除了对金属有轻微的高温氧化腐蚀外，不具有明显的腐蚀金属能力。烟气与加入的氨混合后，经催化反应将 NO_x 脱除，同时生成部分对 SCR 设备具有强腐蚀性的盐。SCR 装置长期工作在此环境中，不可避免地要遭受物理性和化学性的腐蚀与破坏。

559. SCR 装置的腐蚀可以分为哪两种情况？

答：SCR 装置的腐蚀可以分为对催化剂的腐蚀和对金属的腐蚀两种情况。

560. SCR 装置催化剂的腐蚀主要有哪些？

答：在 SCR 运行过程中，催化剂的腐蚀主要有物理失活和化学失活。

（1）催化剂物理失活主要是指由于高温烧结、磨损和固化微粒沉积堵塞而引起催化剂活性降低。

（2）化学失活主要是由砷、碱金属及金属氧化物等引起的催化剂中毒。

561. SCR 装置金属的腐蚀主要有哪些？

答：金属的腐蚀主要有化学腐蚀和磨蚀。

（1）SCR 系统的金属化学腐蚀，主要是指脱除 NO_x 的过程中产生的副产物硫酸氢铵对 SCR 下游空气预热器的腐蚀。硫酸氢铵是一种黏附性很强并具有较强腐蚀性的物质，因此为了避免对空气预热器的腐蚀，一方面要控制氨的逃逸率，另一方面要根据烟气温度控制液氨的喷入，三是要按时对空气预热器进行水冲洗，避免换热元件表面产生沉积物，以控制硫酸氢铵的腐蚀。

（2）金属的磨蚀主要与烟气的含尘量、粉尘粒径及烟气的流速有关。因此，在系统设计中，应结合 SCR 系统 CFD 模拟和物理模型的实验，合理选择烟气流速，在烟道的转弯处设置导向板，导向板和转弯处应采取适当的防磨措施。为了避免连接的设备承受其他作用力，应特别注意烟道和钢支架的热膨胀。热膨胀可以通过带有内部导向板的膨胀节进行调节。

第九章

SCR 过程控制

第一节 控制的基本概念

562. 烟气脱硝装置的控制系统包括哪些系统？

答：烟气脱硝装置的控制系统包括 SCR 反应器区控制系统、蒸汽与声波吹灰控制系统、除灰控制系统和还原剂区控制系统，以及上述控制对象的数据采集（DAS）、模拟量控制（MCS）、顺序控制（SCS）、联锁保护和报警。完整的脱硝控制系统还包括工业电视监控系统、火灾报警及氨泄漏报警系统，以满足脱硝系统运行监控要求。

563. SCR 区控制系统由哪些组成？

答：SCR 区控制是脱硝系统重要的控制部分，一般采用 DCS 控制，并采用控制功能分散、物理分散及操作管理集中的原则。脱硝反应器区域的控制系统采用独立的 SCR 控制子系统分别纳入各机组 DCS 系统（根据实际需要也可以纳入脱硫 DCS 或公用 DCS），称之为 SCR-DCS。

SCR-DCS 集中安装在机组电子间，或者采用机组 DCS 远程站安装在就地脱硝电子间，还可以作为机组 DCS 的远程 I/O 站，安装在就地脱硝电子间内。机组 DCS 远程站的方式对就地脱硝电子间环境要求较高，一般不采用。而集中安装方式更有利于的维护管理。远程 I/O 站的方式在不影响系统安全性、稳定性和操作监视便利性的前提下，设备和安装成本更低。SCR-DCS 控制子系统的硬件必须考虑控制器及配套电源、机柜、机座、IO 卡件及冗余、与其他系统通信卡件等，软件必须考虑控制逻辑组态、画面组态、连接方式、通信接口硬件设备、通信协议、连接电缆（光纤）等。

采用远程 I/O 站方式的 SCR-DCS 系统，就地脱硝电子间不设操作员站，运行人员直接通过单元 DCS 操作员站对脱硝系统的工艺参数进行监视和控制。

564. 吹灰控制系统由哪些组成？

答： 根据烟气脱硝工程工艺需要，SCR 反应器每层催化剂配备声波吹灰器和半伸缩耙式蒸汽吹灰系统，对催化剂进行吹扫。吹灰系统的控制部分可以纳入电厂原有吹灰上位机（PLC），也可纳入脱硝系统的 SCR-DCS 控制系统中，并保留就地盘柜手动控制方式。

565. 除灰控制系统由哪些组成？

答： 脱硝反应器进口烟道或出口烟道底部设置灰斗。灰斗除灰主要有三种方式，分别是重力翻板方式，电动锁气器方式和仓泵气力输灰（还有一种水力输灰方式现在已很少使用）。重力翻板方式属于机械式除灰，直接将灰排到电除尘器入口烟道。电动锁气器方式是根据灰斗料位，由 SCR-DCS 控制，将灰有序排放到电除尘器入口烟道。仓泵气力输灰是通过压缩空气，将灰输送到灰库。除灰系统控制可纳入全厂 PLC 除灰控制系统，或纳入 SCR-DCS 系统控制。

566. 还原剂区控制系统由哪些组成？

答： 脱硝还原剂储存、制备与供应系统相对比较独立，且距机组有一段距离，设计上采用独立的 DCS 系统或 PLC 控制系统，控制器冗余配置，并至少设置一台操作员站（兼工程师站），用于系统管理、维护及就地操作等。还原剂区控制可独立设计，也可利用光纤通信到机组公用系统，其控制系统的网络连接方式、通信接口硬件设备、软件及授权、通信协议等都是设计重点考虑范围。

567. 工业电视监控系统由哪些组成？

答： 脱硝（SCR）内区域可根据要求设置工业电视监控系统，电视监控系统纳入全厂监控系统中。

脱硝还原剂制备与存储区属于危险源区域，必须设置工业电视监控系统。电视监控系统可纳入全厂监控系统中，或设置独立监视网络。

568. 脱硝系统热工自动化范围包括哪些？

答：脱硝系统热工自动化范围包括锅炉侧 SCR 反应器区域的烟气系统装置及脱硝氨区系统（常见的液氨系统包括液氨储罐、蒸发槽、缓冲罐等）的仪表及控制系统。

569. 脱硝控制系统主要的组成部分有哪些？

答：脱硝控制系统主要的组成部分有：

（1）脱硝分散控制系统 DCS 或可编程逻辑控制器 PLC 控制系统。

（2）脱硝检测仪表及执行机构。

（3）脱硝烟气成分在线连续监测系统。

570. 燃煤电站主机组与辅机主要采用哪些控制系统？

答：目前，燃煤电站主机组控制系统采用分散控制系统 DCS，辅机控制主要采用可编程控制器 PLC。

571. 分散控制系统（DCS）是什么？

答：DCS 是指分散控制系统（distributed control system），是一个由过程控制级和过程监控级等组成的以通信网络为纽带的多级计算机系统，综合了计算机（computer）、通信（communication）、显示（CRT）和控制（control）的"4C"技术，其基本思想是分散控制、集中操作、分级管理、配置灵活、组态方便。DCS 通常从下到上分为过程控制层、过程监控层、生产管理层和决策管理层。

572. DCS 系统构成是什么？

答：DCS 作为一种纵向分层和横向分散的大型综合控制系统，以多层计算机网络为依托，将分布在全厂范围内的各种控制设备的数据处理设备连接在一起，实现各部分信息的共享协调工作，共同完成控制、管理及决策功能。

（1）人机接口。其硬件设备由管理操作应用工作站、现场控制站（器）和通信网络组成。管理操作应用工作站包括工程师站、操作员站、历史数据站等各种功能服务站。现场控制站用于现场信号的采集处理和控制策略的实现，并具有可靠的冗余保证、网络通信功能。通信网络连接分散控制系统的各个分布部分，完成数据、指令及其他信息的传递。为保证 DCS 的可靠性，电源、通信网络、过程控制站都采用冗余配置。

（2）分散控制系统的软件是由实时多任务操作系统、数据库管理系统、数据通信软件、组态软件和各种应用软件组成的。

（3）分散控制系统在结构上采用模块化设计方法，通过灵活组态、合理配置，从软件功能上，可以实现系统的模拟量控制系统（MCS）、数据采集系统（DAS）、顺序控制系统（SCS）等功能。

573. DCS 通信网络结构形式有哪三种？

答：通信网络把过程站和人机界面连成一个系统。DCS 网络的结构形式大致是三种：总线形、环形和星形。在 DCS 网络中，数据传输是以信息帧的形式传输的。通信协议有令牌广播式、问询式和存储转发式。

通常 DCS 最基本的网络有三级，分别是 I/O 总线、现场总线和控制总线。网络通信介质主要有双绞线、同轴电缆和光导纤维三种。

574. 常用的 DCS 系统品牌厂家有哪些？有何不同点？

答：目前常用的 DCS 系统品牌厂家见表 9-1 和表 9-2。

表 9-1　　　　　部分国外 DCS 品牌

系统名称	网络特点			操作员站结构	备注
	网络结构	终端总线形式	现场总线形式		
瑞士 ABB 贝利公司 SYMPHONY 系统	同轴电缆环形网络	TCP/IP，双绞线	专用存储转发协议，同轴电缆	服务器/客户机结构	系统前身为 Bailey 贝利公司 INFI-90 系统

脱硝运行技术 1000 问

续表

系统名称	网络特点			操作员站结构	备注
	网络结构	终端总线形式	现场总线形式		
美国 WESTING-HOUSE（西屋）公司 OVA-TION 系统	交换机为基础的星形以太网	TCP/IP，双绞或光纤	TCP/IP，双绞或光纤	点对点通信	老系统名称为 WDPF
德国 SI-EMENNS 公司 T-XP、TXP-3000 系统	光纤虚拟以太环网结构	TCP/IP，双绞或光纤	TCP/IP，光纤	服务器/客户机结构	老系统名称为 T-MP
美国 FOXBORO 公司 I/A 系统	交换机为基础的星形以太网	TCP/IP，双绞或光纤	TCP/IP，双绞或光纤	点对点通信	
日本日立 HITA-CHI 公司 HIACS 5000 系统	冗余令牌环状光纤网	FDDI，光纤	FDDI，光纤	点对点通信	
美国 MAX 公司 MAXDNA 系统	交换机为基础的星形以太网	TCP/IP，双绞或光纤	TCP/IP，双绞或光纤	点对点通信	老系统名为 MAX-1000

表 9-2   部分国内品牌

系统名称	网络特点			操作员站结构
	网络结构	终端总线形式	现场总线形式	
上海新华 XDPS-400+ 系统	交换机为基础的星形以太网	TCP/IP，双绞或光纤	TCP/IP，双绞或光纤	点对点通信
和利时 MACS 系统	交换机为基础的星形以太网	TCP/IP，双绞或光纤	PROFIBUS（机柜内部）	服务器/客户机结构

242

系统名称	网络特点			操作员站结构
	网络结构	终端总线形式	现场总线形式	
北京国电智深 EDPF-NT 系统	交换机为基础的星形以太网	TCP/IP，双绞或光纤	TCP/IP，双绞或光纤	点对点通信

575. PLC 控制器有何特点？

答：可编程控制器 PLC 是集计算机技术、自动控制技术、通信技术为一体的新型自动控制装置。由于它可通过软件来改变控制过程，具有体积小、组装维护方便、编程简单、可靠性高和抗干扰能力强等特点，广泛应用于工业控制各个领域。

576. PLC 产品按地域可分成哪三大流派？常见的 PLC 系统有哪些？

答：世界上 PLC 产品按地域可分成三大流派：美国产品、欧洲产品、日本产品。美国和欧洲以大中型 PLC 而闻名，而日本则以小型 PLC 著称。

常见的 PLC 系统产品有：美国罗克韦尔 AB、美国 GE、法国施耐德 MODICON、德国 SIEMENS，日本 OMRON、MITSUB-ISHI、FUJI 等。

第二节 控制的主要内容和原理

577. SCR 脱硝装置的布置特点是什么？

答：通常脱硝系统由两部分组成：SCR 脱硝反应器部分及脱硝系统吸收剂的制备氨区系统。SCR 脱硝反应器布置通常在锅炉省煤器和空气预热器之间；脱硝系统吸收剂的制备系统布置在锅炉及汽机房以外的厂区场地内，距离单元机组电子设备间较远。

578. SCR 脱硝装置控制系统配置方式如何进行选择？

答：工业系统的控制通常采用的硬件有：分散控制系统（DCS）和可编程逻辑控制器（PLC）。根据 SCR 系统的布置及工艺特点，脱硝装置的控制通常采用同单元机组 DCS 相同的硬件，并采用远程站或远程 I/O 的方式直接接入单元机组 DCS。

579. 脱硝系统的控制有哪三种方式？

答：通常，脱硝系统的控制有以下三种方式：

（1）控制方式一。脱硝 SCR 区控制设备直接采用 DCS 控制站，控制站布置在单元机组电子设备间内，直接接入主机组 DCS，氨区控制设备采用 DCS 远程站或远程 I/O，布置在氨区控制间内，通过光纤连入两台机组 DCS 的公用 DCS 网上。

该控制方式的特点是：①可实现整个脱硝系统的监视和控制直接在单元机组 DCS 操作员站上完成。②脱硝系统对应性强，机组单元性好。③氨制备系统作为公用系统连接到主机组 DCS 公用 DCS 网上。网络结构清晰、电缆量节省显著。④适应目前国家对环保重视程度的要求，脱硝运行与锅炉关系更紧密。⑤机组运行人员需要对脱硝工艺尤其氨区特殊性进行掌握。⑥当脱硝系统 SCR 区和氨区均采用独立控制器时，可减少脱硝系统调整中对主机组运行或调试的影响。

（2）控制方式二。脱硝 SCR 反应器部分的控制方式同方式一，改变对氨区的控制方式，考虑到氨介质的特殊性，将脱硝氨区视为燃煤电站辅助车间，对氨区采用 PLC 设备，设就地简易控制室，重要信号通过硬接线连入单元机组 DCS，氨区控制纳入全厂辅控网，从而减少对机组运行人员的干扰。

该控制方式的特点是：在单元机组操作员站上完成脱硝 SCR 区域的监控，在辅控网上实现脱硝氨区的监控。

（3）控制方式三。全厂脱硝系统全部按辅助系统考虑，设立独立的设备间及控制室，完成独立控制；同时为了适应燃煤电站自动化水平的要求，脱硝系统纳入全厂辅控网，完成全厂辅助系统的集中监控。考虑到同全厂辅控网的连接，通常情况下脱硝控制系统的硬件采用 PLC。

该方案的特点为：脱硝系统在运行、维护及检修上相对独立，与主机关联性小，便于实施，但脱硝设备脱离了主机组控制，系统划分不够清晰。

580. 脱硝热工自动化功能组成及范围包括哪些？

答： 脱硝热工自动化功能组成及范围包括：

（1）功能包括模拟量控制（MCS）、顺序控制（SCS）、数据采集（DAS）。

（2）范围包括脱硝反应器 SCR 监控、脱硝公用系统监控、脱硝岛电气系统监控、烟气检测及成分分析、SCR 反应器吹灰系统监控。

581. 脱硝系统主要模拟量调节包括哪些？

答： 脱硝系统主要模拟量调节包括 SCR 反应器氨气流量控制、液氨蒸发槽温度控制、氨气缓冲槽压力控制等，其中脱硝模拟量调节系统中最为重要和核心的控制为 SCR 反应器氨气流量控制。

582. 脱硝控制联锁保护有哪些？

答： 脱硝控制联锁保护包括以下几个方面：

（1）氨系统超驰关启动逻辑。某个液氨储罐氨气检测氨浓度"高高"、某个蒸发器区域的氨浓度检测"高高"、或氨卸载超驰关信号被激活。

（2）氨卸载超驰关启动逻辑。任一卸载区的氨浓度检测到"高高"。

（3）SCR 反应器跳闸逻辑。在锅炉 MFT 跳闸、引风机跳闸、手动跳闸、SCR 反应器出口温度异常、稀释风量低、氨/空气比＞8％、两台稀释风机跳闸时，对应 SCR 反应器跳闸，跳闸时关断 SCR 反应器入口喷氨关断阀门和喷氨量调节阀门，氨系统超驰关。

（4）氨事故关断阀逻辑。氨系统超驰关、或 SCR 允许启动信号没有被激活、或氨流量控制单元入口压力低、或稀释风机母管流量低于下限且持续时间超过 5s 时、或两台稀释风机停止、或 NH_3 流量控制阀前氨流量与稀释风机流量之比大于或等于 10％且持续时间超过 5s 时。

（5）液氨蒸发器跳闸。液氨蒸发器出口压力高、或氨系统超驰关、或热媒液位低、或热媒液位"高高"。

（6）卸氨系统跳闸保护。液氨储罐液位、压力、温度异常，氨卸载超驰关。

（7）氨区喷淋系统保护。当液氨储罐温度高、液氨储罐压力高、区域氨气泄露等发生时，报警并启动氨区喷淋系统。

（8）其他联锁保护逻辑还有氨稀释槽喷淋水系统、液氨存储区喷淋系统、稀释风机出口电动阀、污水泵等。

583. 脱硝系统顺序控制系统分级原则是什么？

答：脱硝系统顺序控制系统应根据工艺的要求实行分级控制，分级原则如下：

（1）驱动级控制，作为自动控制的最低程度。

（2）子组级控制，一个辅机为主及其相应辅助设备的顺序控制。

对于氨区各设备，由于安全性和启动的关联性，子组级逻辑程序较少，更多是直接采用驱动级控制。

584. 脱硝顺序控制从设备分类上主要包括哪几个方面？

答：从设备分类讲，脱硝系统的顺序控制主要包括蒸汽吹灰控制、声波吹灰控制、除灰控制、稀释风机启停控制、液氨储罐及氨区卸氨操作和液氨蒸发器启停顺序控制等六个方面。

585. 脱硝系统中顺序控制主要涉及的设备一般有哪些？

答：脱硝系统中顺序控制主要涉及的设备一般有：

（1）液氨储罐，包括液氨卸料压缩机、液氨储罐入口关断阀、液氨储罐卸氨气相关断阀、液氨储罐到蒸发器关断阀。

（2）氨蒸发器，包括氨蒸发器入口氨关断阀、氨蒸发器热媒温度加热蒸汽调节阀、氨蒸发器加热蒸汽关断阀。

（3）氨气缓冲罐，包括氨气缓冲罐入口氨气压力调节阀、氨气缓冲槽出口气动关断阀。

（4）SCR 反应器，包括 SCR 反应器混合器入口关断门、稀释风机等。

586. 脱硝系统保护逻辑主要围绕哪些问题进行设计？

答：脱硝系统保护逻辑主要是由于氨介质的特殊性，从毒性和爆炸性两个方面设置保护逻辑，保护逻辑主要围绕如下几个问题进行设计：

（1）在反应器 SCR 装置附近，主要是通过监视和氨气稀释比来关闭主要设备实现保护。

（2）在氨区内，必须防止液氨泄漏的毒气及爆炸影响。主要是通过关闭设备主要阀门，并采用水喷淋方式瞬间稀释释放出来的氨气进行保护。

587. SCR 反应器跳闸逻辑是什么？

答：跳闸条件（OR）：①手动跳闸；②SCR 反应器 A 出口温度低或 SCR 反应器 A 入口温度低；③锅炉烟气系统跳闸；④稀释风流量低低，延时 30s；⑤氨/空气比大于 8%，延时 30s；⑥1 号稀释风机跳闸且 2 号稀释风机跳闸。

跳闸动作：快关 SCR 反应器 A 入口喷氨关断阀和调节阀。

588. 常见的烟气脱硝 DCS 控制系统是什么？

答：每套烟气脱硝控制系统采用一套 SCR-DCS 功能控制站进行监视和控制，SCR-DCS 一般不设专用操作员站，在机组控制室，运行人员通过机组操作员站对烟气脱硝系统进行启停操作、正常运行监视、调节控制以及异常与事故状况的处理，而无需现场人员的操作配合。

589. 什么是超驰控制？

答：所谓超驰控制就是当自动控制系统接到事故报警、偏差越限、故障等异常信号时，超驰逻辑将根据事故发生的原因立即执行自动切手动、优先增、优先减、禁止增、禁止减等逻辑功能，将系统转换到预设定好的安全状态，并发出报警信号。

590. 脱硝 SCR 反应器氨气流量控制策略应注意的问题有什么？

答：脱硝 SCR 反应器系统氨气流量控制策略应注意的问题有：

（1）NO_x 测量信号存在较长时间的滞后。

（2）NO_x 在催化剂作用下的时间复杂性。

（3）氨气逃逸率的控制。

591. 脱硝喷氨系统控制方式有哪两种方式?

答: 脱硝喷氨系统控制通常采用两种方式: 固定摩尔比控制方式和出口 NO_x 定值控制方式。

592. 脱硝喷氨定摩尔比控制方式控制过程是什么?

答: SCR 烟气脱硝系统利用固定的 NH_3/NO_x 摩尔比来提供所需要的氨气流量, SCR 反应器进口的 NO_x 浓度乘以烟气流量得到 NO_x 信号, 该信号乘以所需 NH_3/NO_x 摩尔比就是基本氨气流量信号, 此信号作为给定值送入 PID 控制器与实测氨气的流量信号比较, 由 PID 控制器经运算后发出调节信号控制 SCR 入口氨气流量调节阀的开度以调节氨气流量, 如图 9-1 所示。

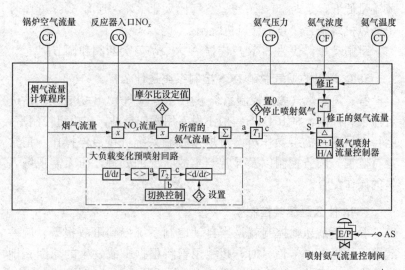

图 9-1 固定摩尔比控制调节原理

593. 脱硝喷氨定摩尔比控制方式控制原理是什么?

答: 脱硝喷氨定摩尔比控制方式控制原理是:

(1) 由于烟气流量不易于直接准确测量, 因此烟气流量通常是通过锅炉空气流量和锅炉燃烧等数据计算得到的 (数据由机组 DCS 提供)。由于测量信号存在滞后性的问题, 锅炉空气流量被用来快速检测负荷变化。

(2) 计算出的 NO_x 流量乘以摩尔比是所需的氨气流量。摩尔比是根据系统设计的脱硝效率计算得出的，在固定摩尔比控制方法中为预设常数。

（3）净氨气的质量流量由在氨气喷射母管测得的体积流量通过温度和压力修正后取得。

（4）大负荷变化预喷氨控制（见图 9-2）。由于脱硝系统存在明显的 NO_x 反应器催化剂反馈滞后和 NO_x 分析仪响应滞后的问题，因此，在控制回路中加入大负荷变化预喷氨气措施。其原理是将烟气流量信号用作预示负荷变化的超前信号（对于负荷变化信号有必要采用一个尽可能迅速预测 NO_x 变化的信号，在某些情况下，发电量需求信号、主蒸汽流量信号等能比烟气流量信号更迅速地预测 NO_x 的变化）。

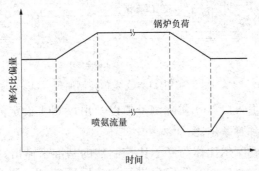

图 9-2　氨喷入量与锅炉负荷关系

如果由于脱硝催化剂反应缓慢等原因导致控制效果不能很好满足调节要求时，除根据系统特点调整调节系统从而改变调节品质外，还应从以下几个方面进行处理：①缩短 NO_x 分析仪采样管以保证即时的检测响应；②采用能够灵敏地预测 NO_x 变化的信号；③催化剂在 NO_x 变化前提前吸收足量的氨气来弥补反应滞后。

594. 出口 NO_x 定值控制方式与固定摩尔比的控制方式注意不同点是什么？

答：出口 NO_x 定值控制方式与固定摩尔比的控制方式在主控制回路上基本相同，与固定摩尔比控制方式的主要不同之处在于摩尔比是个变值，摩尔比与反应器 SCR 出口 NO_x 值以及锅炉负荷相对应。

595. 脱硝喷氨出口 NO_x 定值控制原理是什么?

答: 出口 NO_x 定值控制是保持出口 NO_x 恒定。根据环境空气质量标准,控制反应器 NO_x 为定值比控制固定的脱硝效率更容易监视,同时氨气消耗量更少。其控制原理如图 9-3 所示。

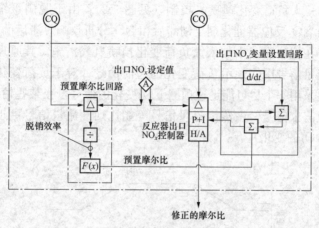

图 9-3 出口 NO_x 定值控制原理

(1) 根据入口 NO_x 实际测量值以及出口 NO_x 设定值计算出预脱硝效率和预置摩尔比。

(2) 预置摩尔比作为摩尔比控制器的基准来输出,出口 NO_x 实际测量值与出口 NO_x 设定值进行比较后通过 PID 调节器的输出作为修正,最终确定控制系统当前需要的摩尔比值。

(3) 摩尔比控制器输出的摩尔比信号作为固定摩尔比控制回路(见固定摩尔比控制方式的说明)中摩尔比设定值,控制氨的喷射,从而有效地控制脱硝系统,保证出口 NO_x 稳定在设定值上。

另外,由于受脱硝反应器催化剂特性的影响,即使在锅炉负荷已确定的条件下,出口 NO_x 浓度也将会波动较长时间,因此,当采用固定脱硝装置出口 NO_x 值为控制方式时,应该考虑对这种波动现象进行补偿。

596. 脱硝系统主要控制系统包括哪几个方面?

答: 脱硝系统主要控制系统包括:

(1) 喷氨量闭环控制系统。

（2）稀释风机及稀释风量控制系统。

（3）液氨蒸发控制系统。

（4）尿素热解控制系统。

（5）尿素水解控制系统。

（6）顺序控制及连锁保护控制系统。

597. 喷氨量闭环控制系统原理是什么？

答： 氨气喷射系统的控制系统包括氨气喷射流量的控制和氨气事故截止阀的控制。系统根据锅炉烟气量、烟气温度和 SCR 反应器进（出）口 NO_x 浓度、SCR 反应器出口氨逃逸量等运行参数，自动调节氨喷射量。

氨气喷射流量控制是 SCR 脱硝控制重要的控制回路，控制原理如图 9-4 所示。

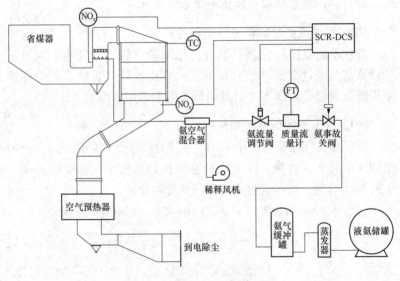

图 9-4　氨气流量控制原理

598. 氨流量控制需要注意哪两个问题？

答： 氨流量控制需要注意两个问题是：

（1）目前普遍使用抽取法 NO_x 测量，其信号存在较长的时间滞后问题。

（2）需要考虑氨逃逸率的控制问题。

599. 脱硝烟气流量测量方法有哪些？

答：喷氨量闭环控制离不开烟气流量，而烟气流量的直接测量目前还是烟气脱硝工程中的一道难题，实际工程中的烟气流量通常是通过以下途径计算得到的。

（1）根据 DCS 提供的锅炉负荷计算烟气流量，这也是经常使用的方法之一。

（2）根据 DCS 提供的燃料量计算烟气流量，也有根据热量需求信号或主蒸汽流量信号参与烟气量计算。

（3）根据 DCS 提供的空气流量计算烟气量，但实际上空气量的测量误差也比较大。

（4）利用机翼型喷氨隔栅测量烟气流量。

600. 氨气流量是如何进行测量的？

答：喷氨量闭环控制对氨气流量测量有较高的要求，而且流量计算需要经过密度（压力和温度）修正，目前脱硝工程中逐渐采用质量流量计，DCS 中计算时则不需要考虑密度修正。

601. NO_x 是如何进行测量的？

答：在实际工程应用中，烟气在线分析系统（CEMS）测量的是烟气中的 NO 含量，在实际计算及控制算法中，需要的是烟气中的 NO_x 含量，需要通过公式进行换算和修正。

烟气中 NO_x 的浓度（干基、标准状态、6%O_2）计算公式为

$$[NO_x] = \frac{[NO]}{0.95} \times 2.05 \times \frac{21-6}{21-[O_2]} \qquad (9\text{-}1)$$

式中　$[NO_x]$——标准状态，6%氧量、干烟气下 NO_x 浓度，mg/Nm^3；

　　　$[NO]$——实测干烟气中 NO 体积含量，$\mu L/L$；

　　　$[O_2]$——实测干烟气中氧含量，%；

　　　0.95——经验数据（在 NO_x 中，NO 占 95%，NO_2 占 5%）；

2.05——NO$_2$由体积浓度 $\mu L/L$ 到质量浓度 mg/m^3 的转换系数。

602. 喷氨量闭环控制系统控制策略是什么？

答：带有喷氨量前馈回路的串级控制系统如图 9-5 所示，在该系统中，出口 NO$_x$ 浓度作为主调节器的设定值，出口 NO$_x$ 浓度测量值作为被调量，经 PID 运算，得到氨气喷射量再作为副调节器的设定值，与氨流量计的测量信号经过比较和 PID 运算，来调节氨气流量调节阀。

由于脱硝工程的 CEMS 系统测量存在明显滞后，且反应器和催化剂也都是一个时间滞后环节，因此，在图 9-5 中设置有一个重要的回路，就是前馈回路，前馈回路根据烟气量和入口 NO$_x$ 浓度，直接计算出需要脱掉的 NO$_x$ 量，进而计算出需要喷入的氨气流量，这一流量直接作用于副调节器的给定值，用于对负荷变化作出快速反应。

如果由于催化剂原因导致控制效果不能满足要求时，或出口 NO$_x$ 波动较大时，除了根据实际工程特点改变调节器参数以改善调节品质外，还可以从以下两个方面进行改进，一是缩短 NO$_x$ 分析仪的采样管线以保证对烟气分析的快速响应；二是采用能够更快速预测 NO$_x$ 变化的信号，如燃料量或蒸汽量。

图 9-5 使用的是以脱硝效率为人工设定值的控制方式，在实际应用中，经常遇到需要以出口 NO$_x$ 浓度为人工设定值，这两种方式实际上没有本质区别，只是运行习惯不同而已，在脱硝工程的 DCS 组态过程中，一般提供两种操作运行方式为用户选择。

还有一种控制方式叫固定摩尔比控制方式。固定摩尔比控制实际上是利用 NH$_3$/NO$_x$ 摩尔比来提供所需要的氨气流量，具体来说，就是 SCR 反应器出口的 NO$_x$ 浓度乘以烟气流量得到 NO$_x$ 信号，该信号乘以所需 NH$_3$/NO$_x$ 摩尔比就是基本氨气流量信号，此信号作为给定值送入 PID 控制器与实测氨气流量信号比较，由 PID 控制器经运算后发出调节信号控制阀门开度以调节氨气流量。这一控制方式思路简洁，其特点是控制的出口 NO$_x$ 值波动较小，但是氨气消耗相对较大，单纯的固定摩尔比控制方式在实际工程中应用较少。

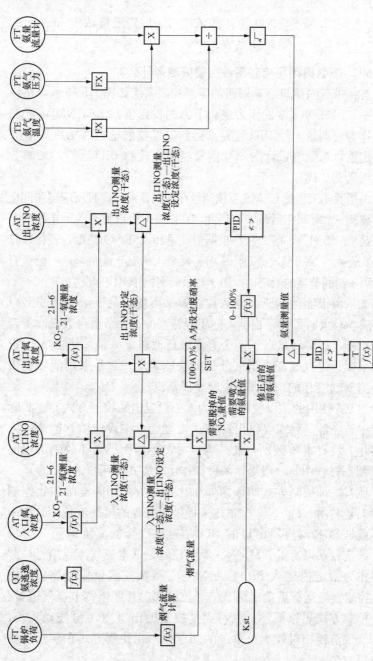

图 9-5　氨气喷射量自动调节系统逻辑图

603. 为什么要对氨逃逸进行控制？

答：在催化剂活性期内，脱硝系统的工艺与控制系统设计可以同时满足脱硝效率和氨逃逸等指标要求，因此控制策略无需考虑氨逃逸的影响，但是，当催化剂性能减退、脱硝系统喷氨分布不合理、氨气喷嘴流量与烟气中需还原的 NO_x 浓度不匹配、吹灰不及时及控制未经优化等原因，可能导致在保证脱硝效率的前提下，氨逃逸量超标。氨逃逸量超标不但运行不经济，更重要的是对下游设备产生不良影响。氨气和烟气中的三氧化硫结合生成硫酸铵盐，该化合物容易黏结在空气预热器的换热面上，造成空气预热器堵塞和换热性能下降。因此在调试过程中，要注意氨气的逃逸率，在异常情况下，出现氨气逃逸率较高时，首先需要从催化剂和系统优化来解决问题，如果客观上暂时无法处理这些问题，SCR-DCS 控制系统将在允许范围内降低脱硝效率以使氨气逃逸率恢复至正常水平。

604. 氨喷射系统启动和停止控制逻辑是什么？

答：氨喷射系统启动和停止控制逻辑为：

（1）启动，反应器内入口烟气温度符合 SCR 操作条件。

（2）停止，反应器入口烟气温度低于露点或锅炉停运。

605. 稀释风量的控制目的是什么？

答：稀释风量的控制目的是要保证氨气在满足一定稀释比的条件下进入 SCR 反应器。脱硝系统要求将氨气混合比控制在 5% 以下。由于氨气在一定混合比条件下存在爆炸危险，因此，稀释比的控制及监视非常重要。通常情况下，在脱硝系统设计过程中，将风机选型和氨气喷入量综合考虑后，已确保系统在一定稀释比下安全运行。

为取得更经济运行，达到不同负荷下的最佳稀释比，可根据项目特点对稀释风量进行控制，通过调整稀释风机入口风量的方式，匹配不同负荷下氨气喷入量，实现最优运行。

稀释比应作为重要监视信号进入保护联锁逻辑，在稀释比超过保护值的情况下自动切除脱硝系统喷氨。

606. 为什么要对稀释风机及稀释风量控制？

答：氨气经过空气稀释后，再经过氨气喷嘴进入烟道，与烟气均匀混合。按照工艺要求，喷入反应器烟道的氨气为经空气稀释后的含小于 5% 氨气的混合气体。氨气浓度过高，会导致氨气与烟气混合不均匀，且有一定的危险性；氨气浓度过低，会导致大量冷空气进入烟道，影响经济性。因此要对稀释风机和稀释风量进行控制。

607. 稀释风量测量采用哪些方式？

答：稀释风量测量使用孔板流量计、文丘里流量计、多点阵列式流量计及巴类流量计。

608. 稀释风机选型原则是什么？

答：通常情况下，在脱硝系统的设计过程中，已经根据机组容量、烟气量等参数将风机选型和氨气喷入量综合考虑，可以确保系统在一定的稀释比下安全运行。其选型原则有两条：

（1）在冬季极端最低气温条件下，脱硝系统入口和出口烟气温度差不大于 3℃。

（2）所选择的风机满足脱除烟气中 NO_x 最大值的要求。

609. 稀释风机一般采用哪两种运行模式？

答：稀释风机一般采用一运一备或两运一备运行模式。

610. 稀释风机控制策略是什么？

答：稀释风机配备风压联锁和电机跳闸联锁。为保证氨不外泄，稀释风机出口阀设故障联锁关闭，并发出故障信号。

611. 稀释风机启停控制系统是什么？

答：根据稀释风机故障状态、稀释风机出口阀门状态、稀释风机超驰状态、稀释风机运行状态及稀释风流量信号和逻辑，对稀释风机进行启停操作。

612. 液氨储罐及氨区卸氨操作控制系统是什么？

答：液氨储罐及氨区卸氨操作相关的逻辑有，液氨储罐内的高低液位报警、储罐的压力和温度、液氨卸料压缩机状态、液氨储罐入口关断阀、液氨蒸发器加热蒸汽调节阀、液氨蒸发器加热蒸汽关断阀等。当出现异常时停止卸氨操作，或自动控制降温喷淋水，保证液氨储存的安全稳定。

613. 液氨蒸发器水温是如何进行控制的？

答：该调节系统通过控制蒸发器的电加热器实现蒸发器内水浴温度的恒定。水温设定值送入 PID 控制器与实测值比较后，输出调节信号控制电加热器调节水浴温度，使氨气至缓冲罐能维持一定的温度和压力。调节回路为简单 PID 调节。

614. 氨气缓冲罐压力是如何进行控制的？

答：通过调节蒸发器入口的压力调节阀控制氨气缓冲罐的压力，以保证系统稳定的供氨压力，调节回路为简单 PID 调节。

615. 液氨蒸发控制系统包括哪两部分？

答：液氨蒸发控制系统包括以下两部分：

（1）液氨从存储罐传送到蒸发器的过程控制。

（2）蒸发器蒸发量及温度等参数的控制等。

616. 氨蒸发控制系统的控制原理是什么？

答：氨蒸发控制系统的控制原理如图 9-6 所示，其控制器由 DCS 或 PLC 来实现，主要包括两个控制回路。

（1）氨气出口压力控制。通过调节蒸发器液氨入口气动调节门开度，保证氨气出口压力稳定在一定范围。该调节回路为简单 PID 调节。

（2）蒸发器温度控制。该调节系统通过控制蒸发器进口蒸汽阀门开度，以调节蒸汽流量，达到控制蒸发器内水温的目的。温度控制采用简单 PID 控制调节方式，将设定值送入 PID 控制器与实测温度比较后，输出调节信号，控制蒸汽流量，使蒸发器内水温保持恒定。当氨气用量增大时，蒸发器水温会下降，这时需要开大蒸汽入口阀门开度以继续恒定水温，因此，蒸汽入口阀门调节也是氨气流量调节的间接手段。

在蒸发器自动关闭或蒸发器发生异常情况时（如蒸发器氨液位高、蒸发器热媒水温高或蒸发器出口氨气温度低），蒸发器入口阀门需要由 PLC 控制有序关闭。

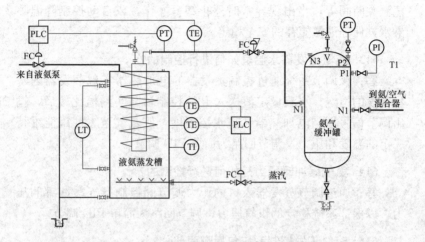

图 9-6　液氨蒸发器控制原理

617. 以液氨蒸发器启动顺序为例说明子组级逻辑程序。

答： 液氨蒸发器启动顺序示例如图 9-7 所示。

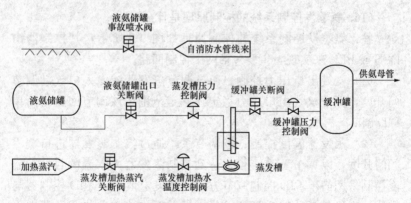

图 9-7　液氨蒸发器启动顺序

顺序控制启动允许条件（AND）：

（1）1 号液氨储罐液位不低及 1 号液氨储罐出口关断阀已开，或 2 号液氨储罐液位不低及 2 号液氨储罐出口关断阀已开。

（2）无 1 号氨蒸发器跳闸信号。

（3）氨蒸发器区域无氨泄漏。

以上三条件为"与"的关系。

自动启动：无。

手动启动：

（1）1 号蒸发器入口蒸汽关断阀自动打开。

（2）1 号蒸发器入口温度调节阀缓慢自动打开，水温达到设定值后，温度调节阀投自动。

（3）1 号蒸发器入口氨关断阀自动打开。

（4）1 号蒸发器出口氨气压力达到设定值。

（5）缓慢开启 1 号氨缓冲罐入口压力调节阀，氨缓冲罐压力达到设定值，压力调节阀投自动。

（6）开启 1 号氨缓冲槽出口气动关断阀。

（7）液氨蒸发系统启动完毕。

618. 以液氨蒸发器入口蒸汽关断阀为例说明驱动级逻辑程序。

答： 1 号蒸发器入口蒸汽关断阀：

自动启动：1 号蒸发器启动顺序来。

自动关：1 号蒸发器停止顺序来。

保护关：1 号蒸发器水温高，且 1 号蒸发器热媒温度加热蒸汽调节阀在自动位置。

619. 尿素溶液制备系统流程图是什么？

答： 尿素溶液制备系统流程图如图 9-8 所示。

620. 尿素热解仪表控制系统原理是什么？

答： 尿素热解仪表控制系统原理如图 9-9 所示。

621. 简要说明尿素热解工艺尿素溶解罐测量及温度控制。

答： 尿素热解工艺尿素溶解系统中通常设置 1～2 只尿素溶解罐，在溶解罐中，用除盐水或冷凝水制成 40%～60% 的尿素溶液，当尿素溶液温度过低时，蒸汽加热系统启动使溶液的温度保持在合理的温度，防止特定浓度下的尿素结晶。溶解罐除设有水流量和温度控制系统外，还采用输送泵系统将尿素溶液从储罐底部向侧部进行循环，使尿素溶液更好地混合。

脱硝运行技术 1000 问

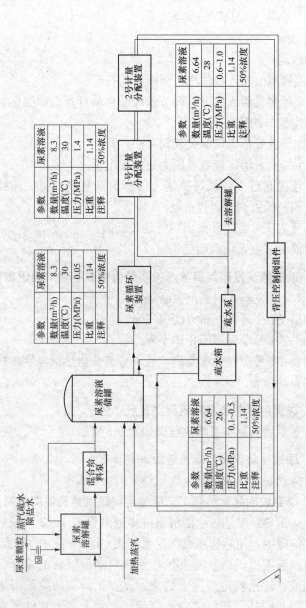

图 9-8 尿素溶液制备系统流程图

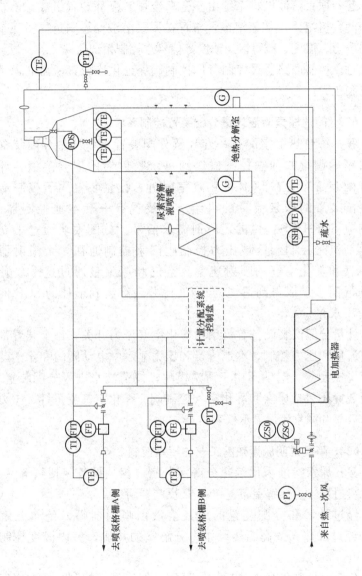

图 9-9　尿素热解仪表控制系统原理

622. 简要说明尿素热解工艺尿素溶液供料系统控制。

答: 尿素溶液供料系统由一套高流量和循环装置组成,该装置为两台机组供应尿素溶液,布置在尿素溶液储罐附近。循环系统的压力、温度、流量以及浓度等信号送控制系统监视。

背压控制回路通过控制背压控制阀保证供应尿素所需的稳定流量和压力。

623. 简述尿素溶液计量分配装置控制系统。

答: 每台热解室配备一套计量分配装置。该计量分配装置需要精确测量并独立控制输送到每个喷射器的尿素溶液。计量分配装置布置在 SCR 区热解室附近,计量装置用于控制通向分配装置的尿素流量的供给。该装置有一套本地控制器,并响应 SCR-DCS 提供的还原剂需求信号。分配模块通过独立化学剂流量控制和区域压力控制阀门来控制通往多个喷射器的尿素和雾化空气的喷射速率。空气和尿素量通过这个装置来进行调节,以得到适当的气/液比并最终得到最佳的 SCR 催化剂需求量。

计量分配仪表设备有仪用及雾化空气压力开关。每个装置都具有流量和压力控制、本地流量和压力显示、电动阀门和化学药剂流量控制等。电动阀用于清洗模块,使清洗水进入分配装置。分配装置还包括尿素和雾化空气控制阀、雾化空气流量计、压力显示仪表和尿素流量显示仪表。

624. 简要说明尿素热解工艺热解室控制。

答: 尿素溶液采用绝热分解室分解,相关设备包括热解室、尿素喷射器等。热解室布置在 SCR 反应器附近。

经过计量和分配装置的尿素溶液由喷射器喷入绝热分解室。经过加热器的高温热风作为分解室的热源,室内温度控制在 $350\sim650^{\circ}\text{C}$。

分解室控制包括加热器控制系统,烟气压力控制,烟道内混合器以及氨/空气混合物的流量、压力以及温度的控制和过程指示等。

625. 为什么要对尿素热解工艺加热器温度进行控制?

答: 为了节约能源,降低系统的运行费用,通常系统将直接采用锅炉的一次风作为尿素热解反应的稀释风来源。锅炉的一次风由稀释风机加压送至电加热器进行温度提升,达到热解室的设计温度,并由加热器控制装置维持适当的尿素分解反应温度。

626. 为什么要对尿素溶解罐温度测量及控制?

答: 尿素溶液制备系统中的第一个环节就是尿素溶解罐,其作用是用除盐水或冷凝水制成约 50% 的尿素溶液,当尿素溶液温度过低时,蒸汽加热系统启动使溶液的温度保持在合理的温度范围,防止特定温度下的尿素结晶。溶解罐除设有水流量和温度控制系统之外,还采用输送泵将化学药剂从储罐底部向侧部进行循环,使化学药剂与尿素更好地混合。

627. 简述尿素溶液供料系统控制。

答: 尿素溶液供料系统实际上是一套高流量循环装置,该装置一般为两台机组共用系统,布置在尿素溶液储罐附近。循环系统每个环节的压力、温度、流量及浓度等信号送到 DCS 或 PLC 系统进行监视和控制。背压控制回路通过控制背压控制阀组件保证供应尿素所需的稳定流量和压力。

628. 尿素水解工艺原理是什么?

答: 尿素水解原理是将 40%~55% 浓度的尿素溶液在一定压力(根据工艺不同压力范围 0.55~2.5MPa)和温度(115~250℃)的条件下进行水解反应,释放出氨气,该反应是尿素生产的逆反应。反应速率是温度和浓度的函数。反应所需热量可由电厂辅助蒸汽提供。

629. 尿素水解反应器加热方式可分为哪两种?

答: 尿素水解反应器根据加热方式可分为直接通入蒸汽加热及盘管换热蒸汽加热两种。尿素水解的过程控制原理如图 9-10 所示。

水解反应器具有独立的 PLC 控制系统,除了对液位、温度、

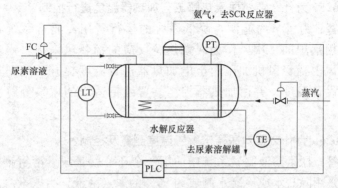

图 9-10　尿素水解的过程控制原理

压力及流量作常规控制以外，还具有顺序控制及联锁保护功能。该控制器还接受 SCR-DCS 的指令信号，根据 SCR 对氨气量的要求及时控制水解反应器的反应速度氨量供应量。

630. 尿素水解工反应器主要控制回路有哪些？

答：尿素水解反应器主要控制回路有尿素溶液液位控制和反应器温度控制。

（1）尿素溶液液位控制为单回路控制系统，反应器设置尿素溶液液位测量装置，将与反应器的设定液位和实际测量液位进行比较和 PID 运算，通过入口尿素溶液调节法阀门来调节反应器尿素溶液液位，保持反应器安全稳定运行。

（2）反应器温度控制是控制反应速度和氨气流量的重要途径，其调节手段主要是入口蒸汽流量调节阀门，开大蒸汽流量阀门开度以提高反应温度和反应速度，增大氨气流量，反之亦然。

631. SCR 反应器吹灰总体要求是什么？

答：从操作简便性和节约的角度出发，并考虑到燃煤电站机组有 DCS 系统，吹灰系统的控制应直接纳入 DCS。

吹灰器一般可能设置的地方包括烟道易于积灰处、烟道导流板处及每层催化剂处。每层催化剂必须装设吹灰器，吹灰原则应采用朝烟气流动方向逐段顺序吹扫的方式。由于蒸汽量或压缩空气量的限制，每层的吹扫并不是同时进行，而是逐次完成本层吹扫后再进入下游层的吹扫。

632. 蒸汽吹灰由哪两部分组成？

答：蒸汽吹灰由两部分组成：吹灰动力柜、蒸汽吹灰器。

633. 简述蒸汽吹灰控制系统。

答：蒸汽吹灰控制分定时吹灰、手动吹灰和条件吹灰。条件吹灰就是催化剂层间压差大时自动启动蒸汽吹扫逻辑。蒸汽吹灰一般采用半伸缩耙式吹灰器，逻辑设计时主要考虑的设备状态有：汽源入口母管电动门开关状态、汽源出口电动门开关状态、出口蒸汽温度、吹灰器退到位、吹灰器过载、吹灰器前进、吹灰器后退、吹灰器启动指令、吹灰器退回指令。所有这些状态和指令必须根据工艺要求有序配合。

634. 简述声波吹灰控制。

答：声波吹灰的动作原理是通过电磁阀的瞬间开闭，产生一定能量的声波，对烟道及 SCR 进行灰尘吹扫。根据工艺特点，通常电磁阀选用单电控电磁阀，只需控制电磁阀的开闭即可。DCS 系统为每台声波清灰器提供一路 DO 信号输出，对声波清灰器配备的电磁阀进行控制即可，电磁阀通常不向 DCS 系统提供反馈信号。

声波吹灰控制中，可根据压缩空气耗量及每层布置声波吹灰器只数来选择是每次启动一只还是一次启动两只。当采用一次启动两只的方案时，DCS 系统 DO 输出信号可采用 1 点 DO（开关量输出）控制两只电磁阀的方案。

635. 简述气力输灰控制系统。

答：气力输灰过程一般分为进料、充气、输送、吹扫四个阶段。每个阶段根据锅炉启停状态、仓泵进料阀状态、出料阀状态、气源压力、输灰母管压力、料位等过程状态和参数，按照 SCR-DCS 预先设定的控制时序，启动输灰控制程序。

电动锁气器输灰控制是根据灰斗料位或时间，顺序启每个灰斗下的锁气器电机。

第三节　脱硝典型控制系统设计要求

636. 脱硝控制系统总的设计要求有哪几项?

答:脱硝控制系统总的设计要求有以下几项:

(1) 仪表和控制设备考虑最大限度的可用性、可靠性、可控性和可维修性。所有部件应在规定条件下安全运行,并达到仪控设备投入率 100%、保护及联锁投入率 100%、自动调节系统投入使用率 100%、分析仪表投入率 100%。

(2) 烟气脱硝系统、公用系统及单体设备的启(停)控制、正常运行的监视和调整,以及异常与事故工况的处理等,完全通过 DCS 来完成。任何就地操作手段,只能作为 DCS 完全故障或运行人员发现事故时的紧急操作手段。

(3) 就地控制装置与 DCS 有足够数量的硬接线及通信信号接口,以满足可在 DCS 上对该设备进行监视和控制。对于特殊的工艺设备,如果其控制逻辑必须在就地控制柜内完成,应该单独提出。

(4) 仪表控制系统及装置的所有接地直接接至整个电厂的电气主接地网上,接地电阻能满足电气接地网的要求。反应区仪表控制系统不设置单独的接地网。

(5) 控制和监测设备有良好的性能,以便于整个装置安全无故障运行和监视,并符合相关的防腐、防水、防爆要求。

(6) 控制系统的数据采集(DAS)、模拟量控制(MCS)、顺序控制(SCS)等功能应满足脱硝系统各种运行工况的要求。DAS系统的平均无故障时间(MTBF)不小于 8600h,SCS、MCS 系统的平均无故障时间不小于 24000h。

(7) DCS 系统易于组态、易于使用、易于扩展。系统的监视、报警和自诊断功能应高度集中在显示器上显示和在打印机上打印。

(8) DCS 的设计应采用合适的冗余配置和诊断至模件级的自诊断功能,使其具有高度的可靠性。系统内任一组件发生故障均不应影响整个系统的工作。

（9）当 DCS 系统通信发生故障或运行操作员站全部故障时，能确保将脱硝系统安全停运。

637. SCR-DCS 系统的总体要求是什么？

答： SCR-DCS 是烟气脱硝装置控制系统的核心，一般要求与电厂机组 DCS 完全兼容。对 SCR-DCS 系统的总体要求有以下几个方面：

（1）脱硝系统应设一套独立的 SCR-DCS 控制站，纳入单元机组 DCS 进行监视和控制。SCR-DCS 控制站配置独立的冗余控制器、冗余电源模块、I/O 模块及机柜，并按独立节点冗余通信的方式接入原有机组 DCS 控制网，运行人员通过机组控制室中单元机组原有 DCS 操作员站完成对脱硝 SCR 系统的参数和设备进行监控。

（2）SCR-DCS 系统应完成技术规范规定的各种数据采集、控制和保护功能，以满足各种运行工况的要求，确保机组安全、高效地运行。整个 DCS 系统的功能范围包括数据采集（DAS）、模拟量控制（MCS）、顺序控制（SCS）等各项控制功能，是一套软、硬件一体化的完成全套机组各项控制功能的完善的控制系统。

（3）SCR-DCS 应通过高性能的工业控制网络及分散处理单元、过程 I/O、人机接口和过程控制软件等来完成脱硝工艺生产过程的监视和控制。SCR-DCS 硬件应安全、可靠、先进。

（4）SCR-DCS 系统应易于组态（图形化、模块化）、易于使用、易于扩展。

（5）SCR- DCS 的设计应采用合适、可靠的冗余配置，并具备诊断至模件级的自诊断功能，使其具有高度的可靠性。冗余设备的切换（人为切换和故障切换）不得影响其他设备控制状态的变化。

（6）SCR-DCS 系统的监视、报警和自诊断功能应高度集中在操作员站显示器上显示并根据需要在打印机上打印；在操作员站显示器上应能实现声光报警。

（7）SCR-DCS 设备应遵循以下故障安全准则。

1）单一故障不应引起 DCS 系统的整体故障。

2）单一故障不应引起保护系统的误动作或拒动作。

3）控制功能的分组划分应使得某个区域的故障将只是部分降低整个控制系统控制功能，此类控制功能的降低应能通过运行人员干预进行处理。

4）控制系统的构成应能反映设备的冗余配置，以使控制系统内单一故障不会导致运行设备与备用设备同时不能运行。

（8）为满足上述故障准则，控制系统应包括各种可行的自诊断手段，以便内部故障能在对过程造成影响之前被检测出来。此外，保护和安全系统应具备通道冗余或测量多重化，以及自检和在线的试验手段。对于 I/O 和控制器的分配及系统内部硬接线联系点的设计也应充分考虑上述准则。

（9）整个 DCS 的可利用率至少应为 99.9%。

（10）SCR-DCS 应满足《电网和电厂计算机监控系统及调度数据网络安全防护规定》的要求，所供 DCS 系统不得直接与电厂管理信息系统（MIS）及办公自动化系统进行接口。SCR- DCS 应采取有效措施，以防止各类计算机病毒的侵害和 DCS 内各存储器的数据丢失。

（11）SCR-DCS 应具备远程诊断功能。

（12）SCR-DCS 质量标准具有一致性，要求机柜尺寸、颜色、外形结构与机组 DCS 保持一致。

638. 对数据采集系统（DAS）总的要求是什么？

答：脱硝系统的数据采集系统（DAS）为 SCR-DCS 的一部分，脱硝数据采集系统（DAS）应连续采集和处理所有与烟气脱硝系统有关的信号及设备状态信号，以便及时向操作人员提供有关的运行信息，实现安全经济运行，一旦 SCR 发生任何异常工况，及时报警，提高 SCR 的可利用率。

639. 模拟量控制系统（MCS）总的要求是什么？

答：模拟量控制系统（MCS）为 DCS 控制系统的重要组成部分。烟气脱硝工程的模拟量控制系统主要是氨气喷射流量的控制。MCS 控制策略使用 SAMA 图表示，并提供详细的文字描述，以便正确理解这些控制逻辑。控制系统能满足单元机组 SCR 安全启动、停机的要求，在锅炉 35%BMCR～BMCR 工况下，烟气温度范围在设计条件下，保证被控参数不超出允许值，以达到最佳脱硝效果。

640. 顺序控制系统（SCS）总的要求是什么？

答：顺序控制系统主要是完成脱硝系统启停、SCR 反应器启停以及吹灰系统及除灰系统等的启停顺序控制。顺序控制系统按照工艺要求实行分级控制，分为驱动级控制、子组级控制和功能组级控制。

（1）驱动级控制。作为自动控制的最低程度，SCR 装置的驱动级包括所有电动机、执行器和电磁阀等设备。驱动级的控制设计应满足：

1）确保保护信号高于手动命令（就地和远端）和自动命令的优先权。

2）为了防止命令同时或重复出现，应能进行命令锁定以防止误操作。

3）如果发生保护跳闸，在故障排除前不会合闸（电动机保护、泵的空转保护等）。

4）应提供给每个驱动控制模件较强的内、外诊断功能，如驱动机构跳闸（开关设备故障）、电源故障、模件的硬件及软件干扰和诊断。

（2）子组级控制，就是一个辅机为主及其相应辅助设备的顺序控制，按工艺系统运行要求顺序控制设备的自动启停。子组级控制应考虑启动的条件，每一步程序需完成的动作并按时间进行监测。

控制系统应在某一步发生故障时自动停止程序的运行，并将其故障的影响仅限制在该步程序之内，当故障消除后才能继续进行。

SCR 脱硝系统子组控制项目包括稀释风机子组项、稀释风机风阀子组项和吹灰器子组项。

（3）功能级控制，就是整个烟气脱硝系统启、停的自动控制并对子组发出控制命令。功能级控制系统设计应符合工艺操作流程及整套烟气脱硝系统启、停要求，经过操作员少量的干预和确认某些信息，完成整套烟气脱硝系统启动与停止。

控制系统应在某一步发生故障时自动停止程序的运行，并将其故障的影响仅限制在该步程序之内，当故障消除后才能继续进行。

SCR 系统功能组控制项目包括单元机组脱硝总系统启动（停止）主功能组项、单元机组 SCR 脱硝系统启动（停止）主功能组项、脱硝剂制备区系统启动（停止）主功能组项和电气系统功能组项等。

（4）联锁、保护与报警。根据脱硝工艺流程的运行条件设置必要的联锁。有效的联锁能使设备在事故工况下自动切除。另外，事故工况能立即通过报警系统提示给运行人员。

对于需要重点保护、联锁的信号采用硬接线方式而不是通过数据通信总线方式，所有不同系统之间的硬接线信号输入、输出点必须具有电气隔离功能。

厂用电系统的保护与联锁设计应符合电气专业的运行要求。

装置中大型重要设备应设计有可靠的联锁保护系统，并记录故障时的输出条件，对重要的信号应冗余设置。

运行超过限制值与设备运行状态的改变，均应在 DSC 中报警并记录。

第四节　主要控制仪表的介绍

641. 脱硝工艺系统主要有哪五大测量参数？

答：脱硝工艺系统主要有五大测量参数：烟气成分分析、压力、温度、液位（物位）、流量。

642. 脱硝工艺系统主要测量信号及仪表类型有哪些？

答：由于脱硝系统的特殊性，在烟气成分分析、液氨液位测量及氨气流量等测量中需要合理选择仪表，其主要类型见表 9-3。

表 9-3 主要测量信号及仪表类型

描 述	信号类型 DCS	信号类型 就地	电气特性	仪表类型
SCR 反应器入、出口烟气压力	√		4～20mA	压力变送器
SCR 反应器入、出口烟气温度（测点多点均布）	√		mV	热电偶
SCR 反应器催化剂层差压	√		4～20mA	压力变送器
SCR 反应器入、出口 NO_x、O_2	√		4～20mA	烟气检测和成分分析仪
SCR 反应器出口 NH_3	√		4～20mA	烟气检测和成分分析仪
SCR 反应器氨气供应母管温度	√	√	MV	热电阻
氨/空气混合器前氨气压力	√	√	4～20mA	压力变送器
氨/空气混合器前氨气流量	√		4～20mA	流量计
氨/空气混合器稀释风量	√		4～20mA	流量计
液氨储罐液位	√	√	4～20mA	磁翻板液位计或导波雷达液位计
液氨储罐温度	√	√	mV	热电阻
液氨储罐压力	√	√	4～20mA	压力变送器
氨气稀释槽液位	√		4～20mA	磁翻板液位计
氨气稀释槽入口氨气压力	√		4～20mA	压力变送器
液氨蒸发器出口氨气压力	√	√	4～20mA	压力变送器
液氨蒸发器出口氨气温度	√		MV	热电阻
液氨蒸发器液氨液位高	√		开关量	液位开关
液氨蒸发器热媒液位	√		4～20mA	磁翻板液位计
液氨蒸发器热媒温度	√		mV	热电阻
氨气缓冲罐压力	√	√	4～20mA	压力变送器
氨气缓冲罐温度	√		mV	热电阻
氨区各主要分区域氨气泄漏检测	√	√	4～20mA	氨气检测传感器

脱硝反应器 SCR 区域（前9行）；氨区（后14行）

643. 仪表选型、附件选择及安装中通用的设计原则是什么？

答： 仪表选型、附件选择及安装中通用的设计原则如下：

（1）与氨介质直接接触的仪表及阀门、垫片等配件必须选择合适的材质，严禁采用铜等材质。

（2）氨区等防爆要求区域仪表选型必须考虑防爆要求。

（3）对氨气流量测量、液氨液位测量等设计，必须考虑介质受环境温度或压力的影响对仪表测量造成的影响。

（4）由于氨介质的特殊性，必须充分考虑到安装方式对未来仪表在线拆装或检修的影响。

644. 压力测量仪表有哪些类型？

答： 压力测量变送器通常有电容式、压阻式、金属应变式、霍尔式、振筒式等。其中电容式、压阻式压力变送器是应用最广泛的变送器。

645. 脱硝系统中温度测量主要包括哪些？

答： 脱硝系统中温度测量主要包括氨系统的温度测量、烟气系统的温度测量及加热蒸汽系统的温度测量。

646. 温度测量元件选择原则是什么？

答： 根据热电阻和热电偶特点，通常情况下 300℃以下（氨系统等）采用热电阻，300℃以上（烟气系统及蒸汽系统等）采用热电偶。

647. 热电阻工作原理是什么？

答： 热电阻是中、低温区常用的一种测温元件。工业用热电阻分为铂热电阻和铜热电阻两大类。热电阻是利用物质在温度变化时，自身电阻也随之发生变化的测温元件。受热部分（感温元件）是用细金属丝均匀地缠绕在绝缘材料制成的骨架上的，当被测量介质中有温度存在时，所测得的温度是感温元件所在范围内介质中的平均温度。

工业用热电阻可以直接测量各种生产过程中从 $-200 \sim +850℃$ 范围内的液体、蒸汽和气体介质及固体表面的温度。

648. 热电偶工作原理是什么?

答:热电偶是一种感温元件,它把温度信号转换成热电动势信号,通过电气仪表转换成被测介质的温度。热电偶测温的基本原理是两种不同成分的均质导体组成闭合回路,当两端存在温度梯度时,回路中就会有电流通过,此时两端之间就存在电动势,这就是所谓的塞贝克效应。

649. 热电偶的分度号主要有哪些?

答:热电偶的分度号主要有 S、R、B、N、K、E、J、T 等几种(见表 9-4)。其中 S、R、B 属于贵金属热电偶,N、K、E、J、T 属于廉金属热电偶。

表 9-4　　　　　　常用热电偶的分度号

分度号	系列号	最高使用温度(℃)
K 型(镍铬—镍硅)	WRN 系列	1000
N 型(镍铬硅—镍硅镁)	WRM 系列	1300
E 型(镍铬—铜镍)	WRE 系列	800
J(铁—铜镍)	WRF 系列	750
T 型(铜—铜镍)	WRC 系列	300
S 型(铂铑 10—铂)	WRP 系列	1400
R 型(铂铑 13—铂)	WRQ 系列	1400
B 型(铂铑 30—铂铑 6)	WRR 系列	1600

650. 脱硝系统中温度测量元件较多采用的是哪种型式热电偶?

答:根据脱硝系统温度测量范围、热电偶特性及燃煤电站常规设计选型,脱硝系统中较多采用 K 型或 E 型热电偶。

651. 脱硝工艺系统温度测量元件选型及安装中的特别注意事项有哪些?

答:脱硝工艺系统温度测量元件选型及安装中的特殊注意事项有:

(1) 由于脱硝系统中烟气流速较大、含尘量高,热电偶在选型上应注意考虑防磨。

（2）液氨储罐温度测量时，考虑到液氨介质的特殊性及对温度变化时间不严格的特点，建议安装采用外加隔离套管或旁路管安装方式，便于今后运行中的在线拆装及维护。

652. 脱硝系统主要的液位测量有哪些？

答： 脱硝系统主要的液位测量有：

（1）用液氨法的，包括液氨储罐液位、液氨蒸发槽液位及废水池液位等。

（2）用尿素法的，包括尿素溶解罐液位、尿素溶液液位及废水池液位等。

653. 液氨储罐液位测量仪表选择的注意事项有哪些？

答： 液氨储罐具有有毒且易挥发、泄漏；气、液两态不稳定，随温度压力变化互相转换；液氨密度不确定，随温度和压力变化而变化等特性。因此，在液位测量仪表选择的注意事项有：①选择仪表形式和安装方式要便于在线拆卸；②避免采用高压、低压取样管，避免出现气侧冷凝；③不适合采用差压密度折算液位的测量方法。

654. 液氨储罐的液位测量宜采用哪种型式的液位计？

答： 液氨储罐的测量较适合采用磁翻板液位计或导波雷达液位计，但考虑到氨气冷凝、气体干扰等易使导波雷达测量出现偏差及不易于在线拆装等问题，宜采用磁翻板液位计。

磁翻板液位计以浮子为测量元件，磁钢驱动翻柱显示。磁性浮子式液位计和液氨储罐采用侧部安装方式，形成连通器，保证被测量容器与测量管体间的液位相等。仪表的在线维修通过关闭一次门即可实现。

磁翻板液位计由于有运动部件，一般不适合用于测量含有悬浮物的介质。磁翻板液位计可配液位变送器及控制开关，用以输出模拟量液位信号及高低液位开关量信号。

655. 废水池液位测量仪表有哪些？

答： 一般废水池为地下构造，液位测量采用顶部安装，常用的测量仪表有静压缆式液位计、浮球液位计及超声波液位计等。废水池液位信号主要用于废水泵启停控制。根据工程使用经验，废水池易受外界气温等条件影响产生水雾，造成对超声波液位计的影响；而静压缆式液位计易受水池水质影响，当含有较多杂质时易导致取压口堵塞，因此在实际工程中需要根据具体情况进行选择。

656. 流量测量分为哪两种？脱硝控制系统中介质流量测量属于哪一种？

答：流量测量分为质量流量和体积流量。在脱硝控制系统中，流量测量主要为气体流量的测量，氨气流量测量最终需要的流量信号为质量流量；烟气流量及稀释风流量为体积流量。

657. 针对流量测量特点，常见的气体流量测量方式有哪些？

答：针对流量测量特点常见的气体流量测量方式如下：

（1）带截流件的差压测量方式，包括：①标准流量孔板、喷嘴等；②截流巴，如威力巴、阿牛巴、超力巴等；③非标准截流元件，如楔形流量计、弯管流量计等。

（2）一体化流量仪表，包括：①一体化孔板安装测量机；②涡街式、旋进涡街式流量计；③涡轮流量计。

几种常见气体流量计性能对比见表 9-5。

表 9-5　　　　　　常见气体流量计性能对比

类型	涡街式流量计	节流式差压流量计（孔板）	节流式差压流量计（截流巴）	涡轮流量计
结构特点	结构简单、牢固	易于复制，简单牢固，性能稳定可靠，无需实流校准	结构简单、牢固	结构简单、牢固、重复性好、耐高压
测量精度	高	一般	一般	高
测量范围	宽	窄	窄	宽
压力损失	小	大	小	小
适用范围	通常适用于 DN400 以下	可适用于 DN400 以上管道	使用范围广，基本不受管径限制	通常适用于 DN400 以下

类型	涡街式流量计	节流式差压流量计（孔板）	节流式差压流量计（截流巴）	涡轮流量计
环境影响	对振动较敏感，不适用高温流体，介质纯净度要求高。在一定雷诺数内，不受流体物性和组成的影响	引压管易产生泄漏、堵塞及冻结。建议采用一体化孔板，可解决上述问题	引压管有产生堵塞及冻结的可能	介质纯净度要求高；气体流量计易受密度影响，而液体流量计对黏度变化反应敏感
安装要求	安装维护方便	要求很高	要求高	安装维护方便
产品价格	高	低	一般	较高

658. 什么是脱硝烟气监测分析系统？

答： 烟气监测分析系统（continuous emission monitoring system，CEMS）是指对大气污染源排放的气态污染物、颗粒物进行浓度和排放总量连续监测，并将信息实时传输到主管部门的装置。该装置被称为烟气自动监控系统，亦称烟气排放连续监测系统或烟气在线监测系统。

CEMS 由气态污染物监测子系统、颗粒物监测子系统、烟气参数监测子系统、数据采集处理与通信子系统组成。烟气脱硝系统的 CEMS 系统主要监测烟气中的气态污染物如 NO_x 和 CO 浓度和排放总量；烟气参数监测主要用来测量烟气流速、烟气温度、烟气压力、烟气含氧量、烟气湿度等，用于排放总量的计算和相关浓度的折算；数据采集处理与通信子系统由数据采集器和计算机系统构成，实时采集各项参数，生成各浓度值对应的干基、湿基及折算浓度，生成日、月、年的累积排放量，完成丢失数据的补偿并将报表实时传输到主管部门。

一般采用激光透射法测量烟尘浓度，通过热管完全抽取采样、采用非分散红外吸收法测量烟气中污染物的浓度，包括 SO_2、NO_x、CO、CO_2 等多种烟气成分。使用皮托管、压力传感器、温度传感器、湿度传感器、氧化锆氧量分析仪等来测量烟气参数，用工控机、PLC及独立开发的软件系统来处理数据、进行实时监控，生成图表、报表，控制系统操作。

659. 脱硝系统烟气连续监测装置需测量组分有哪些？

答：脱硝系统烟气连续监测装置用以完成对进入和排出SCR反应器的NO_x和O_2的测量，测量结果通过硬接线送至脱硝DCS，用于SCR反应器的监视和控制。

SCR反应器出口NH_3逃逸率的检测可采用在线或便携方式进行测量。

660. 脱硝系统烟气连续监测系统测量原理分为哪几种？

答：脱硝系统烟气连续监测系统测量方法，根据物理原理可分为紫外、红外和激光；根据取样原理可分为抽取法（直接抽取法、抽取式稀释法）和直接测量法（IN-SITU）。

661. 烟气连续监测系统直接抽取法测量原理是什么？

答：直接抽取法是最传统的烟气连续分析方法，被测烟气连续地被抽取，经过采样探头过滤、加热保温、冷凝脱水和细过滤，进入气体分析仪。直接抽取法一般包括烟气采样及预处理系统、数据采集处理子系统等。

662. 烟气连续监测系统抽取式稀释法测量原理是什么？

答：抽取式稀释法是用干净的空气将抽取的烟气进行确定倍数（如100倍）的稀释。这样，可避免抽取方式中复杂的样品预处理系统，同时由于无需除水，因而是带湿测量的。但这种方法要求高精度稀释头，稀释探头的核心是保证基本恒定的稀释比例，同时稀释头也需要定期更换过滤装置。

稀释抽气法的特点为：是内外（加热）稀释法，典型稀释比为1∶100，烟气输送距离远，露点低，可测定稀释烟气污染物浓度，用零气和标准气标定，属于点测量。其主要缺点是测量仪器远离测量源，存在着一定的测量滞后；烟气预处理比较复杂，容易产生泄漏；分析仪容易因进水而损坏；环节较多，维护麻烦。

663. 烟气连续监测系统直接测量法测量原理是什么？

答：直接测量法（IN-SITU）的原理为：基于 SO_2、NO、NO_2 等气体在特定激光波段的选择性吸收原理进行测量。光源发出的连续光经过光学系统形成平行光从光学部件的光栅中射出，通过烟道由探头对面的反射镜返回，进入光学部件，通过光栅分光照射到二极管阵列上。通过测量经过烟道和不经过烟道的光谱信号，可计算出被测气体的浓度。

该测量方式最大的特点是把分析部件直接安装在烟道上，烟气不需要引出，测量信号由就地安装仪表直接输出。其主要缺点是仪器工作环境恶劣，装置容易受粉尘污染，也容易因高温损坏，维修不便，在线校准难，难以长期连续工作，应用较少。

664. 烟气连续监测系统监测方法优缺点是什么？

答：烟气连续监测系统监测方法分为抽取法（直接抽取法、抽取式稀释法）和直接测量法（IN-SITU），优缺点对比见表 9-6。

表 9-6　　　　　抽取法和直接测量法的优缺点对比

取样方法	优点	缺点
直接抽取法（紫外荧光法和非分散红外吸收法等）	（1）干基测量。 （2）可靠性好、测量精度高。 （3）采用多组分分析仪，降低成本。 （4）烟气传输保真，多种被测组分浓度显示和输出数据一致性好	（1）测量可溶性气体时，需采用加热采样管线，管线长度有限制。 （2）取样流量较大，样气需进行预处理。 （3）整个采样、预处理系统都需采取防腐措施。 （4）测量信号延迟时间较长。 （5）高尘环境下吹扫非常频繁。 （6）系统电耗高
稀释抽取法（紫外荧光法、化学发光法）	（1）湿基测量（美国规范要求）。 （2）通常输气管线无需伴热。 （3）取样流量低，探头堵塞较少，大多不配反吹扫装置。	（1）稀释气体需要量较大，须配备稀释空气净化装置；若净化处理不完全，将会引起较大的分析误差。

取样方法	优 点	缺 点
稀释抽取法（紫外荧光法、化学发光法）	（4）取样探头与分析系统的传输距离可较长。 （5）无需冷凝除湿，维护、保养方便	（2）需要监视或修正稀释空气压力和取样探头温度的变化，稀释探头需要经常标定；若关键设备稀释头出现堵塞，需要整体更换。 （3）由于脱硝系统 NH_3 的特殊性，探头需要加热并有特别的防高尘设计。 （4）多组分气体分析时需配置多台分析仪，价格略高
直接测量法（调谐激光光谱测量法）	（1）湿基测量。 （2）数据直接测量，无输气管线。 （3）信号延迟时间短。 （4）安装、维护方便	（1）价格高。 （2）需要定期清洁镜片

665. SCR 反应器出口 NH_3 逃逸量是如何进行测量的？

答： NH_3 逃逸量分析装置包括可调谐激光源、光学发射端、光学接收端。可调谐二极管激光器被调谐发射出特定气体吸收线的激光，光束穿过被测气体，被测气体的吸收引起光强的衰减，通过检测器检测光强和线形状信号计算出气体浓度。因为类似的单色激光只被扫描光谱范围内的一个特定分子谱线非常具有选择地吸收，所以测量过程中避免了交叉干扰。

666. NH_3 逃逸量主要有哪两种测量方法？

答： NH_3 逃逸量测量使用可调谐二极管激光光谱仪测量，是目前普遍采用原位测量方式，但是现场仪表在结构上有所不同，主要有单侧安装的反射法和两侧安装的透射法。

（1）反射法。

1）反射法的安装简单。

2）渗透管型的样气通过扩散方式进样，测量空间是非常干净的，所以能保持较高的精度。

3）渗透管具有一定的阻力，所以可以通过通样气的方式对仪器进行标定。

4）通零点气从渗透管内向外吹洗，校一次零点做一次清洗，保持了仪器的长期可靠的使用。

5）反射法的渗透管磨损和堵灰问题需要进一步完善。

（2）透射法。

1）适合高温、高尘、高湿环境，适合测量腐蚀性、爆炸性、有毒性气体。

2）在应用中可显示气体组分的大幅度变化范围。

3）在测量点具有恶劣的环境状况下使用。

4）高度的选择性，例如大多数情况不带有交叉干扰。

5）粉尘很大，对光的衰减很多，影响系统的信噪比和测量精度。

6）现场的震动、变形引起的光点偏离影响测量。

667. 如何应对氨逃逸在线监测不准问题？

答：氨逃逸是反映燃煤电站脱硝系统运行性能状况的关键参数，其控制不当将会导致空气预热器堵塞腐蚀、氨气吸附在飞灰中造成环境污染、液氨损耗影响企业效益等问题。然而在实际运行中受催化剂性能、烟气条件波动、流场偏差、NO_x 控制滞后性及喷氨系统调节灵敏度等因素的影响，往往造成氨逃逸运行超标。因此，准确监测氨逃逸浓度，是进行脱硝装置安全、稳定、高效运行的重要保障。

当前国内工程应用中的氨逃逸在线监测系统根据测量原理主要有可调谐二极管激光吸收谱法（TDLAS）、催化转换法、化学发光法、傅里叶红外法、化学比色法等。

但在实际工程应用中，氨逃逸监测因其逃逸量极低、吸附性极强、易与 SO_3 反应、极易溶于水及受振动、高含尘工况等因素的影响，准确监测极为困难。传统电化学、红外和紫外等常规方法准确性难以保证，基于 TDLAS 原理的监测技术由于适用性较强，得到了广泛应用。基于 TDLAS 原理的三种具体测量方式中，原位测量代表性好、吸附少，但受环境、设备、工况影响较大；抽取式和渗透管式对氨气吸附性较大，测量数值难以准确反映真实值。此外由于通常采用单点测量，氨逃逸测量准确性不仅与仪表运行状况有关，也与流场的均匀性有关。

鉴于上述情况，发电企业应在加强维护、确保氨逃逸在线监测仪表正常运行的基础上，结合出口 NO_x 浓度、氨耗量、空气预热器压差等在线参数变化，综合判定氨逃逸情况。如具备条件，可参考 DL/T 1494—2016《燃煤锅炉飞灰中氨含量的测定 离子色谱法》，对飞灰中的氨含量进行定期监测，以此判断氨逃逸变化情况。

668. 脱硝工程中烟气连续测量有哪些特殊性？

答： 脱硝工程中烟气连续测量特殊性有：

(1) 管路堵塞问题。除了高含尘会造成取样管路堵塞外，NH_3 在烟气中的存在也会加剧阻塞的出现。NH_3 是水溶性气体，非常容易被吸附，也很容易与酸反应，在热湿条件下，如未反应的剩余 NH_3 较多，可能产生 NH_4NO_3、NH_4Cl、$(NH_4)_2SO_4$、NH_4HSO_3 和 $(NH_4)_2SO_3$，造成堵塞。

图 9-11 所示为氨气逃逸率对应的氨化学产物露点温度参考对照曲线。通常 CEMS 的伴热管线温度在 $120 \sim 160℃$ 之间，针对此曲线，常规伴热法中有出现 $(NH_3)_2SO_4$ 等结露的可能性，尤其在调节系统工作不稳定、NH_3 逃逸率明显增加的情况下。因此，在选用伴热抽取法时，适当将伴热管线温度提高，有利于减少样气在管道中的结露，但同时会带来影响设备使用寿命的问题。由于烟气需要在冷凝器中冷却，因此冷凝器会无法避免地产生一定的结露现象，需要进行定期维护。

(2) 高尘测量环境的影响。通常项目的含尘量可达到 $30g/m^3$ 左右甚至更高，对于这种相对高尘的环境，需要注意取样头的材质和过滤器的设计及选择，从而满足高尘环境的要求。

669. NH_3 逃逸率仪表选型时需要注意的问题是什么？

答： 在对 NH_3 逃逸率仪表进行选型时，需要注意的问题如下：

(1) NH_3 溶解问题。NH_3 易溶于水，在理想的工艺条件下，过剩 NH_3 很少，很容易被吸附，因此伴热抽取法不适合对 NH_3 进行测量。NH_3 测量通常采用直接安装测量法（IN-SITU）。

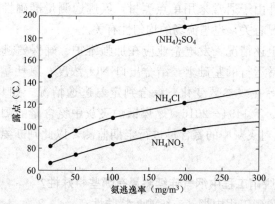

图 9-11　氨气逸逸率对应氨化学产物的露点温度参考对照曲线

（2）仪器安装问题。对于单侧安装仪器，不受烟道条件的影响；但采用双侧安装仪器时，由于激光强度问题，通常限制对射长度在 10m 以内。目前国内 600MW 机组脱硝烟道水平方向大多超过 10m（由于积灰问题，不得安装在垂直方向上），这种情况下就必须考虑其他安装方式。

1）一种是采用斜角对射安装，但该安装方式会因为烟道的变形影响很难保证测量准确。

2）另外一种可根据实际情况，采用将烟气抽取到旁路管道、分析仪安装在旁路管道上的安装测量方式。

670. CEMS 分析仪为什么要把 NO₂ 转化为 NO 进行测量？

答：烟气在线监测系统中所测量的 NO_x 均为 NO 组分，而实际上排放中 NO_x 包括 NO 和 NO_2，NO_2-NO 气体转换器提供了一个简单的方式来测量 NO_x 成分。通过转换器，可将烟气中的 NO_2 成分转换为 NO，其转换率要求达到以上 95%，这样用红外分析仪即可将烟气中的 NO 和 NO_2 组成的 NO_x 测量出来。

第十章

SCR 脱硝装置启动调试

第一节　SCR 系统调试的内容

671. 累计满负荷运行时间是指什么？

答：累计满负荷运行时间是指烟气脱硝装置在主机组锅炉额定工况的 85% 及以上负荷下累计运行的时间。

672. 烟气脱硝装置整套启动是指什么？整套启动的标志是什么？

答：烟气脱硝装置整套启动是指从停止状态转变为运行状态的过程。整套启动的标志是喷氨装置开始喷氨，烟气脱硝装置开始脱硝。

673. 自动投入率是指什么？

答：自动投入率是指投入的自动系统套数与设计的自动系统总套数的比值。每一套自动系统应为能独立工作、形成闭环控制的最小系统。

674. 保护投入率是指什么？

答：保护投入率是指已投入使用的联锁保护系统套数与设计的联锁保护系统总套数的比值，通常用百分数表示。

675. SCR 系统调试的目的是什么？

答：SCR 系统调试的目的是使脱硝设备、系统达到设计最优运行状态，装置各参数、指标达到设计保证值。

676. 烟气脱硝装置的调试总则是什么？

答：烟气脱硝装置的调试总则是：

（1）烟气脱硝装置的调试及质量检验评定，应符合 GB/T 32156—2015《燃煤烟气脱硝技术装备调试规范》的规定。按 GB/T 32156—2015 的规定组织调整试运工作，并及时进行调整试运质量验收及评定，作出调试工作质量验收及评定签证。

（2）由调试单位结合烟气脱硝装置的实际情况，编制所承担的调试工作清单和调整试运质量检验评定清单。

（3）烟气脱硝装置调整试运质量的检查和验评应按检验项目分项、分专业、分阶段等依次进行。

677. 启动调试一般规定要求是什么？

答：启动调试一般规定要求是：

（1）启动调试工作开始前应成立试运指挥部，全面组织领导协调烟气脱硝装置启动试运工作。

（2）试运指挥部下设分部试运组、整套试运组、验收检查组和生产运行组，分别负责相应的调试工作。

678. 烟气脱硝装置启动调试的一般规定是什么？

答：烟气脱硝装置启动调试的一般规定是：

（1）调试单位根据设计和设备的特点，合理组织、协调、实施启动调试工作，确保启动调试工作的安全和质量。

（2）烟气脱硝装置启动调试一般分为分部试运调试（包括单体调试和分系统调试）和整套启动试运调试（包括整套启动热态调试和 168h 满负荷试运）。分系统调试工作和整套启动试运调试工作由调试单位完成，单体调试工作由施工单位完成。

（3）启动调试工作按机务、热控和电气等专业划分。

（4）烟气脱硝装置整套启动调试 168h 满负荷试运后移交试生产进入考核期。移交试生产前应按 GB/T 32156—2015 要求完成各项调试验收。

（5）在确定工程施工单位的同时，应明确具体承担调试的单位及其职责，并签订委托合同。调试单位应及早参与烟气脱硝工程的建设工作，确保调试工作顺利进行。

（6）对多单位参与调试的烟气脱硝工程，建设单位应明确主体调试单位。主体调试单位应对各参加调试单位的调试质量进行监督检查，检查其完整性、系统性和可靠性，并对调试结果负责。

679. 脱硝系统调试包括哪几个阶段？

答：完整的脱硝系统调试一般包括单体调试、分部试运、整体热态调试和整个系统 168h 满负荷试运四个过程。单体调试的许多工作是结合分部试运阶段调试完成的，分部试运是指从脱硝盘柜受电开始到整套启动试运开始为止。单机试运是指单台辅机的试运。分系统试运指按系统对其动力、电力、热控等所有设备进行空载和带负荷的调整试运。

680. SCR 单体调试是指什么？

答：SCR 单体调试是指对系统内各类泵、风机、压缩机、各个阀门等按规定进行的开关试验、连续试运转测定轴承温升、振动及噪声等，并进行各种设备的冷态联锁和保护试验。

单体调试组由施工、调试、监理、承包商、建设、设计等有关单位的代表组成，同时将邀请主要设备厂商派员参加。安装单位负责审编单体试运阶段的方案和措施，负责完成单体试运工作及试运后的验收签证；提交单体试运阶段的记录和有关文件、资料；做好试运设备与运行或施工设备的安全隔离措施。

单体调试组设组长一名，其主要职责是：负责单体试运阶段的组织协调、系统安排和指挥领导工作、组织和办理单体试运后的验收签证及资料的交接等。

681. SCR 分系统调试是指什么？

答：分系统调试是指对 SCR 系统的各组成系统（烟气系统、液氨储存及蒸发系统、AIG 喷氨格栅系统、吹灰系统、消防系统、氨泄漏监测系统等）进行冷态模拟试运行，全面检查各系统的设备状况，并进行相关的联锁和保护试验。

脱硝分部试运主要分为三大专业类，即工艺、电气和热控。每个专业分为若干系统。安装单位相应成立若干试运小组，配有工艺、电气、热控人员，分别负责系统分部试运工作，燃煤电站运行人员配合。

682. SCR 热态调试是指什么？

答：热态调试是指 SCR 系统通入热烟气后，对 SCR 系统所作的调试工作。其主要任务是校验关键仪表（如 NO_x 分析仪、NH_3 监测仪、氧量计、流量计、温度计、压力计等）的准确性，以及进行各系统的运行优化试验，包括 DCS 的模拟量调节系统（如喷氨控制系统、液氨蒸发系统、缓冲罐压力控制）及顺控系统的投入等，检查各设备、管道、阀门等的运行情况。

683. SCR 168h 满负荷试运是指什么？

答：SCR 168h 满负荷试运行是借鉴了锅炉机组的调试要求，是 SCR 系统调试的最后阶段，是在全面的自动投运率和保护投运率情况下，考查系统连续运行能力和各项性能指标的重要阶段。

684. 168h 满负荷试运工作内容有哪些？

答：168 h 满负荷试运工作内容如下：

（1）相关系统投入，检查各系统运行情况；指导运行操作；设备缺陷检查、处理及记录；记录调试数据。

（2）完成消缺工作。

（3）完成调试遗留工作。

（4）整理调试记录，编写调试报告。

685. 烟气脱硝装置启动调试各单位的工作职责是什么？

答：烟气脱硝装置启动调试各单位的工作职责是：

（1）施工单位。负责单体调试并编制相应的调试措施，负责整个启动调试阶段设备与系统的维护、检修和消缺，负责调试阶段临时设施及安全隔离设施的制作和系统恢复等工作。

（2）调试单位。

1）应对燃煤烟气脱硝系统设备选型、启动调试设施是否合理等提出意见和建议。

2）收集和熟悉相关技术资料，编制调试计划；准备好调试使用的仪器、仪表、工具及材料；提出启动调试所用物资清单交建设单位实施。

3）编制烟气脱硝装置调试大纲，明确调试范围、编制依据、调试质量目标、安全目标及保证措施、调试组织和分工、调试项目、调试程序及调试计划等；编制分系统调试措施和整套启动试运调试方案，进行技术交底和安全交底工作。

4）分系统调试工作和整套启动调试工作按照调试方案进行各项调试工作，逐步投入各系统设备及各项保护、自动、顺序控制，完成 168 h 满负荷试运期间的工作，对调试过程中遇到的重大技术问题提出意见或建议。

（3）建设单位。明确各有关单位的工作关系，建立各项工作制度，协助试运指挥部做好启动调试的全面组织协调工作。

（4）生产单位。完成各项生产准备工作；根据调试方案，在调试单位的指导下负责各项生产的运行操作。

（5）设计单位。配合整个调试工作，进行必要的设计修改。

（6）设备厂家。配合整个调试工作，解决处理设备质量问题，提供设备技术支持。

（7）监理单位。对试运过程中的安全、质量和进度进行监理和控制；组织对调试大纲、调试计划及各项调试措施的审核；参加试运条件的检查确认和试运结果确认，组织试运后的质量验收签证。

686. 整套启动调试工作内容有哪些？

答：整套启动调试工作内容有：

（1）各系统的检查、确认与投入。

（2）按相关方案启动烟气脱硝技术装备。

（3）热态运行下主要设备运行情况检查、检测。

（4）工作、备用设备的投入（切换）试验。

（5）还原剂存储及制备系统的热态调试。

（6）反应器系统的热态调试。

（7）配合热工专业进行联锁、自动等控制的投入。

687. 机务专业启动调试准备工作有哪些？

答：机务专业启动调试准备工作有：

（1）收集烟气脱硝装置有关技术资料，了解烟气脱硝技术装备设计、制造和安装等情况。

（2）编制机务专业调试措施，包括但不限于以下内容：还原剂储存及制备系统调试措施；反应器系统调试措施；烟气脱硝技术装备整套启动调试措施。

688. 机务专业分系统调试工作有哪些？

答：机务专业分系统调试工作有：

（1）检查确认各设备单体调试情况符合分系统和整套系统启动调试的条件。

（2）检查和确认电动门、气动门、手动门、安全门等阀门的动作情况。

（3）还原剂储存及制备系统的调试。

（4）反应器系统调试。

（5）检查并确认系统的联锁、保护逻辑。

（6）检查并确认系统的定值清单。

（7）配合热工专业进行联锁、保护、顺序控制、自动等调试。

（8）记录调试数据，编写分系统调试报告。

689. 还原剂储存及制备系统调试的项目有哪些？

答：还原剂储存及制备系统调试项目如下：

（1）氨储存及制备系统的水压试验、气密性试验、管路吹扫工作和氮气置换试验。

（2）还原剂储存系统调试，包括还原剂存储设备调试、氨气泄露报警系统调试、事故喷淋系统调试、系统首次进料调试。

（3）还原剂制备系统调试，包括液氨蒸发系统调试、废水系统调试、尿素热解（或水解）系统调试。

690. 还原剂存储及制备系统的热态调试内容有哪些？

答：还原剂存储及制备系统的热态调试内容如下：

（1）氨蒸发系统加热温度的调整。

（2）氨蒸发系统供氨压力的调整。

（3）尿素热解系统加热温度的调整。

（4）尿素热解系统尿素溶液流量的调整。

691. 液氨储制系统调试要点有哪些？

答：液氨储制系统调试要点如下：

（1）液氨品质应符合 GB/T 536—2017《液体无水氨》GB 536 技术指标的要求。

（2）确认阀门及动力设备状态，进行联锁保护试验，实现 DCS（或 PLC）操作功能。氨气和液氨管道气动阀门在断气、断电或断信号后应自动关闭或保持关闭状态；喷淋水、稀释水等阀门在断气、断电或断信号后应自动开启或保持开启状态。

（3）检查液氨存储及供应系统的水压、吹扫、气密性试验结果，应符合 GB 50235—2010《工业金属管道工程施工规范》要求；氮气置换试验后，对管路及设备内气体进行取样分析，氧含量宜低于 1%。

（4）进行氨吸收系统调试、废液排放系统调试、液氨存储降温喷淋系统调试和氨泄漏报警及消防喷淋系统调试。

（5）卸氨前，投入自动保护。卸氨过程中监测液氨储罐温度、压力不超过限值，储存液氨量不超过其容积的 80%。

（6）制氨过程中，调节蒸发器温度，宜先导通液氨蒸发器出口至缓冲罐管路，然后缓慢开启液氨储罐至蒸发器管路阀门。当液氨自身的压力不足以将液氨压入蒸发器时，可启动液氨输送泵。

（7）液氨蒸发器温度和液氨蒸发器出口氨气压力自动控制动态调整并投入。

（8）夏季注意氨区储罐和各管道压力及温度，必要时手动启动喷淋水进行降温，避免安全阀动作。

（9）冬季注意检查各水管道和储罐伴热情况，防止冻结；极寒地区氨气输送管道投入伴热装置，防止氨气液化。

692. 尿素制氨系统调试要点有哪些？

答：尿素制氨系统调试要点如下：

（1）尿素品质应符合 GB/T 2440—2017《尿素》技术指标的要求。

（2）确认阀门及动力设备状态，进行联锁保护试验，实现

289

DCS（或 PLC）操作功能。

（3）根据尿素溶解罐中水量按照配比加入尿素，配置满足热解或水解制氨工艺要求的尿素溶液。

（4）调整尿素溶液蒸汽加热及管路伴热系统，使溶液温度保持在设定的温度，防止尿素低温结晶。

（5）调节尿素溶液供应管道的尿素溶液流量、压力与循环回路的回流量，实现不同条件下尿素溶液供应量平稳可变。

（6）采用尿素热解工艺时，吹扫雾化空气管道直至喷枪内部无杂物，热风含尘浓度符合设计要求；调整雾化效果、喷洒角度满足设计要求。

（7）尿素热解装置冷态启动前，装置及管道应充分预热。

（8）采用尿素水解工艺时，调整尿素水解罐温度及压力，满足氨气供应需要。

693. 脱硝反应系统调试要点有哪些?

答: 脱硝反应系统调试要点如下:

（1）SCR 反应系统安装完毕后（除催化剂外），对烟道内部的导流装置、均流格栅、气流分布板、喷氨格栅及烟道积灰情况等进行检查，确保设备安装完整，符合设计要求。

（2）检查催化剂的完整性和清洁程度，确认试块位置分布的代表性，且抽取方便。

（3）脱硝 CEMS 符合 HJ 75—2017《固定污染源烟气（SO_2、NO_x、颗粒物）排放连续监测技术规范》和 HJ 76—2017《固定污染源烟气（SO_2、NO_x、颗粒物）排放连续监测系统技术要求及检测方法》安装要求。

（4）确认阀门状态，进行联锁保护试验，实现 DCS（或 PLC）操作功能。

（5）试运催化剂暖风系统，调整暖风系统出口温度以满足催化剂停运或防潮要求。

（6）催化剂安装完毕后，记录冷态启动过程中催化剂层的初始压差，为以后判断催化剂是否积灰及堵塞提供参考。

694. 反应器系统调试的项目有哪些？

答： 反应器系统调试的项目如下：

（1）反应器系统的气密性试验和管路吹扫工作。

（2）稀释风机及其附属系统调试。

（3）吹灰器及其附属系统调试。

（4）输灰系统调试（如有）。

（5）反应器系统冷态调试，包括反应器内部（含催化剂）的静态检查；注氨（格栅）喷嘴的通空气检查；冷态通风条件下催化剂入口流量偏差的测量；注氨（格栅）的初步流量调整。

695. 反应器系统的热态调试内容有哪些？

答： 反应器系统的热态调试如下：

（1）注氨格栅喷氨的热态调试。

（2）根据氮氧化物分布及氨逃逸率情况调整注氨（格栅分区）流量，满足设计要求后记录各（分区）氨流量，并保持（分区）流量控制阀门开度不变。

（3）吹灰参数的调整。

（4）喷氨流量的调整。

696. 氨/空气混合喷射系统调试要求有哪些？

答： 氨/空气混合喷射系统调试要求如下：

（1）吹扫氨气缓冲罐至氨/空气混合器管路，检查氨/空气混合器中氨气喷嘴无堵塞；参照 GB 50235—2010《工业金属管道工程施工规范》进行气密性试验检查，氮气置换试验后，对管路及设备内气体进行取样分析，氧含量宜低于 1%。

（2）检查喷氨栅格、喷嘴及节流孔板差压测试装置，确保设备安装正确，符合设计要求。

（3）确认稀释风机启动条件，导通稀释风至反应器管路，调整喷氨格栅各支管阀门，初始开度宜设置为 50%。

（4）启动稀释风机，对稀释风量、风压进行初调，两侧反应器稀释风量基本平衡，并满足设计最大喷氨量所需稀释风量要求，稀释比宜不大于 8%。试运期间记录电流、风机流量。

（5）待稀释风机单体试运、调试工作完成后，进行稀释风机联锁试验。

（6）采用喷氨格栅工艺的系统，对各喷氨支管的风量进行调整，满足均匀性设计要求。

（7）采用混合器工艺的系统，对各喷氨支管的稀释风量配比进行调整，使喷氨支管风量配比符合模型试验要求，调整符合要求后应记录分配阀开度，并做好标记。

697. 声波吹灰系统调试要点有哪些？

答：声波吹灰系统调试要点如下：

（1）确认声波吹灰器压缩空气管道吹扫干净，无杂物。

（2）声波吹灰器用压缩空气等级符合 GB/T 13277.1—2008《压缩空气　第 1 部分：污染物净化等级》，压力满足设计要求。

（3）逐个启动声波吹灰器，确认电磁阀动作、发声正常且无泄漏。

（4）调试声波吹灰器程序控制系统，声波吹灰器动作正确，步序合理。

（5）对吹灰周期、动作间隔进行调整，满足反应器清灰要求。

698. 蒸汽吹灰系统调试要点有哪些？

答：蒸汽吹灰系统调试要点如下：

（1）确认蒸汽管道吹扫至清洁无杂物。

（2）逐台进行蒸汽吹灰器冷态调试，检查确认吹灰器运行平稳，限位器动作程序符合设计要求，吹灰全行程无吹扫死角。

（3）投入蒸汽吹灰器程序控制系统，调整蒸汽吹灰器动作间隔和吹灰顺序，满足设计要求。

（4）校核蒸汽吹灰器允许启动时的蒸汽温度及压力，满足设计要求。

（5）热态启动蒸汽吹灰器前，蒸汽管道应充分疏水。

699. 热控系统调试要点有哪些？

答：热控系统调试要点如下：

（1）配合进行计算机控制系统的受电和软件恢复。

（2）数据采集系统硬件检查和 I/O 通道精度检查，确认正确性和一致性。

（3）对静态参数、函数模块等进行检查和修改。

（4）复检重要开关量和模拟量信号。

（5）联锁保护调试与投入。

（6）顺序控制系统调试与投入。

（7）自动控制系统初调节。

700. 热控专业启动调试准备工作有哪些？

答：热控专业启动调试准备工作有：

（1）熟悉烟气脱硝系统、设备性能和特点。

（2）掌握热控设备的技术性能。

（3）审查热控系统原理图、逻辑图和组态图。

（4）参与计算机控制系统出厂前验收。

（5）编制热控专业调试措施。

701. 热控专业调试措施包括哪些内容？

答：热控专业调试措施包括但不限于以下内容：

（1）控制系统受电及软件恢复调试措施。

（2）数据采集系统调试措施。

（3）顺序控制系统调试措施。

（4）模拟量控制系统调试措施。

（5）在线监测装置调试措施。

702. 热控专业分系统调试工作的项目有哪些？

答：热控专业分系统调试工作的项目有：

（1）检查测量元件、取样装置的安装情况和检验记录，检查仪表管路严密性试验记录和表管、变送器的防护措施。

（2）检查执行机构和就地调节器的安装情况，并确认远方操作正常。

（3）检查有关一次元件及特殊仪表的校验情况。

（4）进行调节机构的检查，进行特性试验。

（5）配合设备厂家调试反应器进出口相关的烟气成分分析仪，

并检查确认。

（6）配合设备厂家进行计算机控制系统的受电和软件恢复。

（7）数据采集系统硬件检查和 I/O 通道测试。

（8）计算机控制系统组态检查及参数修改。

（9）数据采集系统调试与投入，进行温度、流量、压力、电流、电压等模拟量检查。

（10）进行开关量的信号传动检查。

（11）联锁保护调试与投入。

（12）顺序控制系统调试与投入。

（13）模拟量控制系统调试与投入。

（14）记录调试数据，整理分系统调试报告。

703. 热控专业整套启动调试工作内容有哪些？

答：整套启动调试工作内容有：

（1）根据运行情况，投入各种控制装置。

（2）模拟量控制系统投入后，检查调节情况，整定动态参数，并统计自动控制投入率。

（3）投入保护并统计保护投入率。

704. 电气系统调试要点有哪些？

答：电气系统调试要点如下：

（1）在电机控制中心（MCC）段对电源进行电压、相序检查。

（2）进行各电气设备的信号控制、保护、传动试验。

（3）完成电源切换试验。

705. 电气专业启动调试准备工作有哪些？

答：（1）熟悉电气一次主接线方式，对烟气脱硝系统的继电保护和自动装置进行全面了解。

（2）熟悉电气设备的性能特点及一、二次回路图纸和接线。

（3）编制电气专业调试措施。

706. 电气专业调试措施包括哪些内容？

答：电气专业调试措施包括但不限于以下内容：

（1）系统受电措施。

(2) 不停电电源（UPS）调试措施。

(3) 烟气脱硝技术装备带电调试措施。

(4) 保安电源调试措施。

707. 电气专业分系统调试工作内容有哪些？

答：电气专业分系统调试工作内容有：

(1) 脱硝技术装备受电调试。

(2) 不停电电源（UPS）调试。

(3) 烟气脱硝技术装备带电调试。

(4) 保安电源系统调试。

(5) 电动机调试。

(6) 编制分系统调试报告。

708. 脱硝技术装备受电调试工作内容有哪些？

答：脱硝技术装备受电调试工作内容如下：

(1) 检查、确认受电前的准备工作。

(2) 检查、确认受电前有关设备的运行方式。

(3) 完成脱硝技术装备的受电工作。

709. 不停电电源（UPS）调试工作内容有哪些？

答：不停电电源（UPS）调试工作内容如下：

(1) UPS 装置调试及投运。

(2) 电源切换试验。

710. 烟气脱硝技术装备带电调试工作内容有哪些？

答：烟气脱硝技术装备带电调试工作内容如下：

(1) 应检查确认电气设备的单体调试记录符合 GB 50150—2016《电气装置安装工程　电气设备交接试验标准》的规定。

(2) 检查确认保护装置的保护定值整定是否正确、保护能否投入。

(3) 检查安全、消防设施是否齐全。

(4) 进行各电气设备的信号控制、保护、传动试验。

(5) 进行自动或联锁回路试验。

(6) 组织实施烟气脱硝技术装备带电调试。

（7）进行各段工作电源、备用电源的定相试验，备用电源自动切换试验。

711. 保安电源系统调试工作内容有哪些？

答：保安电源系统调试工作内容如下：

（1）保安电源的切换试验。

（2）检查室内事故照明回路是否正确，组织进行事故照明的自动切换试验。

712. 电气专业整套启动调试工作内容有哪些？

答：电气专业整套启动调试工作内容有：

（1）检查、确认试运期间电气设备运行状况。

（2）做好试运记录，定期采录统计运行数据。

（3）处理与电气调试有关的缺陷和异常情况。

713. 质量验收及评定一般规定的要求是什么？

答：质量验收及评定一般规定的要求是：

（1）烟气脱硝装置调整试运工作，应在施工（含单体调试）质量检验评定合格的基础上，根据 GB/T 32156—2015《燃煤烟气脱硝技术装备调试规范》规定，进行质量验收及评定。先由调试单位完成自评工作，再由试运指挥部验收检查组核定。

（2）烟气脱硝装置调试质量验收评定应按检验项目的分项、分专业、分阶段等依次进行，调试人员应对各检验项目进行全数质量检查，建设单位和验收组可视情况作全数检查或随机抽查。

（3）烟气脱硝装置试运的各检验项目、各分项、各专业、各阶段所评定的质量，均分为不合格、合格和优良三个等级。

第二节　SCR 系统调试准备

714. 脱硝调试前调试经理应进行哪些安全预防？

答：在系统开始运行或者设备试运转时，为保证设备、人员的安全运行，调试经理应进行如下事项，进行安全预防：

（1）将调试时间进度表告知以下所有人员，包括所有可能进入操作设施区域的运行人员及现场施工人员、正在施工的建筑项目的工作人员。

（2）在开始调试前，将警示信息以警示牌或者警示标签形式放在相关的地方。这些警示牌或者警示标签上面注明进行的工作性质、开始和结束的时间，以及工作人员的职责。

（3）确定危险地带和限制范围的设定，确认和标记危险地带。

（4）如果有必要，应制定临时的通行线路以便记录数据，运行和（或）巡视。

（5）应制定预案，以保证调试操作人员、辅助工作人员和从外面进入的参观者的安全。

（6）针对不同的设备和系统，制定不同的紧急预案，以保证设备运行安全。

715. 脱硝调试前热控调试人员应注意哪些事项？

答： 根据 SCR 系统的特点，在开始调试前热控人员注意以下事项：

（1）一个气体探测器和（或）氨泄漏探测器对于泄漏测试是必要的。

（2）熟悉掌握相关仪表的效用和使用。

（3）检查所有的仪表（包括气体分析器）是否已经校准，NO_x、O_2、NH_3 气体分析器的标度应该与相关的适用手册或者标准及厂家的使法说明书相一致。

716. 分部试运前的准备与条件应满足哪些要求？

答： 分部试运前的准备与条件应满足以下要求：

（1）试指挥部及其组织机构已成立，人员到位，职责分工明确。

（2）氨区运行人员取得国家安全部门颁发的特种作业操作证；压力容器已报当地劳动监管部门备案，并取得压力容器使用许可证。

（3）氨区设施应按照 GB 50160—2008《石油化工企业设计防火规范》和 GB/T 20801—2016《压力管道规范　工业管道》的有

关规定设计、安装，并经验收合格。

（4）分部试运设备与系统的土建及安装工作已结束，并已办理完施工验收签证。

（5）具备设计要求的正式电源；防雷、防静电接地应经当地相关部门的测试合格，并有测试记录。

（6）脱硝系统建设满足 DL 5009.1—2014《电力建设安全工作规程 第 1 部分：火力发电》安全管理规定。试运区的场地、道路、栏杆、护板、消防、照明、通信等应符合职业安全健康和环境规定及试运工作要求，并有明显的警告标志和分界。

（7）试运现场的系统、设备及阀门已命名挂牌，且与 KKS 编码对应一致；介质流向标识已完成。

（8）分部试运的测试仪器仪表已配备完善，并符合计量管理要求。

（9）已编制好单机试运条件检查表、单体调试或单机试运记录、分系统调试条件检查表、分系统调试记录、分系统调试质量检验评定表等相关表格。

（10）按 GB 18218—2009《危险化学品重大危险源辨识》规定属重大危险源时，应完成重大危险源管理制度及应急预案编制。

717. 单体调试、单机试运应满足哪些要求？

答：单体调试、单机试运应满足以下要求：

（1）系统受电完毕，检查分布式控制系统（DCS）或可编程逻辑控制器（PLC）操作与就地设备或装置动作过程的正确性。

（2）校验设备保护合格，并能投入使用。

（3）稀释风机、泵等设备试运过程中确认转向正确，事故按钮动作正常，出口压力、轴承振动及温度等参数正常。

（4）按照 GB 50235—2010《工业金属管道工程施工规范》进行罐体及管路冲洗、管路及设备的水压试验、气密性试验，完成供氨系统的氮气置换试验。

（5）烟气自动监控系统（CEMS）、压力、温度、流量计、氨泄漏检测仪等仪器仪表校验合格。

（6）所有的安全阀已经当地计量监督部门进行了校验，且有校验合格记录，铅封完好。

（7）试运合格后，由施工单位办理单体试运记录及合格签证。

718. SCR 系统试运前应具备的主要条件有哪些？

答：SCR 系统分部试运前应具备的主要条件如下：

（1）相应的建筑安装工程已经完工并按《火力发电厂建设施工及验收评定标准手册》验收合格，试运需要的建筑和安装工程的记录等资料齐全。安装完成后形成详细且系统的安装结束状态文件包，并经安装单位质检部门审阅后，移交试运小组审定。

（2）试运范围内土建施工结束，地面平整，照明充足，无杂物，通道畅通，具备安全消防设施。

（3）试运专业小组人员已经过培训；试运计划、方案措施已经编制并审批、交底；试验器具和通信联络手段已具备，记录表格已准备齐全。

（4）电、汽、水、油等物质条件已满足系统分部试运的要求（一般将具备设计要求的正式电源）。

（5）相关系统设备与相邻或接口的系统与设备之间已有可靠的隔离，并挂有警告牌，必要时加锁。

719. 脱硝调试应具备的条件有哪些？

答：调试前，应检查和确认安装施工、氨供应系统和脱硝反应器具备调试运行条件，并确认下列项目已完成：

（1）氨站系统土建施工工作均已完成，应有的防腐施工完毕，排水沟畅通，所有地沟盖板应铺盖完毕，齐全平整。

（2）脱硝系统所需照明、通信设施齐全，步道平台安全可靠，符合《电业安全工作规程》中有关规定。

（3）氨区的消防水、喷淋水、生活水、加热蒸汽已经接通，具备投入条件。

（4）氨区系统废水排放系统的地沟、废水池防腐施工完毕，经检验合格，清理干净无杂物、异物。

（5）系统所需的仪用压缩空气及杂用压缩空气系统具备投入

条件。

（6）系统各类仪表、安全阀等校验合格，并安装调试完毕，可以投入运行。

（7）系统动力电源、控制电源、照明电源均已施工结束，带电工作完成，可安全投入使用。

（8）系统各个设备、管道、箱、罐、挡板、阀门等标识（名称、标码）齐全。

（9）系统设备、管道、阀门、泵等安装完毕，各类阀门操作灵活。

（10）阀门及测点的调试完成，所有测点显示准确，阀门就地（远方）操作正常，反馈正确。

（11）脱硝系统的检查、设备内部的清扫、管路的冲洗完成、按设计图纸要求完成承压设备及管道的耐压试验。

（12）卸料压缩机、液氨供应泵、废水泵、稀释风机、吹灰器等设备启动试运结束，可投入运行。由于卸料压缩机不允许空转，因此只进行卸料压缩机电机的试运。

（13）控制系统已调试完毕，其中，硬件检查完毕、内部网络检查完毕、软件安装并运行正常、运行组态逻辑检查、控制系统对驱动设备可操作以及系统启动所需监视、联锁、报警、保护信号进入控制系统。

（14）准备充足的符合设计要求的液氨。

（15）准备调试期间符合要求的充足氮气。

（16）脱硝系统热态调试时锅炉尽量燃用设计煤种。

（17）调试期间准备所需的试验仪器设备，设备上仪器仪表校验合格。

（18）合格的运行人员上岗，保安人员值班，现场设风向标、正压自给式呼吸器、洗眼器和淋浴等防护用品及设施准备齐全。

（19）相关重要设备的制造厂家技术人员到场配合调试工作，并确认设备状态。

（20）有关脱硝系统的各项制度、规程、图纸、资料、措施、报表与记录齐全。

720. 脱硝试运前的设备检查有哪些?

答:在开始调试前,应该检查和确认安装施工、SCR 反应器和氨供应系统已经具备调试运行条件。

(1) SCR 反应器检查要点如下:

1) 催化剂。确认 SCR 催化剂没有外观异常,如没有损伤,没有变形,没有变湿,没有变色以及没有受其他物质影响。

2) 样本催化剂单元。已经完整地安装。

3) 密封板和密封条。已经完整地安装。

(2) 喷氨格栅。确保所有氨喷嘴畅通,所有氨喷射系统管道(包括内部网格在内)应不受热膨胀的影响。

(3) 烟道。确保在反应器进口烟道和出口烟道没有任何异物和潮湿。

(4) 氨供应系统。

1) 检查每一个接点的管道和线路连接。

2) 稀释风机测试。查看风扇的转速、振动、噪声、流量和输出压力。

3) 氨供应线路。查看在 SCR 区域的氨供应线路里面的氨气压力。

4) 压缩空气线路。查看热控仪表和脱硝设备里面的气体压力。

(5) 联锁和报警测试检查。

1) 氨关断阀是否正常。

2) 声波喇叭和气流关断阀是否正常。

3) 报警测试是否正常。

721. 脱硝承压设备及管道的耐压试验有哪两种?

答:脱硝承压设备及管道的耐压试验有两种,气压和液(水)压,对要求不能进行水压的设备需要进行气压试验。耐压试验时安全门必须隔离,试验压力依据图纸或设计说明要求。对没有说明的按下面办法执行:

（1）钢和有色金属的固定式压力容器试验压力。水压 1.25 倍的设计压力、气压 1.15 倍的设计压力，其中压力容器在出厂时已作过耐压试验并有试验检验报告，如重做试验可征询厂家意见；

（2）管路系统试验压力。水压 1.5 倍的设计压力、气压 1.15 倍的设计压力。压力升至试验压力，无泄漏并保压不少于 30min，然后降至设计压力，保压足够时间进行检查，检查期间压力保持不变，视为耐压试验合格。耐压试验合格后完成系统恢复。

722. 烟气脱硝还原剂储运制备系统单体调试包括哪些？

答：烟气脱硝还原剂储运制备系统单体调试包括对系统内各类泵、风机、压缩机、各类阀门等按照规定进行开关试验，连续试运转测定轴承温升、振动噪声、设备出力和性能等试验并合格，进行各种设备的冷态联锁和保护试验并合格。

第三节　SCR 系统分系统调试

723. 分部试运阶段调试工作要求是什么？

答：分部试运阶段调试工作要求是：

（1）分部试运阶段从烟气脱硝技术装备受电开始至整套启动开始为止。

（2）分部试运包括单体调试和分系统调试两部分。单体调试是指单台设备的试运行。分系统调试指按系统对其机务、热控、电气等所有设备进行空载和带负荷试运行。

（3）分部试运应具备的条件是建筑和安装已经完工并验收合格签字，应具备设计要求的正式电源和试运条件。

（4）分部试运及整套启动试运前应进行条件确认，并应由参建单位签字后才能进行试运工作，以保证人身和设备的安全。

（5）单体调试包括电机、泵、风机、压缩机、仪表等设备的试运。单体调试完成、经组织验收合格并签证后，方可进行分系统调试。

（6）分系统调试前应对各分系统进行检查，分系统调试过程中应完成有关机务、热控、电气等专业分系统调试工作。

（7）分部试运合格后应由施工、调试、监理、建设、生产等单位办理质量验收签证。

（8）分部试运中单体调试的记录和报告应由施工单位负责整理和编写；分系统调试报告应由调试单位整理和编写。

（9）已通过验收签证的设备和系统，经协商同意后可由生产单位代管，并办理代管手续，代管期限自代管各方签证始至完成168h满负荷试运移交试生产为止。

724. 分系统调试应满足哪些要求？

答：分系统调试应满足以下要求：

（1）试运前，由施工单位汇总单体调试、单机试运记录及验收签证，确认单体调试及单机试运工作已完成。

（2）试运前，按照条件检查表进行检查确认。

（3）消防系统投入正常，消防报警投入使用。

（4）防护用品及急救药品应准备到位，洗眼器可正常使用。

（5）对逻辑联锁进行临时修改，应由提出人进行签字确认并及时恢复。

（6）各项分系统调试完成后，具备进入整套启动试运条件。

（7）试运合格后，完成分系统试运记录及验收签证。

725. 脱硝分系统的调试内容主要有哪些？

答：脱硝分系统的调试内容主要包括系统整体吹扫、逻辑联锁试验、系统泄漏性试验、氮气置换及分系统试车。

726. 如何进行脱硝整体系统的吹扫？

答：脱硝耐压试验合格后系统已完成了恢复，需对脱硝系统进行吹扫，吹扫可以选用厂里的压缩空气或氮气。吹扫从氨储罐依次往下，经主管路、支管路、排放管路一次进行直至各管路端口，其中蒸发器出口的管路应吹扫至反应器区氨气管道与混合器的接口。整个系统可根据设计的排放口分成多段进行，分段吹扫干净后允许进入下一段吹扫。经过反复憋压和吹扫，在排压口不带水和杂物后视为合格。吹扫过程中管路中阀门要求全开，并且注意不能向卸料压缩机中带入水。

727. 脱硝控制逻辑联锁包括哪些内容?

答: 脱硝控制逻辑联锁包括以下内容:

(1) 氨区喷淋系统。监测氨区环境内的氨气泄漏,自动打开喷淋水系统,确保各喷淋阀动作准确,喷淋正常,及时对泄漏的氨气吸收,并发出报警信号。

(2) 污水排放系统。监测污水池的高低液位,自动开启污水泵,及时排走氨区内产生的污水。

(3) 稀释水槽氨气吸收。监测系统氨的排放,及时吸收排放的废氨。

(4) 液氨卸载及储存联锁。监测液氨储罐内的高低液位报警及卸料压缩机的状态,及时停止卸氨过程,保证液氨储罐内的液氨量不超过安全储存量,同时监测储罐的压力和温度,自动控制降温喷淋水,保证液氨储存的安全稳定。

(5) 蒸发器自动控制。监测热媒温度,调节换热量,控制蒸发器安全稳定运行。

(6) 稀释风机系统联锁。监测稀释风机空气流量及运行状态,能够自动投入备用风机,保证脱硝系统正常稳定运行。

(7) 吹灰系统顺控系统。吹灰系统在满足启动允许条件后,能够自动启停催化剂吹灰顺控系统,完成吹灰顺控。

(8) 脱硝系统启停。满足脱硝启动允许条件及发生脱硝退出条件时,脱硝系统能够快速安全启停。

728. 如何进行脱硝系统泄漏性试验?

答: 氨的储存和供应系统在吹扫试验结束后,需要进行泄漏性试验。试验介质宜为空气或氮气,试验压力按图纸或设计说明要求进行。对没有说明的按下面办法执行:

(1) 储罐的试验压力为设计压力,其中安全附件装配齐全。如安全附件的动作压力低于储罐的设计压力,试验压力取最高允许工作压力,以保证试验能够进行。

(2) 管路系统由于和设备相连,试验压力取最高工作压力。

经过逐步升压和检查处理，压力升至试验压力后，无泄漏并保压足够的时间，一般不少于 30min，压力保持不变视为合格。对采用空气压缩机打压进行的泄漏性试验，试验合格后需要对管路进行吹扫，以排干系统内的冷凝水。

729. 如何进脱硝系统氮气置换？

答：脱硝系统氮气置换可先完成液氨储罐的置换，置换合格后可用罐内合格的氮气完成氨系统其他管路和设备的置换。氮气置换可采用下面方法之一：

（1）氮气直接对罐内空气进行稀释来进行置换，充氮排放的次数多，氮气用量较大。

（2）采用罐体充水置换，氮气用量少，一次充氮可完成，但置换后的氮气里含水分，会对压缩机造成伤害。置换后的氧含量小于 1％视为合格。

730. 烟气脱硝还原剂存储和制备系统分系统调试包括哪些？

答：烟气脱硝还原剂存储和制备系统分系统调试包括：

（1）对液氨（尿素）的卸料储存系统、液氨蒸发（尿素分解）系统、氨气空气稀释系统、消防系统、氨泄漏监测系统等进行冷态模拟试验并合格，进行相关联锁和保护试验并合格。

（2）对于 SNCR 脱硝，还原剂存储和制备系统分系统调试包括对液氨（尿素）的对液氨（尿素）的卸料与储存系统、尿素溶解储存与运输系统、尿素溶液稀释系统、计量与分配系统、消防系统、氨泄漏监测系统等进行冷态模拟试运行试验并合格，进行相关的联锁和保护试验并合格。

系统调试时应进行逻辑功能组合理性试验并合格，应保证系统尿素水解制氨系统有普通水解和催化水解两种方式，主要包括尿素颗粒储仓、尿素计量罐、尿素溶解罐、尿素溶解泵、尿素溶液储罐、供液泵、水解反应器、缓冲罐、蒸汽加热器及疏水回收装置等。达到设计性能，具备安全、稳定工作的特性。

731. 如何进行液氨卸料及存储系统调试？

答：液氨卸料及存储系统调试程序如下：

（1）卸料开始前已完成了储罐、管路系统的吹扫、泄漏性试验及氮气置换。

（2）卸载管路及卸料压缩机相关管路上各阀门开、关状态位置正确。

（3）卸载管路与储运槽车相连，用氮气检查卡车和卸料系统的连接处的密封性。

（4）确认液氨储罐罐内已保持较低的压力后，缓慢打开储运槽车至储罐的气相管路，利用气氨置换储罐内的氮气，待储罐排放口有氨味时关断气相管路阀门。

（5）缓慢打开储运槽车至储罐的液相管路，利用储运槽车相对储罐的压差对储罐充液氨。

（6）当储罐与槽车的压差变小，卸氨变缓后，打开储罐气相管路阀门，并连通卸氨压缩机准备液氨。

（7）开启压缩机卸氨。

1）检查四通阀位置是否正确（压缩机的气氨出口与储运槽车气氨进口相连，压缩机的气氨进口与储罐气氨出口相连）。

2）启动压缩机，卸料开始。

3）压缩机的原料气来自储罐，氨气经压缩后进入液氨槽车，然后使液氨压入储罐。

（8）停止卸氨。

1）待液氨槽车与储罐的差压降至 0.03～0.07MPa 或槽车液位指示为 0 时，表示槽车内液氨已卸完。按下压缩机的停机按钮，压缩机停止运行。

2）关闭储罐液氨进口气动切断阀、卸氨液相截止阀。

3）闭槽车上的液相阀、槽车上的气相阀。

4）关闭储罐气氨出口气动切断阀、关闭卸氨气相截止阀。

（9）卸载过程中，热控联锁保护投入，观察储罐的液位、温度、压力等信号。

（10）卸载过程中，控制系统监测液氨储罐液位开关报警信号，使卸入储罐的液氨量不超过储罐有效容积的 80%。

（11）卸载过程中，控制系统监测液氨储罐的压力和温度信号，启动储罐降温喷淋保护。

（12）卸载过程中，控制系统监测环境氨气泄漏，启动事故喷淋保护。

732. 如何进行液氨蒸发系统调试？

答：液氨蒸发系统调试程序如下：

（1）蒸发器系统的检查。

1）蒸发器热媒已添加，热媒液位正常，各阀门开关位置正确。

2）采用蒸气加热方式的蒸汽已接通，采用电加热方式的电源已接通。

（2）蒸发器投入运行，蒸发器自动控制投入，热媒温度控制在正常水平。

（3）液氨供给的操作。

1）打开储罐底部的液氨出口阀门，用液氨自身的压力将液氨压入蒸发器。

2）当环境温度较低，液氨自身的压力不足以将液氨压入蒸发器时，可启动液氨输送泵输送。

（4）蒸发器的操作。

1）打开蒸发器出口管道上阀门。

2）缓慢打开蒸发器液氨进口阀门，观察蒸发器热媒温度、出口气氨压力及温度等参数。

（5）蒸发器出口自力式调节阀调节供氨管道上稳定的气氨压力至气氨缓冲罐，为脱硝系统提供状态稳定的气氨。

733. 如何进行脱硝反应器系统调试？

答：脱硝反应器系统调试程序如下：

（1）稀释风机调试及喷氨系统冷态调整，启动稀释风机后调节稀释风量及调整流向两台反应器的稀释风量平衡。对于喷氨格栅式的喷氨系统，需要完成各个喷氨支路的流量调平衡，并且保证即使脱硝停运的情况下，稀释风机要伴随锅炉一起运行，以保证氨气喷嘴不被堵塞；对于涡流混合式的喷氨系统，需要完成各个喷氨支路的流量调平。

（2）在线烟气分析仪的调试，脱硝反应器出口的氮氧化物分析仪、氨气分析仪、氧量分析仪已经完成静态调试，并经标定合格，满足热态试运的条件。

（3）吹灰系统顺控系统完成逻辑试验，满足启动允许条件后，能够自动启停催化剂吹灰顺控系统，满足热态试运条件。

（4）脱硝干除灰系统调试，通过机组带负荷后的试运，能够实现可靠投入。

（5）脱硝系统启动。

1）确认烟气在线监测系统工作正常。

2）确认稀释风机运行状态正确。

3）确认脱硝反应器入口的烟气温度满足要求，且持续 10min 以上，则可以向系统注氨。

4）确认氨区供应系统工作正常及阀门的开关位置。

5）液氨经换热蒸发已供应至注氨流量控制阀前。

6）上述条件满足后，打开 SCR 系统注氨速关阀，手动缓慢调节脱硝反应器的注氨流量控制阀，进行试喷氨试验，当控制阀打开后，要确认氨气流量计能够准确测量出氨气流量。否则，要暂停喷氨，把氨气流量计处理好后再继续喷氨。

7）根据 SCR 出口氮氧化物的浓度及氨气浓度，缓慢的逐渐开大注氨流量控制阀。如果在喷氨过程中，氨气分析仪的浓度大于 3ppm，或者反应器出口 NO_x 含量无变化或者明显不准时，就需要暂停喷氨，解决问题后，才能继续喷氨。

8）首次喷氨，脱硝效率稳定在一个相对较低的安全水平后，全面检查各个系统，确保烟气在线分析仪都工作正常，确保氨气制备正常，参数控制稳定，能够稳定的制备出足够的氨气。

（6）脱硝系统的短期停运。

1）关闭蒸发器出口氨气管道控制阀。

2）关闭蒸发器入口液氨管道控制阀。

3）关闭液氨存储罐液氨出口管道控制阀。

4）关闭氨气缓冲罐氨气出口控制阀。

5）关闭SCR注氨速关阀。

6）其他系统设备或者阀门等保持原来的运行状态。

（7）脱硝系统的长期停运。

1）关闭液氨存储罐液氨出口管道控制阀。

2）关闭蒸发器液氨入口管道控制阀。

3）继续加热蒸发器数分钟，待蒸发器出口氨气压力几乎降为零后，逐渐关闭蒸发器入口的蒸汽控制阀门，然后关闭其手动阀。

4）缓冲罐压力基本为零后，关闭其出口控制阀门。

5）关闭SCR注氨速关阀，氨气流量控制阀。

6）在SCR出口温度低于250℃以前，锅炉暂停继续降负荷，对催化剂进行一次全面吹灰。吹灰结束后继续降负荷。

7）如锅炉需要停运，则待锅炉已经完全冷却至环境温度后，停运稀释风机，至此，脱硝系统完全停止运行。

第四节 脱硝系统整套启动调试

734. 整套启动试运阶段工作要求是什么？

答：整套启动试运阶段工作要求是：

（1）烟气脱硝技术装备实行168h连续满负荷试运行，当由于非烟气脱硝技术装备原因造成脱硝技术装备停运时，可由试运指挥部决定是否累计计时，但当停运次数超过2次及以上时应重新计时。

（2）整套启动试运过程中应完成机务、热控、电气等专业整套启动调试。

（3）168h满负荷运行期间，继续考验主要设备连续运行和满足脱硝技术装备满负荷运行的能力，考验主要仪表、保护、自动投入运行状况。主要运行参数控制在设计范围内，使烟气脱硝技术装备效率及氨逃逸率达到设计要求。

（4）完成168h满负荷运行的烟气脱硝技术装备进入考核期。生产单位接替整套试运组的试运工作，办理烟气脱硝装置移交生

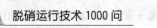

产交接书。

（5）整套启动试运过程中，调试单位应如实、全面地做好试运行记录，并做好整套启动试运报告的整理和编写工作。

735. SCR 工艺整套启动要点是什么？

答： SCR 工艺整套启动要点如下：

（1）液氨作为还原剂的工艺，氨气制备完毕，氨气缓冲罐压力和温度满足投运要求。

（2）尿素作为还原剂的工艺，尿素溶液制备完毕，尿素溶液温度和浓度满足投运要求。

（3）SCR 启动过程中，按照稀释风系统、吹灰系统、CEMS、氨气制备及氨气喷射的顺序进行。

（4）送风机、引风机启动前，投运稀释风机，稀释风量满足设计要求。

（5）对于采用声波吹灰器的 SCR 工艺，烟风系统建立后，投运声波吹灰器程序控制；对于采用蒸汽吹灰器的 SCR 工艺，宜在锅炉点火后 8h 内投入 SCR 蒸汽吹灰系统。

（6）锅炉点火后关注燃烧状况，出现油雾化质量差等影响催化剂寿命的情况时，应联系主机运行人员调整，必要时采取停机措施。

（7）升负荷过程中，记录不同负荷下的催化剂初始压差，作为以后判断催化剂磨损堵塞的参考。催化剂压差出现异常时，应及时处理。

（8）脱硝具备投运条件时，开启喷氨关断阀，缓慢调节喷氨调节阀开度，根据脱硝效率逐步提高氨气供应量。

736. 整套启动试运阶段是如何进行划分的？

答： 整套启动试运阶段是从烟气进入脱硝技术装备开始，到完成 168h 满负荷试运为止。

737. 整套启动试运分为哪两部分？

答： 整套启动试运分为整套启动热态调整试运和 168h 满负荷试运两部分。

738. 整套启动试运前主要应具备的条件有哪些？

答：整套启动试运前主要应具备的条件如下：

（1）烟气脱硝技术装备区域场地基本平整，消防、交通和人行道路畅通，试运现场的试运区与施工区设有明显的标志和分界，危险区设有围栏和醒目警示标志。

（2）试运区内的施工用脚手架已经全部拆除，现场已清扫干净。

（3）试运区内的梯子、平台、步道、栏杆、护板等已经按设计安装完毕，并正式投入使用。

（4）区域内排水设施正常投入使用，沟道畅通，沟道及孔洞盖板齐全。

（5）烟气脱硝技术装备试运区域内的工业、生活用水和卫生、安全设施投入正常使用，消防设施经主管部门验收合格并投入使用。

（6）试运现场应具有充足的正式照明，事故照明能及时投入。

（7）各运行岗位已具备正式的通信装置，试运增加的临时岗位通信畅通。

（8）在寒冷区域试运，现场按设计要求应具备防冻措施，满足冬季运行要求。确保系统安全稳定运行。

（9）试运区的空调装置、采暖及通风设施应按设计要求正式投入运行。

（10）烟气脱硝技术装备电缆防火阻燃应按设计要求完成。

（11）启动试运所需的还原剂、备品备件及其他必需品应备齐。

（12）环保、职业安全卫生设施及检测系统应按设计要求投运。

（13）保温、油漆及管道色标完整，设备、管道和阀门等已经命名挂牌，且标志清晰。

（14）设备和容器内经检查确认无杂物，还原剂存储罐气密性试验合格。

（15）主机组运行稳定，主机与烟气脱硝技术装备 DCS 间信号对接调试、保护传动试验完毕，满足烟气脱硝技术装备投运要求。

（16）在整套启动前应进行的分系统试运、调试已经结束，并核查分系统试运记录，应能满足整套启动试运条件。

（17）消防、事故应急预案应已完善并完成演习。

（18）完成质检中心站整套启动前的检查，质检项目应检查完毕，经质检检查出的缺陷应整改并验收完毕。

739. 整套装置启动试运主要内容包括哪些？

答： 整套装置启动试运主要内容包括：

（1）检验调整系统的完整性、设备的可靠性、管路的严密性、仪表的准确性、保护和自动的投入效果，检验不同运行工况下烟气脱硝技术装备的适应性。

（2）考验还原剂存储和制备系统、其他公用系统应按烟气脱硝技术装备整套运行规定。

（3）进行还原剂注入系统热态运行和调试。

（4）进行吹灰系统和输灰系统的带负荷试运和调试。

（5）进行热控有关自动调节装置及顺序控制装置的带负荷试运和调试。

740. 168h 满负荷试运应具备的条件有哪些？

答： 168h 满负荷试运应具备的条件如下：

（1）主机组运行稳定，烟气脱硝技术装备入口烟气温度、烟气量、氮氧化物含量应按烟气脱硝技术装备设计额定工况的规定。

（2）各系统具备连续运行条件且投入正常运行。

（3）烟气系统有关烟气成分监测仪表，如氮氧化物含量、氨含量等能正常工作。

（4）重要性能设计指标，如脱硝效率、氨逃逸等应按设计要求的规定。

（5）系统仪表全部投入运行，显示正确。

（6）保护全部投入运行。

（7）自动控制系统投入满足运行要求。

（8）设备出力达到设计要求。

741. SCR 系统的整套启动前的试验有哪些？

答： SCR 系统的整套启动前的试验有：

（1）动力电缆和仪用电缆的绝缘电阻试验（测电缆绝缘时，断开仪表间的电缆）。

（2）氨气、杂用气和仪用气的泄漏试验完成。

（3）转动设备开关电气试验。

（4）电（气）动阀门或挡板远方开、关，传动试验。

（5）各种联锁、保护、程控、报警值设置完成。

（6）仪器仪表校验应合格，投入正常，包括烟气分析仪（NO_x、O_2、NH_3、CO 如有）、流量、压力和温度变送器、控制系统的回路指令控制器、就地压力、温度和流量指示器。开始喷氨的前一天，将烟气分析仪投入运行。

742. SCR 系统的整套启动前应对哪些系统进行检查？

答： SCR 系统的整套启动应对液氨储存与稀释排放系统、液氨蒸发系统、稀释风系统、循环取样风系统、吹灰器、SCR 烟气系统进行全面检查，保证各系统符合启动相关要求。

743. 液氨储存与稀释排放系统检查内容有哪些？

答： 液氨储存与稀释排放系统检查内容有：

（1）氨区电气系统投入正常。

（2）仪表电源正常，特别是双电源切换。

（3）仪用空气压力达到系统运行要求。

（4）吹扫用氮气准备到位，品质符合要求。

（5）消防水系统、消防报警投入正常。

（6）氨区液氨存储和氨气制备区域的氨气泄漏检测装置报警值设定完毕，工作正常。

（7）氨稀释槽、液氨储存罐内部清洁，废水池清洁。

（8）氨稀释系统正常。

（9）氨区废液吸收系统具备投入条件。

（10）废液排放泵系统具备投入条件。

（11）液氨储存罐降温喷淋具备投入条件。

（12）卸氨压缩机具备投启动条件。

（13）压力、温度、液位、流量等测量装置完好，并投入。

（14）在上位机上检查确认系统联锁保护 100％投入。

（15）检查确认防护用品、急救用品准备到位。

（16）紧急措施、应急预案稳妥，并经过演练。

（17）安全阀一次门及其他阀门应在正确位置。

（18）氨系统用氮气置换或抽真空处理完毕，氧含量达到要求。

744. 液氨蒸发系统及其气氨缓冲系统检查内容有哪些？

答：液氨蒸发系统及其气氨缓冲系统检查内容有：

（1）液氨蒸发器、氨缓冲罐内部清洁，人孔封闭完好。

（2）氮气置换系统已经置换。

（3）压力、温度、液位等测量装置完好，并投入。

（4）加热蒸汽应具备投入条件。

（5）氨缓冲罐具备供氨条件。

（6）安全阀一次阀门及其他阀门处于正确位置。

745. 稀释风系统检查内容有哪些？

答：稀释风系统检查内容有：

（1）稀释风管、加热器内部应清洁。

（2）氨混合器（喷氨格栅）完好，喷嘴无堵塞。

（3）压力、压差、温度、流量等测量装置完好，并投入。

（4）稀释风机润滑油应正常，且具备启动条件。

（5）系统阀门应处于工作位置。

746. CEMS 循环取样风系统检查内容有哪些？

答：CEMS 循环取样风系统检查内容有：

（1）循环取样风机进出口管道内部应清洁。

（2）压力测量装置完好，并投入。

（3）烟气在线分析仪、氨逃逸检测仪完好，并具备投入条件。

（4）循环取样风机润滑油应正常，且具备启动条件。

（5）系统阀门应处于正确位置。

747. 吹灰系统检查内容有哪些?

答: 吹灰系统检查内容有:

(1) 蒸汽吹灰系统的蒸汽管道应吹扫干净,符合规范要求。

(2) 压力、温度、流量等测量装置应完好,并投入。

(3) 吹灰器进、退应无卡塞,与支架平台无碰撞,限位开关调整完毕。

(4) 吹灰器控制系统应完好,具备投入条件。

(5) 系统阀门应处于正确位置。

748. SCR 反应器系统检查内容有哪些?

答: SCR 反应器系统检查内容有:

(1) 催化剂及密封系统安装检查合格。

(2) 导流板、整流器、混合器完好。

(3) 烟道内部、催化剂应清洁,无杂物。

(4) 烟道应无腐蚀泄漏,膨胀节连接牢固、无破损;人孔门、检查孔关闭严密。

(5) 压力、温度等热工仪表完好,投入正常。

(6) 氨泄漏报警系统投入正常。

(7) 锅炉运行正常,温度应符合脱硝要求。

749. 脱硝系统的整套启动包括哪些内容?

答: 脱硝系统的整套启动包括氨气的制备启动、SCR 区吹灰器的启动、脱硝系统投入(退出)试验、脱硝系统运行启动、喷氨格栅调试和脱硝系统的主要运行调整。

750. SCR 热态调试要点有哪些?

答: SCR 热态调试要点如下:

(1) 喷氨启动时,以不超过 5% 的幅度逐渐增加调节阀开度,每次调整间隔宜在 3min 以上;调节阀开度调整幅度不宜对供氨母管压力产生超过 0.02MPa 的波动;脱硝效率接近设计值时,调节阀开度幅度增加变化宜更小。

(2) 根据 CEMS 监测的氮氧化物浓度、逃逸氨浓度和设计效率,调整氨气供应量。

（3）监视反应区出口逃逸氨浓度变化。若氨浓度超过设计值，应减少氨气供应量，将逃逸氨浓度降至设计值以下，并分析氨逃逸高的原因。

（4）根据流场均匀性分布设计数据及 CEMS 监测数据，调整喷氨格栅或混合器喷氨支管。

（5）吹灰系统热态调整并投入运行。

（6）对制氨、供氨系统进行不同负荷条件下的适应性调整，根据脱硝反应器入口烟气流量、氮氧化物浓度、出口氮氧化物及氨浓度变化，调整喷氨自动控制参数，实现脱硝效率或出口氮氧化物浓度的自动稳定控制。

751. 氨气的制备启动过程有哪些？

答：氨气的制备启动过程有：

（1）液氨蒸发器暖机，确定蒸发器各阀门状态，开始对热媒加热，待系统稳定后投入自动。

（2）液氨蒸发器液氨注入。

1）开启液氨储罐出口控制阀，并缓慢打开汽化器液氨入口控制阀，使液氨进入蒸发器，待压力表读数稳定后逐步开足。

2）手动缓慢开启汽化器氨气出口阀及其后所有相关阀门，使氨气进入缓冲罐。

3）待系统稳定后，检查确认稳压罐压力为 $0.2 \sim 0.25$ MPa、温度≥10℃，并确认系统投自动。

752. 脱硝系统运行启动过程有哪些？

答：脱硝系统运行启动过程有：

（1）SCR 区吹灰器的启动。确认吹灰器启动条件满足，所有吹灰器处于热启动状态，根据吹灰要求，可手动启动或投入整套吹灰程序。

（2）脱硝系统投入（退出）试验，对每台反应器对应的氨气快速关断阀进行逻辑联锁保护试验，保证脱硝系统能够安全投入（退出）。

（3）稀释风机的启动。稀释风机已调试完成，工作正常。

另外，针对喷氨格栅式的氨喷射系统，为保证喷射系统不出现堵塞情况，即使没有投入脱硝，稀释风机要求伴随锅炉一起运行。

（4）SCR 的投运。打开 SCR 系统注氨速关阀，手动缓慢调节脱硝反应器的注氨流量控制阀，控制喷氨量，脱硝系统投运。

753. 脱硝 SCR 装置的主要运行调整内容主要包括有哪些？

答：脱硝 SCR 装置启动运行后需进行调整的内容主要包括液氨蒸发器温控参数优化、运行烟气温度优化、氨喷射流量控制参数优化、AIG 喷氨平衡优化、稀释风流量优化、吹灰器吹灰频率优化、氨氮摩尔比变化测试、负荷波动试验等。

754. 如何进行液氨蒸发器温控参数优化？

答：热工检查液氨蒸发器的热媒温度自动控制及氨气缓冲罐的压力的变化，热源的供应要满足氨气蒸发的需要，进行控制参数的调整，确保上述参数控制准确。

755. 为什么要进行脱硝 SCR 运行烟气温度优化？

答：脱硝 SCR 运行烟气温度优化是因为：

（1）SCR 喷氨最低连续运行温度通常为 300℃，受锅炉燃煤硫含量及 SCR 入口 NO_x 浓度影响而变化。在最低设计运行烟气温度下，喷入烟道内的 NH_3 易与 NO_x 反应生成硫酸铵盐，氨盐沉积在催化剂中会引起催化剂失活，且大量没反应的氨气会造成空气预热器低温段严重积灰堵塞。

（2）在机组低负荷下，当 SCR 入口烟气温度低于最低设计烟气温度时，如果设计了省煤器烟气旁路，可通过调整省煤器烟气旁路与省煤器出口烟道挡板的开度，使 SCR 入口烟气温度高于最低连续喷氨温度，保障 SCR 正常运行。

（3）当 SCR 入口烟气温度低于最低设计烟气温度时，如果没有设计省煤器烟气旁路，则需要停止氨喷射。否则，在低温下喷氨短暂运行一段时间后，应根据催化剂供货商的要求，尽快提高机组负荷，通过高温烟气来消除硫酸铵盐的影响。

（4）SCR 入口烟气温度大于 450℃ 时，容易引起催化剂烧结，降低脱硝性能。通常，锅炉满负荷运行时的省煤器出口烟气温度小于 400℃，SCR 设计连续运行的最高温度在此基础上增加 30℃。在脱硝系统运行中，还应注意烟气温度过高的问题。

756. 如何进行氨喷射流量控制参数优化？

答： 氨喷射流量控制参数优化方法如下：

（1）注氨流量是通过锅炉负荷、燃料量、炉膛出口 NO_x 浓度及设定的 NO_x 去除率的函数值作为前馈，并通过脱硝效率或出口 NO_x 浓度作为反馈来修正。

（2）当氨逃逸浓度超过设定值，而 SCR 出口 NO_x 浓度没有达到设定要求时，不要继续增大氨气的注入量，而应先减少氨气注入量，把氨逃逸浓度降低至允许的范围后，再查找氨逃逸高的原因，把氨逃逸率高的问题解决后，才能继续增大氨气注入量，以保持 SCR 出口 NO_x 在期望的范围内。

（3）投入注氨流量的"自动"控制，增加或者减少反应器出口的 NO_x 浓度的控制目标，观察控制阀的自动控制是否正常，热工优化氨气流量控制阀的自动控参数。

（4）喷氨流量的调节的前提是 SCR 反应器进出口的氮氧化物分析仪、氨气分析仪、氧量分析仪工作正常，测量准确。如有问题，需及时处理。

757. 如何进行 AIG 喷氨平衡优化？

答： AIG 喷氨平衡优化方法如下：

（1）当脱硝效率较低，而局部氨逃逸浓度过高时，应考虑对喷氨格栅 AIG 的手动流量控制阀门进行调节。

（2）机组负荷的变化对 SCR 入口烟气 NO_x 浓度有一定影响，AIG 的优化调节应在机组习惯运行负荷下进行。

（3）AIG 喷氨平衡优化调整易采取顺序渐进的方式进行。首先将脱硝效率调整到设计值的 60% 左右，根据 SCR 出口截面的 NO_x 浓度分布调节 AIG 阀门；然后，在 SCR 出口 NO_x 浓度分布均匀性改善后，逐渐增加脱硝效率到设计值，并继续调节喷氨支管手动阀，最终使 SCR 出口 NO_x 浓度分布比较均匀。

758. 如何进行稀释风流量优化？

答：稀释风流量优化方法如下：

（1）稀释风流量通常是根据设计脱硝效率对应的最大喷氨量设定，以使氨/空气混合物中的氨体积浓度小于5%。

（2）在氨/空气混合器内，氨与空气应混合均匀，并维持一定的压力。

（3）对于喷嘴型氨喷射系统，当停止氨喷射时，为避免氨喷嘴飞灰堵塞，应一直伴随锅炉运行而投运稀释风机。

759. 如何进行吹灰器吹灰频率优化？

答：吹灰器吹灰频率优化方法如下：

（1）在SCR注氨投运后，要注意监视反应器进出口压损的变化。若反应器的压损增加较快，与注氨前比较增加较多，此时要加强催化剂的吹灰。

（2）对于声波式吹灰器，通常每个吹灰器运行10s后，间隔30s后运行下一个吹灰器，所有的吹灰器采取不间断循环运行。

（3）对于耙式蒸汽吹灰器，为大幅度改善SCR系统阻力，需要检查耙的前进位移是否能够到达指定位置，并适当增加吹灰频率。

（4）对于采用耙式蒸汽吹灰器的脱硝装置，应在检修期间注意检查催化剂表面的磨损状况并评估磨损起因。如果磨损是由于吹灰所造成，应调整吹灰器减压阀后的吹灰压力或者加大吹灰器喷嘴与催化剂表面的距离。

760. 如何进行脱硝系统变负荷运行试验？

答：脱硝系统变负荷运行试验方法如下：在设计NO_x浓度和脱硝效率下，机组负荷按照一定的速率由满负荷降低至脱硝运行的最低负荷，观察脱硝系统的运行情况，包括氨气的供应情况、氨逃逸率、实际脱硝率、氧量的变化等。

（1）变化脱硝率运行试验。在锅炉满负荷条件下，烟气中的NO_x浓度符合设计浓度要求，变化脱硝效率由20%升至设计效率。再由设计效率降低至20%，分别观察脱硝系统的运行情况，包括氨气的供应情况、氨逃逸率等参数的变化。

(2) 满负荷试运。在完成有关试验后，各方确认脱硝系统已经具备进入满负荷试运条件，开始脱硝系统的满负荷试运。满负荷试运期间，脱硝效率设定在设计效率条件下。在此期间，要定时详细记录以下参数：机组负荷、燃料量、总风量、脱硝效率、氨气流量、催化剂的压差、空气预热器压差、反应器出口氮氧化物含量、氨气含量、氧气含量、液氨蒸发器的水位和温度、液氨缓冲罐的压力、液氨存储罐压力和温度、液氨的液位、稀释风机的电流和母管压力。

761. 为什么要进行 SCR 系统的喷氨优化调整？

答： SCR 反应器的设计过程中，为了使 SCR 反应器在消除局部大量积灰的同时，使烟气系统阻力最小，同时为脱硝反应器提供一个较好的流场，已通过 CFD 数值模拟和物理冷态模型实验，对反应器入口烟道、导流叶片、喷氨格栅、静态混合器和整流装置等进行优化设计，并使顶层催化剂入口烟气分布满足：

(1) NH_3/NO 分布最大相对偏差 $<\pm5\%$。

(2) 烟气速度分布最大相对偏差 $<\pm15\%$。

(3) 烟气温度分布最大绝对偏差 $<\pm10℃$。

(4) 烟气垂直入射角偏差 $<\pm10°$。

气氨与稀释风进入混合器混合后，形成氨气体积浓度小于 5% 的氨/空气混合气，压力约 2~4kPa，经喷射系统喷入 SCR 入口烟道。催化剂入口的 NO 与 NH_3 比分布程度，决定了反应器出口的 NO 和氨逃逸浓度分布，并影响到整体脱硝效率和硫酸氢氨对下游设备堵塞等。NO 与 NH_3 在顶层催化剂表面的分布均匀性，取决于喷氨格栅上游的 NO 分布、烟气流速分布、喷氨流量分配、静态混合器的烟气扰动强度及混合距离等。

根据国内多个项目的投运后的情况来看，SCR 反应器入口 NO_x 分布并不均匀，同时，随着 SCR 的运行，通过喷氨格栅进入反应器内的各支管路的氨气流量并不均匀，此外催化剂在反应器内部受灰堵等影响，也出现了活性的不均匀性，长期运行造成了反应器出口 NO_x 浓度的不均匀性及氨逃逸浓度偏大的差异性。运行过程中，间隔一段时间调节氨喷射系统各支管的手动调节阀，以便根据实际烟气条件，在运行过程中实现喷氨流量分配的优化调节将尤为重要，如图 10-1 所示。

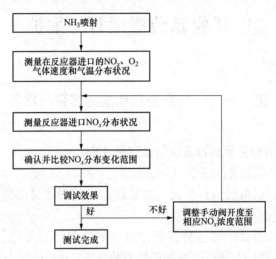

图 10-1　喷氨流量分配的优化调节

第十一章

SCR 脱硝装置运行与维护

第一节　SCR 系统启动前的检查与准备

762. 脱硝装置运行管理的总则是什么?

答: 脱硝装置运行管理的总则是:

(1) 脱硝系统运行操作、检修维护和管理人员必须经过专业培训,考试合格,持证上岗。

(2) 脱硝系统的运行管理应按《危险化学品安全管理条例》(国务院令第 591 号)和国家有关环保法规的规定执行。

(3) 还原剂储存场地应符合国家相关安全标准的要求,并取得危险化学品管理许可,方可投入使用。在使用过程中必须加强氨储存、输送等方面的安全管理,严防氨气泄漏。按 GB 18218—2009《危险化学品重大危险源辨识》规定属重大危险源时,应制定重大危险源风险预控措施,并设专人管理。

(4) 脱硝后排放的污染物指标应符合 GB 13223—2011《火电厂大气污染物排放标准》、地方标准的规定及排污许可证载明的要求。

(5) 脱硝设施出现故障时,应在规定期限内完成维修或更换。脱硝设施遇到紧急情况必须停止运行时,应向当地环保保护主管部门报告。

763. SCR 系统启动前检查中应注意的事项有哪些?

答: SCR 系统启动前检查中应注意的事项有:

(1) 所有负责操作和维修工作的人员应配备合适的安全设备和工作服装。

（2）在对 SCR 反应器内部检查时禁止在催化剂本体上行走，可借助于脚手架和平台，并且要将检查孔遮挡住，以免雨水进入和催化剂接触。

（3）在对反应器、输送管、罐等进行检查或维修工作时，应严格遵守以下事项。

1）事先要彻底使设备内部通风，保证氧浓度始终大于18%。

2）必须将 NH_3、N_2、易燃气体和其他危险流体与设备分离。

3）至少两人一组工作，一个人作为观察者留在外面。

764. 脱硝装置启动前的基本要求是什么？

答： 脱硝装置启动前的基本要求是：

（1）现场消防、交通道路畅通，还原剂制备区的正式围栏应符合要求，警告标志齐全；各工序应完成并验收合格。

（2）防雷、防静电接地得到当地相关部门的测试，应有测试合格记录。

（3）消防系统应验收合格，投入正常，消防报警投入正常。

（4）所有的压力容器应报当地的劳动监察部门备案，并取得压力容器使用许可证。

（5）氨的储存与使用应取得当地安全监察部门的危险化学品储存和使用证。

（6）脱硝系统内的所有安全阀均应校验合格。

（7）防护用品、急救药品应准备到位，洗眼器投入使用。

（8）上岗人员资质审查合格，证件齐全。

（9）操作票应通过审批。

（10）通信设施应齐全。

（11）应急预案通过审批，并经过演练。

（12）脱硝装置还原剂制备区、脱硝装置各系统安装检修应验收合格，具备启动条件。

（13）控制系统应经调试合格，具备投入条件。

765. 脱硝装置启动前的试验应符合哪些规定？

答： 脱硝装置启动前的试验应符合以下规定：

（1）应测试动力电缆和仪用电缆的绝缘电阻试验（测电缆绝缘时，断开该电缆与仪表的连接）。

（2）氨气、氮气、杂用气和仪用气的管路系统进行泄漏试验。

（3）应进行转动设备开关电气试验。

（4）经进行电（气）动阀门或挡板远方传动试验。

（5）各种信号、联锁、保护、程控、报警值设置应完成。

（6）仪器仪表校验应合格，包括烟气分析仪（NO_x、O_2、NH_3、CO 等）、流量、压力和温度变送器、控制系统的回路指令控制器、就地压力、温度和流量指示器。

766. 脱硝装置启动前液氨储存与氨稀释排放系统应进行哪些检查？

答： 脱硝装置启动前液氨储存与氨稀释排放系统应进行下列检查：

（1）还原剂制备区电气系统应投入正常。

（2）仪表电源正常，特别应是双电源切换。

（3）仪用空气压力应达到系统运行要求。

（4）吹扫用氮气量应准备到位，品质符合要求，压力正常。

（5）杂用空气压力应达到系统运行要求。

（6）还原剂制备区液氨存储和氨气制备区域的氨气泄漏检测装置报警值应设定完毕，工作正常。

（7）氨稀释槽、液氨储存罐内部应清洁，废液池清洁。

（8）氨稀释系统应正常。

（9）氨废液吸收系统应具备投入条件。

（10）氨废液排放泵系统应具备投入条件。

（11）液氨储存罐降温喷淋应具备投入条件。

（12）卸氨压缩机应具备启动条件。

（13）压力、温度、液位、流量等测量装置应完好并投入。

（14）在上位机上检查确认系统联锁保护应 100% 投入。

（15）检查确认防护用品、急救用品应准备到位。

（16）紧急措施、应急预案完成审批，并经过预演。

（17）安全阀一次门开关应正确。

（18）卸氨系统用氮气置换或抽真空处理完毕，氧含量应达到设计安全要求，不宜超过 3%。

767. 脱硝装置启动前液氨蒸发系统及其气氨缓冲系统应进行哪些检查？

答： 脱硝装置启动前液氨蒸发系统及其气氨缓冲系统应进行下列检查：

（1）液氨蒸发器、氨缓冲罐内部应清洁，人孔封闭完好。

（2）氮气置换系统应已经置换。

（3）压力、温度、液位等测量装置应完好并投入。

（4）液氨蒸发器加热媒介及其循环泵系统（若有）应具备投入条件。

（5）液氨输送泵（若有）应具备投入条件。

（6）氨缓冲罐应具备储、供氨条件。

（7）安全阀一次阀门及其他阀门应处于启动前位置。

768. 脱硝装置启动前稀释风系统应进行哪些检查？

答： 脱硝装置启动前稀释风系统应进行下列检查：

（1）稀释风管、加热器内部应清洁。

（2）喷氨混合器完好，喷嘴应无堵塞。

（3）压力、压差、温度、流量等测量装置应完好并投入。

（4）稀释风机润滑油应正常并具备启动条件。

（5）稀释空气加热系统应具备投入条件。

（6）系统阀门应处于启动前位置。

769. 脱硝装置启动前循环取样风系统应进行哪些检查？

答： 脱硝装置启动前循环取样风系统应进行下列检查：

（1）循环取样风机进出口管道内部应清洁。

（2）压力测量装置应完好并投入。

（3）烟气在线分析仪、氨逃逸检测仪应完好并具备投入条件。

（4）循环取样风机润滑油应正常且具备启动条件。

（5）循环取样风机冷却水具备投入条件。

（6）系统阀门应处于启动前位置。

770. 脱硝装置启动前吹灰系统应进行哪些检查？

答：脱硝装置启动前吹灰系统应进行下列检查：

（1）压缩空气或蒸汽吹灰系统的管道吹扫干净，排水管道应通畅。

（2）压力、温度、流量等测量装置应完好并投入。

（3）吹灰器进、退应无卡塞，与支架平台应无碰撞，限位开关调整完毕。

（4）最上面一层吹灰器倾角应已调好，具备启动条件。

（5）吹灰器控制系统应完好，具备投入条件。

（6）系统阀门应处于启动前位置。

771. SCR 系统启动前检查的目的是什么？

答：在整个 SCR 系统启动前，要对所有的设备、烟道、SCR 系统的电控设施进行检查，目的是确认其处在良好的工作状态。

772. 脱硝装置启动前 SCR 反应器系统应进行哪些检查？

答：脱硝装置启动前 SCR 反应器系统应进行下列检查：

（1）催化剂及密封系统安装应检查合格。

（2）喷氨混合器、导流板、整流器应完好。

（3）混合器氨气入口管路应完好、通畅，阀门应处于启动前位置。

（4）烟道内部、催化剂应清洁，无杂物。

（5）烟道应无腐蚀泄漏，膨胀节连接应牢固无破损，人孔门、检查孔关闭严密。

（6）压力、温度等热工仪表应完好并投入。

（7）氨泄漏报警系统应投入正常。

773. SCR 系统启动前喷氨系统检查的内容有哪些？

答：SCR 系统启动前喷氨系统检查的内容有：

（1）系统内所有的阀门都已经送电、送气，开关位置正确，反馈正确。

（2）液氨蒸发器内部杂物已经清扫干净，并把人孔门关闭。

（3）氨气缓冲罐内杂物打扫干净，并把人孔门关闭。

（4）喷氨系统的氨气流量计已校验合格，电源已送，工作正常。

（5）喷氨系统相关仪表已校验合格，能够正常投运，显示准确，CRT相关参数显示正确。

（6）喷氨格栅的手动节流阀在冷态时就已经调节好，开关位置正确。

（7）稀释风机试运合格，转动部分润滑良好，动力电源已送上，可以随锅炉一起启动。

（8）确认SCR系统相关热控设备已经送电，工作正常。

774. SCR系统启动前烟道、管道及 NH₃ 和水的供给检查的内容有哪些？

答：SCR系统启动前烟道、管道及仪表检查的内容有：

（1）烟道检查。确保烟道没有变形，没有积灰，各检测管没有堵塞，补偿器完好无损。

（2）管道检查。确保法兰及连接处没有松动，每个阀都可以打开和关闭。

（3）NH₃ 和水的供给。确保 NH₃ 储存罐存量足，确认补给水、控制仪用空气和蒸汽也都准备充分，并可随时提供。

775. SCR系统启动前仪表和电动机相关系统检查的内容有哪些？

答：SCR系统启动前仪表和电动机相关系统检查的内容有：

（1）仪表检查。校准每台仪器的精准度和安装位置，确认每个设定值及联锁试验已完成，确保每台仪器都在待机工作状态。

（2）电动机相关系统。确保所有电动机都已受电且试运行正常，相关系统防雷接地设备完好。

776. 转动设备试转前应符合哪些规定？

答：转动设备试转前应符合下列规定：

（1）转动设备联轴器良好，保护罩应完整，地脚螺栓应无松动。

（2）轴承油位应正常，油质合格；采用强制润滑时，润滑油系统油压、油温应符合制造厂规定。

（3）冷却水（若有）进水、排水管路系统应完好，阀门应正常投入。

（4）电动机应接地良好，绝缘应合格，事故按钮应完整合格。

（5）挡板、阀门传动应试验合格。

（6）仪表、联锁、保护、控制和报警装置应正常投入。

777. 转动设备试转中应符合哪些规定？

答： 转动设备试转中应符合下列规定：

（1）旋转方向应正确。

（2）应无异声、摩擦和撞击。

（3）轴承温升、振动值应符合国家行业标准和制造厂规定。

（4）设备应无漏油、积灰、漏浆、漏风、漏水等现象，冷却水温度应符合要求，润滑油系统的油温、油压应不超标。

778. 氨稀释槽的冲洗应按哪些规定进行操作？

答： 氨稀释槽的冲洗应按下列规定进行操作：

（1）应打开氨稀释槽底部排水阀和补水阀，向氨稀释槽进水。

（2）冲洗干净后，应关闭底部排水阀，将补水阀投入自动。

779. 液氨蒸发器的冲洗应按哪些规定进行操作？

答： 液氨蒸发器的冲洗应按下列规定进行操作：

（1）应打开液氨蒸发器底部排水阀和补水阀，用除盐水向蒸发器内进水冲洗。

（2）冲洗合格后，应关闭排污阀。

780. 氨系统置换应符合哪些规定？

答： 氨系统置换应符合的规定：

（1）置换前应制订置换方案，绘制置换流程图，根据置换和被置换介质密度不同，合理选择置换介质入口、被置换介质排出口及取样部位，防止出现死角。

（2）被置换的设备、管道应与系统进行可靠隔绝。

（3）采用惰性气体作置换介质时，应取样分析，当分析结果为氧含量低于 3% 时，置换结束，不得根据置换时间的长短或置换介质的用量判断。

（4）按置换流程图规定的取样点取样分析应达到合格。

第二节　SCR 系统的启动

781. 脱硝系统启动是指什么？

答：按操作程序将脱硝系统从停止状态转变为运行状态，氨气进入脱硝装置。

782. SCR 系统启动基本工况条件有哪些？

答：SCR 系统启动基本工况条件有：

（1）锅炉正常运行，机组负荷在 50%～100%，油燃烧器未投入，负压自动已投入，维持锅炉负压稳定在正常工况。

（2）锅炉吹灰期间及启动期间，打开旁路挡板（如有），关闭 SCR 反应器出入口挡板（如有），防止锅炉烧油时有可燃物沉积在催化剂表面上。

783. SCR 系统启动的基本程序有哪些？

答：SCR 系统启动的基本程序有：

（1）SCR 系统的电力供应。SCR 系统的受电是整个系统启动的基础，SCR 系统应有分开的独立电源提供。

（2）控制（仪用）空气的引入。在检查空气源的压力正常后，将控制（仪用）空气引入到每台设备，确保设定压力。

（3）防止各管道及设备结冰。为防止各管道及设备结冰，蒸汽或电伴热应保持在运行状态。

（4）NH_3 蒸发器和氨喷射管路系统。由于 NH_3 蒸发器和喷嘴在检查期间处于打开状态，整个管路里含有空气，因此，通 NH_3 前应用 N_2 置换出空气，整个管道都应该充满 N_2，并加压到正常压力，然后通过排放阀将 N_2 吹进 NH_3 稀释罐。重复这些操作 3～4 次，以便管道充满 N_2。打开蒸发器的工业水入口阀，使蒸发器充满水，并通过蒸汽使水温升高到 40℃ 为启动做准备。然后，启动 NH_3 蒸发器入口调节阀，氨水被引入到蒸发器系统。

（5）启动锅炉。在锅炉启动的初期，尤其是锅炉处于冷态时，采用燃油来启动，油的不完全燃烧会产生油雾，而油雾可能被带到 SCR 反应器的催化剂层并粘在催化剂表面，点火操作应充分注意燃烧，应尽量避免不完全燃烧产生的油雾。一旦有油雾产生，按照催化剂供应商提供的要求进行处理。

（6）开启稀释空气阀。随着锅炉的启动（包括冷启动、温启动和热启动），启动稀释风机，所有稀释管线上的阀门应全部打开。

（7）投入 NH_3 喷射。当烟气温度达到指定值时，NH_3 开始喷射。

784. 脱硝系统启动步骤是什么？

答： 脱硝系统的启动步骤如下：

（1）对还原剂系统的设备和管道进行氮气吹扫，检查系统严密性。

（2）卸氨，将还原剂输送到储存罐。

（3）启动液氨蒸发或尿素热解（水解）系统，将还原剂加热成为氨气。

（4）启动稀释风机。

（5）烟气进入 SCR 反应器。

（6）启动吹灰器。

785. 卸氨操作步骤是什么？

答： 卸氨应进行下列操作：

（1）液氨系统氮气吹扫置换合格，液氨储存罐具备进氨条件。

（2）还原剂制备区氨稀释系统投入自动。

（3）还原剂制备区废液排放系统投入自动。

（4）液氨储存罐降温喷淋系统投入自动。

（5）还原剂制备区氨泄漏报警系统投入自动。

（6）按操作票对系统阀门状态进行确认，阀门处于正确位置，管道内不得存在积水或杂物。

（7）检查液氨槽车，允许合格槽车进入现场，并按安全规程接地。

（8）把气、液相万向充装管道与液氨槽车气、液相接口进行连接，连接可靠。

（9）打开氨系统气相管路上阀门。

（10）打开氨系统液相管路上阀门。

（11）微开液氨槽车液相阀门，检查无泄漏后，缓慢打开至设计卸氨流量。

（12）当槽车压力与液氨储存罐压力相差 0.1～0.2MPa 时，微开液氨槽车上的气相管路阀，检查确认万向充装管道与法兰连接处无液氨泄漏后，缓慢全开此阀门。

（13）按照卸氨压缩机正常启动步骤，启动卸氨压缩机，并调整压缩机出口压力。

（14）当液氨槽车液位指示为零或液氨储存罐液位达到设计规定的装填液位，关断液氨储存罐上的液相阀门和气相阀门，同时停止卸氨压缩机，关闭氨卸料压缩机进出口阀门。

（15）关闭液氨槽车上的气相截止阀。

（16）关闭液氨槽车上的液相截止阀。

（17）吹扫卸氨气相、液相管路。

（18）取下连接液氨槽车与液氨储存罐的气、液相万向充装管道，确认分离完全后，槽车驶离。

786. 液氨蒸发系统启动步骤是什么？

答：液氨蒸发系统的启动步骤如下：

（1）检查、关闭液氨蒸发器排污阀。

（2）检查、关闭气氨缓冲罐排污阀、出口阀。

（3）向液氨蒸发器加入热媒（蒸汽或热水）至正常液位。

（4）启动液氨蒸发器热媒循环泵系统至正常运转（若有）。

（5）投入液氨蒸发器温度控制器，使热媒加热至设计温度。

（6）启动液氨输送泵（若有）至正常运转。

（7）将液氨蒸发器入口调节阀切换为"手动"模式，缓慢开启液氨蒸发器入口调节阀（或手动阀），使液氨蒸发器缓慢升压至设定的压力。

（8）将氨气缓冲罐入口调节阀切换为"手动"模式，缓慢开启氨气缓冲罐入口调节阀（或手动阀），使氨气缓冲罐缓慢升压至设定的压力。

（9）待液氨蒸发系统压力稳定后，各压力控制阀均投入自动。

（10）液氨蒸发器液位控制器投入（若有）。

787. 尿素配料系统启动步骤是什么？

答：尿素配料系统的启动步骤如下：

（1）开启配料池热水来水门进行注水，配料池液位达到设定值，关闭热水来水门。

（2）启动搅拌器。

（3）向配料池中加尿素。

（4）配料池内溶液搅拌 0.5h 以上，检查池内尿素完全溶解。

（5）开启尿素溶液罐入口门（根据需要只开启一个罐的入口门）。

（6）开启配料泵，检查泵出口压力升起至正常值。

（7）配料池液位降为设定值时，停止配料泵、搅拌。

788. 尿素热解喷氨系统启动步骤是什么？

答：尿素热解喷氨系统的启动步骤如下：

（1）开启炉前喷氨系统雾化蒸汽阀门。

（2）投入某层喷枪。

（3）开启雾化蒸汽电磁阀，开启调节阀，控制就地调节阀后压力 0.45MPa，蒸汽吹管 5min。

（4）开启稀释泵进出口阀门，主控启动稀释泵，检查压力正常。

（5）开启尿素泵进出口阀门，主控启动尿素泵，检查压力正常。

（6）调整尿素调节阀和稀释水调节阀，根据锅炉负荷调整尿素及稀释水流量（浓度控制在 10% 左右）。

789. 稀释风机启动步骤是什么？

答：稀释风机的启动步骤如下：

(1) 将系统阀门置于正确位置。

(2) 启动稀释风机。

(3) 投入稀释风加热系统（若有），稀释风温度应控制在设计值。

790. 吹灰器启动步骤是什么？

答：吹灰器的启动步骤如下：

(1) 将系统阀门置于正确位置。

(2) 吹灰蒸汽/空气压力投入自动。

(3) 投入吹灰控制系统（PLC），启动吹灰。

791. SCR 反应器投入步骤是什么？

答：SCR 反应器的投入步骤如下：

(1) 观察锅炉燃烧工况和尾部烟气温度。

(2) 烟气分析仪投入运行。

(3) 启动循环取样风机系统。

(4) 启动吹灰系统。

(5) 关闭氨气/空气混合器入口氨气切断阀，将氨气流量控制回路切换到"手动"模式，关闭氨气/空气混合器入口氨气流量控制阀。

(6) 启动稀释风机，启动稀释风加热器，开始供应热稀释空气。

(7) 核实氨气压力为设计值。

(8) 反应器进口烟气温度应符合设定值，还原剂制备区设备和所有仪表投入运行参数正常，打开氨切断阀。

(9) 烟气达到喷氨温度要求后，确认喷氨混合器氨入口调节阀打开。

(10) 将氨流量控制回路切换到"手动"模式，启动喷氨系统，通过氨气流量控制回路"手动"调节，开始喷氨。

(11) 逐渐提高喷氨量，控制氨逃逸率在设计范围内。

(12) 达到设定的脱硝率后，将氨流量控制回路切换到"自动"模式。

（13）确认 SCR 脱硝系统运行稳定。

（14）烟气参数应按 GB/T 16157—1996《固定污染源排气中颗粒物测定与气态污染物采样方法》进行测试，并记录脱硝系统运行参数。

792. 如何应对锅炉启动时的油沾污？

答：锅炉启动时，煤或油不完全燃烧时，会产生易燃物，这些易燃物会吸附或黏附在催化剂的表面上。正常情况下，锅炉停炉及低负荷稳燃过程中燃用轻柴油时，燃烧比较完全。在锅炉冷炉启动过程中催化剂表面的油污会在锅炉负荷和烟气温度升高后被蒸发，对催化剂活性的影响在可以接受的范围内。但是如果在锅炉调试过程过长等情况下锅炉频繁启停，并且油枪雾化效果很差时，由于油的未完全燃烧，会造成较多的油滴粘在催化剂表面。附着在催化剂表面的油滴就有可能在更高的温度下燃烧，造成催化剂的烧结。

针对此问题可在设计和运行时采取以下预防措施：

（1）提高油枪雾化效果，例如采用蒸汽雾化。

（2）在锅炉燃烧系统启动调试的后期或者锅炉本体主要调试完成后再安装催化剂。

（3）严格按照锅炉制造商的锅炉启动手册启动锅炉，保证雾化压力和适当的燃油流量，确保油燃烧器的雾化质量和燃烧效率。

（4）适时吹灰，减少催化剂表面灰和油的污染。

（5）如有条件，可在设计或运行时考虑优化锅炉燃烧器的点火方式，采用等离子灯火、微油点火、富氧点火等点火方式，减少油污的产生。

如果在锅炉点火启动或者调试过程中，已经发现较长时间内燃油雾化以及燃烧效果很差，或者已经发现催化剂表面受到了油的沾污，就需要采取以下措施：

（1）立即查找油滴沾污的原因，然后采取相应的措施停止沾污在催化剂表面油滴量的继续增加。

（2）采取适当的措施防止反应器内催化剂温度继续增加。

（3）通过引风机等措施使用大量的惰性气体来冷却催化剂直

到 50℃。尤其需要注意，在催化剂温度在 280℃以上时，禁止使用空气等可能增加反应器中氧量的气体来冷却催化剂。

第三节　SCR 系统的运行调整

793. 脱硝装置运行调整的主要原则是什么？

答：为保证脱硝系统安全运行，在满足 GB 13223—2011《火电厂大气污染物排放标准》的规定和当地标准或环保部门排放指标要求下，对运行中的脱硝系统需要进行运行调整，提高脱硝系统运行经济性。脱硝系统运行调整应遵循以下主要原则：

(1) 脱硝系统正常稳定运行，参数准确可靠。

(2) 脱硝系统运行调整服从于机组负荷变化，且在机组负荷稳定的条件下进行调整。

(3) 脱硝系统运行调整宜采取循序渐进方式，避免运行参数出现较大的波动。

(4) 在满足排放指标的前提下，优化运行参数，提高经济性。

794. 低氮燃烧与 SCR 脱硝应如何协同优化运行？

答：低氮燃烧与 SCR 烟气脱硝是目前燃煤电站使用最为广泛的脱硝技术，大部分电站均采用两者相结合的脱硝技术。从运行经济性角度出发，低氮燃烧没有直接运行成本，通过其降低 SCR 脱硝入口 NO_x 浓度能够有效降低后续 SCR 脱硝需求。而在当前超低排放要求下，后续烟气脱硝的压力陡增，协同优化低氮燃烧与 SCR 脱硝更加成为燃煤电站氮氧化物控制的重要运行问题。

先进的低 NO_x 燃烧技术将煤质、制粉系统、燃烧器、二次风及燃尽风等技术作为一个整体考虑，以低 NO_x 燃烧器与空气分级为核心，在炉内组织燃烧温度、气氛与停留时间，形成早期的、强烈的、煤粉快速着火欠氧燃烧，利用燃烧过程产生的氨基中间产物来抑制或还原已经生成的 NO_x。目前典型煤种典型燃烧器布置方式煤粉炉应用低氮燃烧技术的 NO_x 生成浓度见表 11-1。

炉 型	燃烧器布置方式	NOₓ生成浓度 （mg/m³）			
		烟煤	褐煤	贫煤	无烟煤
煤粉炉	切圆	250	300	500	
	墙式	300	300	550	
	W 火焰	—	—	800	1000

表 11-1 低氮燃烧排放限值参考

需要说明的是，低氮燃烧优化应以不影响锅炉安全、稳定、高效运行为前提，当前已有部分发电企业由于过度追求深度低氮燃烧，对锅炉运行性能产生一些不利影响：

（1）锅炉燃烧效率降低。空气分级燃烧不利于燃料的完全燃烧，导致锅炉排烟中的飞灰可燃物含量和 CO 含量升高，排烟损失增大，锅炉热效率降低。

（2）结渣与高温腐蚀。采用低过剩空气量运行及炉内空气深度分级燃烧方式时，在燃烧器区域水冷壁附近会形成还原性气氛，导致灰熔点降低，引起燃烧器区域水冷壁受热面的结渣与腐蚀加剧。

（3）汽温偏离或波动过大。采用低氮燃烧技术后，炉膛水冷壁吸热量分布发生变化，有可能引起过热蒸汽、再热蒸汽温度的变化及减温水量的增大，控制难度增加。

因此，采用低氮燃烧系统不能盲目追求过低的 NOₓ 控制指标，在实际运行中，应遵循安全、经济、环保、可调四个基本原则，即在保证锅炉安全性的基础上，不以牺牲锅炉经济性为代价，确保 NOₓ 生成浓度最低，同时要保证长期运行过程中可根据负荷、煤种变化情况实行调整。必要时可开展燃烧调整试验，确定经济运行曲线，即通过调整低氮燃烧来控制脱硝反应器入口 NOₓ 浓度，调整 SCR 脱硝喷氨量满足达标排放，综合考虑锅炉效率与脱硝运行成本，确定不同负荷条件下的经济运行曲线，并指导两者协同运行。

795. SCR 的基本操作运行过程主要包含哪几个步骤？

答：SCR 的基本操作运行过程主要包含以下几个步骤：

(1) 氨的准备与储存。

(2) 氨的蒸发并与预混空气相混合。

(3) 氨与空气的混合气体在反应器前的适当位置喷入烟气系统中，其位置通常在反应器入口附近的烟道内。

(4) 喷入的混合气体与烟气的混合。

(5) 各反应物向催化剂表面的扩散并进行反应。

796．SCR 投运操作顺序是什么？

答：SCR 投运操作顺序是：

(1) 打开氨区至炉侧手动隔离阀及炉前 SCR 手动隔离阀。

(2) 确认炉前氨气压力达 200kPa，稀释空气有一定流量（炉前氨气遮断阀的开启条件）。

(3) 开启炉前氨气遮断阀，然后根据 SCR 入口 NO_x 含量及负荷情况手动缓慢调节氨气流量调节阀进行喷氨。喷氨时应缓慢操作，以 SCR 出口 NO_x 含量按照小于规定值进行调节。若 SCR 出口 NO_x 显示值无变化或明显不准，则应及时联系处理，暂停喷氨。

797．SCR 系统运行调整应注意的事项有哪些？

答：SCR 系统运行调整应注意的事项有：

(1) 液氨储罐液位正常，罐内压力和温度正常。

(2) 氨区应无漏氨，中控氨气检测器无报警，就地无刺鼻的氨味。

(3) 液氨蒸发器液位正常。

(4) 工业水自动喷淋装置投"自动"，当储罐内部温度达 40℃时，应自动开启喷水降温、降压，以防压力升高，压力至 2MPa 安全阀动作。

(5) 废水池液位正常，废水泵投自动，否则手动启泵排水。

(6) 氨气分配蝶阀均应在指定开度，不得变动。

(7) 稀释空气隔离阀必须在"开"状态，以避免氨气分配管堵灰。

(8) 检查 SCR 催化剂出入口差压应在正常范围。

798. 脱硝装置运行烟气温度调整内容是什么？

答：脱硝装置运行烟气温度调整内容如下：

（1）反应器入口烟气温度应满足催化剂最高连续运行温度和最低连续运行温度的要求；

（2）当反应器入口烟气温度高于最高连续运行温度或低于最低连续运行温度时，则停止喷氨；

（3）其他要求应按照催化剂供应商提供的催化剂使用说明书进行。

799. 脱硝装置喷氨量调整内容是什么？

答：脱硝装置喷氨量调整内容如下：

（1）根据锅炉负荷、燃料量、反应器入口 NO_x 浓度和脱硝效率调节喷氨量；

（2）当氨逃逸率超过设定值，而反应器出口 NO_x 浓度高于设定值时，应减少氨气喷入量，把氨逃逸率降至设计值后，查找氨逃逸率高的原因。

800. 氨稀释风量在运行过程中是否需要调整？

答：在工程中，一般脱硝设备调试完成后，稀释风机的风量都是固定的，不必随着 NH_3/NO_x 摩尔比而改变稀释风量。因此氨/空气比可以是从十几分之一到零变化，但整个稀释风量加氨气量变化量是很小的，应该说变化量不到十几分之一。所以即使 NH_3/NO_x 摩尔比变化，氨喷射格栅的整个流量变化也不大。

801. 脱硝装置稀释量调整内容是什么？

答：脱硝装置稀释风流量调整内容如下：

（1）根据脱硝效率对应的最大喷氨量设定稀释风流量，使氨/空气混合物中的氨体积浓度小于 5%。

（2）在氨/空气混合器内，氨与空气应混合均匀，并维持一定的压力。

（3）对于喷嘴型氨喷射系统，当停止氨喷射时，应随锅炉运行一直投运稀释风机。

802. 脱硝装置喷氨混合器喷氨平衡优化调整内容是什么?

答: 脱硝装置喷氨混合器喷氨平衡优化调整内容如下:

(1) 当脱硝效率较低而局部氨逃逸率过高时,应对喷氨混合器流量控制阀门进行调节。

(2) 喷氨混合器的优化调节应在机组额定(长期)运行负荷下进行。

(3) 喷氨混合器喷氨平衡优化调整采取循序渐进的方式进行。首先,将脱硝效率调整到设计值的60%左右,根据反应器出口的NO_x浓度分布调节喷氨混合器阀门;然后,在反应器出口NO_x浓度分布均匀性改善后,逐渐增加脱硝效率到设计值,并继续调节喷氨支管阀门,使反应器出口NO_x浓度分布比较均匀。

803. 吹灰器运行有哪些注意事项?

答: 吹灰器运行注意事项有:

(1) 当采用声波吹灰器时,不论脱硝投运与否,声波吹灰器应随机组及时启动(其顺序控制一直投入,定期吹扫)。声波吹灰器宜按组吹扫,吹灰器间声波叠加效果更好。当发现催化剂压差有增大趋势时,应加强吹扫。从实际运行经验看,增大吹扫频次不如延长吹扫时间效果好,但时间也不可延长太多,否则加快声波吹灰器膜片疲劳度,容易损坏,吹扫过程中应严格保证压缩空气压力,保证吹扫效果。

(2) 当采用蒸汽吹灰器时,由于吹灰能量较大,如蒸汽压力或吹灰器高度控制不当,容易导致吹损催化剂,在实际运行中应严格控制蒸汽参数(压力0.6~1.0MPa,温度低于400℃)与吹灰器高度(500~1000mm),停机检查时应注意是否发生催化剂吹损现象。

(3) 当采用"声波吹灰器+蒸汽吹灰器"时,应以声波吹灰器为主,蒸汽吹灰器为辅。声波吹灰器一直投运(顺序控制),蒸汽吹灰器主要根据压差适时吹扫。当催化剂层压差正常情况下,蒸汽吹灰器建议每周至少吹扫一次,避免长期不运行设备锈蚀、卡涩。蒸汽吹灰如发生吹枪卡涩,应关断蒸汽阀,避免蒸汽不停吹扫一处催化剂,对催化剂造成损伤。为避免催化剂受潮,机组启动烟气温度较低时，不宜进行蒸汽吹扫。

804. 脱硝装置吹灰器吹灰频率调整内容是什么？

答：脱硝装置吹灰器吹灰频率调整内容如下：

（1）脱硝装置投运后，监视催化剂进、出口压力损失变化，若压力损失增加较快，加强催化剂的吹灰。

（2）对于声波式吹灰器，每组吹灰器运行后，间隔一定时间运行下一组吹灰器，所有吹灰器采取不间断循环运行。

（3）对于耙式蒸汽吹灰器，需检查耙的前进位移是否能够到达指定位置，并适当增加吹灰频率。

（4）采用耙式蒸汽吹灰器时，应在检修期间注意检查催化剂表面磨损状况并评估磨损原因。

805. 炉前 SCR 遮断阀开启和关闭条件是什么？

答：炉前 SCR 遮断阀开启和关闭条件是：

（1）遮断阀开启允许条件包括无强关条件；SCR 入口烟气温度为 $290\sim400℃$；遮断阀前 NH_3 压力大于 0.1MPa。

（2）遮断阀强关条件：MFT 动作；FDF（A/B）全停；SCR 入口烟气温度超出 $280\sim420℃$；稀释空气流量$/NH_3$ 流量<14。

806. 脱硝系统运行期间需要特别关注哪些参数？定期检查哪些设备？

答：脱硝系统运行期间要特别关注稀释风量、氨逃逸量、液氨耗量、催化剂层阻力、空气预热器阻力、脱硝效率等参数的变化，同时要按要求定期检查分析仪表、吹灰器、稀释风机、卸氨压缩机、催化剂的活性、氨管道的泄漏情况等。

807. 脱硝系统运行期间需要监控的报警信息有哪些？

答：脱硝系统运行期间需要监控的报警信息有：

（1）警报器是否发出指示异常的警报（烟气温度过高或过低、氨逃逸超标、反应器前后压差超标、氨泄漏仪动作、出口 O_2 浓度过低、稀释空气系统中氨稀释浓度超标、出口烟道 NO_x 值异常）。

（2）指示灯是否正常工作。

（3）报警系统是否正常工作。

808. 脱硝系统运行期间需要监控的热工仪表指示有哪些？

答：脱硝系统运行期间需要监控的热工仪表指示有：

（1）各部分的压力。

（2）NO_x 值、NH_3 值。

（3）各部位烟气的温度。

（4）氨蒸发器的温度是否正常。

809. 脱硝系统运行期间需要监控的巡检的项目有哪些？

答：脱硝系统运行期间需要监控的巡检的项目有：

（1）各管件连接部位是否有泄漏。

（2）管路有无明显裂纹。

（3）阀门的状态是否正常。

（4）氨流量控制阀前的压力表指示是否正常。

（5）填料压盖处有无泄漏。

（6）在线表计的状态是否正常。

（7）注氨分配管的显示、节流孔板压差的流体压力计指示是否均正常。

（8）有无氨的泄漏现象。

810. 脱硝系统运行中应检查维护的内容有哪些？

答：脱硝系统运行中应检查维护下列内容：

（1）转动机械各部件、地脚螺栓、联轴器螺栓、保护罩等应满足正常运行要求，测量及保护装置、工业电视监控装置齐全并投入运行。

（2）设备外观完整，部件齐全，保温完整，设备及周围应清洁，无积油、积水及其他杂物，照明充足，栏杆平台安全完整。

（3）各箱、罐的人孔、检查孔和排水阀应关闭严密。

（4）所有阀门、挡板开关灵活，无卡涩现象，位置指示正确。

（5）转动机械运行时，无撞击、摩擦等异声，电动机旋转方向正，电流表指示不超过额定值。

（6）电动机电缆头及接线、接地线完好，连接牢固，轴承及电动机测温装置完好并正确投入。

(7) 事故按钮完好并加盖。

811. 尿素热解制氨系统应检查维护的内容有哪些?

答:尿素热解制氨系统应检查维护下列内容:

(1) 检查尿素筒仓料位正常,筒仓外形完整,下料管道连接紧密无漏点,筒仓顶部覆盖完整,没有发生漏水的隐患;尿素筒仓活化风供应正常,管道连接完好,无漏点。

(2) 尿素溶液制备过程中,检查尿素溶解罐搅拌器运行平稳无异音。灌顶排气风机运行正常,确保罐内负压。

(3) 溶解箱加热蒸汽管道无撞击、泄漏,换热器工作正常,疏水器工作正常,疏水正常流回疏水箱。

(4) 尿素混合泵密封严密,无漏水现象,泵冲洗水排放门关闭严密。混合泵出口压力维持在设计值,并且无剧烈波动现象。

(5) 检查尿素储罐外形完整,箱体连接管道无泄漏,各测点连接紧固;储罐加热蒸汽管道无撞击、泄漏,换热器与疏水器工作正常。

(6) 尿素循环泵入口滤网空气门关闭严密,无泄漏,尿素循环泵变频器工作正常,尿素溶液供应管线伴热正常,储罐温度维持在设计值,回流温度维持在设计值。

(7) 尿素热解系统的燃油管道无漏油,油泵运行正常,油盘内无杂物,油盘放油门开启。

(8) 尿素溶液管道及冲洗水管道无泄漏,尿素喷枪雾化空气流量与压力正常。

(9) 稀释风机运行声音正常,稀释风机轴承油位计清洁。

(10) 热解炉人孔及底部连接法兰封闭严密,无氨气泄漏。

812. 液氨储存与制备系统应检查维护的内容有哪些?

答:液氨储存与制备系统应检查维护下列内容:

(1) 还原剂制备区各管道应无裂缝、漏氨,氨检漏器应无报警,还原剂制备区域无刺鼻的氨味。

（2）液氨卸料压缩机系统的曲轴箱油压、油位，压缩机进出口压力，气液分离器排液等正常。

（3）检查液氨储存罐液位，罐内压力、温度正常。

（4）液氨蒸发器、氨气缓冲罐完整无泄漏，蒸发器与稀释槽液位正常。

（5）工业水自动喷淋装置的压力正常，处于自动状态。

（6）废液池液位正常，废液泵投自动；氨吸收罐液位正常，氨水泵投自动。

（7）检查氨流量控制阀的动作正常，填料压盖处无泄漏，氨流量控制阀前的压力表指示正常。

（8）调节阀、截止阀、氨流量计的状态正常，各种参数设定正确，填料压盖处无泄漏，指示正常。

（9）检查稀释空气配管的状态正常，指示正常。

（10）检查喷氨分配管的显示节流孔板压差的流体压力计指示正常，无氨的泄漏。

813. 脱硝装置反应器系统应检查维护的内容有哪些？

答：脱硝装置反应器系统应检查维护下列内容：

（1）反应器本体应严密无漏烟，膨胀指示正常。

（2）吹灰器运行正常；压缩空气或蒸汽管道无漏气或堵塞现象。

（3）喷氨混合器处氨气系统无泄漏。

（4）在线监测仪表、分析仪表运行正常。

814. 脱硝装置主要设备定期切换周期是多少？

答：脱硝装置主要设备定期切换周期见表 11-2。

表 11-2　　　　　　脱硝装置主要设备定期切换周期

序号	项　目	切换周期	备　注
1	卸氨压缩机	每周一次	
2	液氨蒸发器	每两周一次	
3	稀释风机	每两周一次	
4	蒸汽吹灰器	每班一次	根据催化剂积灰情况确定

续表

序号	项　目	切换周期	备　注
5	声波吹灰器	每 10～15min 一次	
6	尿素热解炉的雾化喷枪	根据需要	
7	尿素溶液供应泵和尿素溶液循环泵	每两周一次	根据尿素结晶情况确定
8	尿素热解炉燃油泵	每两周一次	

815. 脱硝装置主要设备定期分析周期是多少？

答： 脱硝装置主要设备定期分析周期见表 11-3。

表 11-3　　　　脱硝装置主要设备定期分析周期

序号	项目		内容	目的	分析间隔
一	在线或连续分析项目				
1	停炉检修		检查脱硝系统	检查明显存在故障的设备	每次停炉检查
2	飞灰中的氨浓度		在静电除尘器的第一电场灰斗下收集飞灰	间接测量氨逃逸率	每周综合分析
3	SCR 参数		记录机组负荷、烟气流量、NH_3 喷射量、反应器进出口的 NO_x、脱硝系统阻力等，绘制 NO_x、NH_3/NO_x、喷氨量及系统阻力等随时间变化曲线图等	监测所有性能	每周图表分析与总结
4	NO_x 仪在线分析仪表的检查与标定	传统抽取法	检查与标定	保障正常运行	每周一次
		稀释抽取法	检查与标定	保障正常运行	每周一次
		在线直插光学法	检查	保障正常运行	每周一次
		电化学法	检查	保障正常运行	每周一次

序号	项目	内容	目的	分析间隔
5	空气预热器阻力趋势分析	每小时记录一次空气预热器阻力	监测所有性能	每周图表综合分析一次
6	吹灰器检查	检查与维护	预防并保障正常运行	每周一次
7	氨逃逸在线监测分析仪检查	检查	维护运行	每周一次
8	入炉煤取样	采集入炉煤样品	分析催化剂活性惰化的历史记录	每周一次
9	还原剂系统	检查与卸氨	安全检查,查找故障设备	每周一次
二	周期性或间歇性的分析项目			
1	氨逃逸在线分析仪表的标定与校正	检查	保障正常运行	每周一次
2	氨逃逸化学法采样与分析测试试验	在反应器出口化学法采集氨样品,进行分析	监测氨逃逸浓度	每季度一次
3	NH_3/NO_x摩尔比分布(AIG)优化调整试验	在反应器出口测试 NO_x 与 NH_3 的浓度分布,并测试脱硝效率	优化脱硝装置性能	每年一次
4	SO_2/SO_3、转化率测试试验	在反应器的进出口,化学法采集烟气中的 SO_2 与 SO_3 样品	监测催化剂对 SO_2 的氧化转化,分析 SCR 出口 SO_3 浓度对空气预热器的潜在影响	每年 2～4 次
5	催化剂活性实验室分析	从每层催化剂中采集一个样品单元体,测试催化剂的残余活性	建立各层催化剂活性历史记录,制定催化剂的管理策略	每年一次(检修期间采集样品)

续表

序号	项目	内容	目的	分析间隔
6	催化剂材料实验室分析	从所采集单元体的两端来集样品,对研磨后的催化剂及催化剂表面的矿物组成进行矿物组成分析	分析催化剂活性降低的主要原因	每年一次(检修期间采集样品)
三	间隔较长的分析项目			
1	检修期间的反应器吹灰器检查	检查与修复	保障运行	每年一次
2	反应器清洁与检查	检查反应器与催化剂的积灰情况	清除反应器内的历史积灰,延长催化剂活性寿命	每年一次或停炉检修期间
3	喷氨混合器的喷嘴检查	喷嘴检查与清灰	保障喷氨混合器正常运行,使 NH_3/NO_x 摩尔比分布均匀	每年一次或停炉检修期间
4	还原剂制备区泵、阀门、流量计、压力与温度传感器检查	检查或更换磨损的部件	保障安全可靠运行	每季节或每年一次
5	挡板检查	检查与修复	保障正常运行	每年一次
6	烟气监测器	检查与修复	保障运行	每年一次
7	空气预热器堵灰检查	检查或水冲洗	保证系统阻力在许可范围内	每年一次

816. SCR 脱硝氨逃逸控制注意事项与措施包括哪些?

答: SCR 脱硝控制氨逃逸的注意事项及手段主要包括以下几点:

(1) 在脱硝运行中应将氨逃逸控制作为首要目标,切忌仅控

制出口 NO_x 浓度而忽视对氨逃逸与氨耗量情况的关注,在流场不均匀、催化剂性能下降时盲目通过增大喷氨量来控制 NO_x 浓度维持在较低水平,均将直接导致氨逃逸大量增加。

(2)确保 SCR 脱硝装置运行在设计条件范围内,例如入口 NO_x 浓度超出设计值,为确保出口达标排放往往导致脱硝效率超出性能保证、脱硝装置超出力运行,进而导致氨逃逸浓度超标;当入口烟温低于催化剂最低连续运行烟温时,将导致 ABS 在催化剂微孔内生成,降低催化剂活性,进而导致氨逃逸浓度超标。

(3)日常运行中加强对氨逃逸浓度的监测,虽然当前氨逃逸在线监测仪器普遍存在准确性不足的问题,但仍应加强维护确保其能够指示氨逃逸变化趋势,此外还可通过定期分析飞灰中的氨含量以指示氨逃逸浓度变化情况。

(4)通过定期(不定期)工作确保脱硝装置运行在健康水平,如通过定期的反应器内部检查确保反应器内流场稳定,必要时进行流场调整;通过定期喷氨优化调整确保喷氨的均匀性;通过定期(不定期)脱硝装置性能评估,了解脱硝装置运行性能,确保 NO_x 排放浓度与氨逃逸浓度均能够满足要求。

(5)通过定期(不定期)检测评价,掌握脱硝催化剂运行状态,确保脱硝催化剂在其化学寿命期范围内,必要时及时开展催化剂添加(更换、再生)等管理工作。

第四节 供氨系统运行

817. 氨气供应系统工作过程是什么?

答:氨气供应系统工作过程如下:氨首先由液氨槽车转入液氨储罐内储存,然后经蒸发槽加热气化呈气态进入缓冲罐,后经氨气输送管道送至氨气/空气混合系统,再通过 AIG 喷射到烟气中。为了保证反应器的运行需要,液氨储存及供应系统应满足 SCR 脱硝装置所有可能的负荷范围。

供氨系统采用 PLC 控制。SCR 脱硝系统的控制均在锅炉集控室完成,另外在供氨区设置供氨系统 PLC 电子设备间,其内布置

PLC 机柜和操作员站 1 台。电子设备间的设计和布置满足现行国家标准中的相关规范要求。

　　氨和空气在混合器和管路内利用流体动力原理充分混合，再将混合物导入氨气分配总管内。氨/空气喷雾系统包括供应箱、喷氨格栅和喷嘴等。每一供应箱安装一个节流阀及节流孔板，可使氨混合物在喷氨格栅达到均匀分布。手动节流阀的设定是靠烟气风管的取样所获得的氨氮的摩尔比来调整。氨喷雾管位于催化剂上游烟气风道内。氨/空气混合物喷射配合 NO_x 浓度分布靠雾化喷嘴来调整。

818. 液氨槽车卸氨操作注意事项有哪些？

　　答：液氨槽车卸氨操作注意事项有：

　　(1) 液氨卸料压缩机做启动前检查。因压缩机为非经常运转设备，特别是在较长时间停用后的首次启动之前必须进行检查，清理液氨过滤器。确认防护设备，包括全脸型防毒面具、手套、防护鞋、防护衣、安全冲洗器等。液氨槽车需水平停放，加以固定并接地，安全熄火，在车前后约一车身长位置放置安全标示。卸料操作时，应有专门安全人员现场督导，操作人员不得离开现场。

　　(2) 吹管。为安全考虑，长时间停用后的供氨系统，在卸氨前，须对相关管路用 N_2 吹扫。吹扫应分段进行，各管路加压至压力 0.7MPa，然后排放，再重复加压、排放。操作 2～3 次，使氧含量降至安全浓度。

　　(3) 管路连接。对储氨罐至槽车相关阀进行检查，以避免管路连接时发生泄漏；检查连接压缩机出口端后段软管至槽车进气接头；连接储罐液氨进口端上段软管至槽车液氨出口接头，两软管连接后，开启两软管及槽车端的隔离阀，检查是否连接妥当；应确认气体及液氨管路无异常，检查顺序如下。

　　气体：液氨储罐→四通阀→卸料压缩机→液氨槽车。

　　液氨：液氨槽车→液氨储罐。

　　(4) 卸氨。联系中控，从 CRT 上打开储氨罐液氨进口遮断阀；启动卸料压缩机；开启压缩机入口隔离阀，待压力建立后，再开启出口隔离阀，利用压差（0.2MPa）将液氨从槽车压入储罐，监视储罐压力（1.0MPa 左右）和温度是否正常；待压差降至 0.035～0.07MPa 或槽车液位指示为 0，表示槽车内液氨已卸完。关停压缩机，几分钟后关闭储罐液氨进口遮断阀，关闭软管上端及槽车上隔离阀。

（5）软管拆卸。为操作安全，应先开启卸氨管路上的排放阀，将管内剩余液氨及氨气排放至稀释槽，再拆卸软管，并关闭相应管线上的各手动隔离阀。

819. 液氨蒸发系统主要运行调整内容有哪些？

答：液氨蒸发系统主要运行调整内容如下：

（1）液氨蒸发器运行调整的目的是使蒸发氨气的压力和流量符合设计值，调整的项目主要包括液位、加热蒸汽流量、蒸发氨气压力等。

（2）当液氨蒸发器采用蒸汽盘管式加热时，蒸汽盘管与液氨盘管外的加热媒介采用除盐水或乙二醇时，需要监测加热媒介液位，并根据需要经常补充加热媒介。对于采用蒸汽通过其凝结水（传热媒介）加热液氨盘管时，可通过液氨蒸发器内的溢流管保持加热媒介（凝结水）液位。

（3）液氨蒸发器正常运行过程中，通过调节加热蒸汽的流量来控制加热媒介的温度，满足锅炉运行脱硝所需氨气的用量。

（4）从液氨蒸发器出来的气态氨进入氨气缓冲槽，在运行时利用缓冲槽的容积维持设定压力。

820. 液氨蒸发器的水源为什么要保持流运状态？

答：这是由于氨蒸发器原设计原因，为了防止氨蒸发器出现冷热分层现象，在氨蒸发器运行时，应该保持氨蒸发器的工艺水疏放阀和入口阀一定的开度，使氨蒸发器内的热水实现流动循环。

821. 尿素热解公用系统调整内容有哪些？

答：尿素热解公用系统调整内容如下：

（1）尿素公用系统监测与调整的参数包括尿素溶解罐液位与

温度、尿素溶液储罐液位与温度、疏水箱液位、尿素循环泵回流溶液温度与压力、尿素溶液浓度。

（2）在尿素溶解罐中用除盐水或冷凝水配置 40%～50% 的尿素溶液，溶液浓度可根据需要调节。当尿素溶液温度过低时，蒸汽加热系统启动，使溶液温度保持在设定的温度，防止尿素低温结晶，影响尿素溶解。

（3）通过变频式尿素溶液给料泵与压力控制回路，调节尿素溶液供应管道上的尿素溶液流量、压力与循环回路的回流量，以维持尿素热解炉的溶液供应量平稳。

822. 尿素溶液雾化热解系统调整内容是什么？

答：尿素溶液雾化热解系统调整内容如下：

（1）调节尿素溶液压力、流量及雾化空气的压力与流量，控制尿素溶液雾化喷入热解炉后的液滴粒径在合适的范围。

（2）调节尿素溶液雾化液滴上游的加热媒介温度与流量，使雾化液滴能够完全蒸发热解成气态氨。

（3）在加热媒介作用下，雾化成液滴状的尿素溶液被分解成氨气混合物，根据尿素溶液浓度调节加热媒介的流量与压力，以控制尿素热解炉出口分解产物的压力、温度、氨气浓度及氨气流量。

823. SCR 运行应控制的主要参数有哪些？

答：SCR 系统在正常运行中，运行人员应控制的主要参数有：脱硝率、氨消耗量、氨的逃逸率、NH_3/NO_x 摩尔比及 SO_2/SO_3 氧化率。

824. SCR 运行应如何控制脱硝率？

答：脱硝率表示 SCR 系统能力的大小。脱硝率是由许多因素决定的，诸如 SCR 系统运行的空间速率 SV、NH_3/NO_x 的摩尔比、烟气温度。但是 NO_x 排放标准则往往要求烟气中 NO_x 的浓度或总量在任何情况下均不超过规定的控制值。因此，应保证在锅炉的最差工况下，SCR 系统运行的最低脱硝率仍能满足排放标准的要求，同时尽量使 SCR 系统长期经济运行。

825. 影响 SCR 脱硝率的主要因素有哪几个方面?

答:影响 SCR 脱硝率的主要因素有以下几个方面。

(1) S_V 值。S_V 即空间速率,指烟气流量与催化剂体积之比。脱硝率随着 S_V 值的增大而降低。

(2) NH_3/NO_x 摩尔比。理论上,1mol 的 NO_x 需要 1mol 的 NH_3 去脱除,NH_3 量不足会导致脱硝率降低,但 NH_3 过量,NH_3 的逃逸量就会增加;又会带来 SCR 下游 NH_3 对环境的二次污染,通常喷入的 NH_3 量随着机组负荷的变化而变化。

(3) 温度。烟气温度是影响脱硝率的重要因素。一方面,当烟气温度低时,不仅会因催化剂的活性降低而降低脱硝率,而且喷入的 NH_3 还会与烟气中的 SO_x 反应生成硫酸铵附着在催化剂的表面;另一方面,当烟气温度高时,NH_3 会与 O_2 发生反应,导致烟气中的 NO_x 增加,并且温度过高催化剂容易烧结。因此,在锅炉设计和运行时,选择和控制好烟温尤为重要。

826. SCR 运行应如何控制氨消耗量?

答:SCR 烟气脱硝控制系统依据确定的 NH_3/NO_x 摩尔比来提供所需要的氨气流量,进口 NO_x 浓度和烟气流量的乘积产生 NO_x 流量信号,此信号乘上所需 NH_3/NO_x 摩尔比就是基本氨气流量信号;根据烟气脱硝反应的化学反应式,1mol NH_3 和 1mol NO_x 进行反应。摩尔比是在现场测试操作期间来决定并记录在氨气流量控制系统的程序上。所计算出的氨气流量需求信号送到控制器并与真实氨气流量的信号相比较,所产生的误差信号经比例加积分动作处理去定位氨气流量控制阀,若氨气因为某些联锁失效造成喷氨动作跳闸,届时氨气流量控制阀应关断。

据设计的脱硝效率,依据入口 NO_x 浓度和设计中要求的最大 3ppm 的氨逃逸率计算出摩尔比并输入氨气流量控制系统程序。SCR 控制系统根据计算出的氨气流量需求信号去定位氨气流量控制阀,实现脱硝的自动控制。通过在不同负荷下的对氨气流量的调整,找到最佳的喷氨量。

氨气流量可依据温度和压力修正系数进行修正。从烟气侧所获得的 NO_x 信号馈入,计算所需氨气流量。控制器利用氨气流量控制所需氨气，使摩尔比维持固定。

827. SCR 运行中氨逃逸增加带来的主要问题是什么？

答：在高尘 SCR 工艺中，氨逃逸率的控制至关重要。因为若控制不好，不仅将使成本增加，而且将导致两个主要问题：空气预热器管板的腐蚀和飞灰的污染。

（1）多余的氨与烟气中的 SO_3 反应生成 NH_4HSO_4，当后续烟道烟温降低时，NH_4HSO_4 就会附着在空气预热器表面和飞灰颗粒物表面。NH_4HSO_4 在烟温低于大约 150℃时，会以液态形式存在，会腐蚀空气预热器管板，通过与飞灰表面物反应而改变飞灰颗粒物的表面形状，最终形成一种大团状黏性的腐蚀性物质。这种飞灰颗粒物和在管板表面形成的 NH_4HSO_4 会导致空气预热器的压力损失急剧增大，需要频繁地清洗空气预热器。

（2）同时，由于氨过剩导致了飞灰化学的性质发生改变，使得飞灰不可能作为建材原料再利用。

828. 氨逃逸的影响因素是什么？利用什么方法能及时、准确获知氨逃逸率？

答：从某种意义上来说，SCR 反应器就是氨反应器。由于许多因素的存在，不可避免地将出现氨逃逸的情况。一般来说，氨逃逸的影响因素为喷氨的不均匀性和催化剂层的活性下降。在实际运行中，这两者均无法及时发现，而通过脱硝率又不能很好地反映氨逃逸率。这时利用分析飞灰中的含氨量能及时、准确获知氨逃逸率。根据国外火电厂的运行经验，SCR 正常运行下，飞灰中含氨量控制在 50mg/kg 以下时，可有效控制氨逃逸率在安全运行范围之内。

829. NH_3/NO_x 对 SCR 运行的影响是什么？

答：通常喷入的 NH_3 量应随着机组负荷的变化而变化。

一方面，对 NH_3 输入量的调节必须既保证 NO_x 的脱除效率，又保证较低的氨逃逸率。另一方面，如果 NH_3 与烟气混合不均，即使氨的输入量不大，氨与 NO_x 也不能充分反应，不仅达不到脱硝的目的还会增加氨逃逸率。

还原剂 NH_3 的用量一般根据期望达到的脱硝率，通过设定 NO_x 与 NH_3 的摩尔比来控制。各种催化剂都有一定的 NH_3/NO_x 摩尔比范围，当其摩尔比较小时，NO_x 与 NH_3 的反应不完全，NO_x 转化率低。当摩尔比超过一定范围时，NO_x 转化率不再增加，造成氨逃逸量的增大。

830. 如何降低 SCR 运行中 SO_2/SO_3 转化率？

答： SO_2 是锅炉燃烧排放的一种常见气体，也是在燃煤锅炉的 SCR 脱硝反应中常遇到的气体物质。如果 SCR 脱硝反应发生在含有 SO_2 的烟气中，SO_2 会在催化剂的作用下被氧化成 SO_3。这一反应对于 SCR 脱硝反应而言是非常不利的。因为 SO_3 可以和烟气中的水及 NH_3 反应，从而生成硫酸铵和硫酸氢铵。而这些硫酸盐（尤其是硫酸氢铵）可以沉积并积聚在催化剂表面。为防止这一现象的发生，可以从以下两个方面考虑降低 SO_2/SO_3 的转化率。

（1）严格控制 SCR 的反应温度。

（2）合理调整催化剂成分，减少作为 SO_2 氧化的主要催化剂钒的氧化物在催化剂中的含量。SO_2 的低氧化率可以遏制形成空气预热器换热元件堵塞原因的副反应生成物（硫酸铵、硫酸氢铵）的生成，从而延长空气预热器的清扫周期。SO_2 的转化率过高，不仅容易导致空气预热器的堵灰和后续设备的腐蚀，而且会造成催化剂中毒，因此，在 SCR 运行时，一般要求 SO_2/SO_3 的转化率小于 1%。

831. SCR 系统运行监测的必要性是什么？

答： 计算机技术特别是微型计算机技术的迅速发展，为计算机监测和控制的发展与应用奠定了坚实的基础。利用计算机对工业生产流程进行监视和控制得到了广泛应用，对工业生产运行的安全性和经济性起着非常重要的作用。工业自动化水平的高低是衡量工业生产技术的先进与否和企业现代化的重要标志，现代化工业的生产管理要求：现场的生产情况能够及时地再现于远离现场的决策人员和管理人员面前，现场的实时数据能够提供给各级职能部门使用，形成图表，使生产控制和现代化管理融为一体，确保安全、优质、经济地运行。

SCR 系统运行监测能保证 SCR 系统的安全经济运行，减少运行人员，提高运行水平，因为计算机监视系统可容易地将分散的、大面积的控制台式的监视变为集中的 CRT 监视，从而缩小了监视面长度、大大减轻了运行人员负担。

832. SCR 运行监测系统主要有哪几种功能？

答： SCR 运行监测系统主要有以下几种功能：

（1）在线连续监测仪表的标定。SCR 运行监测系统与常规仪表相互备用，可以对在线仪表进行标定，提高了 SCR 系统运行的可靠性。

（2）过程控制和操作。SCR 运行监测系统通过对现场数据的采集分析，可以有效地控制和操作 SCR 系统的运行过程。

（3）识别过程故障。SCR 运行监测系统对 SCR 系统的运行提供了详尽的过程描述，从而易于分析运行过程中的故障，避免发展成为重大事故。

（4）评价和优化系统性能。SCR 运行监测系统通过所积累的大量统计资料，可以为评价和优化 SCR 系统提供依据。

（5）系统性能测试。SCR 运行监测系统利用计算机采集存储的数据进行试验数据记录、数据整理分析及统计报表的自动生成等，为系统性能测试提供依据，减轻了运行人员的工作量。

（6）监测 NO_x 排放量。SCR 运行监测系统严格监测 NO_x 排放量，达到环保排放标准。另外，对 SCR 系统进行监测能实时反映 SCR 系统的运行情况，同时也可使管理人员很方便地了解 SCR 系统的运行水平，并根据 SCR 系统运行的经济性对各班组的运行水平做出评价，为管理人员对生产进行科学管理提供客观的依据。

总之，SCR 系统运行监测能提高 SCR 系统安全、可靠和经济运行水平，提高运行管理水平及减少运行人员等。可通过生动的画面集中显示各种运行参数、曲线、图形，以及运行过程中发现异常情况及时处理等。

833. 为什么 SCR 要定期进行监测？

答：为了掌握脱硝性能、脱硝反应及其他基本处理过程的状态，应定期在相关设备和管路上抽样，分析化学成分，然后参考分析结果来控制流体参数。

834. SCR 监测的内容一般包括哪些？

答：SCR 监测内容一般包括：

(1) NH_3 分析。

(2) 催化剂的活性监测。

(3) 烟气分析。催化反应器进出口烟气温度、SO_2 浓度、NO_x 浓度、As 含量、碱金属含量、水分、烟尘浓度、烟气流量等。

调试时，根据需要随时进行烟气的采样和分析，分析项目根据调试需要确定。运行时，通过系统安装的在线监测仪表对反应器进出口烟气进行实时检测。监测项目为反应器进出口烟气温度、NO_x 浓度、水分、烟气流量、氧量、压差、氨流量、氨逃逸、脱硝效率等。每 3 个月对在线监测仪表进行一次对比试验。

SCR 系统投运后，应周期性地检查烟气系统、SCR 反应器、稀释空气管路、NH_3 蒸发器、管道系统、供水系统、蒸汽管路及控制仪用空气系统。确认上述各部分没有异常，如发现问题，应采取措施加以解决。在 SCR 系统正常运行时，需要按规定做好确认 SCR 性能的基本数据的过程记录，以便检查故障发生的原因。

835. 脱硝混合系统中的手动碟阀是否可以调整？

答：脱硝混合系统中所有手动碟阀的开度在调试过程中都进行了调整和确认，因此运行人员应该记录并标记所有手动碟阀的开度位置，并且在日常运行时，不要随意调整这些阀门的开度位置，以免影响脱硝系统的正常运行。

第五节 SCR 系统的停运

836. SCR 系统停运是指什么？

答：指按操作程序将脱硝系统从运行状态转变为停止状态，

停止氨气进入脱硝装置。

837. SCR 停运要点是什么？

答：SCR 停运要点如下：

（1）停运前应进行缺陷统计，以便停运后的检修。

（2）停止喷氨后，稀释风机应正常运行；锅炉烟风系统停运 5min 后，停运稀释风机。

（3）停运时间较长时。以液氨作为还原剂时，应将管道和缓冲罐内部的氨气排放干净，并用氮气进行吹扫，地坑或稀释槽中的氨液排放干净，并用清水冲洗；以尿素或氨水作为还原剂时，应将管道内部的还原剂溶液排放干净，并用清水进行冲洗。

（4）尿素溶解罐及尿素储罐内仍有液体时，搅拌器及罐体加热应正常运行。

（5）若冬季长期停运，需做好防冻措施，将管道中残留的水或溶液排除干净。

838. SCR 紧急停运要点是什么？

答：SCR 紧急停运要点如下：

（1）发生如下情况时，应立即关闭反应区氨气供应阀：①锅炉故障停运（MFT）；②反应区入口烟气温度小于最低连续运行温度；③反应区入口烟气温度大于最高连续运行温度；④稀释风量低于最低风量或氨/空气混合比超过 10%。

（2）发现其他危及人身、设备安全的因素。

（3）氨气供应阀关闭后，若锅炉烟风系统正常运行，稀释风机应维持运行，烟风系统停运 5min 后，停止稀释风机。

839. 还原剂制备区正常停运步骤是什么？

答：还原剂制备区停运步骤如下：

（1）关闭液氨储存罐出口阀门和液氨蒸发器入口压力调节阀，停止液氨供应。

（2）继续加热氨蒸发器数分钟，然后逐渐关小温度调节阀，减少蒸汽进入量，直至完全关闭。

（3）关闭缓冲罐出口阀门，使氨系统完全停止输出。

（4）将氨流量控制器从"自动"切换到"手动"，并关闭氨流量控制阀，关闭氨切断阀。

（5）对液氨卸料、储存、蒸发和输送等设备、容器和管道进行氮气吹扫管线。

840. 脱硝装置反应器正常停运步骤是什么？

答：脱硝装置反应器停运步骤如下：

（1）按机组停运步骤停炉，最后停炉阶段，反应器用空气进行吹扫。

（2）保持稀释风机运行，供应空气对混合器进行吹扫，防止发生爆炸；停炉后，用稀释空气吹扫反应器。如果稀释风机出现故障不能运行，则用自然通风吹扫反应器。

（3）停运稀释风机。

（4）关闭氨储存及供应系统的切断阀和隔离阀。

（5）停止为脱硝系统提供仪用空气。

841. SCR 系统长期停运操作步骤是什么？

答：在锅炉降负荷至最低允许喷氨温度前，负荷应暂时稳定，等喷氨流量调节阀关闭后再继续降负荷。

（1）关闭液氨储罐液氨出口管道气动阀及其手动阀。

（2）关闭液氨蒸发器液氨入口管道控制阀。

（3）继续加热蒸发器数分钟，待蒸发器出口氨气压力几乎降为零后，逐渐关闭蒸发器入口的蒸汽控制气动阀及调节阀，然后关闭手动阀。

（4）缓冲罐压力基本为零后，关闭蒸发器出口控制阀。

（5）关闭 SCR 喷氨气动阀、氨气流量调节阀。

（6）在 SCR 出口温度低于 250℃前，锅炉暂停继续降负荷，对催化剂进行一次全面吹灰，吹灰结束后继续降负荷。

（7）在锅炉停运后，当锅炉已经完全冷却至环境温度时，停运稀释风机。

（8）冷却 SCR 反应器。

（9）用 N_2 充满 NH_3 管路。如果液氨存储罐还存有液氨，则要按正常情况继续监视和巡视液氨存储罐的运行情况。

(10) 停止 SCR 系统的供水。

(11) 从蒸发器和 NH₃ 稀释罐中排水。

(12) 将各箱罐、地坑内的氨液排放干净。

(13) 停止供应 SCR 系统控制仪用空气。

(14) 停止供电。

(15) 检查和维修每个部分。

842. SCR 系统短期停运操作步骤是什么？

答： SCR 系统短期停运的基本程序为：

(1) 关闭液氨储罐液氨出口管道气动阀。

(2) 关闭蒸发器蒸汽入口气动阀。

(3) 关闭蒸发器液氨入口管道气动阀。

(4) 关闭氨气缓冲罐入口控制阀。

(5) 关闭氨气缓冲罐出口气动阀。

(6) 关闭 SCR 喷氨气动阀。

(7) 关闭 SCR 喷氨调节阀。

(8) 其他系统设备或者阀门等保持原来的运行状态。

843. 脱硝系统紧急停运步骤是什么？

答： 脱硝系统紧急停运步骤是：

(1) 通过手动或自动关闭氨切断阀，停止供氨。

(2) 在设备电源中断或其他原因时，脱硝系统按下列步骤紧急停机：

1) 断电前将所有处于运行状态的设备切换到"停止"模式。

2) 发生如下情况时，应立即关闭氨切断阀：①锅炉紧急停炉；②反应器进口烟气温度低；③氨/空气混合比高；④断电。

3) 当电源中断时，继续稀释风机运行，对氨喷管道进行吹扫。如锅炉仍在运行，一旦系统跳闸原因查明并恢复，按正常启动步骤启动脱硝装置；如果锅炉难以恢复正常运行，应保持稀释风机运转，将残留在喷氨混合器和管道中的氨气吹扫干净，然后继续正常停运步骤。

4）用热电偶及烟气分析仪检查脱硝反应器的内部参数状态。

844. SCR 系统的紧急停运操作是什么？

答：SCR 系统的紧急停运操作是：

（1）停止电源供应。将所有运行中的设备的开关切换到"停止"状态，同时确认 NH_3 喷射阀已经关闭。

（2）停止控制（仪器）空气。

（3）其他 SCR 反应系统及氨区系统应根据情况的需要执行下列几项：①关断 NH_3 设备；②蒸发器排水；③用 N_2 吹洗 NH_3 系统（设备和输送管路）；④NH_3 稀释罐排水。

需要注意的是：在锅炉运行期间关闭 SCR 系统的设备时，所有的稀释空气阀应全开；当稀释风系统停运时，最靠近 NH_3 喷嘴的稀释风关断阀应完全关闭。

845. SCR 系统启动与停运时应注意的事项有哪些？

答：SCR 系统启动与停运时，应注意以下事项：

（1）SCR 系统在操作过程中应主要考虑维护人员和设备的安全，如果有任何威胁安全和安全运行状态的情况出现，操作者应立即采取适当的措施使 SCR 系统回到一个已知的可安全运行的条件，即使它会引起 SCR 系统跳闸。

（2）锅炉冷启动时，SCR 反应器入口的烟气温度低于水的露点温度（50～60℃）的时间应越短越好。

（3）锅炉管路泄漏的事件发生时，锅炉应停机并且应尽快进行强制冷却以避免催化剂变湿。

（4）SCR 反应器不应超过催化剂允许的最高温度运行，否则催化剂将永久地失去活性，导致催化剂性能保证期缩短。

（5）尽量避免或降低 SCR 反应器上游设备产生对催化剂有毒的物质（尤其是 Na、K、As、Pt、Pd、Rh 等），否则将导致催化剂中毒，降低催化剂使用寿命。

（6）只有在 SCR 系统的联锁试验通过后，才能启动 SCR 系统。当任何联锁系统暂时失去可用性时，为了保证运行，这期间应尽量减少关闭次数并且增加监视的频率。这是因为脱硝系统的各种设备都配有不同的联锁系统来保证安全和对设备的保护。

（7）如果发现锅炉烟气或氨气泄漏，应注意以下事项：

1）应立即用警示牌和安全绳索确定危险区。

2）熄灭危险区域内的所有明火。

3）在危险解除前，泄漏区域不要点燃任何火焰。

（8）在任何设备关闭后的第一次运行时：

1）确保所有仪表和探测器安装正确，仪表管线连接正确，报警器和安全装置设置已完成，然后在运行前使连锁电路回到最初状态。

2）检查相关的部分，保证设备重启运行的安全。

（9）任何时间，当 NH_3 被空气稀释时，NH_3 空气的稀释率应小于 15%（通常的联锁设定值），以避免可能发生的爆炸。

（10）应尽量避免或减少 SCR 系统上游的燃烧设备携带或者产生的油雾、易燃气体、烟灰进入反应器内。切记不要使脱硝装置在 60℃以上时被油雾、易燃气体和烟灰堆积，运行人员应该对锅炉或其他燃烧设备的燃烧状况和故障充分注意。一旦油雾被带到催化剂层时，需要咨询或按照催化剂供应商提供的技术要求进行处理。

第十二章

SCR 系统常见问题分析

846. SCR 系统的设计和使用需要关注的问题是什么？

答：SCR 系统的设计和使用需要关注的问题是：

（1）氨是一种有毒有害气体，SCR 系统中未反应完全的氨排入大气将会造成二次污染。

（2）飞灰中的重金属（主要是 As）或碱性氧化物（主要有 MgO、CaO、Na_2O、K_2O 等）的存在会使催化剂中毒或活性显著降低。

（3）过量的 NH_3 可能会和 O_2 反应生成 N_2O，尽管 N_2O 对人体无害，但近来的研究表明，N_2O 是导致温室效应的气体之一。

（4）SCR 系统入口处烟气流速、温度、浓度的分布不均匀，会极大影响整个系统的 NO_x 的脱除效率及 NH_3 的逃逸率。

（5）由于增加了 SCR 脱硝装置，将增加 SCR 反应器（主要为催化剂）阻力、SCR 反应器进出口烟道阻力，从而引起引风机阻力的增加，增加的阻力之和大约为 1000Pa。

847. SCR 系统运行中常见的问题包括哪些？

答：SCR 系统运行中常见的问题包括管路阀门泄漏、槽车卸氨缓慢、喷氨关断间关闭与 SCR 系统退出运行、脱硝效率下降、喷氨关断阀频繁动作、吹灰器无法投入或吹扫过程中断、氨蒸发器跳闸、氨逃逸率增加等。

848. 烟气条件偏离设计值对 SCR 脱硝性能有什么影响？

答：脱硝系统设计烟气条件主要包括入口烟气量、温度、NO_x 浓度、飞灰特性、微量元素含量和首层催化剂入口烟气参数分布均匀性等。烟气条件偏离设计值对脱硝性能有如下影响：

（1）理论上脱硝入口 NO_x 浓度越高，脱硝效率则越低，当脱

硝入口 NO_x 浓度超出设计值时，为实现 NO_x 达标排放势必会要求脱硝率超出性能保证值，进而会导致还原剂耗量增大、氨逃逸上升甚至超标。

（2）脱硝入口烟温对于脱硝率的影响视设计温度值与催化剂性能会有不同表现，当脱硝入口温度超出设计值时，脱硝率有可能上升、下降或维持稳定，但在 SCR 脱硝温度区间内，随着入口温度的上升，会造成 SO_2/SO_3 转化率上升，提高烟气中的 SO_3 浓度，因此在不影响脱硝性能的条件下，实际运行中可通过运行调整适当控制烟温，以尽量降低 SO_2/SO_3 转化率。

（3）理论上，脱硝入口烟气量越大，则脱硝率与 SO_2/SO_3 转化率越低，此外当脱硝入口烟气量超出设计值时，会造成系统阻力上升乃至超标，催化剂通道内烟气流速加快，加速磨损。

（4）当脱硝入口烟尘浓度超出设计值时，会加大催化剂积灰和磨损的风险，严重时将导致催化剂使用寿命缩短。

（5）当脱硝催化剂入口速度场、氨氮摩尔比相对偏差等流场指标偏离设计值，将会引起脱硝效率下降或局部氨逃逸增大，无法达到设计性能保证值，脱硝系统需要提前更换催化剂。

（6）当脱硝入口烟气中 As 等微量元素含量偏高，会导致催化剂中毒、活性降低，化学寿命缩短。

849. 如何应对 SCR 脱硝出口与烟囱入口 NO_x 浓度"倒挂"现象？

答： 当前部分电站在 SCR 脱硝运行过程中出口 SCR 脱硝出口与烟囱入口 NO_x 浓度"倒挂"现象，尤其是超低排放改造后，此现象更为频繁出现。如根据 SCR 脱硝出口 NO_x 浓度控制喷氨量，则有可能导致喷氨量偏差，出现氨逃逸超标或者 NO_x 排放浓度超标的问题；如根据烟囱入口 NO_x 浓度控制喷氨量，则可能由于测量延时（可达 1～3min）导致不能及时反馈实际喷氨需求量，喷氨量随机组运行工况变化的调节能力较差。

针对上述"倒挂"现象，如是监测仪表设备故障或设备安装位置不符合规范要求所导致，则应尽快排除故障或按照 GB/T 16157—1996《固定污染源排气中颗粒物和气态污染物采样方法》

中对于采样位置直管段下游不小于6倍直径及上游不小于3倍直径的要求重新设置采样点；此外，出现此现象的一个重要原因是SCR脱硝反应器出口NO_x浓度场分布不均所导致。针对此问题，一方面考虑到经过除尘、脱硫等设备"整流"后，烟囱入口NO_x浓度场一般较为均匀，实际运行中仍应根据烟囱入口NO_x浓度值进行运行控制；另一方面应尽快委托检测单位或自行对反应器出口NO_x浓度场进行网格化检测，根据检测结果重新布置在线仪表采样点，确保NO_x在线监测数据的代表性。此外，当前部分发电企业通过设置多点取样装置，然后进行混合取样测量，也能够有效解决上述"倒挂"问题。

850. SCR进出口在线温度偏差的原因是什么？

答：SCR系统稀释风一般采用常温空气，温度一般在$0\sim40℃$，较烟气温度低$300℃$以上，因此混合稀释后形成的含氨混合气通过喷氨装置进入SCR烟气脱硝系统后会使烟温降低。满负荷工况下，稀释风量约为脱硝烟气量的0.4%，能使烟温约降低$1℃$；低负荷工况下，烟气量减少，但稀释风量基本不变，能使烟温约降低$3℃$。此外，由于脱硝系统中高温烟气呈负压状态，势必存在漏风与散热导致烟气温度下降，而SCR脱硝化学反应是一个微放热过程，其对烟温的提升作用极小。因此，工程设计中一般将SCR系统温降指标控制在$3℃$以内。

实际脱硝工程中，由于SCR系统烟道保温不到位、局部漏风较大和测温元件插入烟道深度较浅等原因，会出现温降超标甚至达到$10℃$。在少数工程项目中，在线烟温数据会出现SCR出口温度高于入口温度的"倒挂"现象，这主要是由于烟道截面温度偏差较大、测温元件代表性不高所致。在尾部受热面吸热不均及竖井烟道为双烟道的锅炉中较为常见。

851. 氨泄漏危害是什么？

答：液氨管路接口或阀门泄漏问题是液氨站常见问题，这种危害极大。由于液氨超强的亲水性，轻微泄漏并吸收空气中水蒸气后会呈现较强碱性，这对周围的金属管路、阀门、容器乃至金属踏板等腐蚀会非常严重；液氨大量泄漏，在造成重大环境污染事故的同时，还可能会引发爆炸、火灾及重大人身伤害等事故，所以正常运行时在加强氨库区安全保卫管理同时，还应该保证氨库区工业水、消防水和生活洗眼水的供应，而且流量和压力一定要达到所需要求。

852. 液氨泄漏现象是什么？

答：液氨站管路氨泄漏现象比较明显，首先是在泄漏区域会闻到浓烈的刺鼻氨臭味，而且在有报警设备的区域达到检漏报警器的报警浓度时，会有灯光报警和声音报警发出；其次在环境温度较低或泄漏较大时，泄漏处有明显的白雾状气体喷出同时伴有泄漏的嘶嘶声。

853. 液氨泄漏原因是什么？

答：液氨站管路泄漏的主要原因可分为制造安装质量差和运行操作调整不当两种。

（1）第一种原因是阀门管道密闭容器制造安装质量差，或者阀门密闭容器制造质量不符合要求，主要是受工程造价和电站对化工区域验收标准的限制。目前，氨库区有部分阀门采用的是一般的无加强密封的阀门，而非氨专用阀，这些阀门门杆无加强密封，部分一次手动门存在内漏情况并且关不严；部分氨管路法兰未采用聚四氟乙烯垫片，而是使用石棉橡胶板垫片等，导致管路或阀门漏氨频繁。

（2）第二种原因是运行操作整不当，造成管路或容器局部压力过高、安全排放阀不动作造成个别承压部件损坏、卸氨操作过程中软管连接不牢靠、氨蒸发器设定压力或温度高和自动式压力调节阀故障等均能造成管路或阀门处氨外漏。

854. 液氨泄漏处理基本原则是什么？

答：液氨泄漏处理基本原则是大量喷水吸收、隔离泄漏点、停止供氨和卸氨操作。

855. 液氨轻微泄漏处理方法是什么？

答：液氨轻微泄漏处理方法是：撤退区域内所有无关人员，

处置人员必须使用正压式呼吸器和保护手套，防止吸入和接触氨、对泄漏位置管道阀门进行大量喷水吸收，同时尽可能切断和隔离泄漏源，在保证安全的情况下堵漏处理，禁止进入氨气可能汇集的局限空间，并加强通风。如果是运输车辆泄漏，对泄漏部位大量喷水，同时应将车辆转移到安全地带，并且仅在确保安全的情况下才能打开阀门泄压处理。

856. 液氨大量泄漏处理方法是什么？

答： 液氨大量泄漏处理方法是：迅速组织人员撤离泄漏污染区并至上风处，同时立即在150m半径范围内设置隔离区，严格限制人员出入，切断火源。要求应急处理人员戴自给正压式呼吸器和保护装备，尽可能切断泄露源，合理通风，加速扩散。如果正在进行灌装作业等操作，应立即停止作业，防止事故扩大和火灾及爆炸事故的发生、对连接的氨储罐和系统进行隔离，对泄漏的系统和罐体应关闭相关的阀门及进行加装堵板等隔离操作，漏气容器要妥善处理，修复并检验后再用。一旦氨储罐泄漏而导致设备损坏，应立即制定设备应急抢修或设备更换方案。

857. 脱硝效率下降一般是由什么原因引起的？

答： SCR脱硝系统运行过程中，脱硝效率下降的情况较常见，一般是由催化剂活性降低或者液氨质量差等原因引起。

858. 脱硝效率下降的现象是什么？

答： 脱硝效率下降现象是：在SCR反应器入口NO_x质量浓度变化不大的情况下，氨气需求量明显增大，分布式控制系统显示脱硝效率明显偏低，且每天液氨供应增加，氨罐液位下降较正常偏大，问题严重时氨蒸发器温度下降，加热器连续运行。

859. 脱硝效率下降原因包括哪些？

答： 脱硝效率下降原因包括：

（1）吹灰器故障或者吹灰效果不好造成催化剂模块大面积覆灰，致使催化剂反应接触面积变小；或者是在启停炉过程中，没有严格按照规程要求投退催化剂模块，使用保养不当，造成催化剂局部失效，从而使催化剂活性降低。

（2）温度的波动太大或是运行温度太高，导致催化剂部分脱落或催化性能降低，而造成催化剂热损伤。

（3）供货市场的变化及其他原因造成液氨品质差，杂质较多则直接影响脱硝效率。

（4）设备本身调节过程出现以下故障：氨供应量不足、流量控制阀开度过大、反应器出口 NO_x 设定值太高，AIG（注氨栅格）部分堵塞致使注入的氨分布不均、分析器显示错误信号以及 NH_3/NO_x 摩尔比设定值过低等。

860. 脱硝效率下降处理方法是什么？

答：根据脱硝效率下降的不同原因分别处理：

（1）调整吹灰器，适当调整吹灰气源压力，查找原因，保证吹灰效果且保持催化剂模块干净。

（2）利用停机机会定期对催化剂检查，严格按操作说明投退反应器，防止人为损坏催化剂。

（3）检查氨是否存在泄漏，氨的供应压力是否过低。

（4）检查氨供应管道是否堵塞、氨蒸汽浓度是否过低，发现问题及时处理。

（5）调整出口 NO_x 设定点至正确值，适当增加氨注入流量。

（6）重新调整 AIG（注氨格栅）减压阀，增加喷氨量过少的喷嘴的供氨量，清理堵塞的氨流量喷嘴，检查分析仪是否计量准确，检查烟气采样管是否堵塞或泄漏，检查仪表空气压力是否正常。

（7）根据试验，调整氨或 NO_x 的质量浓度。

861. 喷氨关断阀关闭与 SCR 系统退出运行原因是什么？

答：喷氨关断阀达到保护逻辑所设定的条件，则自动关闭，造成 SCR 脱硝系统退出运行。喷氨关断阀关闭与 SCR 系统退出运行的原因包括：

（1）锅炉运行后，当满足 SCR 入口挡板开启信号消失条件及氨流量控制阀入口压力低于 70kPa、稀释风机母管空气流量低于设定值的保护动作条件时，喷氨关断阀关闭，SCR 系统退出运行。

（2）当运行空气稀释风机停运且备用空气稀释风机停止、NH_3 流量控制阀前氨流量与稀释空气流量之比大于或等于 10%，并且持续时间超过 5s 时，喷氨关断阀关闭。

（3）当反应器出口烟气 NO_x 质量浓度低于设定值、持续时间超过 30s 且反应器出入口温度低于 310℃ 或高于与 430℃ 等其他设定条件满足时，喷氨关断阀关闭。

862. 喷氨关断阀关闭与 SCR 系统退出运行处理方法是什么？

答： 喷氨关断阀关闭与 SCR 系统退出运行处理方法是：

（1）若锅炉运行和 SCR 入口挡板开启信号消失，联系热控恢复信号。

（2）若氨流量控制阀入口压力低 70kPa，及时补充液氨站液氨。

（3）当稀释空气风机母管流量低于设定值运行、稀释空气风机停运且备用稀释空气风机停止时，查明原因及时启动备用稀释风机。

（4）当 NH_3 流量控制阀前氨流量与稀释空气流量之比大于或等于 10% 并且持续时间超过 5s 时，增加稀释风机出力。

（5）当反应器出口烟气 NO_x 质量浓度低于设定值并且持续时间超过 30s 及反应器出入口温度低 310℃ 或高于 430℃，喷氨关断阀关闭时，尽快满足投运条件。

863. 催化剂铵盐沉积的原因及处理方法是什么？

答： 催化剂铵盐沉积的原因：在燃用高硫煤时，烟气中的部分 SO_2 被氧化生成 SO_3，而 SO_3 与 SCR 脱硝系统中喷入过剩的 NH_3 进一步反应生成 NH_4HSO_4 和 $(NH_4)_2SO_4$，它们吸湿固结易引起催化剂中毒或堵塞。

催化剂铵盐沉积的处理方法：$(NH_4)_2SO_4$ 的沉积可通过提高温度进行消除，运行温度至少比从露点曲线得到的临界运行温度高 50℃。为避免由于 NH_4HSO_4 沉积引起的催化剂暂时失活，连续运行时入口处温度应高于 NH_4HSO_4 的露点温度。露点温度与氨气和 SO_3 的浓度，入口处 NO_x 的浓度和脱硝效率有关。如果烟气

温度低于 NH_4HSO_4 露点温度，连续运行时间就必须少于 300h，同时每层催化剂各点的温度就必须在 317℃以上。

864. 氨逃逸率增加的主要原因及处理方法是什么？

答：氨的逃逸率增加，脱硝效率也相应降低，同时最终的净化烟气中 NH_3 浓度也增大，进而造成二次污染。

（1）主要原因。混合喷嘴处氨的质量浓度测量装置失灵，造成供氨质量浓度过大，致使氨逃逸率增加。若 NH_3 投入量超过需要量，NH_3 氧化等副反应的反应速率将增大，如 SO_2 氧化生成 SO_3，在低温条件下 SO_3 与过量的氨反应，生成的硫酸铵和硫酸氢铵就会附着在催化剂或空气预热器冷段换热元件表面上，导致空气预热器堵塞，增加烟道阻力和降低空气预热器的换热效果，造成脱硝效率降低。

（2）处理方法。加强现场技术管理，形成对氨质量浓度测量装置和氨逃逸监测仪表的定期校验制度，保证监测仪表可靠、使用方便。

865. 吹灰器无法投入或吹扫过程中断的主要原因是什么？

答：吹灰器无法投入或吹扫过程中断的主要原因有：

（1）供汽汽源压力低于 1.18MPa，且持续时间达 10s 以上。

（2）吹灰器电机电流过大（大于 3A）。

（3）吹灰蒸汽母管温度小于 350℃或疏水门没有关闭。

（4）电子间吹灰控制屏上位机没有切换到分散控制系统（DCS）远控。

（5）吹灰器运行超时或启动失败。

（6）脱硝吹灰器没有选中。

866. 吹灰器无法投入或吹扫过程中断处理方法是什么？

答：吹灰器无法投入或吹扫过程中处理方法是：根据不同原因对照进行处理，确认吹灰控制屏上位机切换到 DCS 远控和脱硝吹灰器选中，提高吹灰供汽压力和供汽母管温度，处理吹灰器机械部分卡涩情况，检查关闭疏水门。

867. SCR 脱硝系统检修中出现的主要问题有哪些？

答：经过检修 SCR 脱硝系统，发现主要存在的问题有以下两方面：

（1）催化剂层积灰严重。入口烟道由于烟道尺寸较小、烟气流速高、导流板受力较大，加上烟气中含粉尘量大，会严重磨损导流板及烟道支撑。而导流板的损坏则导致进入喷氨层烟气流场流速偏差大，继而造成喷氨层各部位喷氨量不能均匀混合，从而降低脱硝效率。

（2）催化剂模块密封板变形、部分催化剂堵灰。停运检查时发现部分不锈钢密封板变形，催化剂模块之间形成旁路，造成部分模块之间积灰。另外催化剂表面局部区域有积灰，无法清通，从而形成永久性堵塞。因此，催化反应器的小人孔部位有大量的积灰，应当在每次停运进入之前采用人工清理出来，而不能直接将冷灰吹入催化剂表面，这样会导致冷灰将催化剂局部堵塞。催化剂上层烟道导流板上设计有吹灰管道，运行中应当定期投入吹扫，避免积灰过多后的瞬间大量灰落到催化剂表面，形成局部堵灰。同时可采取在大修中将催化剂表面用防雨布遮盖，这样可以避免灰块落到催化剂表面。

868. 脱硝装置故障处理的一般原则是什么？

答：脱硝装置故障处理的一般原则是：

（1）脱硝系统发生异常时，应按规程正确处置，保证人员和设备安全。

（2）发生事故时，值班人员应采取一切可行的方法、手段防止事故的扩大，消除事故根源，在设备确已不具备运行条件时或继续运行对人身、设备有严重危害时，应停止脱硝系统的运行。

（3）在处理过程中防止尿素溶液在管道内结晶堵塞。

（4）在电源故障情况下，应查明原因并及时恢复电源，若在短时间内不能恢复供电，应将泵、管道内溶液排空，待电源恢复后，对设备和管道进行冲洗。

869. 脱硝系统故障紧急停运的情况有哪些？

答：发生下列情况之一时，应立即中断喷氨，停运脱硝系统：

（1）锅炉故障停运（MFT）。

脱硝运行技术 1000 问

(2) 反应器入口烟气温度小于最低极限值。

(3) 反应器入口烟气温度大于最高极限值。

(4) 反应器出口氨逃逸率高于设计极限值。

(5) 喷氨的氨气浓度超过 8%。

(6) 稀释风流量低于最低风量。

(7) 发现危及人身、设备安全的因素。

870. 脱硝系统故障异常停运的情况有哪些？

答： 发生下列情况之一时，应停运脱硝系统：

(1) 氨逃逸率超过设计值，经过调整后仍不能达到设计值。

(2) 氨供应系统故障，必须中断供氨处理。

(3) 催化剂堵塞严重，经过吹灰后仍不能维持正常差压。

(4) 仪用气源故障。

(5) 电源故障中断。

871. 液氨蒸发系统故障处理原则是什么？

答： 液氨蒸发系统故障处理原则是：

(1) 液氨蒸发系统出现故障，停止液氨蒸发系统，隔离故障蒸发槽，切断液氨供应系统。

(2) 查明故障原因，处理后恢复脱硝系统运行。

(3) 若短时间内不能恢复运行，按紧急停机的有关规定处理。

872. 稀释风机有哪些常见故障与解决措施？

答： 稀释风机常见故障是稀释风风量降低，导致该问题主要有如下几种原因及应对措施：

(1) 稀释风机入口阀门关小。稀释风机入口阀的作用是调节稀释风机流量，当调试结束，该阀门一般不要调整。不宜根据负荷高低或入口 NO_x 浓度调整风量，该风量应一直保持最大运行风量。当发现稀释风机出口压力降低、风量减小，应检查入口阀门是否误操作。

(2) 稀释风机入口滤网堵塞。部分稀释风机入口滤网采用毡式滤网，极易堵塞，应每周至少切换、清理一次。可选用钢丝网式滤网，网孔较大效果较好。

（3）喷氨格栅堵塞。喷氨格栅堵塞往往是由于未能及时启动稀释风机造成，现象是压力提高、流量降低。喷氨格栅一旦堵塞，清理不易，如有停机机会应彻底清理检查，如不能停机可采用提高稀释风机压力进行疏通。此外机组运行烟温低也有可能导致在喷氨格栅喷嘴处出现ABS积聚和粘结，通过将稀释风加热处理，或采用一次风或二次风，提高氨喷嘴区域的温度，可以有效避免此问题。

873. 稀释风机故障处理原则是什么？

答：稀释风机故障处理原则是：

（1）确认喷氨系统联锁保护动作正常，中断喷氨系统，停止液氨蒸发系统。

（2）查明稀释风机跳闸原因，处理后恢复脱硝系统运行。

（3）若短时间内不能恢复运行，按紧急停机的有关规定处理。

874. 尿素输送系统故障处理原则是什么？

答：尿素输送系统故障处理原则是：

（1）确认尿素溶液罐温度及加热盘管投运正常。

（2）检查尿素输送泵进口滤网是否堵塞。

（3）尿素输送泵出现故障时，隔离故障设备，启动备用泵。

（4）如果备用泵仍不能正常运行，按照紧急停运的有关规定处理。

875. 尿素热解装置异常处理原则是什么？

答：尿素热解装置异常处理原则是：

（1）确认热风加热装置运行正常，热风流量及温度满足设计要求。

（2）检查脱硝热解计量模块是否堵塞，必要时停运冲洗。

（3）检查反应器两侧调门开度是否正常。

876. 吹灰器故障处理原则是什么？

答：吹灰器故障处理原则是：

（1）隔离故障吹灰器，检查故障原因。

（2）来用蒸汽和声波联合吹灰方式时，如果声波吹灰系统发生故障，应及时启动蒸汽吹灰，根据催化剂差压变化情况，每 8h 至少投运 1 次；如果蒸汽吹灰系统发生故障，应及时启动声波吹灰，根据催化剂差压变化情况设置吹灰周期和间隔，采取连续运行方式。

（3）采用单一吹灰方式时，如果短时同内不能恢复运行，应中断喷氨系统，停止还原剂制备系统。

（4）如果催化剂差压增长过快，应采取降低机组运行负荷或者停机方式处理。

877. 反应器运行故障处理原则是什么？

答： 反应器运行故障处理原则是：

（1）催化剂差压过大，应先检查排除在线取样管路堵塞或表计故障，然后采取提高吹灰器吹扫频率或降低喷氨量措施。

（2）采用 SCR 工艺的脱硝系统，脱硝效率未达到设计值、逃逸氨浓度高时，应先减少喷氨量降低氨逃逸，然后对喷氨格栅进行调整。如果喷氨格栅调整后，仍然存在上述问题，应进行催化剂活性检测。

（3）采用 SNCR 工艺的脱硝系统，脱硝出口氮氧化物浓度高、逃逸氨浓度高时，应先减少还原剂喷入量，然后对各喷枪的还原剂流量进行调整。

（4）脱硝入口烟气温度超过设计值时，应采取降低机组负荷或紧急停炉措施。

878. 催化剂运行故障处理原则是什么？

答： 催化剂运行故障处理原则是：

（1）催化剂压损过大，引起系统阻力增加，应启动吹灰器及时吹扫，降低压损。

（2）催化剂活性降低时，加备用层、更换催化剂或催化剂再生。

（3）催化剂效率降低、氨逃逸率高时，减少喷氨量，降低脱硝效率运行。

（4）催化剂烧结时，停运脱硝系统，更换催化剂。

（5）催化剂受潮时，应按催化剂有关要求处理。脱硝装置长期停运时，应采取防潮措施。

879. 发生火警时的处理原则是什么？

答：发生火警时的处理原则是：

（1）发现设备着火时，应立即报警，停止脱硝系统运行。

（2）按照有关规定，正确使用灭火器材，及时扑灭火灾。

880. 脱硝效率低的原因有哪些？

答：脱硝效率低的原因有：供氨量足；出口 NO_x 设定值过高；催化剂活性降低；氨分布不均匀；NO_x/O_2 分析仪给出信号不正确。

881. 液氨供应能力不足的原因及对策有哪些？

答：液氨供应能力不足的直接原因主要有氨气液化和供氨压力不足两方面。氨气液化一般是由于温度过低，可通过提高液氨蒸发器出口温度或采用氨气管路伴热的方法进行解决。氨气压力不足的具体原因主要包括：

（1）液氨品质问题。采购的液氨本身含有杂质，造成液氨蒸发区和氨气管道中带有杂质，堵塞管道，一般要求液氨纯度大于 99.6%。

（2）管道安装遗留物问题。脱硝系统管道在安装时未采取封堵措施，投运前未有效进行吹扫和氨气置换，有粉末状残留物存留。

（3）管道材质的影响。因氨存储区、蒸发区和 SCR 区内主要管道设计施工上多采用碳钢管，而碳钢管道和氨发生腐蚀易形成铁的氧化物。

（4）压力表计故障的影响。

针对上述原因，可采取的应对措施主要包括：

（1）严格把控液氨质量，及时化验，其质量纯度要满足技术标准，尽量避免杂质进入输氨管道引起堵塞。

（2）在蒸汽阀前加装滤网，利用蒸发器定期切换机会对蒸汽阀前滤网进行清理，防止杂物进入蒸发器内造成堵塞。

（3）定期更换液氨过滤器滤芯，定期对氨区蒸发器进行吹扫，吹扫周期建议每月一次。

（4）定期对氨气压力在线表计进行检测校验，使其处于正常运行状态。

882. 阻火器堵塞的原因及对策有哪些？

答： 阻火器的作用是防止外部火焰窜入存有易燃易爆气体的设备、管道内或阻止火焰在设备、管道间蔓延。大多数阻火器是由能够通过气体的许多细小、均匀或不均匀的通道或孔隙的固体材质所组成，火焰通过热导体的狭小孔隙时，由于热量损失而熄灭。喷氨管路堵塞点主要集中在喷氨管路阻火器，因为阻火器内部是很密的细网，极易导致堵塞。造成堵塞的主要原因包括：

（1）施工期间杂物、铁锈残留。

（2）液氨携带杂质。

（3）氨气温度低，导致一些杂质结晶（黄色晶种体）。

针对上述原因，可采取的应对措施包括：

（1）购买阻火器备件，发现堵塞及时更换处理。

（2）加装旁路，保证在阻火器堵塞时可通过旁路供氨，避免 NO_x 超标排放。

（3）严格把好液氨质量关，及时化验，尽量避免杂质进入阻火器引起堵塞。

（4）日常运行中，定期清理阻火器，停机状态应彻底清理，非停机状态可采用提高稀释风机压力进行疏通，对于堵塞比较严重的可采用压缩空气吹扫。

（5）引风机启动前启动稀释风机。

883. 尿素热解炉结晶的原因及对策有哪些？

答： 尿素热解工艺是在合适的温度（一般为 $300\sim650℃$），将尿素溶液喷入尿素热解炉后进行分解，而热解炉结晶是当前采用尿素热解技术的常见问题，其直接原因是喷入热解炉内的尿素溶液未能完全热解，而完全热解主要受到热解温度与尿素溶液雾化程度两个因素限制。具体原因主要有：

（1）热一次风（热二次风）中灰分含量过高。灰分含量高，容易导致灰分颗粒物与小粒径的尿素雾滴结合，形成大粒径的尿素、灰分混合颗粒物，大粒径混合颗粒物在旋转气流中结合越来越多的尿素雾滴，粒径越来越大，最终在热解室内无法分解、直接沉淀，形成结晶。

（2）雾化压缩空气的压力及品质不足。由于设备条件等原因，在工程应用中容易出现压缩空气压力不足、含有油污或杂质现象，导致尿素溶液雾化效果不佳。如雾化不充分，尿素液滴过大，则无法有效分解，从而会造成尿素结晶。

（3）热解炉本身设计不合理。温度和速度分布是热解炉设计最重要的因素，如炉内流速或温度不均匀，容易导致低流速、低温区尿素溶液不能充分热解，造成结晶。

（4）保温达不到热解系统要求。如尿素溶液管道保温不充分，导致尿素溶液在进入喷枪之前逐渐析出细小晶体，很容易在停机或间断运行时在喷枪通道内或喷嘴部位产生结晶，进而影响喷枪喷雾效果，造成严重结晶。

针对上述热解炉结晶原因，可采取的应对措施主要包括：

（1）降低热一次风中的飞灰含量。在工程应用中，应控制热一次风（二次风）中的灰分含量在 $100mg/m^3$ 以下。

（2）提高雾化空气品质。改进仪用压缩空气制备工艺，提高压缩设备规范标准，定期对仪用压缩空气进行抽样检测，确保雾化空气的压力、流量、品质达到设计值。

（3）合理化设计热解室。在设计热解室时必须进行CFD模拟，根据最佳流场、温度场分布条件，合理化设计引流装置，合理化布置喷枪的位置。

（4）做好热解炉本体和尿素溶液管道的保温。在运行维护中，要定期的比对热解炉本体和尿素溶液管道温度情况。

（5）建立热解系统运行维护制度。尿素热解炉出力及尿素溶液浓度应控制在设计能力范围内，避免因热解热量不足导致尿素结晶。定期检查喷枪与热解炉本体，重点注意尿素溶液压力、尿素溶液的流量、尿素溶液调节阀开度、雾化空气压力、雾化空气流量等，对喷嘴堵塞的尿素喷枪必须及时停运并更换喷嘴。

884. 出口 NO_x 设定值过高应采取的措施有哪些？

答：出口 NO_x 设定值过高应采取的措施有：

（1）检查氨逃逸率。

（2）调整出口 NO_x 设定值为正确值。

885. 催化剂活性降低应采取的措施有哪些？

答：催化剂活性降低应采取的措施有：

（1）取出催化剂测试块，检验活性。

（2）加装备用层。

（3）更换催化剂。

886. 氨分布不均匀应采取的措施有哪些？

答：氨分布不均匀应采取的措施有：

（1）重新调整喷氨混合器节流阀以便使氨与烟气中 NO_x 均匀混合；

（2）检查喷氨管道和喷嘴的堵塞情况。

887. NO_x/O_2 分析仪给出信号不正确应采取的措施有哪些？

答：NO_x/O_2 分析仪给出信号不正确应采取的措施有：

（1）检查 NO_x/O_2 分析仪是否校准过。

（2）检查烟气采样管是否堵塞或泄漏。

（3）检查仪用气。

888. 脱硝系统压损高的原因及处理措施有哪些？

答：脱硝系统压损高的原因有：系统积灰和仪表取样管道堵塞。

处理措施有：

（1）清理催化剂表面和孔内积灰。

（2）烟道系统清灰。

（3）检查吹灰系统。

（4）吹扫取样管，清除管内杂质。

889. 声波吹灰器喇叭有声响但强度不够的原因和采取的措施有哪些?

答:原因分析:

(1) 压缩空气压力低、供应不足。

(2) 发声头内结构机械磨损或膜片磨损。

(3) 压缩空气脏。

(4) 供气系统中有潮气。

采取的措施:

(1) 喇叭工作时,检查压力。

(2) 清洁或更换膜片。

(3) 管路清洁并增加开启次数。

(4) 检查油水分离器。

890. 声波吹灰器喇叭不发声的原因和采取的措施有哪些?

答:原因分析:压缩空气的压力或流量过低;供气管路堵塞;电磁阀没有开启或失灵。

采取的措施:检查喇叭的压力表;清洁管线;检查定时器、电源线路等。

891. 声波吹灰器喇叭不发声的原因和采取的措施有哪些?

答:原因分析:发声头内部有杂质或膜片上有裂缝;电磁阀的安装位置离喇叭太远;发声头连接件松动。

采取的措施:更换膜片,清洁发声头;将电磁阀移近;紧固气管连接件。

892. 声波吹灰器喇叭不能关闭的原因和采取的措施有哪些?

答:原因分析:定时器出错;盖板松脱;盖板垫片不密封;排气口被堵塞。

采取的措施:修复或更换;拧紧螺母;更换垫片;用细铁丝清洁内部。

893. 蒸汽吹灰器不能启动的原因和采取的措施有哪些?

答:原因分析:

(1) 没送电。

(2) 开关断路。

(3) 熔丝烧断。

(4) 启动器与电动机之间回路不通。

(5) 电动机损坏。

(6) 单相启动。

(7) 控制电源断电。

(8) 电源两相断电。

(9) 启动器接触不良。

(10) 热继电器触点断开。

(11) 前进的行程开关触点未闭合。

(12) 绕组短路。

(13) 绕组断路。

采取的措施:

(1) 送电。

(2) 检查线路。

(3) 更换新的熔丝。

(4) 检查各触点和线路电缆。

(5) 更换新的电动机。

(6) 改为三相启动。

(7) 接通控制电源。

(8) 接通三相电源。

(9) 检查或更换启动器。

(10) 复位或更换热继电器。

(11) 复位或更换触点。

(12) 更换绕组。

(13) 更换绕组。

894. 蒸汽吹灰器不能退回的原因和采取的措施有哪些?

答:原因分析:

(1) 前进的行程开关触点未断开。

(2) 反转的行程开关触点未闭合。

(3) 行程开关拨动系统故障。

（4）反转继电器绕组烧坏。

（5）热继电器动作。

（6）吹灰压力过高。

（7）轨道不干净、机械转动部分卡涩。

（8）枪管卡涩（枪管变形、密封板变形）。

采取的措施：

（1）更换行程开关。

（2）处理或更换行程开关。

（3）拧紧螺栓或更换拨叉。

（4）更换反转继电器。

（5）复位热继电器。

（6）调整至推荐吹灰压力。

（7）清洁轨道。

（8）校正枪管或更换枪管，调整密封板。

895. 蒸汽吹灰器退回到起始位置后不停止的原因和采取的措施有哪些？

答：原因分析：

（1）行程开关故障，如卡死、失灵等。

（2）行程开关拨动系统故障。

（3）线路故障。

采取的措施：

（1）维修或更换行程开关。

（2）检查触点或更换拨叉。

（3）检修或更换线路。

896. 蒸汽吹灰器电动机过载的原因和采取的措施有哪些？

答：原因分析：

（1）吹灰枪管变形。

（2）枪管卡涩或被墙箱套管卡死。

（3）运行轨道不干净。

（4）管道支吊不合理，使吹灰器承受外力过大。

(5) 梁体损坏或变形。

(6) 跑车润滑不好。

(7) 跑车装到梁内时错齿。

(8) 托轮转动方向与螺旋线方向不一致。

(9) 内管填料过紧。

(10) 电动机质量不高。

(11) 吹灰压力过高。

采取的措施：

(1) 校正吹灰枪管。

(2) 清洁枪管污垢和墙箱积灰。

(3) 清洁轨道和前支撑滚轮。

(4) 校正管道或更改管道。

(5) 校正梁体或更换。

(6) 加注润滑油或填注润滑脂。

(7) 校正齿条，保证两边齿条同高和平行。

(8) 调整托轮方向。

(9) 慢慢放松填料压盖上的螺母。

(10) 更换电动机。

(11) 调整至推荐吹灰压力。

897. 蒸汽吹灰系统阀门关闭不严的原因和采取的措施有哪些？

答：原因分析：

(1) 阀杆填料过紧。

(2) 阀门密封面损坏或阀瓣脱落。

(3) 阀门弹簧损坏。

(4) 阀杆弯曲。

(5) 启闭机构不灵活。

采取的措施：

(1) 慢慢松开填料压盖。

(2) 研磨密封面或重新焊接阀瓣。

(3) 更换弹簧。

(4) 校正阀杆或更换。

（5）加注润滑脂或进行维修。

898. 催化剂被吹扫面有磨损或冲蚀现象的原因和采取的措施有哪些?

答：原因分析：

（1）吹灰压力过高。

（2）吹灰周期过频。

（3）冷凝水未疏尽。

（4）吹灰角度不对。

（5）喷嘴到受热面太近。

采取的措施：

（1）调整至推荐吹灰压力。

（2）减少吹灰频率。

（3）提高疏水温度或吹灰器安装无疏水角度。

（4）校正枪管或更换喷头。

（5）调整喷嘴到受热面距离。

899. 蒸汽吹灰器运行时，吹灰枪管发生抖动啸叫等不正常现象的原因和采取的措施有哪些?

答：原因分析：

（1）前托轮磨损或不能转动或方向不对。

（2）吹灰枪管弯曲。

（3）吹灰枪管不圆。

（4）炉内异常。

采取的措施：

（1）更换托轮或调整托轮方向。

（2）校正枪管或更换。

（3）更换枪管。

（4）锅炉正常后进行吹灰。

900. 蒸汽吹灰器内、外管辅助托架动作不灵活的原因和采取的措施有哪些?

答：原因分析：

(1) 内管托架的轴和外管托架的轴不平行。

(2) 内管托架的轴和外管托架的轴距离不对。

(3) 轴承锈死或润滑不好。

(4) 传动杆上的销子与轴套配合过紧。

采取的措施：

(1) 调整两轴平行。

(2) 调整轴距。

(3) 加注润滑油脂或更换轴承。

(4) 修改轴套或更换。

901. 卸料压缩机排气温度异常升高或进气压力异常降低的原因和采取的措施有哪些？

答：原因分析：

(1) 过滤器堵塞。

(2) 进气阀门未全开。

(3) 进气管线有堵塞。

(4) 四通阀手柄位置不对。

(5) 气阀阀片卡死或损坏。

采取的措施：

(1) 清洗过滤器。

(2) 打开进气阀门。

(3) 清除进气管线。

(4) 纠正四通阀手柄位置。

(5) 检查、清洗、更换气阀阀片。

902. 卸料压缩机进气压力表指示零位、压缩机自动停车、没有气体输出的原因和采取的措施有哪些？

答：原因分析：气液分离器内进液，浮子上升，关闭了切断阀，压缩机进气通道被切断。

采取的措施：应首先关闭气相管线上的进排气阀门，切断电动机的电源开关；打开气液分离器下方的排液阀门，彻底排除气相管线内的液体。

903. 卸料压缩机排气量不足、输送缓慢的原因和采取的措施有哪些？

答：原因分析：

（1）气阀阀片卡死或损坏。

（2）活塞环磨损。

（3）过滤器堵塞。

（4）三角皮带太松。

（5）管线泄漏或堵塞。

（6）两位四通阀内漏。

采取的措施：

（1）检查、清洗、更换气阀阀片。

（2）更换活塞环。

（3）清洗过滤网。

（4）调整三角皮带。

（5）检查、修复管线。

（6）更换 O 形密封圈或修理。

904. 卸料压缩机异常声响的原因和采取的措施有哪些？

答：原因分析：

（1）润滑油不足。

（2）内部机构松动。

（3）连杆大、小头瓦磨损。

采取的措施：

（1）停车、转动飞轮检查、加油。

（2）停车、仔细检查、修复。

（3）更换连杆大、小头瓦。

905. 卸料压缩机活塞环不正常磨损的原因和采取的措施有哪些？

答：原因分析：

（1）阀片或弹簧损坏。

（2）过滤网损坏。

（3）管线内部太脏，过滤网堵塞。

采取的措施：

(1) 检查、清洗、更换阀片或弹簧。

(2) 更换过滤网。

(3) 检查、清除或清洗滤网。

906. 卸料压缩机漏油的原因和采取的措施有哪些？

答：原因分析：

(1) 油封损坏。

(2) 密封垫损坏。

(3) 螺栓松动。

采取的措施：

(1) 更换油封。

(2) 更换密封垫。

(3) 拧紧螺栓。

907. 卸料压缩机异常漏气的原因和采取的措施有哪些？

答：原因分析：

(1) 填料磨损或装配不正确。

(2) 填料弹簧损坏。

(3) 密封垫损坏。

(4) 螺栓松动。

采取的措施：

(1) 更换填料或重整装配。

(2) 更换填料弹簧。

(3) 更换密封垫。

(4) 拧紧螺栓。

908. 卸料压缩机压力表指示异常的原因和采取的措施有哪些？

答：原因分析：

(1) 压力表损坏。

(2) 阀片或弹簧损坏。

(3) 压力表进液。

（4）管线堵塞。

采取的措施：

（1）更换压力表。

（2）清洗或更换阀片或弹簧。

（3）排除压力表进液。

（4）清除管线堵塞。

909. 卸料压缩机异常振动的原因和采取的措施有哪些？

答：原因分析：

（1）三角皮带太松。

（2）内部机构松动。

（3）底座松动。

（4）基础不平。

采取的措施：

（1）更换三角皮带。

（2）清洗或更换内部机构。

（3）排除底座松动。

（4）清除基础不平。

910. 卸料压缩机电动机不能启动、停转或过热的原因和采取的措施有哪些？

答：原因分析：

（1）电缆线过细。

（2）接线不正确。

（3）启动器接触不良或缺相。

（4）电动机短路。

（5）压缩机过载。

（6）电动机轴承缺油或损坏。

（7）环境温度太高。

采取的措施：

（1）更换电缆。

（2）重新接线。

（3）修理或更换。

（4）检查、修复或更换。

（5）检查、荷载。

（6）加油或修复。

（7）通风降温。

第十三章

燃煤烟气脱硝装置性能验收试验

911. 脱硝性能验收试验的目的是什么?

答: 脱硝性能验收试验的目的是:脱硝系统建成投产后,为了检验脱硝系统各性能是否达到合同要求及是否能满足环保要求,并为脱硝系统的投运提供指导,由买方、卖方协商确认委托有资质的第三方实施脱硝系统性能验收试验。

912. 脱硝装置性能试验时间的要求是什么?

答: (1) 性能验收试验期间烟气脱硝装置应处于稳定运行状态,性能验收试验应在新建、改(扩)建烟气脱硝装置 168h 运行移交生产后 6 个月内进行。

(2) 验收试验宜在设计工况下持续 3 天以上,对烟气脱硝装置宜进行 3 天 100％机组负荷试验、1 天 75％机组负荷试验和 1 天 50％机组负荷试验。

913. SCR 烟气脱硝装置测量及计算参数有哪些?

答: SCR 烟气脱硝装置测量及计算参数有:烟气温度、水分含量、大气压力、静压、动压、烟气密度、烟气流量、烟尘浓度、NO_x 浓度、SO_2 浓度、氧量和 SO_3 浓度。

914. SCR 性能保证指标至少应包括哪些?

答: 为了给脱硝系统的达标投运提供数据依据,通过脱硝系统的性能验收试验确认 SCR 的各项性能保证指标。机组脱硝系统均应在机组正常运行负荷范围内达到性能要求,SCR 性能保证指标至少包括脱硝效率、NO_x 排放浓度、氨逃逸浓度、SO_2/SO_3 转化率、系统阻力、噪声或其他耗量等。

915. 脱硝性能试验的测试项目有哪些?

答：为了计算上述性能指标，需要在脱硝装置进口烟道截面测量烟气中的 NO 与 O_2 浓度、SO_2 与 SO_3 浓度、静压与动压，在出口烟道截面测量 NO 与 O_2 浓度、氨逃逸浓度、SO_2 与 SO_3 浓度、静压与动压等。此外，脱硝装置的运行参数与设计条件有一定差异，为了进行性能修正，需要测量脱硝装置烟气温度、烟气流量、大气环境等参数。

916. NO 和 O_2 分布测试方法是什么?

答：在每台 SCR 反应器的进、出口烟道截面上，采用网格法逐点采集烟气样品，用多功能烟气分析仪分析各点的 NO 和 O_2，同步获得进、出口的 NO/O_2 浓度分布。用加权平均法计算 SCR 反应器进、出口的 NO_x 平均浓度（干基、标态、95%NO、6%O_2），并据此计算 SCR 系统的实际脱硝效率。

917. NO_x 浓度（标准状态、干基）计算公式是什么?

答：NO_x 浓度（标准状态）、干基计算公式是

$$C_{NO_x} = C_{NO} \times 1.53 + C_{NO_2} \tag{13-1}$$

式中　C_{NO_x}——标准状态、干基下的 NO_x 浓度，mg/m^3；

　　　C_{NO}——标准状态、干基下的 NO 浓度，mg/m^3；

　　　C_{NO_2}——标准状态、干基下的 NO_2 浓度，mg/m^3；

　　　1.53——NO_2 与 NO 摩尔质量之比。

918. NO_x 浓度（标准状态、干基、6%O_2）计算公式是什么?

答：NO_x 浓度（标准状态、干基、6%O_2）计算公式为

$$C'_{NO_x} = C_{NO_x} \times 15/(21 - C_{O_2}) \tag{13-2}$$

式中　C_{NO_x}——标准状态、干基、6%O_2 下的 NO_x 浓度，mg/m^3；

　　　C_{O_2}——氧量，%。

919. 脱硝装置压力损失（阻力）是指什么?

答：从锅炉省煤器出口到空气预热器入口之间的脱硝装置烟气系统压力损失，包括脱硝反应器、催化剂层、喷氨混合器、烟道，以及附加催化剂层（若有）等各部件的压力损失。

920. NH₃逃逸浓度测试方法是什么？

答：根据每台脱硝反应器出口截面的 NO 与 O₂浓度分布，选取多个代表点，代表点应涵盖 NO 浓度高、中、低不同区域的测点，且代表点平均 NO 浓度等于断面平均 NO 浓度，每个反应器代表点数量不少于 6 个，作为 NH₃取样点。

一般采用美国 EPA 的 CTM-027 标准，利用 NH₃化学取样系统采集烟气样本。采样管路中需要有烟尘过滤器，并且烟尘过滤器温度不低于 300℃；采样管路冲洗点上游烟气管路温度不得低于 300℃，冲洗点下游烟道壁面全部冲洗并收集到样品中。利用离子电极法分析样品溶液中的氨浓度，根据所采集的烟气流量，计算出干烟气中的氨逃逸浓度。

921. 烟气中 SO₂与 SO₃测试方法是什么？

答：依据 EPA method 6 和 ASTM D-3226-73T 标准，在每台脱硝反应器的进、出口烟道同时布置 SO₂与 SO₃化学取样系统，采用控制冷凝法采集 SO₂与 SO₃烟气样本。采样管路中需要有烟尘过滤器，并且烟尘过滤器温度不低于 300℃；在 SO₃控制冷凝器前管路温度不应低于 300℃。控制冷凝法 SO₃浓度分离可采用蛇形管或高纯石英棉，两种方法都应保证分离器温度处于 65～85℃之间。用高氯酸钡标准溶液滴定所采集样品中的硫酸根离子浓度，根据采集的烟气流量与烟气氧浓度，计算干烟气中的 SO₃与 SO₂浓度，进而计算烟气通过 SCR 反应器后的 SO₂/SO₃转化率。

922. 脱硝系统压降测试方法是什么？

答：系统阻力按全压计算。试验工况下，在锅炉烟道与 SCR 系统进、出接口处分别布置压力测点，采用电子微压计测量 SCR 装置的进出口静压差，同时进行相关修正后计算得出 SCR 系统阻力。

923. 烟气脱硝系统阻力计算公式是什么？

答：烟气脱硝系统阻力 Δp 计算公式为

$$\Delta p = (p_{\text{s-in}} - p_{\text{s-out}}) + (\rho_{\text{d-in}} - \rho_{\text{d-out}}) + (\rho_{\text{in}}h_{\text{in}} - \rho_{\text{out}}h_{\text{out}}) \times 9.8$$

$$(13-3)$$

式中　Δp——烟气脱硝系统阻力，Pa；

p_{s-in}、p_{s-out}——烟气脱硝系统入口、出口测量断面处的烟气静
压，Pa；

ρ_{d-in}、ρ_{d-out}——烟气脱硝系统入口、出口测量断面处的烟气动
压，Pa；

ρ_{in}、ρ_{out}——烟气脱硝系统入口、出口测量断面处的烟气密度，
kg/m³；

h_{in}、h_{out}——烟气脱硝系统入口、出口测量断面处的水平标
高，m；

9.8——重力加速度，N/kg。

924. 噪声测试方法是什么？

答：以运行设备的外壳作为基准面，测量表面平行于基准面，
与基准面距离 $d=1.0$m。测点布置在测量表面上，测点水平高度
距设备运行地面 1.2m 处。采用噪声计在现场直接测量。测试结果
须进行相关修正。

925. 脱硝烟气流量测试方法是什么？

答：鉴于 SCR 反应器进出口烟道流场均匀性较差，采用毕托
管直接测量的精确度较低且操作难度大，一般可依据 GB/T
10184—2015《电站锅炉性能试验规程》方法计算烟气流量。具体
的记录与测试内容包括试验工况下，采集入炉煤进行工业分析和
化学元素分析，采集飞灰及炉渣测量可燃物含量，测试 SCR 反应
器入口烟气氧浓度，并测试环境条件（压力、干球温度和湿球温
度）和记录入炉燃煤量。

926. SCR 脱硝装置烟气温降是指什么？

答：SCR 烟气脱硝装置入口和出口烟气平均温度之差。

927. 脱硝反应器入口烟气温度测试方法是什么？

答：在每台 SCR 反应器入口等截面网格法布置经校验合格
的 K 型铠装热电偶，采用单点温度计逐点测量反应器入口温度
分布。

928. 环境条件测试方法是什么？

答：试验期间，采用膜盒式大气压力计测量环境大气压力。用干湿球温度计测量环境干、湿球温度，经查表得出环境相对湿度。

929. 其他项目测试方法是什么？

答：试验期间与脱硝系统相关的主要运行参数，均采用系统配套的 DAS 数据采集系统记录，其中每 5min 记录一次，取平均值。

930. 脱硝性能试验的条件有哪些？

答：脱硝性能试验的条件有：

（1）锅炉主机组能够正常运行，送风机、引风机、一次风机、磨煤机、给水泵和除渣系统等无故障，各风、烟门挡板操作灵活。

（2）脱硝系统能够正常运行，并已运行超过 4400h，液氨蒸发系统、稀释风机、喷氨系统等无故障。自动控制系统运行可靠，运行参数记录系统投入正常运行。

（3）试验期间应燃用设计煤种，同时煤质应稳定，其工业分析的允许变化范围为：

1）干燥无灰基挥发分±10％（相对值）。

2）收到基全水分±4％（绝对值）。

3）收到基灰分±5％（绝对值）。

4）收到基低位发热量±10％（相对值）。

5）收到基硫分±0.4％（绝对值）。

（4）正式考核试验前，应完成喷氨格栅的优化调整试验。

（5）试验期间不得进行较大的干扰运行工况操作，但若遇到危及设备和人身安全的意外情况，运行人员有权按规程进行紧急处理。

（6）所有试验仪器、仪表均需经过法定计量部门或法定计量传递部门校验，并具有在有效期内的合格证书。或者采用标准气体对分析仪进行校准。

931. 脱硝性能验收试验流程有哪些？

答： 为了考核脱硝系统在全负荷范围内均达到设计性能要求，性能考核试验一般会选择在锅炉 100%、75% 及 50% 额定负荷下进行性能测试，其中主要性能参数采取平行工况测试取平均值。试验流程安排见表 13-1。

表 13-1　　　　　　　SCR 性能考核试验工况

项目	机组负荷	测试项目	备注
预备试验	100%	SCR 进、出口的 NO/O_2 浓度分布	CEMS 校准等
T-01	100%	SCR 进、出口的 NO/O_2 浓度、烟温、氨逃逸浓度、煤灰渣等	平行工况 1，得脱硝效率、氨逃逸、阻力、氨耗量等
T-02	100%	SCR 进、出口的 NO/O_2 浓度、烟温、氨逃逸浓度、煤灰渣等	平行工况 2，得脱硝效率、氨逃逸、阻力、氨耗量等
T-03	75%	SCR 进、出口的 NO/O_2 浓度、烟温、氨逃逸浓度、煤灰渣等	平行工况 1，得脱硝效率、氨逃逸、阻力、氨耗量等
T-04	50%	SCR 进、出口的 NO/O_2 浓度、烟温、氨逃逸浓度、煤灰渣等	平行工况 1，得脱硝效率、氨逃逸、阻力、氨耗量等
T-05	100%	SCR 进、出口的 $SO_2/SO_3/O_2$ 浓度，烟温、煤灰渣及稀释风机噪声等	不喷氨，得 SO_2/SO_3 转化率及噪声

932. 脱硝性能试验结果在什么条件下进行修正？

答： SCR 装置的性能考核试验在机组不同满负荷下进行，包括预备性试验工况和正式试验工况。

（1）脱硝效率和氨逃逸浓度应同步进行，满负荷下采取平行工况试验方法，即在两天内分别进行独立的试验测试，取平均值作为最终结果。

（2）系统阻力可在脱硝效率测试期间同步进行。

（3）SO_2/SO_3 取样测量时，需停止喷氨，并在反应器装置的进出口同步取样。

对于实际测量数据进行氧量修正和加权平均取值，当脱硝装置运行参数在允许的偏离范围时，脱硝效率、氨逃逸浓度、$SO_2/$

SO_3转化率及系统阻力不进行修正。运行参数偏离下列范围时,方需根据性能曲线进行修正。

    1)烟气流量$\pm10\%$(相对值)。

    2)烟气温度$\pm15℃$(绝对值)。

    3)脱硝入口NO_x浓度$\pm50mg/m^3$(标况下,绝对值)。

第十四章

SCR 脱硝装置对锅炉的影响

第一节 加装 SCR 系统对锅炉及辅机的影响

933. 加装 SCR 装置对锅炉岛总体布置的影响是什么？

答：通常，为节省占地，没有装设 SCR 装置的 π 型锅炉的回转式空气预热器布置在省煤器下方，一次风机和送风机布置于空气预热器后。而同步装设 SCR 装置的锅炉，从减少烟气侧阻力和为 SCR 装置留有足够的布置空间考虑，有两种布置方案：一是有时将空气预热器拉出，布置在锅炉尾部受热面最后一排柱外侧，在空气预热器上方布置 SCR 装置，为节约占地，通常将一次风机和送风机布置于空气预热器前、省煤器下方。二是保持不装设 SCR 脱硝装置锅炉的布置格局"空气预热器仍布置在省煤器下方"，反应器布置在空气预热器后侧、一次风机和送风机上方，反应器支撑结构与锅炉钢架统筹考虑，基础和下部支撑结构一次建成。此方案的优点是不论 SCR 装置同期建设还是预留，都有很好的适应性，其存在的一个问题就是，由于空气预热器布置在省煤器下方，装设 SCR 脱硝装置后，烟道的转弯较多，烟气侧阻力会大一些。

934. 加装 SCR 装置对锅炉钢结构的影响是什么？

答：对于同期建设的 SCR 工程，为利于钢架的稳定并可节约钢材，支撑 SCR 装置的锅炉钢架通常是与锅炉钢架为联合体系。因此，锅炉钢架的最后一排柱通常要设在 SCR 装置外侧。对于改造工程，有时支撑 SCR 装置的钢架需要自成支撑体系。

935. 加装 SCR 装置对锅炉炉膛承压设计的影响是什么？

答：装设了 SCR 装置后，不同机组烟气侧阻力一般要增加

1kPa 左右，这样引风机风压会相应提高，因此，要对炉膛的承压设计进行核算。有些锅炉厂炉膛的承压设计裕度较大，装设了 SCR 装置后并不需要提高炉膛承压能力。

936. 加装 SCR 装置对空气预热器设计及性能的影响是什么？采取的措施是什么？

答：由于氨与 NO_x 的不完全反应，会有少量的氨与烟气一道逃逸出反应器。逃逸的 NH_3 与烟气中 SO_3 和 H_2O 形成 NH_4HSO_4，在 $150 \sim 230℃$ 时，会对空气预热器冷段形成强烈腐蚀，同时造成空气预热器积灰。通常氨的逃逸率（体积分数）为 1×10^{-6} 以下时，NH_4HSO_4 生成量很少，堵塞现象不明显；若氨逃逸率增加到 2×10^{-6} 时，据日本 AKK 测试结果表明，空气预热器运行半年后其阻力增加约 30%；若氨逃逸率增加到 3×10^{-6} 时，空气预热器运行半年后阻力增加约 50%，对引风机和送风机造成较大影响。由于上述原因，装设了 SCR 装置的锅炉空气预热器在设计和运行上都要采取相应的措施。

为防止空气预热器积灰堵塞，在冷段清洗方面需作特殊设计，如热元件采用高通透性的波形；合并传统的冷段和中温段，使其冷段传热元件增高；空气预热器吹灰次数增加；吹灰器采用双介质，运行时吹灰介质为蒸汽，停机清洗介质为高压水等。为防止空气预热器腐蚀，冷段通常采用搪瓷表面传热元件，传热元件使用寿命不低于 1 个大修期（5 万 h）。总之，通过修改空气预热器的设计，运行中控制 NH_3 逃逸率在较低水平，则 SCR 装置不会影响锅炉的安全运行。

937. 加装 SCR 装置对引风机的影响是什么？

答：脱硝剂的喷入量相对烟气量较少，对引风机风量影响可忽略不计；但因 SCR 的阻力增加约 $1.0 \sim 1.2$ kPa，使引风机的风压相应提高，其功率也相应增加。因此引风机选型时应考虑加装 SCR 系统阻力增加的影响。

对于动、静叶可调轴流风机，分别按照装设 SCR 前后两种工况确定两组风机叶片，风机的外形尺寸可不变。装设 SCR 后，可更换风机叶片满足提高风压的要求，因此需预留更换叶片的条件。引风机电机容量按装设 SCR 后的风机功率配置电动机。对于静叶可调轴流式风机，也可采取提高风机转速的方法提高风压。提高风机转速后，因电机极数变化，电机需要更换。

938. 加装 SCR 装置对锅炉性能的影响是什么？

答： SCR 高含尘脱硝工艺，如不加装省煤器旁路，对锅炉的燃烧基本无影响；如加装省煤器旁路，需对锅炉尾部包覆开孔，对锅炉烟温、烟量都提出新的要求，对锅炉性能、热平衡有一定的影响。

939. 加装 SCR 装置对除尘器的影响是什么？

答： 除尘器应考虑由于装设 SCR 脱硝装置导致引风机风压提高的影响，要对除尘器本体的承压设计进行核算。

第二节　SCR 脱硝装置运行对锅炉的影响

940. SCR 脱硝逃逸氨会造成大气污染吗？

答： 烟气脱硝装置的出口氨逃逸浓度通常控制在 $3\mu L/L$ 以下，未反应的氨气主要与烟气中的 SO_3 及飞灰在低温下发生固化反应。如图 14-1 所示，根据国际上的运行经验：约 20％的氨以硫酸盐形式黏附在空气预热器表面，约 80％的氨吸附在烟尘上被除尘器同步脱除，少于 2％的氨进入湿法脱硫溶液并被完全吸收，因此脱硝装置出口的少量氨逃逸不会对大气造成污染。当前有研究表明氨气污染是造成大气雾霾的重要成因，但火电站 SCR 脱硝氨逃逸不应作为氨气污染的主要来源。

此外，逃逸的氨固化在飞灰中的比例与飞灰的矿物组成有关，当灰中氨含量超过 $80\sim100\mu g/g$ 时，会散发出氨的气味而影响销售。工程设计一般要求脱硝反应器出口氨逃逸浓度不大于 $3\mu L/L$，理论计算除尘器所收集的飞灰中氨含量一般小于 $50\mu g/g$，不会影响飞灰二次利用，但日常运行时考虑到氨逃逸对锅炉尾部受热面的不利影响，仍应尽可能控制氨逃逸浓度。

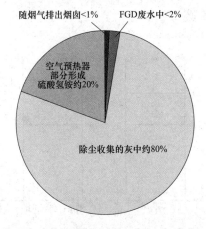

随烟气排出烟囱<1% FGD废水中<2%

空气预热器
部分形成
硫酸氢铵约20%

除尘收集的灰中约80%

图 14-1 脱硝逃逸氨在尾部设备中的分布情况

941. SCR 脱硝装置对空气预热器的影响是什么？

答：锅炉增设脱硝装置后，由于 SCR 装置在进行脱硝的过程中所产生的硫酸氢铵将对空气预热器的运行带来较大的负面影响，硫酸氢铵牢固黏附在空气预热器传热元件的表面上，使传热元件发生强烈腐蚀、积灰。这些沉积物将减小空气预热器内流通截面积，从而引起空气预热器阻力的增加，同时降低空气预热器传热元件的效率。因此应重新调整空气预热器的设计结构配置，以适应配置 SCR 机组的正常运行，避免或减少因空气预热器堵灰过重而降低锅炉机组的可用率。

942. 脱硝过程中硫酸氢铵的产生机理是什么？

答：在 SCR 系统脱硝过程中，烟气在通过 SCR 催化剂时，将进一步强化 SO_2 向 SO_3 的转化，形成更多的 SO_3。在脱硝过程中，由于 NH_3 的逃逸是客观存在的，它在空气预热器中下层处与 SO_3 形成硫酸氢铵，其反应式如下：

$$NH_3 + SO_3 + H_2O \longrightarrow NH_4HSO_4 \qquad (14\text{-}1)$$

硫酸氢铵在不同的温度下分别呈现气态、液态、颗粒状（见图 14-2）。对于燃煤机组，烟气中飞灰含量较高，硫酸氢铵在 $146\sim207℃$ 温度范围内为液态；对于燃油、燃气机组，烟气中飞灰含量较低，硫酸氢铵在 146～232℃温度范围内为液态。这个区域被称为 ABS 区域。

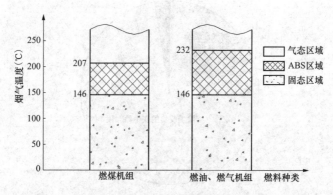

图 14-2　脱硝过程中硫酸氢铵的形态

943. 硫酸氢铵对空气预热器运行的影响是什么？

答：气态或颗粒状液体状硫酸氢铵会随着烟气流经空气预热器，不会对预热器产生影响。相反，液态硫酸氢铵捕捉飞灰能力极强，会与烟气中的飞灰粒子相结合，附着于空气预热器传热元件上形成融盐状的积灰，造成空气预热器的腐蚀、堵灰等，进而影响空气预热器的换热及机组的正常运行。硫酸氢铵的反应速率主要与温度、烟气中的 NH_3、SO_3 及 H_2O 浓度有关。为此，在系统的规划设计中，应严格控制 SO_2 向 SO_3 的转化率及 SCR 出口的 NH_3 的逃逸率。同时，应重新调整空气预热器的设计结构配置，消除硫酸氢铵对空气预热器运行性能的影响。在形成液体状硫酸氢铵的同时，也会产生部分硫酸铵。与硫酸氢铵不同，颗粒状硫酸铵不会与烟气中的飞灰粒子相结合而造成预热器的腐蚀、堵灰等，不会影响预热器的换热及机组的正常运行。

硫酸氢铵在预热器中形成区域的分析：硫酸氢铵的形成是有固定的温度区域，在预热器传热元件中该温度区域对应相应的位置区域，此区域统称为 ABS 区域。对于燃煤机组，ABS 区域为距预热器传热元件底部 381～813mm 位置之间，如图 14-3 所示。

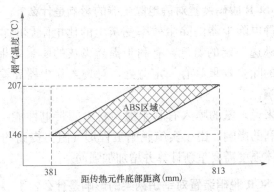

图 14-3 燃煤机组 ABS 的形成区域

944. SCR 脱硝装置对风机的影响是什么？

答：采用 SCR 后，由于脱硝剂的喷入量相对烟气量极微，因而吸风机风量可考虑不变；但因 SCR 部分和进出口烟道的阻力增加较大约 1000Pa，因此其参数和型号选取应调整。

但锅炉加装烟气脱硝装置会使锅炉烟气系统的阻力增加，脱硝装置的阻力包括三部分：烟道的沿程阻力、弯道或变截面处的局部阻力、反应器本体（主要为催化剂）产生的阻力。随着运行时间的增加，催化剂的阻力会逐渐增加，系统阻力也会逐渐增加。

如果氨的逃逸量控制不当，可能造成空气预热器的结构堵灰，额外增加了系统阻力；因此，要将氨的逃逸率控制在合理的范围（一般控制在 3ppm 以下）。

945. SCR 脱硝装置对烟道的影响是什么？

答：引风机压头增大主要是因为烟道阻力损失、SCR 阻力损失和空气预热器阻力损失增加所致。在省煤器出口至 SCR 入口范围，烟道压力与炉膛承受压力基本一致，对烟道强度计算没有影响；在 SCR 出口至空气预热器入口范围，烟道压力与省煤器出口相比，应增加空气预热器阻力损失和部分烟道阻力损失，烟道设计压力提高约 1kPa，烟道外形尺寸不变，烟道强度需要重新计算并增加加强筋。

946. SCR 脱硝装置对静电除尘器的影响是什么？

答：静电除尘器的除尘效率受灰尘的比电阻影响很大，SCR 脱硝装置逃逸一定的氨气，有利于提高飞灰的团聚效果，对提高电除尘器的除尘效果具有一定益处，对袋式除尘器和输灰系统几乎没有影响。

总体来说，氨的喷入有利于提高粉尘的带电性能，对电除尘器产生有利的影响。由于实施脱硝工程烟气阻力提高约 1kPa，对除尘器本体强度需要重新计算并增加加强筋。

947. SCR 脱硝装置对锅炉钢架的影响是什么？

答：在现有的火电站加装高灰段布置方式的 SCR 装置，一般因省煤器与空气预热器之间的空间不足，通常是将 SCR 装置布置在锅炉炉后，由此造成锅炉尾部烟道走向改变。将省煤器出口后直接进入空气预热器的原烟道要改为穿出炉后钢架进入 SCR 反应器，然后再从 SCR 反应器穿出，进入炉后钢架连接空气预热器的现烟道。

例如，对于 600MW 亚临界参数锅炉，整个 SCR 装置载荷在 1000t 以上，因此，需要在炉后外侧布置单独钢架支撑 SCR 装置。锅炉钢架结构因而发生变化，需要重新计算强度。

948. SCR 脱硝装置对湿法脱硫 FGD 的影响是什么？

答：SCR 装置逃逸的氨气主要被灰尘吸附，大部分被静电除尘器清除，少量灰尘进入 FGD 系统，极少量的氨会随烟气排放。进入 FGD 系统的大部分氨溶解于循环浆液中，长时间运行后，吸收塔循环浆池内氨的含量会微量升高，这对废水系统存在轻微影响，这在脱硫系统物料平衡计算时应当考虑。通常，增设 SCR 装置后，会导致脱硫系统废水量略有提高。

949. SCR 脱硝装置对锅炉效率的影响是什么？

答：氨气与空气的混合气喷入锅炉省煤器后的出口的烟气中，从以下几方面影响烟气的传热及热效率：

（1）影响烟气的辐射特性。

（2）影响烟气的热物理性质。

（3）增加烟气的流量。

（4）吸收烟气的热量。

喷入烟气中的还原剂会吸收一部分烟气的热量。氨气的加入量与烟气中 NO_x 流量呈正比，在采用低 NO_x 燃烧技术后，烟气中 NO_x 的体积浓度一般为 $200\mu L/L$ 左右，即 0.02% 左右，而氨气在烟气中的体积浓度与此相当，由于浓度很低，不会显著影响烟气的辐射传热，不会显著改变烟气的热物理性质和增加烟气的流量，因此不会显著影响对流传热。

烟气脱硝装置的安装，使锅炉尾部烟道增加，因此会使烟气的散热损失增加。

锅炉烟气散热损失的增加，导致锅炉煤耗的增加。

但由于氨气的引入而导致的蒸发会吸收一些烟气热量，从而增加热损失，使锅炉效率有小量的降低。但相对于整个锅炉烟气而言其影响甚微。

由于增加了 SCR 装置，烟气成分微小发生了变化，空气预热器入口烟温比原设计温度下降约 5℃ 以下。根据工程经验，加装 SCR 装置以后，对锅炉效率的影响很小，一般不考虑。

950. SCR 脱硝装置对烟气成分有无影响？

答： SCR 操作时化学反应生成氮气和水，同时对锅炉的影响而言是微量反应，因此对锅炉烟气参数的成分并无影响。

第三节　现役机组安装 SCR 装置对锅炉系统的改造

951. 氮氧化物生成的四区理论是什么？

答： 决定氮氧化物最终排放的有四个关键的区域，如图 14-4 所示。这四个区域分别是：热解、主燃烧区、还原区和燃尽区。

第 1 区（热解区）：煤粉在这个区域加热脱除挥发分，燃料氮以挥发分氮、焦炭氮、N_2 的形式释放，最多可以有 60% 的燃料氮转化为 N_2。这些 N_2 最终随锅炉烟气无害排放。

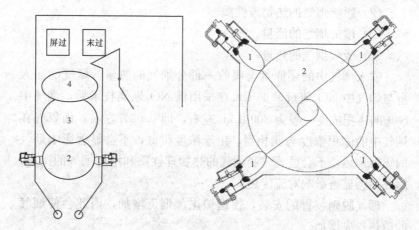

图 14-4　锅炉的四区燃烧

第 2 区（主燃烧区）：煤粉在 1 区脱挥发分后与上游来的氧气接触，挥发分和煤焦开始燃烧，在炉膛中部形成火球，煤粉整体着火后进入燃烧中期。通过合理控制过量空气系数，使得煤粉在主燃烧器区处于低过量空气燃烧状态，降低主燃烧区的温度水平和生成氮氧化物的氧化反应速度，从而控制氮氧化物的生成量。

第 3 区（还原区）：由于过量空气系数较低，3 区生成大量的活性基团：NH^+、NH^{2+}、CO 等。这些活性基团具有很强的还原能力，与煤焦表面的活性 C（+）一道把主燃烧区（2 区）生成的大量 NO_x 还原为 N_2，降低 NO_x 的最终排放。

第 4 区（燃尽区）：通过 SOFA 喷口把 20%～30% 的二次风送入炉膛上部空间，让剩余煤粉充分燃尽。

952. 燃煤 NO_x 的控制主要有哪两个阶段？

答：燃煤 NO_x 的控制主要有两个阶段：一是在燃烧过程中通过燃烧调整、先进的燃烧方式和低 NO_x 燃烧器控制 NO_x 的生成；二是对煤燃烧产生的烟气进行处理。

953. 煤粉锅炉的 NO_x 排放控制技术有哪些？

答：煤粉锅炉的 NO_x 排放控制技术有：低过量空气燃烧、空气分级燃烧、再燃技术、烟气再循环及低 NO_x 燃烧器。

954. 低氮燃烧控制措施有哪些?

答：根据不同的煤种和炉型，结合实际运行现状，在炉内燃烧的四个区域采取针对性的措施，降低 NO_x 生成的同时，确保燃烧稳定和锅炉效率。

(1) 第1区（热解区）：常规燃烧时，即便该区较小，也会造成整体的 NO_x 排放浓度降低，例如含氮量为1%的煤，理论生成 NO_x 浓度超过 $3000mg/m^3$，而实际锅炉均没有这么高的 NO_x 排放，原因就在于1区的存在。低氮燃烧就是要扩大该区域的存在。

(2) 第2区（主燃烧区）：常规燃烧时，该区域燃烧在氧当量大于1的条件下进行，燃烧比较剧烈，温度相对较高，富氧、高温的环境导致大量的 NO_x 生成。需要在该区域形成"贫氧"环境，在不影响煤粉燃尽（燃烧初期煤粉颗粒脱气形成焦炭，燃烧中期如果供氧过分不足，那么就会在焦炭外表面形成灰壳，最终导致灰壳内部焦炭难以燃尽）的条件下，减小此区域的供氧。"贫氧"条件下煤粉气流的燃烧速率得到了一定程度的扼制，相对于常规燃烧，高温区域也趋于减小，这种设计使得 NO_x 的生成进一步降低。但是由于局部还原性气氛的存在，炉膛结焦和高温腐蚀的风险增加。

(3) 第3区（还原区）：2区生成大量的 NO_x，同时生成大量的活性基团：NH^+、NH^{2+}、CO 等。这些活性基团与煤焦表面的活性C（+）一道在3区把 NO_x 还原为 N_2。

(4) 第4区（燃尽区）：燃烧进入后期，炉内上升主气流内存在着部分未燃尽碳及部分气体燃料（CO），需要大量的氧气来维持上述可燃物质的燃尽，也就是要在氧当量大于1甚至1.2条件下进行燃烧。此时，合适的氧浓度及扩散速率是使其燃尽的关键。这个区域的设计需要综合考虑燃尽、烟温偏差和汽温调节。

在上述理论指导下，针对不同的煤种和炉型，根据锅炉实际的燃烧状况，通过差异化分析、个性化设计、精细化实施、系统化调试，可以实现在 NO_x 超低排放的同时，确保锅炉经济、安全、稳定运行。

955. 1区（热解区）重点技术措施有哪些？

答：1区（热解区）的重点技术措施有：

（1）煤粉浓淡分离，淡侧提前着火，加热浓侧煤粉，使其脱除挥发分生成焦炭，促进 N_2 的生成，同时还原先期着火煤粉气流生成的 NO_x。

（2）控制较低的一次风率，控制主燃烧区域供风量，将燃烧所需总风量的 $70\% \sim 85\%$ 在主燃烧区域送入，达到控制主燃烧器区域煤粉燃烧初期燃烧速率的目的。

（3）选择较低的周界风率。

（4）炉内烟气再循环，显著降低炉内燃烧温度水平，一次风喷口掺入炉烟，控制真实一次风率。

（5）不同煤种掺烧，挥发分析出的时间差扩大了1区的存在。

956. 2区（主燃烧区）的重点技术措施有哪些？

答：2区（主燃烧区）的重点技术措施有：

（1）控制2区主燃烧区过量空气系数，过量空气系数不超过0.8。

（2）一、二次风大小切圆设计，在横截面上空气分级。

（3）一、二次风反切，一次风煤粉气流燃烧中期接触到的来自上游的补氧是"贫氧"的热烟气，燃烧强度降低。

（4）二次风部分偏置，二次风喷口的部分面积向炉墙偏置，进一步加强水平方向的空气分级。

957. 3区（还原区）重点技术措施有哪些？

答：3区（还原区）重点技术措施有：

（1）确保较低过量空气系数，为0.9左右。

（2）确保需要的高度。

（3）燃尽风（OFA）必须保留，主要考虑汽温调节和结焦。

958. 4区（燃尽区）重点技术措施有哪些？

答：4区（燃尽区）重点技术措施有：

（1）确保需要的过量空气，过量空气系数为1.1～1.2。

（2）确保到屏式低温过热器的燃尽距离。

（3）较高的 SOFA 风速，使氧量进入燃烧中心区。

（4）SOFA 的水平（烟温偏差）和上下（气温调节）可调。

第四节　防结焦技术措施

959. 锅炉结焦的重要影响因素是什么？

答：锅炉结焦有三个重要的影响因素：局部高温、局部还原性气氛、火焰刷墙，三者的共同存在造成水冷壁结焦。因此，避免结焦就是避免三种状况的同时出现。

960. 防止锅炉结焦应在正式投运前做哪些工作？

答：防止锅炉结焦应在正式投运前做的工作有：

（1）要进行防结焦设计。

（2）要确保燃烧器安装时的准确性，减少切圆偏差。燃烧器安装结束后要进行冷态空气动力场试验，进一步确认燃烧器安装角度。

（3）锅炉启动后要进行热态一次风调平，保证切圆不因流动偏差造成偏斜刷墙，同时需要保证燃烧器调整机构的灵活有效。

（4）要进行燃烧调整和运行优化，在降低 NO_x 排放的同时确保运行的安全性和锅炉效率。

通过上述设计、安装、冷态和热态调整即可避免改造后可能存在的结焦问题。

961. 防止锅炉结焦的主要技术措施有哪些？

答：防止锅炉结焦的主要技术措施有：

（1）一次风浓淡分离。通过一、二次风射流调整，在炉膛横截面上形成了层次分明的环形区域，其中靠近水冷壁区域为中等氧浓度、极少煤粉颗粒、温度较低的区域。根据煤粉颗粒向水冷壁迁移特性可知，在进行水平浓淡分离后，大于 $10\mu m$ 的煤粉颗粒极少存于贴壁区，也不可能迁移到近水冷壁区域，这样就可同时实现防止结渣及高温腐蚀。

（2）不对称二次风射流。不对称二次风射流是基于"贴壁风"

405

的原理进行设计的，其功效要优于"贴壁风"，主要原因在于其偏置二次风量大、动量足、射流远，该技术的使用能有效提高近壁区域的氧化性，提高灰熔点，大大缓解炉膛的结渣。同时，作为水平断面分级燃烧中后期掺混的一部分，不对称二次风射流也可作为控制炉内 NO_x 生成的有效手段。

（3）沿炉膛高度方向上的空气分级。由于实施了沿炉膛高度方向上的空气分级，所以总体炉内燃烧温度有降低，炉内热膨胀减小，同时燃烧过程延长，所以炉内各气流转动惯量的叠加在时序上延长，这两方面的作用使得因气流膨胀、外甩而导致贴壁的概率减小，最终有效防止结渣或高温腐蚀现象的发生。

（4）一、二次风反切设计。一次风煤粉气流与二次风气流（炉内主气流）形成反切，一次风首先逆向冲向上游来的热烟气中，然后再随炉内气流旋转，大大减少了未燃尽的煤粉颗粒被卷吸至水冷壁表面的机会，可同时产生稳燃、防结渣、防腐蚀的功能。

962. 低氮燃烧改造原则是什么？

答： 由于低氮燃烧改造针对的是锅炉燃烧系统，会对锅炉燃烧稳定性、锅炉效率、炉内结焦状况产生重要影响。因此，在改造的过程中需要遵循以下原则：

（1）立足现场。以锅炉现场条件为改造基础，通过最少的设备改动获得改造效果，节省改造费用和减小改造工期。设计燃烧器和 SOFA 改造方案时，现场空间、管道走向、钢梁布置等都纳入考虑范围。

（2）以试验为基础。以燃烧器冷态对比试验、锅炉系统性能测试作为改造方案设计的基础，增加方案应用的可行性。

（3）低风险原则。改造方案设计时，尽量吸收原燃烧器和行业内现有几种典型低 NO_x 燃烧器的技术特长，回避其短处，并在技术上创新，获得最优化的燃烧器结构和参数设计。

（4）强调实用性。由于锅炉运行条件较为特殊苛刻，需要关键部件能长期可靠的工作，因此在改造方案设计时，在性能达到要求的前提下，尽量采用简单实用的机械结构和控制方式，以保证设备能够长期稳定运行，并方便检修维护。采用简单实用的设计理念还可以明显降低改造费用。

总体上要求差异化分析、个性化设计、精细化实施、系统化调试，最终实现 NO_x 控制与燃煤特性的耦合、NO_x 控制与预防结焦的耦合及 NO_x 控制与锅炉效率的耦合。在 NO_x 超低排放的同时，确保锅炉经济、安全、稳定运行。

第五节　对空气预热器的改造

963. 在 SCR 系统中空气预热器的配置特点是什么？

答：考虑到 ABS 区域的特定位置及相应特性，在空气预热器的结构设计，如传热元件的高度选择、材质、板型以及清灰设施配置上提供了相应的措施。

由于 ABS 区域为距预热器传热元件底部位置，故将预热器传热元件设置成上下两层。其中，上层为常规配置；考虑到下层传热元件在烟气入口处易形成颗粒堆积，通常下层传热元件的高度选择 850mm 左右。

由于 ABS 区域内液态硫酸氢氨捕捉飞灰能力极强，会与烟气中的飞灰粒子相结合，附着于预热器传热元件上形成融盐状的积灰，造成预热器的腐蚀、堵灰等。考虑液态硫酸氢氨能轻易进入到普通金属薄板的表面气孔中而形成腐蚀，采用搪瓷元件作为预热器冷端传热元件是最佳选择。

空气预热器受热面选材应考虑磨损、堵塞及腐蚀的因素，热端钢板厚度不小于 0.5mm，钢板材料采用 Q215-AF；为提高冷段换热面的抗黏附特性，冷端需采用搪瓷传热元件，厚度不小于 1mm，不爆瓷、不开裂剥落，不易粘堵灰、不易腐蚀。

964. SCR 脱硝空气预热器的设计配套原则是什么？

答：为有效防止脱硝对空气预热器带来的影响，应对脱硝空气预热器的受热面结构做如下调整：

（1）将空气预热器传热元件由三段布置改为二段，或三段

脱硝运行技术 1000 问

（热端加防磨层），最主要的是使其中冷端要涵盖液态 NH_4HSO_4 的生成温度范围；这样就避免了在硫酸氢铵沉积区域分段、空气预热器分段处局部堵灰状况的恶化造成的瓶颈。

（2）空气预热器冷端传热元件采用 DU3E 板型作为 SCR 系统中空气预热器下部元件的专用板型（这种板型常用于 GGH）。由于该板型为封闭式板型，非常有利于飞灰和粘结物的清除。

（3）提高空气预热器冷段传热元件的抗黏附特性，可采用钢板镀搪瓷。搪瓷元件可以防止低温腐蚀，搪瓷表面比较光滑，受热元件不易粘污，即使粘污也易于清除。实际经验证明，采用搪瓷镀层换热元件后硫酸氢铵的结垢速率明显降低。氨逃逸率为 3.3ppm 时，搪瓷层换热元件表面的结垢只有非搪瓷镀层换热元件的 15%；氨逃逸率为 0.7ppm 时，搪瓷层换热元件表面的结垢只有非搪瓷镀层换热元件的 25%；因此采用镀搪瓷的换热元件是防止空气预热器低温段堵灰的有力措施。

（4）空气预热器配套的吹灰器，在空气预热器冷、热端配置蒸汽和高压水双介质吹灰器。吹灰压力为 1.0～1.37MPa，介质为 310℃以上的过热蒸汽，高压水参数为压力 15～20MPa，流量为 10～15t/h，以保持空气预热器传热元件的清洁。

965. 现役机组脱硝改造对锅炉引风机的影响是什么？

答：采用 SCR 技术降低烟气中 NO_x 含量，需在省煤器和空气预热器之间加装脱硝反应器及其连接烟道，烟气流经它们时将产生阻力，因而引风机入口侧烟气总阻力将增加。烟气经过脱硝装置后温度也略有下降（因加入稀释风和散热）。通常机组满负荷时阻力升高 1200Pa 左右，温度降低约 3℃。导致引风机入口烟气密度略有降低，容积流量略有增加，引风机压力（全压）上升 1200Pa 左右。

966. 脱硝改造中确定引风机运行参数的主要方法有哪些？

答：脱硝改造确定引风机运行参数采取如下方法：

（1）改前试验。脱硝改造前需对引风机在机组不同负荷（至少要有高、中、低三个负荷）下进行现场热态性能试验，以确定

408

改前烟气系统阻力特性及风机运行参数。

（2）获取脱硝系统阻力特性设计值。向脱硝系统设计单位索取不同负荷（至少要有高、中、低三个负荷）下脱硝系统的阻力值。

（3）综合改前实测值和脱硝系统设计值确定脱硝系统投运后烟气系统阻力特性及引风机运行参数。

（4）合理选取引风机选型设计裕量。选型裕量的选取应考虑多重因素，一是要煤质变化的影响；二是脱硝催化剂投入层数的影响；三要兼顾空气预热器阻力变化及漏风率变化等因素，确保设计参数合理、正确。

967. 脱硝改造中如何确定引风机裕量？

答：通常引风机选型设计裕量是在 BMCR 工况参数基础上，再选取 10％的流量裕量和 15％～20％的压力裕量。但根据每个改造工程的实际情况，也可采用下述方法确定裕量：

（1）风量裕量。根据试验期间所得的空气预热器的漏风率，和引风机入口的过剩空气系数值及今后运行中电站允许它们达到的最大值来确定。

（2）风压裕量。根据试验期间所得的系统总阻力特性值及今后运行中电厂允许脱硝系统、空气预热器、除尘器达到的最大值来确定。

如超过上述允许最大值而运行中无手段降低时，则需停运进行检修处理或降负荷运行等待停机处理，以避免所留裕量过大造成长期电耗过高。

968. 引风机改造方案确定的原则是什么？

答：改造方案的总原则，对引风机或增压风机进行改造均需考虑所有排放物（灰尘、SO_2、NO_x）的要求，应以长期运行能耗最低并兼顾改造工作量和投资效益确定。

969. 引风机总体改造方案有哪些？

答：总体改造方案有：单独进行引风机或增压风机改造和引、增压风机合并改造。具体到每个改造方案上，又有对现风机进行局部改造和彻底更换改造两种，都需进行可行性分析论证确定。

970. 如何进行脱硝改造引风机型式的选择与局部改造？

答： 首先要据比转速确定是选用动叶调节轴流式、静叶调节轴流式风机，还或离心式风机（CFB 炉）。从节能角度看，动叶调节风机优于静叶调节风机，静叶调节风机又优于离心式风机。但选用离心风机加变频调速则其运行最经济，可是投资费用高，需论证其可行性。选择风机型式除节电效果和经济性外，还要视现场布置条件、资金来源等因素。当采用引、增压风机合一方案时，由于压力大幅升高，一般多采用二级动叶调节轴流式风机。选型设计时，重点考虑风机性能与合一后的管道阻力特性相匹配。既要考虑高负荷的运行效率，也要考虑中、低负荷的运行效率，还要留够失速裕度，防止运行中风机出现失速现象。最后根据机组负荷系数选取年耗电量最小的风机。

选型设计时，应尽量考虑局部改造的可行性，如只更换叶片或叶轮、改变转速、对于动叶调节轴流式风机减少一半叶片数、对于双级动叶调节轴流式风机可否采用两级压升不相同的叶轮（如叶型的变化、叶片数量的变化、叶片角度调节范围即安装角的变化等），并设法利用原风机所配电机。

971. 选择引风机与增压风机合一方案的优点是什么？

答： 由于新建机组不允许设脱硫系统的旁路烟道，原有的脱硫系统旁路烟道也需封闭。如果增压风机出现故障需停运检修，则整个发电机组将被迫停运。

为提高发电机组运行的安全可靠性和经济性，多采用取消增压风机而用引风机直接克服脱硫系统阻力的设计（称为二合一引风机）。

（1）因为采用"二合一"后，如一台引风机故障停运，机组还可带 60％左右负荷运行，不至停运整个发电机组，提高了机组运行安全性、也减少了发电量损失。

（2）"二合一"后少了一台增压风机，可以降低电厂的设备维护工作量，同时，大型转动设备数目的减少，故障点减少，提升机组运行的安全可靠性。

（3）"二合一"取消增压风机后，可简化引风机出口到脱硫系统入口的烟道布置，降低烟道阻力，从而获得节能效果。

（4）另外由于选型设计原因，引、增压风机往往存在与系统不匹配问题，"二合一"改造时可根据试验数据选取与系统匹配的高效引风机，提高风机的实际运行效率，因而风机运行经济性得到提高。

972. 是否采用引、增压风机合一方案，具体应开展哪些工作？

答：是否采用引、增压风机合一方案，需经可行性论证确定，具体应开展以下工作：

（1）通过风机性能试验确定各工况下运行参数和系统阻力特性。

（2）分析改前风机运行性能，提出合理的"二合一"风机选型设计参数和改造方案。

（3）分析确定"二合一"后引风机进、出口可能达到的最高压力，并提出烟道和相关设备的改造方案。

（4）进行经济性分析，计算节电量和预算改造投资。

（5）提出最佳整体改造实施方案和可行性论证结论。

973. 安装 SCR 后防止空气预热器堵塞的对策是什么？

答：安装 SCR 后防止空气预热器堵塞的对策是：

（1）严格控制 SCR 出口 NH_3 逃逸率，尽量控制在 $3mg/m^3$ 以下，这是保证预热器不堵灰的重要前提。

（2）设定脱硝设施停止喷氨运行的温度，一般应控制在 $300℃$ 以上。

（3）运行中严格监控空气预热器的压差，加强吹灰的管理。

（4）加强维护省煤器底部灰斗运行，提高灰斗对烟气中灰分的预处理能力，减轻灰分对空气预热器的影响。

（5）加强煤质控制、燃用低硫煤减少 SO_3 转换率，高硫煤应控制在 2% 以下。

（6）控制氨逃逸，严格按照设计参数确定喷氨量，制定氨逃

411

脱硝运行技术 1000 问

逸的管理办法，确保氨逃逸仪表的测量准确。

（7）重新进行密封间隙计算，并根据要求确定密封改造方案，以保证最佳的密封效果。

（8）由于脱硝环保排放标准的提高，从 $450\text{mg}/\text{m}^3$ 提高到 $100\text{mg}/\text{m}^3$，甚至达到超低排放标准 $50\text{mg}/\text{m}^3$，已经安装完成的脱硝装置应进行相应的改造或进行低氮燃烧器的改造，不可以采用增加喷氨量的办法提高脱硝效率。

974. 如何做好空气预热器吹灰管理？

答： 保证空气预热器传热元件的清洁，定期除灰是最有效的手段。此外利用机组停运时对预热器受热面进行清洗也是保持其传热元件清洁的有效方式。空气预热器配置有水冲洗装置，该装置也兼有消防功能。空气预热器配套的吹灰器，在空气预热器冷、热端配置蒸汽和高压水双介质吹灰器，以保持空气预热器传热元件的清洁。

空气预热器在正常条件下运行且定期吹灰，则无需进行水洗。当定期吹灰无法去除换热元件的积灰而保持换热元件的洁净，则应分析原因。当空气预热器的阻力超过设计值且小于设计值的 130％时，应采用低压水冲洗。

975. 如何进行空气预热器低压水冲洗？

答： 空气预热器低压水洗装置与蒸汽吹灰设计为一体，即为电动半伸缩式双枪结构。水洗管上有足够的喷嘴可以覆盖整个转子表面，用以清除热端和冷端元件上的沉积物。

水洗时要尽量一次将换热元件表面清洗干净，否则会缩短空气预热器换热元件的使用寿命。水洗后部分遗留下来的沉积物在空气预热器重新投用后结成硬块，下次水洗就无法将其彻底清除。因此，水洗后必须检查换热元件表面，确定是否需要进一步水洗，在机组带负荷之前一定要确保换热元件表面干净。为减少水洗时间，避免由此产生的腐蚀，可将冲洗水的温度提高至 $50\sim60℃$ 为宜。一般不考虑采用碱水冲洗。

水洗通常是在低转速条件下进行，在烟气侧和空气侧都装设疏排水斗。在空气预热器减负荷前应做好水洗准备，以便在换热元件温热状态时（比环境温度高出约 30～40℃）进行水洗，此时水洗效果较好。特别注意：空气预热器进行水洗完毕后需用热风干燥，以防空气预热器和其他设备锈蚀；当空气预热器阻力超过设计值的 30％时且换热元件堵灰严重，应尽早进行高压水冲洗。

976. 脱硝引风机改造一般原则是什么？

答：脱硝引风机改造是加装脱硝装置的必要改造部分，主要用于克服加装脱硝装置后产生的阻力。在加装脱硝装置后，引风机需提升压头（一般提升 1kPa 压头考虑，保守考虑则可提升 1.2kPa 压头），流量基本保持不变，核算压头后由引风机厂家完成引风机叶片及其附件的改造和更换，并由其提出引风机电机的选型，更换电机及其附件、电机的高压电缆等。

目前常用的改造方案有：电机增容、叶轮更换及全部更换风机等。引风机与脱硫增压风机合并可简化系统、减少占地、降低运行成本。

第十五章

燃煤烟气脱硝装置运行管理

977. 脱硝装置运行和维护管理一般规定是什么?

答: 脱硝装置运行和维护管理一般规定是:

(1) 脱硝系统的运行、维护及安全管理除应执行 DL/T 335—2010《火电厂烟气脱硝(SCR)系统运行技术规范》外,还应执行国家和安监部门现行有关安全和监督强制性标准的规定。

(2) 脱硝系统按设计技术指标运行,各项污染物排放指标应满足当地环保部门的要求,达标排放。

(3) 脱硝系统运行应在满足设计工况的条件下进行,并根据工艺要求,定期对各类设备、电气、自控仪表及建(构)筑物进行检查维护,确保装置稳定可靠地运行。

(4) 电厂应建立健全与脱硝装置运行维护管理制度,以及运行、操作和维护规程,建立脱硝系统主要设备运行状况的台账制度。

978. 脱硝装置人员与运行管理要求是什么?

答: 脱硝装置人员与运行管理要求是:

(1) 根据电厂管理模式特点,对脱硝装置的运行管理既可成为独立的脱硝车间,也可纳入锅炉车间的管理范畴。

(2) 脱硝装置的运行人员应单独配置。当电厂需要整体管理时,也可以与机组合并配置运行人员,但电厂至少应设置 1 名专职的脱硝技术管理人员。

(3) 电厂应对脱硝装置的管理人员和运行人员进行定期培训,使管理人员和运行人员系统掌握脱硝设备及其他附属设施正常操作和应急处理。

(4) 电厂应建立脱硝系统运行状况、设施维护和生产活动等的记录制度。

（5）运行人员应按照电厂的规定做好交接班制度和巡视制度，特别是对于液氨卸车、储存、蒸发过程的监督与配合，防止和纠正装卸过程中产生泄漏对环境造成的污染。

979. 脱硝装置运行操作人员上岗前应进行哪些培训？

答：脱硝装置运行操作人员上岗前，应进行下列内容的专业培训：

（1）启动前的检查和启动要求的条件。

（2）处置设备的正常运行，包括设备的启动和关闭。

（3）控制、报警和指示系统的运行和检查，以及必要的纠正操作。

（4）最佳的运行温度、压力、脱硝效率的控制和调节，以及保持设备良好运行的条件。

（5）设备运行故障的发现、检查和排除。

（6）事故或紧急状态下人工操作和事故处理。

（7）设备日常和定期维护。

（8）设备运行及维护记录，以及其他事件的记录和报告。

980. 脱硝装置运行维护记录应包括哪些？

答：脱硝装置运行维护记录内容至少包括下几项：

（1）系统启动、停止时间。

（2）还原剂进厂质量分析数据、进厂数量、进厂时间。

（3）系统运行工艺控制参数记录，至少应包括还原剂制备区各设备的压力、温度、氨的泄漏值，SCR 反应器出、入口烟气温度、压力、湿度、NO_x 浓度、氧含量、差压、出口氨逃逸率等。

（4）主要设备的运行和维修情况记录，包括旁路挡板门（如果有）的开启与关闭时间的记录。

（5）烟气连续监测数据、污水排放、脱硝催化剂处置情况的记录。

（6）生产事故及处置情况的记录。

（7）定期检测、评价及评估情况的记录等。

981. SCR 脱硝运行检修人员有哪些注意事项？

答：当前部分燃煤电厂运维人员对脱硝运行问题认识仍不足，普遍存在重效率轻氨逃逸、重催化剂轻流场、提效即增大喷氨量或增加备用层的片面认识，因此应重视专业技术培训工作，提高运维人员专业技术水平，对 SCR 脱硝关键技术（如 ABS 问题防治、宽负荷脱硝、催化剂管理方案等）的原理、特性有深刻的认识，从而能够对运维问题进行及时、有效的分析判断，尽可能避免问题的出现及加剧。

对于运行人员，应掌握脱硝正常启动、停运、自动保护停运及其运行过程中的主要控制方式，熟悉脱硝系统各项运行参数正常运行范围（如反应器进、出口 NO_x 浓度，脱硝效率，喷氨量，氨逃逸，反应器进、出口烟温，稀释风量，催化剂压差，空气预热器压差等），在日常运行中应尽可能让脱硝运行条件处于设计参数范围内，严格控制进、出口 NO_x 浓度，反应器压降，氨逃逸浓度等重要参数，尤其关注参数异常变化现象。

对于检修维护人员，应在日常工作中重点关注常见问题，如供氨阀门堵塞、调节性能差、喷氨喷嘴堵塞脱落、管道磨损、导流板及整流装置变形、催化剂密封件变形失效、催化剂积灰磨损等，及时查找并进行处理。此外应利用停机机会进行反应器内部检查和清灰处理，确保在线仪表处于健康运行状态，为运行人员进行操作提供有效指导。

982. 脱硝还原剂由液氨改为尿素的改造范围包括哪些？

答：由于当前电力行业的安全监管力度逐步加大，液氨替代逐渐被一些地方政府和用氨火电企业提上日程。考虑到尿素具有性状相对稳定、对环境无直接危害、运输储存安全方便等特点，已成为火电厂 SCR 脱硝装置液氨替代品首选。

当对原液氨供应系统进行尿素替代时，仅需要建设尿素溶液制备和尿素热解（水解）制氨设备即可实现对原有液氨区域的全部替换，原有氨气供应管路走向不变。由于尿素热解（水解）所制备的氨气为混合气体，浓度低于液氨蒸发槽出口纯氨气，所以需要对氨空混合气前的原有氨气供应管路进行更换，此外为防止尿素结晶，须将原冷风作为稀释风更换为热风稀释。改造范围包括新建尿素站、尿素制氨装置（热解炉或水解反应器）、引热一次风作为加热稀释风、尿素制氨装置与 AIG 连接管道以及电气热控等。

改造工程可在机组运行期间，进行尿素站的基础施工、反应器区的钢架改造（涉及热解、水解器）、制氨反应装置安装等，在此期间原还原剂系统正常运行，待施工完成后可逐台机组在停炉检修期间进行热风管道接口及氨管道接口安装。

983. 燃煤电站 SCR 系统投运的主要成本是什么？

答：燃煤电站 SCR 系统投运的主要成本来自更换催化剂和采购消耗品氨的费用。

984. 如何降低脱硝系统的投资及运行成本？

答：降低脱硝系统的投资及运行成本的措施有：

（1）进行煤种试样测试，分析潜在的催化剂中毒因素，确认 SCR 入口前烟气中的砷、钙、钠和钾等含量；为避免催化剂中毒和再生做好准备；优化燃烧控制，燃料充分燃烧，降低爆米花型多孔焦炭的形成，减少催化剂飞灰堵塞；同时根据煤种特性，选择合适大小的蜂窝催化剂。

（2）氨气格栅与 SCR 前烟气流量分布模拟优化控制，整体降低氨泄漏；优化 SCR 吹灰和清洗系统的运行，降低压力损失；改造空气预热器，更换成釉质陶瓷表面，以防低温腐蚀。

（3）定期进行氨泄漏、飞灰质量及 SCR 阻力监测，评估 SCR 运行状况，调整氨喷射系统，使氨泄漏小于 5×10^{-6}，SO_2/SO_3 转化率小于 1.5%；检测空气预热器阻力损失、腐蚀和堵塞状况，及时清理；同时进行催化剂活性和寿命检测，做好催化剂更换和再生工作。

（4）脱硝出口加装烟气取样枪。一般的脱硝出口取样均在尾部水平烟道上，此处位置不能正确地反映催化剂各个部位的真实情况。而由于脱硝催化剂层烟道纵深有近 9m，所以只用一般的采样枪无法对催化剂下部的烟气流场和烟气成分按照网格法进行细致地划分取样，不能正确地反映催化剂各个位置的使用情况，因此需要在催化剂最底层加装多台取样枪。

（5）加装除湿机。在停机检修期间，保持催化剂空间内相对湿度低于 70%，这样可保证催化剂内和表面的灰尘颗粒不会变硬和黏附。因为变硬的灰尘颗粒会堵塞催化剂表面及内部微孔，导致催化剂活性降低。可以在催化剂底部通入热干燥风，再在催化剂上部覆盖防雨布，使催化剂部分的空间维持在干燥状态，保证催化剂不受潮。

（6）定期试验，对入口烟气流速进行测量，对喷氨阀门进行调整。定期试验可以找到系统存在的隐性缺陷，如导流板损坏造成的流速不均等。

（7）锅炉设计时应考虑脱硝系统的投运温度。SCR 脱硝系统可能会由于烟气温度过低而不能在低负荷时正常投运，这与锅炉换热面积有关，如机组换热面积有增加，排烟温度相对较低，脱硝系统由于温度低无法正常使用。此问题需要脱硝设计人员与锅炉设计人员共同解决。

（8）加强烟道导流板，入口支撑采用防磨护板，容易磨损部位采用补强。

（9）液氨罐密封材料定期更换，一个大修周期全部解体更换。螺栓采用不锈钢螺栓。不能采用冷热变形过大的密封材料，接触氨气的管道法兰垫应当杜绝用橡胶垫片。

985. 脱硝还原剂由液氨改为尿素的技术经济性如何？

答：脱硝还原剂由液氨改为尿素的经济性受具体还原剂制备方案、发电企业所在当地还原剂单价等易耗品价格影响，以某 $2 \times 600MW$ 机组为例，液氨改为尿素的消耗品用量与投资运行成本比较见表 15-1、表 15-2。

表 15-1　　　　　各种制氨技术消耗品用量（两台炉）

消　耗　品	液氨制氨	尿素热解制氨	尿素水解制氨
尿素（kg/h）	—	976	830
液氨（kg/h）	461	—	—

消 耗 品	液氨制氨	尿素热解制氨	尿素水解制氨
蒸汽（用于伴热及加热）（t/h）	0.42	0.65	2.54
除盐水（尿素溶解）（kg/h）	—	976	830
一次热风（Nm³/h）	—	13000	13000
电耗（kW）	60	1860	80

表 15-2　　　　　　改造后总成本分析（两台炉）

序号	项目		单位	尿素热解	尿素水解	液氨制氨
1	项目总投资		万元	2000	2100	0
2	年利用小时		h	5000	5000	5000
3	厂用电率		%	5.99	5.84	5.84
4	年售电量		GWh	5641	5650	5650
5	生产成本	折旧费	万元	130	136	0
		修理费	万元	40	42	0
		还原剂费用	万元	1001	851	630
		电耗费用	万元	279	12	9
		低压蒸汽费用	万元	49	191	32
		除盐水费用	万元	15	12	0
		总计	万元	1513	1244	671
6	财务费用（平均）		万元	44	47	0
7	生产成本＋财务费用		万元	1557	1291	671
8	增加上网电费		元/MWh	2.76	2.28	1.19

第十六章

燃煤烟气脱硝装置安全管理

986. 液氨的危险性类别是什么？

答：按照 GB 12268—2012《危险货物品名表》第 6 章的规定，液氨也称无水氨，属第 2 类第 2.3 项毒性气休，次危险性为第 8 类腐蚀性物质，特殊规定为 23（即使这种物质有易燃危险，但这种危险只是在满足密闭区有猛烈火烧的条件时才显示出来），UN号 1005。

987. 液氨对人的健康危害是什么？

答：液氨对人的健康危害是：

（1）液氨经皮肤接触，可致皮肤和眼灼伤。低浓度的氨对眼和潮湿的皮肤能迅速产生刺激作用。潮湿的皮肤或眼睛接触高浓度的氨气能引起严重的化学烧伤。皮肤接触可能引起严重疼痛和烧伤，并能发生咖啡样着色。被腐蚀部位呈胶状并发软，可发生深度组织破坏。高浓度氨蒸气对眼睛有强刺激性，可引起疼痛和烧伤，导致明显的炎症，并可能发生水肿、上皮组织破坏、角膜混浊和虹膜发炎。轻度病例一般会缓解，严重病例可能会长期持续，并发生持续性水肿、疤痕、永久性混浊、眼睛膨出、白内障、眼睑和眼球粘连及失明等并发症。多次或持续接触氨会导致结膜炎。

（2）吸入液氨后对鼻、喉和呼吸道有刺激性。轻度吸入中毒表现有鼻炎、咽炎、气管炎、支气管炎，患者有咽灼痛、咳嗽、咳痰或咯血、胸闷和胸骨后疼痛等症状。急性氨中毒主要表现为呼吸道黏膜刺激和灼伤。严重吸入中毒可出现喉头水肿、声门狭窄及呼吸道黏膜脱落，可造成气管阻塞，引起窒息。吸入高浓度可直接影响肺毛细血管通透性而引起肺水肿。

（3）摄入液氨，低浓度时对黏膜有刺激作用；高浓度时会造成组织溶解坏死，产生口腔和消化道糜烂，重者可引起死亡。

988. 液氨对环境的危害是什么？

答：液氨对环境的危害是：

（1）液氨泄漏会迅速气化为毒性氨气，严重污染空气，与空气形成爆炸性混合物，遇明火、高热能引起燃烧爆炸，爆炸极限15.7%～27.4%，与强氧化剂可发生反应。泄漏和燃烧产物为氧化氮、氨。

（2）大量泄漏的液氨流散到土壤，与土壤的水分接触，则对土壤造成污染，破坏土壤的酸碱度，严重影响耕种。

（3）液氨流散到河流、湖泊、水渠、水库等水域，造成水域碱性污染。

989. 液氨泄漏的急救措施是什么？

答：液氨泄漏的急救措施是：

（1）皮肤接触，立即脱去污染的衣物，用大量清水或2%硼酸溶液彻底冲洗，然后立即就医。

（2）眼睛接触，立即提起眼睑，用大量流动清水或生理盐水彻底冲洗至少15min，立即就医。

（3）吸入，迅速脱离泄漏现场至空气新鲜处，保持呼吸道通畅。如呼吸困难，给输氧，如呼吸停止，立即进行人工呼吸；就医。

（4）食入，立即就医，勿催吐。

990. 液氨泄漏的消防措施是什么？

答：液氨危险特性：与空气可形成爆炸性混合物，遇明火、高热能引起燃烧爆炸；与氟、氯等接触会发生剧烈的化学反应；若遇高热，容器压力增大，有开裂和爆炸的危险。泄漏和燃烧产物为氧化氮、氨。

消防措施：消防人员必须穿人身防火防毒服，在上风口灭火；切断气源，若不能切断气源，则不允许熄灭泄漏处的火焰；喷水冷却容器，可能的情况下将容器从火场移至空旷处处理。灭火剂可选择雾状水、抗溶性泡沫、二氧化碳、砂土。

991. 液氨腐蚀危害是什么？

答：液氨对铜、铜合金、橡胶等材料腐蚀严重。

992. 氨区发生人员伤害急救方法是什么？

答：氨区发生人员伤害的急救方法是：

（1）吸入氨气。如工作人员被氨气所熏倒，应立即移至空气新鲜的地方，并迅速施行人工呼吸，同时送医院诊治，必要时先以2%浓度的硼酸水清洗鼻腔，并饮用大量0.5%浓度的柠檬酸或柠檬水。

（2）皮肤及黏膜遭受氨伤害。脱去一切沾染的衣服，并在感染部分以大量清水清洗至少15min，如能再用柠檬水、食醋或20%浓度的醋酸溶液清洗更佳，但最后仍应用清水加以冲洗，受伤部位不能涂抹软膏，但可用次亚硫酸钠饱和溶液浸湿砂布覆盖。

（3）氨进入眼睛的处理。迅速以大量清水冲洗眼部15～20min，休息5min后再重复冲洗，并立即送医院诊治。此种伤害的后果与氨的浓度关系不大，取决于是否迅速用水将氨液冲洗；未经医师的指示，不能随意使用油剂药膏类药品。

993. 氨运输信息有哪些要求？

答：氨运输信息要求是：

（1）危险货物编号为23003。

（2）联合国危规号为1005。

（3）包装类别为Ⅱ。

（4）包装方法为钢质气瓶。

（5）运输注意事项。液氨，须贴"毒气"标签，严禁航空客运运输；大于50%的氨溶液，须贴"不易燃气体"标签，严禁航空客运运输；35%～50%的氨溶液，须贴"不燃气体"标签，限量运输；10%～35%的氨溶液，须贴"腐蚀"标签，限量运输。铁路运输时限使用耐压液化气企业自备罐车装运，装运前需报有关部门批准；采用钢瓶运输时必须戴好钢瓶上的安全帽；钢瓶一般平放，并应将瓶口朝同一方向，不可交叉，高度不得超过车辆的防护栏板，并用三角木垫卡牢，防止滚动；运输时运输车辆应配备相应品种和数量的消防器材；装运该物品的车辆排气管必须配备阻火装置，禁止使用易产生火花的器械设备和工具装卸；严禁与氧化剂、卤类、食用化学品等混装混运；夏季应早晚运输，防止日光暴晒；中途停留时应远离火种、热源；公路运输要按照规定路线行驶，禁止在居民区和人口稠密区停留；铁路运输时要禁止溜放。

994.《燃煤发电厂液氨罐区安全管理规定》（国能安全〔2014〕328 号）中对安全管理的要求是什么？

答：（1）发电企业应加强氨区安全管理，严格氨区设计、施工和液氨运输单位及相关人员的资格审查，组织开展氨区安全审查和评估。

（2）发电企业要严格氨区安全生产责任制，明确氨区安全责任部门，配备氨区专业管理人员，落实各级各类人员安全生产责任。

（3）发电企业应不断完善氨区安全管理制度，并定期审核、修订，保证其有效性。氨区安全管理制度至少包括运行规程、检修规程、操作票制度、工作票制度、动火制度、巡回检查制度、出入管理制度、车辆管理制度、防护用品定期检查制度等。

（4）发电企业应加强安全生产教育培训，主要负责人和安全管理人员应经教育培训合格；专业管理人员、操作人员和作业人员应经专业知识和业务技能培训，持证上岗。

（5）发电企业要加强对氨区重大危险源管理，依法开展危险化学品重大危险源辨识、评估、登记建档、备案、核销及管理工作。

（6）发电企业要按照压力容器及特种设备的有关规定，加强氨区压力容器、压力管道等承压部件和有关焊接工作的技术管理和技术监督，完善设备技术档案。

（7）发电企业要深入开展氨区隐患排查治理，建立隐患管理台账，积极开展隐患排查、治理、统计、分析、上报和管控工作，及时消除隐患。

（8）发电企业要定期组织开展氨区防雷接地、自动保护装置、压力容器和压力管道、氨气泄漏检测仪等有关设备以及安全附件的检测、试验工作，并做好记录。

（9）发电企业要认真执行电力安全信息报送规定，及时、准确报送氨区安全信息。

995. 燃煤电站有关氨的工作安全规则是什么？

答：燃煤电站有关氨的工作安全规则如下：

（1）氨区严禁烟火。

（2）非运行管理人员不得擅自变动或调整安全阀或释放阀。

（3）操作阀门及排液阀时，需穿戴人体安全防护用具。

（4）必须确定所有阀门、管线、设备等都正常后才操作。

（5）排放氨时，要远离火源或引火物。

（6）汽车罐车装卸氨前，应拉紧刹车，放置阻动木块，防止汽车滑动，并竖立警示牌以防作业疏忽而发生事故。

（7）载运液氨槽（罐）车除应经监理机构检查合格外，仍应时常自我检查，保持良好车况。

（8）汽车液氨槽（罐）车在灌装时，应接地线。

（9）液氨槽（罐）车进出路线应畅通，并应竖立警示标志，以利于行车安全。

（10）如发现设备故障或氨气泄漏，立即采取紧急有效措施。

（11）遇台风、闪电、地震或发生紧急情况，应停止装卸并做好安全措施。

（12）不得敲取阀门外凝结的冰块。

（13）人体防护安全器材宜固定放置在便于取用的场所。

（14）应装设取样装置，其他排空阀、排液阀不得取样。

（15）储罐、管路、阀门等附属设备应定期实施检查。

996. 还原剂制备区安全一般规定是什么？

答：还原剂制备区安全一般规定是：

（1）还原剂制备区（氨区）设施应严格按照 GB 50058—2014《爆炸危险环境电力装置设计规范》的有关规定设计、安装，并经验收合格。

（2）运行单位应建立还原剂制备区安全责任制和事故应急救援预案，配备应急救援人员和应急救援器材、设备，定期组织演练，及时消除安全事故隐患。

（3）还原剂制备区设备应严格按照《特种设备安全监察条例》的规定进行安全检查、检测和监察。

（4）液氨的品质应符合 GB/T 536—2017《液体无水氨》技术指标的要求。

997. 还原剂制备区安全管理要求是什么？

答：还原剂制备区安全管理要求是：

（1）还原剂制备区周围围墙（栏）完整，并挂有"严禁烟火"等明显的警告标示牌。还原剂制备区内应保持清洁、无杂草，不得储存其他易燃品和堆放杂物，不得搭临时建筑。还原剂制备区顶部安装风向标。

（2）还原剂制备区周围消防通道要保持畅通。

（3）还原剂制备区必须配备足够数量的灭火器，液氨储存罐喷淋系统要定期进行检查试验。灭火器应定期进行检验，发现失效及时更换。

（4）在还原剂制备区应设置洗眼器、快速冲洗装置，备有 2% 浓度的稀硼酸等清洗液、正压式呼吸器、防酸碱靴等。

（5）还原剂制备区外宜设置火种箱、静电触摸板。

（6）在还原剂制备区进行作业的人员必须持有上岗证，应充分掌握还原剂制备区系统设备并了解氨气的性质和有关的防火、防爆规定，作业人员必须配备安全防护装置（防护手套、护目镜、能过滤氨的面罩、防护服等）并定期维护。

（7）所有进入还原剂制备区的人员必须进行登记并不得携带火种，人员进、出还原剂制备区后必须上锁。

（8）还原剂制备区卸氨时要有专人就地检查，发现跑、冒、漏立即进行处理。严禁在雷雨天和附近地区发生火警时进行卸氨工作。

（9）夜间操作要有足够的照明设施，照明设施应注意防火、防爆。

998. 还原剂制备区安全技术要求是什么?

答: 还原剂制备区安全技术要求是:

(1) 氨系统充氨前必须检查还原剂制备区的一切电气设备防爆设施完整、电缆敷设管道接头部位跨接线完整。

(2) 氨系统所有管道阀门应严密无渗漏,充氨前应对氨管道进行试验,发现漏点要及时进行处理。液氨储存罐的喷淋冷却系统必须经试验后投用。

(3) 氨系统设备运行时,不得敲击或带压检修,不得超压;管阀等连接点检漏可用肥皂水或相应的便携式气体检测仪,禁止使用明火检漏。

(4) 运行期间对氨系统的氨气压力、温度、液氨储存罐温度、氨气流量参数进行监视,发现参数异常,立即查找原因进行处理。

(5) 在启动之前和停运之后,宜对液氨卸料、储存、蒸发和输送等设备、容器和管道进行氮气吹扫,检查系统严密性,清除管道内存留的氨气。

(6) 严禁氨系统超压运行。液氨储存罐温度高于 40℃时,要及时检查其喷淋系统自动投入,对液氨储存罐冷却。液氨储存罐最大允许存储量不超过有效容量的 85%。

(7) 还原剂制备区开关阀门的扳手和检修使用的工具应为铜制工具,使用铁制工具时要采取防止产生火花的措施。进入还原剂制备区作业应使用防爆手电筒、防爆照明设备和防爆风机。

(8) 还原剂制备区内不宜进行明火作业。如必须动火时,应办理一级动火工作票,明确动火工作范围和要求。在还原剂制备区内的设备上动火,必须经主管领导批准,采取严格的隔断、吹扫和防火措施。

(9) 在还原剂制备区工作应有专人监护并携带消防器具,检修工作结束不得留有火种隐患,要做到工完、料尽、场地清。

(10) 还原剂制备区应定期进行喷淋试验。液氨储存罐顶部安全阀和呼吸阀应定期检查,并作详细记录。

(11) 废液箱的液位应保持正常,经常检查废液泵的联锁情况是否正常，发现异常及时处理。严禁氨水溢出地面。废液必须经过化学处理达到国家环保标准，严禁直接对外排放。

（12）按规定对还原剂制备区进行巡检。

999. 氨区事故预防采取的措施有哪些？

答：氨储存及装卸站区域应严禁烟火，电气设备应采用防爆装置型，氨区有关容器应避免阳光直射，且在通风良好的安全场所放置，不可与氧气容器置放在一起，氨的处理人员应穿着适当的防护用具。

1000. 氨区发生泄漏事故时处理方法是什么？

答：当氨泄漏检测仪器检测到氨有微量泄漏时，运行维护人员应以湿手帕掩鼻，以低姿势向上风处走避；容器开关阀微漏时，应小心关紧关开阀；若仍泄漏时应立即通知相关技术人员，处理前可用湿布覆盖并予以淋水。

氨区的氨气大量泄漏时，在事故喷淋系统启动的基础上，抢救人员应穿着防护衣裤，并戴自供式空气呼吸器，在上风处实施水雾喷淋泄漏处附近空间，应以大量水冲洗以吸收氨气，并依照制定的泄液氨事故处理办法处理，发生火灾时以大量水灭火。

1001. 氨区发生氨泄漏事故紧急应变措施包括哪些？

答：氨区发生氨泄漏事故紧急应变措施包括：

（1）氨泄漏时，在安全情况下设法止漏。

（2）氨泄漏时，应立即除去周围的火源，以免发生爆炸。

（3）应用仪器探测氨气的浓度。

（4）氨泄漏时应用大量水雾喷淋吸收。

（5）氨泄漏或排放对人的保健卫生有危害时，必要时应立即通知环保局、公安局及劳检所等主管机关，对可能发生危害地区居民发出警告，并将下风地区居民疏散至上风地区，受污染的地区应立即竖立警示牌，禁止进入。

（6）氨泄漏处理时，应佩戴适当的个人防护器具。

1002. 氨泄漏的处理的要求是什么？

答：氨泄漏的处理的要求是：

（1）氨泄漏时，应立即切断泄漏源，停止供氨，停运脱硝系统。

（2）在明显处张贴通告，告知本区域有氨泄漏。迅速撤离泄漏污染区人员至上风处，并立即隔离 150m，还原剂制备区严格限制出入，切断火源。

（3）进入氨泄漏区域的应急处理人员应佩戴防毒面具和防毒服等。

（4）加强现场通风，加速氨气扩散。高浓度泄漏区，喷洒雾状水中和、稀释、溶解氨气。构筑物设围堤或挖坑收集产生的含氨废水。如有可能，将残余气或漏出气用排风机送至水洗塔。

（5）氨泄漏容器应采用置换处理以清除剩余的气体，经修复、检验合格后才能复用。

1003. 液氨泄漏时报警的要求是什么？

答：液氨泄漏时报警的要求是：

（1）发生液氨泄漏时，事故单位主要负责人应当立即按照本单位危险化学品应急预案组织救援，并向当地安全生产监督部门管理和环境保护、公安、卫生主管部门报告；道路运输、水路运输过程中发生危险化学品事故的，驾驶人员、船员或者押运人员还应当向事故发生地交通运输主管部门报告。

（2）报警的内容包括事故发生的时间、地点，危险化学品的种类和数量，现场状况，已采取的措施，联络电话、联络人姓名等，如果有人员中毒或伤亡应拨打 120 急救电话。

1004. 液氨泄漏时防护区、隔离区设置的要求是什么？

答：液氨泄漏时防护区、隔离区设置的要求是：

（1）救险人员未到达前，应疏散无关人员撤离事故区域，禁止车辆通行，泄漏现场严禁烟火，当事人（或单位）应采取相应的措施进行自救。

（2）救险人员到达现场后，可根据液氨的泄漏量、现场的气候条件（风向、风力大小）、地理位置并参照图 16-1 尽快设立防护、隔离区，一般分为初始隔离区、防护区和安全区。防护区、隔离区的设置可参照表 16-1 给出的数值，并根据事故现场的具体情况做出适当的调整。在防护、隔离区设置警示标识牌，并设立警戒人员，禁止车辆及与事故处置无关人员进入。

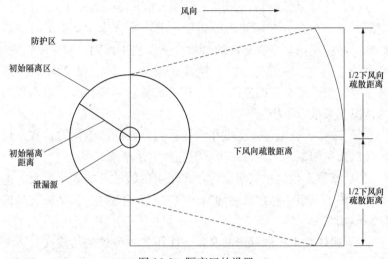

图 16-1　隔离区的设置

表 16-1　　　　　　　　　　液氨泄漏初始疏散隔离距离

产品名称	少量泄漏			大量泄漏		
液氨	初始隔离距离（m）	下风向疏散距离（m）		初始隔离距离（m）	下风向疏散距离（m）	
		白天	夜间		白天	夜间
	30	100	200	150	800	2000

1005. 液氨泄漏源控制措施是什么?

答：液氨泄漏源控制措施是：切断泄漏源；进行堵漏；倒罐作业。

1006. 液氨发生泄漏时切断泄漏的控制措施是什么?

答：液氨发生泄漏时切断泄漏的控制措施是：

（1）切断泄漏源时，必须在开花水枪或喷雾水枪的掩护下，谨慎操作。若条件允许，操作人员应站在上风口。

（2）输送液氨的容器、槽车、储罐或管道发生泄漏时，应切断泄漏源，制止泄漏。

1007. 液氨发生泄漏时堵漏措施是什么？

答：液氨发生泄漏时堵漏措施是：

（1）针对泄漏容器、储罐、管道、槽车等情况，选用适合的堵漏器具。在充分考虑防腐措施后，迅速实施堵漏。用于堵漏器具的材质应使用耐液氨腐蚀的材质，建议使用碳钢、镍铬不锈钢、高合金不锈钢、铝及铝合金、钛及钛合金、木材、多数塑料（酚醛塑料、聚丙烯、聚四氟乙烯）、聚三氟氯乙烯等材质。根据泄漏的情况宜采取以下措施：

1）罐体、管道等发生微孔（或称为砂眼）状泄漏时，宜采用螺丝钉加聚四氟乙烯胶带旋进泄漏孔的方法堵漏。

2）罐体发生缝隙状泄漏时，宜使用耐碱的外封式堵漏袋、电磁式堵漏工具组、粘贴式堵漏密封胶（适用于高压）、堵漏夹具或堵漏锥堵漏。

3）罐体发生孔洞状泄漏时，宜使用各种耐碱的堵漏夹具、粘贴式堵漏密封胶（适用于高压）、堵漏锥堵漏。

4）管道发生缝隙状泄漏时，宜使用耐碱的外封式堵漏袋、封堵套管、电磁式堵漏工具组或堵漏夹具堵漏。

管道发生孔洞状泄漏时，宜使用各种耐碱的堵漏夹具、粘贴式堵漏密封胶（适用于高压）堵漏。

（2）阀门发生泄漏时，宜使用耐碱的阀门堵漏工具组、注入式堵漏胶、堵漏夹具堵漏。

（3）法兰盘或法兰垫片损坏发生泄漏时，宜使用耐碱的专用法兰夹具、注入式堵漏胶等堵漏。

1008. 液氨发生泄漏时倒罐要求是什么？

答：液氨发生泄漏时倒罐要求是：

（1）在实施器具堵漏时，应同时采取倒罐的方法进行处理。倒罐前应对所使用的管道、容器等设备的材质和状况进行检查。

（2）倒罐时应使用洁净的、耐液氨腐蚀材质的压力容器（材质宜选用碳钢、镍铬不锈钢、高合金不锈钢、铝及铝合金、钛及钛合金)。

(3) 倒罐时不能进行带压操作。

(4) 倒罐时,应使用防爆电器,并且接地良好,如防爆耐氨蚀泵、防爆排风扇等。

(5) 倒罐结束后,应对泄漏设备、容器、车辆等进行及时处理、处置。

1009. 液氨泄漏时对一般防护的要求是什么?

答:液氨泄漏时对一般防护的要求是:

(1) 进行泄漏现场处理、处置时应做好个体防护。在没有防护的情况下,任何人不应暴露在能够或可能危害健康的环境中。泄漏现场工作人员禁止饮水和进食。现场救险人员进入泄漏现场时应穿戴符合国家标准要求的防护用品,撤离泄漏现场并经洗消后方可解除防护。

(2) 使用防护用品时应参照产品使用说明书的有关规定,符合产品适用条件。

(3) 急救措施参见前述题目。

1010. 液氨泄漏时对人身防护的要求是什么?

答:液氨泄漏时对人身防护的要求是:

(1) 当液氨发生泄漏时,现场应急救援人员应防止冻伤,按 GB/T 24536—2009《防护服装 化学防护服的选择、使用和维护》第 4 章的要求选择防氨渗、防静电的化学防护服,宜穿气密型化学防护服 ET,穿符合 GB 20266—2006《耐化学品的工业用橡胶靴》要求的橡胶靴、戴符合 AQ 6102—2007《耐酸(碱)手套》要求的耐酸(碱)手套。

(2) 呼吸系统防护按 GB/T 18664—2002《呼吸防护用品的选择、使用与维护》第 4 章的规定,宜选择正压式呼吸器或符合 GB 2890—2009《呼吸防护自吸过滤式防毒面具》要求的自吸过滤式防毒面具。

(3) 在眼睛防护时,应佩戴防腐蚀液喷溅的面罩或护目镜。

1011. 液氨发生陆上泄漏的应急处理措施是什么?

答: 液氨发生陆上泄漏的应急处理措施是:

(1) 少量泄漏。现场通风,加速扩散,使其气化。

(2) 大量泄漏。

1) 防扩散。应利用水源或消防水枪建立水幕墙,喷含盐酸雾状水中和、稀释、溶解,然后抽排(室内)或强力通风(室外);如有可能,将残余气或漏出气用排风机送至水洗塔或与塔相连的通风橱内,防止其扩散。

2) 防流失。构筑围堤或挖坑收容所产生的大量废氨水,防止流入水体、地下水管道或排洪沟等限制性空间。

(3) 收纳。可借助现场环境,通过挖坑、挖沟等方式使泄漏物汇聚到低洼处并收纳起来,坑内应敷上塑料薄膜防止液体下渗。

(4) 转移。迅速将泄漏区中氨水的禁忌物转移至安全地带,避免与其接触发生更大危险。

(5) 回收。用防爆耐氨蚀泵将泄漏物转移至洁净的槽车或专用收集容器内进行回收。

(6) 中和。对不能回收的泄漏物,喷洒含盐酸的雾状水中和、稀释、溶解,中和后的产物收集到专用容器中;现场进行抽排(室内)或强力通风(室外),若条件具备可将残余气或漏出气用排风机送至水洗塔或与它相连的通风橱内。

1012. 液氨泄漏现场的处置方法是什么?

答: 液氨泄漏现场的处置方法是:

(1) 泄漏物的处置。未污染的泄漏物应运回生产、使用单位或具有资质的专业危险废物处理机构进行回收利用。被污染的泄漏物收集后运至具有资质的专业危险废物处理机构进行处理。

(2) 污染物的处置。对被污染的设备、设施、工具、器材及防护用品等,由救险人员用开花或喷雾水流进行集中洗消,再用水进行冲洗,冲洗的水统一收集,再进行处置,防止二次污染。

(3) 泄漏区的处置。对泄漏区的路面等用大量水进行冲洗,冲洗的水统一收集,再进行处理。

1013. SCR 运行维护应注意的安全事项有哪些?

答: 为了保证燃煤电站 SCR 系统检查和维护各项工作中的人员和设备的安全性,应做好如下几方面的工作。

(1) SCR 反应器的维护工作应遵循下面的说明。

1) 必须保证催化剂附近没有明火或火花。

2) 进行维修前,需要进行适当的检查保证没有气体泄漏。

3) 优先从 NH_3 喷射系统开始维护工作,使用 N_2 或新鲜空气对系统减压和净化。

(2) 在对已经安装的催化剂进行检查或催化剂在仓库存储等期间,不允许催化剂被雨水淋湿。

(3) 当为了检查或除掉附着的灰尘而对催化剂进行送风时,应使用干燥的空气;对反应器内部的检查,避免在催化剂上走动,应使用脚手架或导轨等,以防止负荷直接作用在催化剂上。

(4) 锅炉停机时,当用水冲洗空气预热器或冲洗锅炉排管时,应采取合适的措施和物品对催化剂进行密封保护,以避免冲洗空气预热器用过的水或产生的蒸汽进入催化剂层。

(5) 电气设备的维护工作应遵循下列说明,以防止电击或导致设备损坏。

1) 完全打开电气设备的断路器绕组,在安全可见的地方放置一个安全指示牌。

2) 用电笔测量确定电气设备的电源供应完全切断。

3) 将地线牢固地接地以防止电击。

(6) 在 SCR 反应器内部、烟道或箱罐的维护工作时,应做到:

1) 打开相关承压部件(如 NH_3 或锅炉系统)前,将其压力降至大气压。

2) 使 SCR 反应器和输送管路的温度降到安全线以下。

3) 在对脱硝反应器、输送管路或箱罐内部进行维修前,确保容器内 O_2 浓度超过 18%,并且在进行维护工作期间,应有风扇连续地对其通入新鲜空气。

4) 在开始维修工作前,用易燃气体探测器探测工作区,以确保工作区域没有易燃气体存在,尤其是使用明火时(如焊接等)。

5）在维修任何与这些部分相关的其他系统期间，应将相关系统完全隔离。

6）完成任何维修工作后应进行指定的泄漏测试，然后再移走临时的隔离板（如果有的话）。

（7）对火焰和爆炸的预防应做到：

1）在维修设备周围准备好灭火设备。

2）制定安全措施以预防静电的发生。

1014. 脱硝系统检修时的安全注意事项有哪些？

答：脱硝系统检修时的安全注意事项有：

（1）检修时，因为装置不设烟气旁路，检修人员如需进入脱硝装置内部，必须与锅炉部门保持密切联系，在停炉和烟道冷却后方可按操作规程进入。

（2）检修反应器内部时，为了保证安全，每次进入前必须要测量 O_2 浓度，在确认正常后，检修人员方可进入内部。当进入容器、壳体、烟道等密闭部位时，更应防止缺氧，要确保空气中氧浓度在 18% 以上。另外，在进入内部时，必须安排另一人在外部监视，以防意外情况发生。

1015. 进入脱硝反应器检修安全工作规程要求是什么？

答：进入脱硝反应器检修安全工作规程要求是：

（1）工作人员进入脱硝反应器检修工作前，必须将对应锅炉的吸风机、给粉机、排粉机、一次风机、送风机、回转式空气预热器、增压风机等动力源切断，并挂上"禁止启动"的警告牌。

（2）进入脱硝反应器内检修时，先进行充分的通风降温，脱硝反应器内的温度应在 40℃ 以下，方可进入。若必须进入 40℃ 以上的脱硝反应器内进行短时间工作时，应制定安全措施并设专人监护，并经企业主管生产的领导（总工程师）批准后进行。

1016. 液氨法烟气脱硝系统的运行与检修安全工作规程要求是什么？

答：液氨法烟气脱硝系统的运行与检修安全工作规程要求是：

（1）任何时间通过调整稀释风流量，使液氨稀释后的氨/空气混合物中氨气的体积浓度小于 5%。

（2）脱硝反应器入口烟气温度应满足催化剂最高和最低连续运行温度的要求。当脱硝反应器入口烟气温度高于最高连续运行温度或低于最低连续运行温度时，应停止喷氨。

（3）工作人员进入脱硝系统储氨罐内检修工作前，必须将储氨罐内剩余氨水、氨气清除干净，将与该罐相连的管道阀门关闭，并挂上"禁止操作，有人工作！"警告牌，检测储氨罐氨气浓度满足要求。

1017. 尿素法烟气脱硝系统的运行与检修安全工作规程要求是什么？

答：尿素法烟气脱硝系统的运行与检修安全工作规程要求是：

（1）尿素输送斗提机内应保持清洁，禁止落入杂物，在运行中严禁检修斗提机。

（2）进入尿素储仓内检修前，必须将尿素全部清空，并充分通风后，方可进入内部工作。储仓内存有尿素时不准在仓内、外壁上动火作业。

（3）进入尿素溶解罐内前，必须将罐内浆液全部排空，充分通风并测试罐内氨气残存量符合要求后，方可进入。

（4）在工作人员进入热解炉内部进行清扫和检修工作前，须把该热解炉的稀释风系统、尿素溶液喷射装置、压缩空气系统等可靠地隔断，并与有关人员联系，将加热能源切断，并挂上"禁止操作，有人工作！"的警告牌。

（5）对尿素输送管道动火检修时，应办理动火工作票，并做好防止管道内残余氨气爆炸的措施。动火工作票的使用应符合"动火工作"的要求。

（6）在热解炉制备氨气过程中严禁停止稀释风的供给。

（7）热解炉供油系统工作时参照燃油设备的检修相关规定执行。

1018. 氨区和氨系统的运行与维护基本安全规定是什么？

答：氨区和氨系统的运行与维护基本安全规定是

（1）氨区应符合 GB 50016—2014《建筑设计防火规范》火灾危险性乙类、GB 50223—2015《抗震设防烈度分类标准》抗震重点设防类标准和《燃煤发电厂液氨罐区安全管理规定》（国能安全〔2014〕328 号）的要求。氨区（液氨储罐区、卸氨区、氨气制备区）应布置在厂区边缘且处于全年最小频率风向的上风侧，并在不阻风高处的易于看见位置装设不少于 2 个风向标。

（2）氨区四周应有高度不低于 2.2m 的实体围墙，围墙外侧应醒目标注"氨站重地 30m 内严禁烟火"字样；设置 2 个及以上对角或者对向布置的安全出口，门应向外开。

（3）氨区大门入口处应装设接地良好的消除静电设施；宜选用带放电指示灯的消除静电设施，确保消除效果。

（4）氨区应设置冲洗器和洗眼器，水源应采用生活水，防护半径不宜大于 15m。冲洗器和洗眼器应定期放水冲洗，保证水质。

（5）氨区应配备足够数量的消防器材；应装设用于消防灭火和液氨泄漏稀释吸收的消防喷淋系统；应设置消防水炮，消防水炮应可直流、喷雾两用，能够上下左右调节，位置与数量应保证覆盖所有可能泄漏点。

（6）氨区应装设覆盖全部区域的视频监视系统，视频监视信号应传输到机组主控室或企业总值班室。

（7）氨区应装设覆盖全部区域的氨气泄漏检测装置和事故报警系统，具有远传和就地报警功能，应定期检查校验，保证正常投入。

（8）氨区的消防环形通道必须保持畅通，外部输送管道桁架应设醒目的交通限高标志，主要运输通道应装设防撞装置。

（9）氨区电气、通信设施的设计应符合 GB 50058—2014《爆炸危险环境电力装置设计规范》的有关规定。所有电气设备的运行、维护和检修工作应遵守 GB 26860—2011《电力安全工作规程（发电厂和变电站电气部分）》的有关规定。

（10）氨区应装设避雷保护装置，储罐及管道必须可靠接地，符合 SH/T 3097—2017《石油化工静电接地设计规范》的有关规定，并定期检查、维护、建档。

（11）液氨储罐区应装设遮阳棚。遮阳棚的结构应防止可能集聚气体的死角。每个液氨储罐应单独装设降温喷淋系统。

（12）液氨储罐区应设置防火堤，其有效容积应不小于储罐组中最大储罐的容积，并在不同方位上设置不少于 2 处越堤人行踏步或坡道。

（13）氨区管道应定期进行检查。装卸管道应选用相应压力等级的材料，并可靠连接。所有液氨管道阀门的法兰应装设金属跨接线，宜使用铜线。

（14）氨区气动阀门应采用故障安全型执行机构，储罐液氨进、出口阀应具有远程快关功能。

（15）氨区的液氨储量达到 GB 18218—2009《危险化学品重大危险源辨识》规定的临界量时，应按照政府主管部门关于重大危险源管理的要求进行评估和备案。

（16）环境温度低于 0℃的寒冷地区，液氨蒸发系统及辅助系统须有防冻措施。

（17）氨区大门入口处应设置明显的职业危害告知牌和安全警告标志。

（18）氨区严禁烟火。氨区及周围 30m 范围内进行动用明火或可能散发火花的作业时，应办理一级动火工作票，动火作业区域氨气含量应不大于 10μL/L。动火工作票的使用应符合"动火工作"的要求。

（19）氨区废水必须经过处理合格，严禁直接排放。

（20）氨区所有岗位的操作人员必须通过考核，持证上岗，严禁无证人员上岗操作。从事氨区运行操作工作和检修工作的人员，必须按相关规定着装，上岗时必须携带有关防护用品，并定期检查各个岗位的劳动保护用品，保证在用劳动保护用品始终处于良好状态。

1019. 液氨储罐安全作业规程要求是什么？

答：液氨储罐安全作业规程要求是：

（1）液氨储罐应符合 GB 150—2011《压力容器》的有关规定，设液位计、压力表、温度仪、安全阀等安全附件，并定期进行检验。

（2）液氨储罐液位计应有明显的限高标识。运行中液氨存储量不得超过液氨储罐有效容量的 85%。

（3）液氨储罐液位计失灵时，应关闭气相阀门，从液位计底部排放污物；或关闭液相阀门，用气相压力从液位计底部排放阀排出污物。液位计爆裂时，应带好防毒面具、胶皮手套，打开水喷头，迅速关闭液位计的上下阀，根据实际情况做好倒罐操作。

（4）液氨储罐应设置必要的安全自动装置，储罐温度和压力超过设定值时启动降温喷淋系统；储罐压力和液位超过设定值时切断进料；液氨泄漏检测超过设定值时启动消防喷淋系统。安全自动装置应采用保安电源或 UPS 供电。

（5）与液氨储罐相连的管道、法兰、阀门、仪表等宜在储罐顶部及一侧集中布置，且处于防火堤内；管道、法兰、阀门、螺栓等应采用不锈钢材料，法兰密封垫片应采用不锈钢缠绕石墨或聚四氟乙烯材料。

1020. 氨系统的检修和维护安全作业规程要求是什么？

答：氨系统的检修和维护安全作业规程要求是：

（1）进行氨系统工作人员应熟知安全操作规程和应急处置措施，工作前进行危害辨识预控、评估，做好安全技术交底。

（2）进行氨系统检修工作必须严格执行工作票的有关规定，必须办理工作票。

（3）进行氨系统检修工作前，必须做好可靠的隔绝措施，并对设备管道等用惰性气体进行充分的置换，经检测合格后，方可进行检修工作。

（4）氨系统气体置换应遵守下列规定。

1）确保连接管道、阀门有效隔离。

2）用氮气置换氨气时，取样点氨气含量应不大于 $35\mu L/L$。

3）用压缩空气置换氮气时，取样点含氧量应达到 18%～21%。

4）用氮气置换压缩空气时，取样点含氧量应小于 2%。

（5）氨系统运行时不准敲击设备，不准带压进行设备修理和紧固法兰等工作。严禁在运行中的氨管道、容器外壁进行焊接、气割等作业。

(6) 氨系统的运行操作或检修维护作业，均应使用能有效防止产生火花的专用工具，如铜制工具；如果必须使用钢制工具，应涂黄油或采取其他措施。

(7) 氨系统发生泄漏时，应使用便携式氨气检测仪或肥皂水检查泄漏，严禁使用明火。液氨管道突然发生爆炸或发生大量氨气泄漏时，抢修人员应判断事故部位，戴好防毒面具，切断液氨、气氨来源；及时打开水喷淋系统，喷水吸收泄漏的氨气，报告值长并与相关岗位联系。

(8) 氨系统检修后应进行严密性试验，严密性试验不合格严禁投入使用。

(9) 液氨储罐安全自动装置应投入运行，严禁随意解除联锁和保护。如确需解除，必须经企业主管安全生产的领导（总工程师）批准。

(10) 液氨储罐严禁超温、超压、超液位运行。

(11) 进入液氨储罐内工作应遵守容器内的工作的有关规定。

(12) 禁止与工作无关的人员进入氨区。进入氨区的人员，必须执行登记准入制度。所有进入人员必须关闭移动通信工具，严禁携带火种，禁止穿可能产生静电的衣服和有铁掌、铁钉的鞋。进入氨区前应先触摸静电释放装置消除静电。进入氨区的机动车辆必须加装阻火器。

1021. 卸氨工作安全作业规程要求是什么？

答：卸氨工作安全作业规程要求是：

(1) 承担运输液氨的运输单位必须具有危险化学品运输许可资质，运输液氨的槽车必须有押运员作业证、槽车使用证及准用证等资质证。液氨槽车进入厂区前，应由专人检查液化气体罐车使用证、危险品运输许可证、驾驶证、押运证等有关证件是否齐全、合格，检查车辆计量记录、安全阀、液位计、压力表、紧急切断阀、进出口阀、手动放空阀、排污阀是否完备、好用。输送液氨车辆在厂内运输应严格按照指定的路线、速度行进。进入氨区的机动车辆必须加装阻火器。

（2）液氨槽车进入氨区卸氨时，应停在指定位置，发动机熄火，并采取有效制动措施，连接好静电接地线，卸氨过程中严禁启动车辆。并于车辆前后位置分别放置安全警告牌。禁止在氨区内进行车辆维修。

（3）卸料导管应支撑固定，卸料导管与阀门的连接应牢固，阀门应逐渐开启。如有泄漏应及时消除。

（4）进行卸氨工作前，应查验液氨出厂检验报告，确认液氨纯度、含水量符合标准后，方可进行卸氨工作。

（5）卸氨工作过程中，驾驶员必须离开驾驶室，其他人员不得擅自离开操作岗位。液氨运输人员负责槽车侧的阀门操作，安全操作人员按照操作票逐项操作氨区内系统设备。

（6）液氨卸料时，应排尽管内残余气体，严禁用空气压料和用有可能引起罐内温度迅速升高的方法进行卸料。液氨罐车可用不高于 45℃温水加热升温或用不大于设计压力的干燥惰性气体压送。液氨卸料速度不应大于 1m/s，防止摩擦起火爆炸。

（7）卸氨过程中，应注意液氨储罐和槽车的液位和压力变化，严禁储罐超装和槽车卸空。当液氨储罐液位达到最高限值时，禁止向储罐内强行卸氨。液氨槽车内应保留有 0.05MPa 以上残余压力，但最高不得超过当时环境温度下氨气的饱和压力，然后关闭切断阀，并将汽液相阀门加上盲板，收好卸料导管及支撑架。

（8）异常天气（如雷电、大雨、大风、大雾等）或卸氨区周围存在其他不安全因素时，不准进行卸氨工作，正在进行的卸氨工作也应立即停止。不应在夜间进行卸氨工作。

（9）卸氨结束后，液氨槽车应静置 10min，方可拆除液氨槽车与卸氨区连接的静电接地线；检测卸氨区氨气浓度小于 $35\mu L/L$ 后，方可启动液氨槽车。

（10）卸氨区应装设万向充装系统，禁止使用软管卸氨。万向充装系统应使用干式快速接头，周围设置防撞设施。

1022. 氨区应急处置安全要求是什么？

答：氨区应急处置安全要求是：

（1）氨区应配置必要的防护用品和应急器材，其数量不得少于表 16-2 的数值。

表 16-2　　　　　氨区防护用品和应急器材的配置数量

序号	防护用品和应急器材名称	技术要求或功能要求	数量	
			个人	公用
1	正压式呼吸器	符合 GB/T 18664—2002《呼吸防护用品的选择、使用与维护》要求	—	2 套
2	气密型化学防护服	符合 AQ/T 6107—2008《化学防护服的选择、使用与维护》要求	—	2 套
3	过滤式防毒面具	符合 GB/T 18664—2002《呼吸防护用品的选择、使用与维护》要求	1 个/人	4 个
4	化学安全防护眼镜	符合 GB/T 11651—2008《个体防护装备选用规范》要求	1 副/人	4 副
5	防护手套	符合 GB/T 11651—2008《个体防护装备选用规范》要求	1 双/人	4 双
6	防护靴	符合 GB/T 11651—2008《个体防护装备选用规范》要求	1 双/人	4 双
7	便携式氨气检测仪	检测氨气浓度	—	1 台
8	防爆型手电筒	防爆	1 个/人	—
9	手持式应急照明灯	防爆	—	2 个
10	对讲机	防爆	—	2 台
11	医用硼酸	500mL	—	2 瓶

（2）发生液氨泄漏，现场人员应穿戴好防护用品并按规定报告。发生液氨严重泄漏时，运行值班人员应停运相关设备，切断氨源并使用消防水炮进行稀释。

（3）发电企业接到液氨泄漏报告后，应启动应急预案，组织专业人员处理。现场处理人员不得少于 2 人，严禁单独行动。当泄漏有可能影响周边居民人身安全时，发电企业应立即报告当地政府。

（4）液氨严重泄漏或液氨泄漏引发火灾、爆炸，以及处置中液氨泄漏没有得到有效控制的，发电企业应立即启动应急响应机制，请求地方政府支援，协同开展应急救援工作。发电企业应根据泄漏程度，设定隔离区域和疏散地点。隔离区域应设警戒线，并有专人警戒；疏散地点处于上风、侧风向，沿途设立哨位，并有专人引导或护送。

（5）液氨泄漏现场处置过程中，工作人员吸入氨气中毒时，应迅速转移至空气新鲜地点，保持呼吸畅通，如呼吸困难应立即输氧，如呼吸停止应立即进行人工呼吸，并迅速送医院救治；皮肤接触液氨时，应立即脱去被污染的衣服，用 2％硼酸溶液或大量清水彻底冲洗，并迅速送医院治疗；眼睛接触液氨时，应立即提起眼睑，用生理盐水或大量清水彻底冲洗至少 15min，并迅速送医院治疗。

1023. 《防止电力生产事故的二十五项重点要求》（国能安全〔2014〕161 号）中"防止液氨储罐泄漏、中毒、爆炸伤人事故"有关要求是什么？

答：《防止电力生产事故的二十五项重点要求》（国能安全〔2014〕161 号）中"防止液氨储罐泄漏、中毒、爆炸伤人事故"有关要求是：

（1）液氨储罐区须由具有综合甲级资质或者化工、石化专业甲级设计资质的化工、石化设计单位设计。储罐、管道、阀门、法兰等必须严格把好质量关，并定期检验、检测、试压。

（2）防止液氨储罐意外受热或罐体温度过高而致使饱和蒸汽压力显著增加。

（3）加强液氨储罐的运行管理，严格控制液氨储罐充装量，液氨储罐的储存体积不应大于 50％～80％储罐容器，严禁过量充装，防止因超压而发生罐体开裂或阀门顶脱、液氨泄漏伤人。

（4）在储罐四周安装水喷淋装置，当储罐罐体温度过高时自动淋水装置启动，防止液氨罐受热爆炸。

（5）设置安全警示标志，严禁吸烟、火种和穿带钉皮鞋进入罐区和有火灾爆炸危险原料储存场所。

（6）检修时做好防护措施，严格执行动火票审批制度，并加强监护和防范措施，空罐检修时，采取措施防止空气漏入管内形成爆炸性混合气体。

(7) 严格执行防雷电、防静电措施，设置符合规程的避雷装置，按照规范要求在罐区入口设置放静电装置，易燃物质的管道、法兰等应有防静电接地措施，电气设备应采用防爆电气设备。

(8) 完善储运等生产设施的安全阀、压力表、放空管、氮气吹扫置换口等安全装置，并做好日常维护；严禁使用软管卸氨，应采用金属万向管道充装系统卸氨。

(9) 氨储存箱、氨计量箱的排气，应设置氨气吸收装置。

(10) 加强管理、严格工艺措施，防止跑、冒、漏；充装液氨的罐体上严禁实施焊接、防止因罐体内液面以上部位达到爆炸极限的混合气体发生爆炸。

(11) 坚持巡回检查，发现问题及时处理，避免因外环境腐蚀发生液氨泄漏。

(12) 槽车卸车作业时应严格遵守操作规程，卸车过程应有专人监护。

(13) 加强进入氨区车辆管理，严禁未装阻火器机动车辆进入火灾、爆炸危险区，运送物料的机动车辆必须正确行驶，不能发生任何故障和车祸。

(14) 设置符合规定要求的消防灭火器材，液氨储罐区应设置风向标，及时掌握风向变化；发生事故时，应及时撤离影响范围内的工作人员，氨区作业人员必须佩戴防毒面具，并及时撤离影响范围内的人员。

(15) 正确穿戴劳动防护用品，严禁穿戴易产生静电服装，作业人员实施操作时，应按规定佩戴个人防护品，避免因正常工作时或事故状态下吸入过量氨气。

(16) 建立氨管理制度，加强相关人员的业务知识培训，使用和储存人员必须熟悉氨的性质；杜绝误操作和习惯性违章。

(17) 液氨厂外运输应加强安全措施，不得随意找社会车辆进行液氨运输。电厂应与具有危险货物运输资质的单位签订专项液氨运输协议。

(18) 由于液氨泄漏后与空气混合形成密度比空气大的蒸气云，为避免人员穿越"氨云"，氨区控制室和配电间出入门口不得朝向装置间。制定应急救援预案，并定期组织演练。

(19) 氨区所有电气设备、远传仪表、执行机构、热控盘柜等均选用相应等级的防爆设备，防爆结构选用隔爆型（Ex-d），防爆等级不低于 IIATI。

1024.《防止电力生产事故的二十五项重点要求》（国能安全〔2014〕161 号）中"防止氨系统着火爆炸事故"有关要求是什么？

答：《防止电力生产事故的二十五项重点要求》（国能安全〔2014〕161 号）中"防止氨系统着火爆炸事故"有关要求是：

(1) 健全和完善氨制冷和脱硝氨系统运行与维护规程。

(2) 进入氨区，严禁携带手机、火种，严禁穿带铁掌的鞋，并在进入氨区前进行静电释放。

(3) 氨压缩机房和设备间应使用防爆型电器设备，通风、照明良好。

(4) 液氨设备、系统的布置应便于操作、通风和事故处理，同时必须留有足够宽度的操作空间和安全疏散通道。

(5) 在正常运行中会产生火花的氨压缩机启动控制设备、氨泵及空气冷却器（冷风机）等动力装置的启动控制设备不应布置在氨压缩机房中。库房温度遥测、记录仪表等不宜布置在氨压缩机房内。

(6) 在氨罐区或氨系统附近进行明火作业时，必须严格执行动火工作票制度，办理动火工作票；氨系统动火作业前、后应置换排放合格；动火结束后，及时清理火种。氨区内严禁明火采暖。

(7) 氨储罐区及使用场所，应按规定配备足够的消防器材、氨泄漏检测器和视频监控系统，并按时检查和试验。

(8) 氨储罐的新建、改建和扩建工程项目应进行安全性评价，其防火、防爆设施应与主体工程同时设计、同时施工、同时验收投产。

1025.《防止电力生产事故的二十五项重点要求》（国能安全〔2014〕161 号）中"防止重大环境污染事故"有关脱硝设施的要求是什么？

答：《防止电力生产事故的二十五项重点要求》（国能安全〔2014〕161 号）中"防止重大环境污染事故"有关脱硝设施的要求是：

（1）严格执行环境影响评价制度与环保"三同时"原则，电厂应按地方烟气污染物排放标准或 GB 13223—2011《火电厂大气污染物排放标准》规定的各污染物排放限制，采用相应的烟气脱硝设施，投运的环保设施及系统应运行正常，脱除效率应达到设计要求，各污染物排放浓度达到地方或国家标准规定的要求。

（2）加强脱硝设施运行维护管理。

1）制定完善的脱硝设施运行、维护及管理制度，并严格贯彻执行。

2）脱硝系统的脱硝效率、投运率应达到设计要求，同时氮氧化物排放浓度满足地方、国家的排放标准，不能达到标准要求应加装或更换催化剂。

3）设有液氨储存设备、采用燃油热解炉的脱硝系统应进行制订事故应急预案，同时定期进行环境污染的事故预想、防火、防爆处理演习，每年至少一次。

4）氨区的设计应满足 GB 50016—2014《建筑设计防火规范》、GB 50351—2014《储罐区防火堤设计规范》、地方安全监督部门的技术规范及有关要求，氨区应有防雷、防爆、防静电设计。

5）氨区的卸料压缩机、液氨供应泵、液氨蒸发槽、氨气缓冲罐、氨气稀释罐、储氨罐、阀门及管道等无泄漏。

6）氨区的喷淋降温系统、消防水喷淋系统、氨气泄漏检测器，定期进行试验。

7）氨区应具备风向标、洗眼池及人体冲洗喷淋设备，同时氨区现场应放置防毒面具、防护服、药品及相应的专用工具。

8）氨气吹扫系统应符合设计要求，系统正常运行。

9）氨区配备完善的消防设施，定期对各类消防设施进行检查

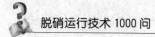

与保养，禁止使用过期消防器材。

10）新建、改造和大修后的脱硝系统应进行性能试验，指标未达到标准的不得验收。

11）输送液氨车辆在厂内运输应严格按照制定的路线、速度行进，同时输送车辆及驾驶人员应有运输液氨相应的资质及证件等。

12）锅炉启动时油枪点火、燃油、煤油混烧、等离子投入等工况下，防止催化剂产生堆积可燃物燃烧。

第十七章

燃煤烟气脱硝装置运行效果评价

1026. 烟气脱硝装置评价指标是什么？

答：影响燃煤烟气脱硝装置运行效果的各具体评价目标对象，包括一级评价指标和二级评价指标。

1027. 烟气脱硝装置环保性能评价指标是指什么？

答：燃煤烟气脱硝装置运行过程中反映氮氧化物（NO_x）脱除效果及环境影响（包括废气、废水、固废、噪声等）的评价指标。

1028. 烟气脱硝装置资源能源消耗评价指标是指什么？

答：燃煤烟气脱硝装置运行过程中反映催化剂、还原剂、水、电，蒸汽、压缩空气等消耗水平的评价指标。

1029. 烟气脱硝装置技术经济性能评价指标是指什么？

答：反映燃煤烟气脱硝装置运行的主要技术、经济等的评价指标。

1030. 烟气脱硝装置运行管理评价指标是指什么？

答：反映燃煤烟气脱硝装置管理水平的评价指标。

1031. 烟气脱硝装置设备状况评价指标是指什么？

答：反映燃煤烟气脱硝装置主要设备运行状况的评价指标。

1032. 烟气脱硝装置固废是指什么？

答：不具备再生条件及有效活性的废弃催化剂。

1033. 脱硝装置负荷适应性是指什么？

答：脱硝装置适应燃煤电站锅炉或机组处于不同运行负荷条件的能力。

1034. 脱硝装置出口 NO$_x$ 浓度分布均匀性是指什么？

答： 反映 SCR 反应器出口 NO$_x$ 浓度分布均匀程度的评价指标，以 NO$_x$ 浓度的相对标准偏差表示。

1035. 单位脱硝还原剂消耗是指什么？

答： 脱硝装置脱除 1t NO$_x$ 所消耗的还原剂的量。

1036. 单位脱硝水耗是指什么？

答： 脱硝装置脱除 1t NO$_x$ 所消耗的水量。

1037. 单位脱硝综合能耗是指什么？

答： 脱硝装置脱除 1t NO$_x$ 所消耗的各种能源实物量（包括电耗、蒸汽消耗及脱硝系统外引入的压缩空气消耗等）按规定的计算方法和单位分别折算后的总和。

1038. 单位氮氧化物脱除成本是指什么？

答： 脱硝装置每脱除 1t NO$_x$ 所需的运行成本。

1039. 脱硝装置单位占地面积是指什么？

答： 脱硝装置总占地面积除以对应机组的装机容量。

1040. 脱硝装置单位投资是指什么？

答： 脱硝装置总投资除以对应机组的装机容量。

1041. 烟气脱硝装置运行效果的评价总则是什么？

答： 烟气脱硝装置运行效果的评价总则是：

（1）燃煤烟气脱硝装置运行效果的评价应以环境保护法律、法规、标准为依据，以达到国家、地方以及行业（专业）标准要求为前提，科学、客观、公正、公平地评价脱硝装置的运行效果。

（2）燃煤烟气脱硝装置运行效果评价总分为 100 分，其中环保性能指标计 50 分、资源能源消耗指标计 10 分、技术经济性能指标计 20 分、运行管理指标计 10 分、设备状况指标计 10 分。

1042. 烟气脱硝装置运行效果评价一般规定是什么？

答： 烟气脱硝装置运行效果评价一般规定是：

（1）燃煤烟气脱硝装置运行效果的评价应在其 168h 运行移交生产至少 6 个月后进行，且评价期间，燃煤锅炉应燃用设计煤种或尽量接近设计煤种。

（2）应进行不少于 7 天负荷适应性试验，宜分两次进行，两次间隔时间不少于 30 天。负荷适应性至少包括机组满负荷、75％机组负荷的试验。

（3）固废的贮存及无害化处理应符合 GB 18597—2001《危险废物贮存污染控制标准》的要求。

（4）燃煤烟气脱硝装置的性能测试应按照 DL/T 260—2012《燃煤电厂烟气脱硝装置性能验收试验规范》、DL/T 414—2012《火电厂环境监测技术规范》等标准的要求进行，检测结果与烟气在线监测系统结果进行比对。

（5）检测项目包括燃煤烟气脱硝装置系统进出口的烟气流速、NO_x 浓度、SO_2 浓度、O_2 浓度、烟气流量、水分含量、动压、静压、烟气温度等；检测系统出口三氧化硫（SO_3）浓度、氨逃逸率；以及系统阻力、大气压力和催化剂性能、氨泄漏等。

（6）风机噪声评价及检测应符合 GB/T 2888—2008《风机和罗茨鼓风机噪声测量方法》、JB/T 8690—2014《通风机噪声限值》的规定要求，其他设备噪声应距噪声源 1.0m 处测量。

（7）应收集装置系统评价之前至少 6 个月的各类评价统计数据，运行考核时间不低于 6 个月。

1043. 烟气脱硝装置运行效果评价要求是什么？

答：烟气脱硝装置运行效果评价要求是：

（1）环保性能评价包括 NO_x 排放浓度、脱硝效率、氨逃逸率、SO_2/SO_3 转化率以及氨泄漏、废水、固废、噪声等指标，见 GB/T 34340—2017《燃煤烟气脱硝装备运行效果评价技术要求》附录 C。

（2）NO_x 排放浓度评价分级见表 17-1。

（3）资源能源消耗评价包括催化剂消耗、单位脱硝还原剂消耗、单位脱硝水耗、单位脱硝综合能耗等指标，见 GB/T 34340—2017《燃煤烟气脱硝装备运行效果评价技术要求》附录 D。

脱硝运行技术 1000 问

表 17-1　　　　燃煤烟气脱硝装置 NO_x 排放浓度评价分级

排放浓度分级		重点地区	非重点地区	
			一般锅炉	特殊锅炉
NO_x (mg/m^3)	A 级	≤50	≤50	≤100
	B 级	>50，且≤100	>50，且≤100	>100，且≤100
	C 级	>100	>100	>100

注　"重点地区"为标准 GB 13223—2011《火电厂大气污染物排放标准》中所定义的地区，其他为非重点地区。"特殊锅炉"为标准 GB 13223—2011 表 1 中所规定的 W 型火焰炉膛燃煤发电锅炉，现有循环流化床燃煤发电锅炉以及 GB 13223—2011 中所规定的其他情况的燃煤发电锅炉。"一般锅炉"就是"特殊锅炉"之外的燃煤发电锅炉。

（4）技术经济性能评价包括装置可用率、系统阻力、负荷适应性、出口 NO_x 分布均匀性、漏风率、烟气温降、催化剂再生、单位氮氧化物脱除成本、单位占地面积、单位投资等指标，见 GB/T 34340—2017《燃煤烟气脱硝装备运行效果评价技术要求》附录 E。

（5）运行管理评价包括运行管理、检修及维护管理等指标，见 GB/T 34340—2017《燃煤烟气脱硝装备运行效果评价技术要求》附录 F。

（6）设备状况评价，见 GB/T 34340—2017《燃煤烟气脱硝装备运行效果评价技术要求》附录 G。

1044. 单位脱硝综合能耗计算公式是什么？

答：单位脱硝综合能耗为每脱除单位 NO_x 的电耗、蒸汽消耗以及脱硝系统外引入压缩空气消耗等按 GB/T 2589—2008《综合能耗计算通则》的要求折算为标准煤耗量之和，计算公式为

$$E = (0.1229E_1 + 0.1286E_2 + 0.04E_3)/M \qquad (17-1)$$

式中　　　　　　E——单位脱硝综合能耗，kg/t；

　　　　　　　E_1——脱硝装置运行考核时间总电耗，kWh；

　　　　　　　E_2——脱硝装置运行考核时间总蒸汽消耗，kg；

　　　　　　　E_3——脱硝装置运行考核时间系统外引入的总压缩空气消耗，m^3；

M——脱硝装置运行考核时间总脱硝量，t；

0.1229、0.1286、0.04——分别为电耗、蒸汽消耗和压缩空气消耗的折算系数。

1045. 脱硝装置的电能消耗分割计算是什么？

答：脱硝装置的电能消耗应按脱硝系统设计阻力占整个燃煤锅炉烟气设计阻力之比进行分割计算，计算公式为

$$E_1 = E_0(\Delta P_1/\Delta P_0) \tag{17-2}$$

式中　E_1——脱硝装置运行考核时间总电耗，kWh；

E_0——燃煤锅炉烟气系统总电耗，kWh；

ΔP_1——脱硝装置烟道系统设计阻力，Pa；

ΔP_0——包括脱硝装置的燃煤锅炉烟气总设计阻力，Pa。

1046. 装置可用率计算公式是什么？

答：装置可用率计算公式为

$$\eta = T_2/(T_1 + T_3) \times 100 \tag{17-3}$$

式中　η——装置可用率，%；

T_1——燃煤锅炉运行的总时间，h，

T_2——脱硝装置运行时间，h；

T_3——因脱硝装置故障导致的燃煤锅炉非计划停运时间，h。

1047. 脱硝系统漏风率计算公式是什么？

答：脱硝系统漏风率计算公式为

$$\varepsilon = (Q_2 - Q_1)/Q_2 \times 100 \tag{17-4}$$

式中　ε——系统漏风率，%；

Q_1——脱硝系统入口烟气流量，m³/h（标况，湿基）；

Q_2——脱硝系统出口烟气流量与氨/空气稀释混合风机的空气流量、喷入的氨气量、脱硝反应器蒸汽吹灰器蒸汽平均流量等之和的差值，m³/h（标况，湿基）。

1048. 单项考核统计方法是什么？

答：单项考核为一级单项指标的评价考核，计算公式为

$$P_i = \frac{X_i}{X_{io}} \times 100 \qquad (17\text{-}5)$$

式中　P_i——单项相对得分率，%；

　　　X_i——单项实际得分；

　　　X_{io}——单项标准分。

1049. 综合考核统计方法是什么？

答：综合考核计算公式为

$$P = \frac{\lambda \sum X_i}{X_o} \times 100 \qquad (17\text{-}6)$$

式中　P——综合相对得分率，%；

　　　λ——时间折算因子，详见表 17-2；

　　　X_o——总标准分（100 分）。

表 17-2　　　　　运行考核时间折算因子

序号	日常统计数据连续考核时间	时间折算因子
1	装置运行考核时间≥6 个月，<8 个月	1
2	装置运行考核时间≥8 个月，<10 个月	1.01
3	装置运行考核时间≥10 个月，<12 个月	1.02
4	装置运行考核时间≥12 个月，<18 个月	1.03
5	装置运行考核时间≥18 个月，<24 个月	1.04
6	装置运行考核时间≥24 个月	1.05

1050. 综合评价结果分为哪几挡？

答：运行效果综合评价结果分为优秀、良好、一般，共计三挡。综合评价结果见表 17-3。当单项相对得分率不能满足表 17-3 的等级设定要求时，综合考核评价应做降一级处理。

表 17-3　　　　　综合评价结果

评价结果	综合相对得分率	单项相对得分率
优秀	≥90%	≥70%
良好	75%≤P<90%	≥60%
一般	60%≤P<75%	—

1051. 燃煤烟气脱硝装置评价报告至少应包括哪些内容?

答：燃煤烟气脱硝装置评价报告至少应包括：

(1) 燃煤系统环境保护工作概况。

(2) 燃煤烟气脱硝装置的系统流程和主要性能参数。

(3) 污染物排放指标所执行的标准。

(4) 运行效果评价试验。

(5) 环保性能指标。

(6) 资源能源消耗指标。

(7) 技术经济性能指标。

(8) 设备状况指标。

(9) 运行管理指标。

(10) 存在问题及整改建议。

(11) 综合评价结论。

(12) 附录（含重要运行数据、检测数据、批复文件、评分表等）。

第十八章

燃煤烟气脱硝装置技术监督

1052. 烟气脱硝装置技术监督是什么?

答: 烟气脱硝装置技术监督是指依据国家法律、法规,按照国家和行业标准,利用可靠的技术手段及管理方法,在烟气脱硝装置全过程质量管理中,对烟气脱硝装置重要参数、性能指标进行监督、检查、评价,保证其安全、稳定、经济运行;并对其运行过程中的污染物排放进行监督及检查,确保达标排放。

1053. 烟气脱硝装置可用率是什么?

答: 烟气脱硝装置可用率是烟气脱硝装置考查期内投入还原剂运行时间与锅炉烟气条件适合烟气脱硝装置投运的总运行时间之比,通常用百分数表示。

1054. 在线仪表完好率是什么?

答: 在线仪表完好率是烟气脱硝装置各工艺系统和设备所安装的在线仪表[含烟气排放连续监测系统(CEMS)]中,能正常使用且系统综合误差在允许范围内的在线仪表数量与安装的在线仪表总数之比,通常用百分数表示。

1055. 烟气脱硝装置投运率是什么?

答: 烟气脱硝装置投运率是烟气脱硝装置考查期内实际运行时间与锅炉总运行时间之比,通常用百分数表示。

1056. 火电厂烟气脱硝装置技术监督总则是什么?

答: 火电厂烟气脱硝装置技术监督总则是:

(1) 火电厂烟气脱硝装置技术监督分为建设期、运行期两个阶段。

(2) 火电厂烟气脱硝装置技术监督贯穿于烟气脱硝装置建设

及运行的全过程，主要包括工程可行性研究、环境影响评价、设计、选型、监造、安装、调试、验收、运行、检修和技术改造等。

（3）火电厂烟气脱硝装置技术监督是以标准规范为依据，监督烟气脱硝装置的建设、脱硝设备的运行检修、还原剂和催化剂的性能、污染物排放，确保烟气脱硝装置可靠运行和污染物达标排放。

1057. 建设期烟气脱硝技术监督是指什么？

答：建设期烟气脱硝技术监督是指火电厂新建、改建、扩建烟气脱硝工程项目建设期间全过程的监督。

1058. 烟气脱硝装置建设期技术监督的范围包括哪些？

答：烟气脱硝装置建设期技术监督的范围包括工程可行性研究、环境影响评价、设计的监督，对设备选型、监造、安装调试、性能验收试验和环境保护设施竣工验收。

1059. 烟气脱硝装置可行性研究应监督的内容有哪些？

答：（1）烟气脱硝工程项目可行性研究报告中应监督的内容：

1）锅炉工况、燃煤煤质、入口烟气参数等条件。

2）还原剂供应条件。

3）水源和和气源的可利用条件。

4）催化剂选型。

5）脱硝效率、氮氧化物排放总量和脱硝技术路线。

6）建设项目的环境可行性分析。

7）国家和地方环境保护标准的符合性论证。

（2）应优先选择适应锅炉负荷变化、煤质变化，技术成熟，还原剂来源方便且符合环境保护政策的脱硝工艺，还原剂的选择应符合环境保护和安全的要求。

（3）烟气脱硝装置的参数选择应重点考虑环境保护标准和实际烟气参数、烟尘浓度、脱硝效率等指标，并留有一定的裕量。

（4）应有减少烟气脱硝装置对下游设备、系统影响（如腐蚀和堵塞等）的防治措施。

（5）应有对失效催化剂的处理方案。

1060. 烟气脱硝装置环境影响评价应监督的内容包括哪些？

答：烟气脱硝装置环境影响评价应监督的内容包括：

（1）应监督环境影响评价程度的合规性、污染物达标排放和总量控制工艺方案的可行性和有效性，应取得环境保护行政主管部门的批复文件。

（2）火电厂新建、改建、扩建烟气脱硝工程项目应符合建设项目的环境影响评价管理办法的相关要求，应包括有效的氮氧化物达标排放、防治污染的措施或方案内容；环境影响评价工作应由取得相应资质证书的环境影响评价单位承担。未经环境保护行政主管部门审批的项目不得开工建设。

（3）脱硝建设项目的环境影响评价文件经批准后，建设项目的性质、规模、地点、采用的生产工艺或防治污染、防止生态破坏的措施发生重大变动的，建设单位应按相关规定要求变更手续。

1061. 烟气脱硝装置设计应监督的内容包括哪些？

答：烟气脱硝装置设计应监督的内容包括：

（1）脱硝工艺方案应以批准的环境影响评价文件和环评批复为依据，并进行优化。

（2）烟气脱硝的设计应符合 DL/T 5480—2013《火力发电厂烟气脱硝设计技术规程》的规定，其技术性能应符合环境保护要求。选择性催化还原法脱硝的设计参照 HJ 562—2010《火电厂烟气脱硝工程技术规范 选择性催化还原法》等相关标准执行；选择性非催化还原法脱硝的设计参照 HJ 563—2010《火电厂烟气脱硝工程技术规范 选择性非催化还原法》等相关标准执行。

（3）宜选用适应燃料类型和运行条件、压降小、抗磨损、可再生利用的催化剂。

（4）设计脱硝控制系统时参数选择应满足工艺控制和环境保护要求，相关参数记录和存储应满足《燃煤发电机组环保电价及环保设施运行监督办法》等环保管理规定的要求。烟气排放连续监测系统应符合 HJ 75—2017《固定污染源烟气（SO_2、NO_x、颗粒物）排放连续监测技术规范》、HJ 76—2017《固定污染源烟气（SO$_2$、NO$_x$、颗粒物）排放连续监测系统技术要求及检测方法》等相关规定。

（5）单个烟气脱硝反应器进、出口应至少设置一套烟气CEMS，烟气脱硝反应器的出口应设置氨逃逸在线监测表计。

（6）应制定烟气脱硝装置在低负荷条件下能达标运行的方案。

（7）还原剂应符合 GB/T 536—2017《液体无水氨》、GB/T 2440—2017《尿素》等标准的要求。

（8）采用液氨做还原剂的，氨区内各设施与围墙、道路之间，液氨系统的各设备之间的防火间距应满足 DL/T 5480—2013《火力发电厂烟气脱硝设计技术规程》、GB 50160—2008《石油化工企业设计防火规范》等相关规范的要求；涉氨场所的检测、报警系统应满足 GB 50493—2009《石油化工可燃气体和有毒气体检测报警设计规范》的要求。

（9）烟气脱硝装置设计应制定防止氨泄漏的相关措施。采用液氨作还原剂时，液氨贮存与供应区域应设置完善的消防系统、安全设施、职业卫生防护设施等，氨区应设置防雨、防晒及喷淋设施，喷淋设施应制定冬季防冻措施，涉氨场所应安装氨泄漏报警仪，并满足环评中风险防治措施的要求。

（10）烟气脱硝装置设计应制定防止废水（如消防喷淋水、氨气稀释槽排放水等含氨废水）污染的相关措施。

1062. 脱硝装置设备选型应监督的内容包括哪些？

答：脱硝装置设备选型应监督的内容包括：

（1）选用有良好应用业绩、质量可靠的脱硝工艺设备，蒸发器（热解、水解装置）、稀释风机、反应器等影响烟气处理能力的关键设备的裕度应符合设计要求。

（2）在线仪表质量应符合国家有关标准，测量精度应满足工艺控制要求。

（3）烟气 CEMS 设备选型应满足国家质量监督认证和适用性监测、环境保护产品认证等环保要求。

1063. 脱硝装置设备监造安装应监督的内容包括哪些？

答： 脱硝装置设备监造安装应监督的内容包括：

（1）对设备制造商提供的设备，应依据设备出厂标准、技术协议的要求进行监督和验收。

（2）现场制作的脱硝设施应符合设计和技术协议的要求。

（3）脱硝设施及相关仪表的安装质量应符合 DL 5190.2—2012《电力建设施工技术规范　第 2 部分：锅炉机组》等相关规定。

（4）应监督检查催化剂驻厂监造、到货验收、性能检测情况。

（5）烟气 CEMS 安装应符合 HJ 75—2017《固定污染源烟气（SO_2、NO_x、颗粒物）排放连续监测技术规范》、HJ 76—2017《固定污染源烟气（SO_2、NO_x、颗粒物）排放连续监测系统技术要求及检测方法》及环境保护部门的规定。

1064. 脱硝装置设备调试应监督的内容包括哪些？

答： 脱硝装置设备调试应监督的内容包括：

（1）按照 DL/T 5257—2010《火电厂烟气脱硝工程施工验收技术规程》和工程施工质量检验及评定的相关规定，监督检查烟气脱硝装置的调试记录和调试报告。

（2）各分部系统分步调试试运后应监督烟气脱硝装置 168h 试运的启动条件和通过 168h 试运的必备条件是否达到规定的要求。

（3）应加强对供氨异常、氨区排污等特殊工况的环境保护监督，采取有效的处理措施防止污染。

（4）调试结束，调试技术资料完整并归档。

1065. 脱硝装置性能验收试验应监督的内容包括哪些？

答： 硝装置性能验收试验应监督的内容包括：

（1）烟气脱硝装置应按照国家及行业有关规范要求，在设施建成投运规定时间段内组织完成性能试验。

（2）脱硝装置的性能考核指标主要有脱硝效率、出口 NO_x 浓度、氨逃逸率、SO_2/SO_3 转化率、脱硝系统压降、脱硝系统温降、还原剂耗量以及电耗量等。

（3）烟气脱硝装置性能验收试验应符合 DL/T 260—2012《燃

煤电厂烟气脱硝装置性能验收试验规范》的要求。

(4) 对未达到设计要求或不符合国家和地方排放标准的，应督促相关单位整改。

1066. 脱硝装置竣工验收应监督的内容包括哪些？

答：脱硝装置竣工验收应监督的内容包括：

(1) 建设项目建成后应向审批建设项目环境影响评价文件的环境保护行政主管部门提出试生产申请，得到同意后方可进行试生产。

(2) 试生产期间，依据 HJ/T 255--2006《建设项目竣工环境保护验收技术规范 火力发电厂》规定委托相关单位进行环境保护设施竣工验收调查报告的编制工作。

(3) 设施建成投运后应及时向环境保护主管部门申请环境保护设施竣工验收。

1067. 烟气脱硝装置运行期技术监督是指什么？

答：烟气脱硝装置运行期技术监督是指烟气脱硝装置竣工验收合格后对运行检修阶段的设备、原材料、污染物排放等的监督。

1068. 脱硝装置运行期技术监督范围主要包括哪些？

答：脱硝装置运行期技术监督范围主要包括设备运行状态、还原剂、烟气参数、在线监测仪表、催化剂及设备检修等。

1069. 烟气脱硝装置运行期应监督项目有哪些？

答：烟气脱硝装置运行期应监督下列项目：

(1) 脱硝装置投运率。

(2) 脱硝效率。

(3) 入口烟气 NO_x 浓度。

(4) 出口烟气 NO_x 浓度、NO_x 排放总量。

(5) 出口（总排口）NO_x 小时浓度均值及超标时间。

(6) 出口烟气氨逃逸浓度。

(7) 脱硝反应区烟气温度。

(8) 还原剂用量。

(9) SO_2/SO_3 转化率。

（10）反应区压降。

（11）在线仪表完好率。

（12）CEMS 数据传输有效率。

（13）脱硝装置可用率等。

1070. 烟气脱硝装置运行期技术监督要求是什么？

答： 烟气脱硝装置运行期技术监督要求是：

（1）采用液氨做还原剂的脱硝装置除运行期应监督的项目外，还应监督液氨品质、NH_3/NO_x 摩尔比、喷氨流量，氨区各设备的压力、温度、氨泄漏，废水排水水质等指标。

（2）采用尿素做还原剂的脱硝装置除第 1069 题规定的项目外，还应监督尿素品质、NH_3/NO_x 摩尔比、废排放水水质、尿素热（水）解能耗等指标。

（3）烟气脱硝装置的烟气污染物排放相关的监督项目和周期应结合自行监测和信息公开的要求开展。

（4）其他脱硝工艺的主要监督项目参照上述几种脱硝工艺中的相类似者。

（5）监督指标每月统计汇总一次。

1071. 脱硝还原剂监督内容包括哪些？

答： 脱硝还原剂监督内容包括：

（1）监督指标。用液氨做还原剂的，应监督液氨的氨含量、残留物含量等指标；用尿素做还原剂的，应监督尿素中的总氮含量、水不溶物含量等指标；用液氨水做还原剂的，应监督氨水浓度指标。

（2）还原剂品质、使用及验收应满足 GB/T 536—2017《液体无水氨》、GB/T 2440—2017《尿素》等标准的相关要求。监督控制指标值应不低于设计值。

（3）监督周期：每月检测不应少于一次。如来源及品质不稳定或出现相关设备问题时，可增加检测频次。

（4）还原剂取样要求。

1）还原剂取样应有代表性。

2）液氨取样应采用符合 GB/T 3723—1999《工业用化学产品采样安全通则》要求的专用取样设备，槽车或液氨进料管道应装有专用取样装置，取样应有专用为取样设备与专用取样口相连，样品应存储于专门的取样钢瓶中。

3）尿素的取样应符合 GB/T 6679—2003《固体化工产品采样通则》要求。

4）氨水的取样应符合 HG/T 3921—2006《化学试剂　采样及验收规则》要求。

（5）尿素的分析化验方法按 GB/T 8570.2—2010《液体无水氨的测定方法　第 2 部分：氨含量》、GB/T 8570.3—2010《液体无水氨的测定方法　第 3 部分：残留物含量　重量法》。分析化验应在通风良好的实验室通风橱内进行。

1072. 脱硝装置设备运行状态应监督的内容包括哪些？

答：脱硝装置设备运行状态应监督的内容包括：

（1）主要监督指标。烟气脱硝装置投运率、氨逃逸浓度、脱硝效率、脱硝装置可用率、在线仪表完好率及设备运行状态等。

（2）烟气脱硝装置年投运率不应低于 98%，脱硝效率和氨逃逸浓度在设计条件下不应低于设计保证值，在线仪表完好率小应低于 98%。

（3）监督周期。烟气脱硝装置投运率、氨逃逸浓度、脱硝效率、脱硝装置可用率、在线仪表完好率按月统计，设备运行状态按运行检修规程。

（4）应按运行检修规程要求对工艺设备运行状态进行巡检和点检，发现问题及时处理。对稀释风机、反应器、吹灰器、喷氨格栅、氨/空气混合器、废水泵、还原剂制备设备等重点设备加强维护，及时消除故障。

（5）应加强还原剂制备系统的运行监督检查。

1）采用液氨制氨工艺的，应加强氨区的监视和调整，使液氨储罐温度、液位、压力，液氨蒸发器温度、液位、压力，氨气缓冲罐压力，稀释罐液位以及氨区压缩空气罐压力等在正常范围内。

2）采用尿素制氨工艺的，应加强尿素水解（热解）制氨系统的监视和调整，使尿素储仓尿素备用量、尿素溶液储罐液位计温度，反应器温度、液位、压力，管路伴热温度等在正常范围内。

3）采用氨水作为还原剂的非催化还原法脱硝工艺，应加强氨水系统的监视和调整，使氨水储罐温度、液位、压力等在正常范围内。

（6）应按照氨区安全管理制度的要求，加强氨区防火制度、氨区氨气浓度监测制度、进出氨区制度以及液氨接卸管理制度的完善与落实。

（7）设备改造、增加或更换催化剂层后，宜及时进行性能考核试验。

1073. 脱硝装置烟气参数应监督的内容包括哪些？

答：脱硝装置烟气参数应监督的内容包括：

（1）监督指标。烟气脱硝装置进、出口 NO_x 浓度，O_2 含量、烟气温度、烟气量，脱硝装置出口与总排口 NO_x 浓度的一致性。

（2）监测周期：烟气指标采用烟气 CEMS 数据，按小时均值统计。

（3）出口烟气指标人工监测至少每季度一次。出现烟气数据异常，应及时进行人工比对校准。

（4）烟气人工取样应有代表性，取样点一般在烟气脱硝装置进、出口烟道或烟囱入口烟道采样孔处，采样孔的位置及布置、测试平台应符合 GB/T 16157—1996《固定污染源排气中颗粒物测定与气态污染物采样方法》的规定。

（5）采样分析方法按 DL/T 414—2012《火电厂环境监测技术规范》执行。

1074. CEMS 应监督的内容包括哪些？

答：CEMS 应监督的内容包括：

（1）监督项目包括 CEMS 投运率、数据传输有效率、定期检定或校验情况、有效性审核情况。

（2）烟气 CEMS 的安装和管理应符合 HJ 75—2017《固定污染源烟气（SO_2、NO_x、颗粒物）排放连续监测技术规范》的规定。烟气 CEMS 应 100％投运，数据传输有效率不应低于 75％，并按规定要求进行定期检定或校验。

（3）监督周期。投运率、数据传输有效率按月统计，其余宜按季度汇总。

（4）烟气 CEMS 应按 HJ 75—2017 的规定定期进行校准及监督校验；当校准或校验结果不符合 HJ 75—2017 要求时，应按规定处理。

（5）应配合环境保护部门做好对自动监测仪器的比对监测和自动监测数据的有效性审核监督。有效性审核应按照《国家重点监督企业污染源自动监测数据有效性审核办法》进行，应审核污染源自动监测数据准确性、数据缺失和异常情况等。

1075. 催化剂应监督的内容包括哪些？

答：催化剂应监督的内容包括：

（1）主要监督指标包括外观尺寸、开孔率、抗压强度（蜂窝式催化剂）、磨损强度（板式催化剂）、比表面积、孔容、孔径、化学成分、NO_x脱除效率、脱硝活性、SO_2/SO_3转化率、氨逃逸、压降。

（2）监督周期。

1）在每层催化剂运行时间满 24000h 或者合同规定的运行时间前，每年应对催化剂进行一次性能检测与评价，时间宜与机组停炉检修期同步。

2）每层催化剂运行时间满 24000h 或者合同规定的运行时间后，由第三方对该层进行一次催化剂性能检测与评价，决定是否要更换该层催化剂。

3）可根据需要增加催化剂性能检测与评价的频次。

（3）采样要求。

1）板式催化剂可随意抽取一块或者根据自身需要抽取若干块催化剂进行性能检测与评价。

2）蜂窝式催化剂可根据需要取出一个或若干个测试单元，并将备用测试单元放入取出测试样的位置。

（4）样品处理和检测方法依照 DL/T 1286—2013《火电厂烟气脱硝催化剂检测技术规范》进行。

（5）依据催化剂检测结果，综合比较其与原设计要求偏差、污染物排放情况、氨逃逸情况做出是否更换催化剂层的决定。

（6）失效催化剂的评估、再生、利用处置应由具备相应资质的单位进行。

（7）不能满足脱硝效率要求更换的催化剂应按以下原则处置。

1）更换下来的催化剂应进行测试评估，优先再生利用。

2）经过测试评估可再生的催化剂，应通过物理和化学手段使活性得以部分或完全恢复，主要程序有催化剂评估、再生工艺选择、物理清洗、活化、热处理、性能测试等。具体可参照 HJ 562—2010《火电厂烟气脱硝工程技术规范 选择性催化还原法》执行。

3）经过测试评估不可再生的催化剂，应优先考虑回收再利用处理，不能回收利用的再按照 GB/T 18598—2001《危险废物填埋污染控制标准》进行填埋处置。

4）属于危险废物的废催化剂应严格执行危险废物相关管理制度，并依法向相关环境保护主管部门申报废催化剂产生、贮存、转移和利用处置等情况。

1076. 脱硝装置设备检修应监督的内容包括哪些？

答：脱硝装置设备检修应监督的内容包括：

（1）选择性催化还原法烟气脱硝装置检修应按照 DL/T 322—2010《火电厂烟气脱硝（SCR）装置检修规程》。选择性非催化还原法烟气脱硝装置检修可参照 DL/T 322—2010。

（2）脱硝工艺设备的检修内容、工艺要点和质量要求应符合 DL/T 322—2010、DL/T 838—2017《燃煤火力发电企业设备检修导则》及相应的检修规程要求。

（3）脱硝反应区设备及还原剂制备区一般设备的检修周期宜与主机同步，氨制备区检修、清洗周期参照 DL/T 322—2010执行。

（4）对于检修中发现的问题和缺陷要全过程进行跟踪监督。

（5）脱硝装置大修后应对 SCR 反应器的氨喷射系统进行优化调整，热态运行一个月后，应进行性能考核试验。脱硝装置至少达到如下要求：

1）氮氧化物排放浓度等性能考核指标符合 DL/T 260—2012《燃煤电厂烟气脱硝装置性能验收试验规范》要求。

2）脱硝装置投运率不低于 98%。

（6）脱硝装置检修结束时，检修技术资料应齐全。

1077. 脱硝装置技术监督预警要求是什么？

答： 脱硝装置技术监督预警要求是：

（1）企业应建立烟气脱硝装置技术监督制度，烟气脱硝装置技术监督预警从低到高分为三级、二级、一级预警。

（2）当烟气脱硝装置触发技术监督预警条件，技术监督管理部门或技术监督单位应根据技术监督预警制度进行响应，发出技术监督预警通知单。

（3）技术监督预警通知单参见 DL/T 1655—2016《火电厂烟气脱硝装置技术监督导则》附录 C1，应由技术监督管理部门或技术监督单位签发。一级和二级监督预警通知单应报送上级监督管理单位。

（4）根据预警级别，接到预警通知单的企业或部门应组织有关人员制定整改措施，并在规定的时间内处理解决。

（5）技术监督预警项目整改完成后应由技术监督管理部门或单位负责验收，参照 DL/T 1655—2016《火电厂烟气脱硝装置技术监督导则》附录 C2 填写烟气脱硝装置技术监督预警回执单。

（6）一级和二级烟气脱硝装置技术监督预警回执单应报送上级监督管理单位，一级监督预警回执单应由企业负责人签发。

1078. 脱硝装置三级预警项目包括哪些？

答： 脱硝装置三级预警项目包括但不限于表 18-1 确定的预警项目。

表 18-1 三级烟气脱硝装置技术监督预警项目

序号	技术监督预警项目名称	三级预警项目条件		
1	烟气脱硝装置及其烟气排放连续监测系统非计划停运	未导致机组非计划投运		累计时间为 24h 以内
2	NO$_x$ 排放浓度小时均值超标	超标 1 倍以内	日累计时间	1~4h
			月累计时间	12~24h
3	NO$_x$ 排放浓度日均值高	标准值的 95% 及以上但未超标		
4	烟气脱硝装置入口 NO$_x$ 浓度月均值超过设计要求值	超过 20% 以内		
5	脱硝装置出口氨逃逸浓度高	SCR 工艺	≥2.5mg/m³	月累计或连续时间 24~72h
			≥7.5mg/m³	月累计或连续时间 8~24h
		SNC 工艺	≥8mg/m³	月累计或连续时间 24~72h
			≥24mg/m³	月累计或连续时间 8~24h
6	烟气脱硝装置、CEMS 系统的月投运率低于规定值	相差 5 个百分点以内		
7	SCR 脱硝装置的反应区温度低于保护温度，导致脱硝装置退出	月累计或连续时间 12~48h		
8	SCR 脱硝装置的反应区温度高	高于最高设计温度		月累计或连续时间 12~24h
		高于催化剂最高承受温度		连续时间 1~2h
9	触动氨区系统联锁保护、使氨区设备跳闸	月累计 1 次		
10	脱硝氨区氨泄漏仪出现报警	月累计或连续时间 12~48h		

续表

序号	技术监督预警项目名称	三级预警项目条件
11	烟气脱硝装置用标准计量装置、重要计量仪表漏检，或超期、带故障运行	一个月以上
12	发生被环境保护部门通报或处罚事件	被县级环境保护部门通报或处罚

1079. 脱硝装置二级预警项目包括哪些?

答: 脱硝装置二级预警项目包括但不限于表 18-2 确定的预警项目。

表 18-2　　　　二级烟气脱硝装置技术监督预警项目

序号	技术监督预警项目名称	二级预警项目条件		
1	烟气脱硝装置及其烟气排放连续监测系统非计划停运	未导致机组非计划投运	月累计时间超过 72h，或者连续时间超过 36h	
		导致机组非计划停运	单台机组出现 2 次以上	
2	NO$_x$ 排放浓度小时均值超标	超标 1 倍以内	日累计时间	8h 以上
			月累计时间	48h 以上
		超标 1 倍以上	日累计时间	4h 以上
			月累计时间	12h 以上
3	NO$_x$ 排放浓度日均值超标	月累计出现 3 次以上		
4	烟气脱硝装置入口 NO$_x$ 浓度月均值超过设计要求值	超过 50%		

续表

序号	技术监督预警项目名称	二级预警项目条件		
5	脱硝装置出口氨逸逸浓度高	SCR工艺	≥2.5mg/m³	月累计或连续时间 168h 以上
			≥7.5mg/m³	月累计或连续时间 72h 以上
		SNC工艺	≥8mg/m³	月累计或连续时间 168h 以上
			≥24mg/m³	月累计或连续时间 72h 以上
6	烟气脱硝装置、CEMS 系统的月投运率低于规定值	相 10 个百分点以上		
7	SCR 脱硝装置的反应区温度低于保护温度，导致脱硝装置退出	月累计或连续时间 168h 以上		
8	SCR 脱硝装置的反应区温度高	高于最高设计温度		月累计或连续时间 48h 以上
		高于催化剂最高承受温度		连续时间 4h 以上
9	触动氨区系统联锁保护、使氨区设备跳闸	月累计 4 次以上		
10	烟气脱硝装置用标准计量装置、重要计量仪表漏检，或超期、带故障运行	一年以上		
11	未消除上一级预警的项目	连续两次为消除二级预警的项目		
12	不能按期完成环保责任目标	不能按期完成节能减排目标责任书、重点污染防治或者限期治理任务中有关烟气脱硝装置的部分内容		
13	发生被环境保护部门通报或处罚事件	被省级环境保护部门通报或处罚		

1080. 脱硝装置一级预警项目包括哪些?

答: 脱硝装置一级预警项目包括但不限于表 18-3 确定的预警项目。

表 18-3　　　　一级烟气脱硝装置技术监督预警项目

序号	技术监督预警项目名称	一级预警项目条件		
1	烟气脱硝装置及其烟气排放连续监测系统非计划停运	未导致机组非计划投运		月累计时间为 24~72h, 或者连续时间超过 12~36h
2	NO_x 排放浓度小时均值超标	超标 1 倍以内	日累计时间	4~8h
			月累计时间	24~48h
		超标 1 倍以上	日累计时间	1~4h
			月累计时间	6~12h
3	NO_x 排放浓度日均值超标	月累计出现 1~2 次		
4	烟气脱硝装置入口 NO_x 浓度月均值超过设计要求值	超过 20%~50%		
5	脱硝装置出口氨逃逸浓度高	SCR 工艺	≥2.5mg/m³	月累计或连续时间 72~168h
			≥7.5mg/m³	月累计或连续时间 24~72h
		SNC 工艺	≥8mg/m³	月累计或连续时间 72~168h
			≥24mg/m³	月累计或连续时间 24~72h
6	烟气脱硝装置、CEMS 系统的月投运率低于规定值	相差 5~10 个百分点		
7	SCR 脱硝装置的反应区温度低于保护温度,导致脱硝装置退出	月累计或连续时间 48~168h		
8	SCR 脱硝装置的反应区温度高	高于最高设计温度		月累计或连续时间 24~48h
		高于催化剂最高承受温度		连续时间 2~4h

序号	技术监督预警项目名称	一级预警项目条件
9	触动氨区系统联锁保护、使氨区设备跳闸	月累计 2~4 次
10	脱硝氨区氨泄漏仪出现报警	周累计超过 2 次以上
11	烟气脱硝装置用标准计量装置、重要计量仪表漏检，或超期、带故障运行	一季度以上
12	未消除上一级预警的项目	连续两次为消除三级预警的项目
13	发生被环境保护部门通报或处罚事件	被地市级环境保护部门通报或处罚

1081. 脱硝装置技术监督制度应包括哪些？

答： 应监督建立和完善烟气脱硝装置技术监督制度，应包括但不限于以下制度：

（1）烟气脱硝装置技术监督管理制度。

（2）烟气脱硝装置考核和管理制度。

（3）烟气脱硝装置档案管理制度。

（4）危险化学品从业人员定期岗位资格培训制度。

（5）脱硝装置 CEMS 设备管理制度。

（6）烟气脱硝装置监测质量保证制度、实验室精密仪器使用维护保养及检验制度等。

1082. 脱硝装置技术监督资料应包括哪些？

答： 应监督相关部门完善烟气脱硝装置技术监督资料，应包括但不限于以下内容：

（1）项目建设期的可行性研究报告、环境影响评价文件及批复、环境保护竣工验收资料。

（2）项目建设期的设计、调试、试验等资料。

（3）烟气脱硝装置设备台账。

（4）烟气脱硝装置运行、检修操作规程。

（5）烟气脱硝装置运行、维护和检修记录。

（6）脱硝装置 CEMS 设备台账、校验记录、设备巡检记录。

（7）烟气脱硝装置事故应急预案、演练计划、演练记录。

（8）烟气脱硝装置相关实验室操作规程。

（9）烟气脱硝装置相关实验室仪器使用记录和各类原始记录，仪器计量定期计划、检定记录。

（10）烟气脱硝装置试验原始记录、试验报告、技术资料等。

第十九章

燃煤烟气脱硝装置检修管理

1083. 脱硝系统停运后检查维护及注意事项是什么？

答：脱硝系统停运后检查维护及注意事项如下。

（1）脱硝系统停运后应及时对下列项目进行检查和维护：

1）对停运设备及喷氨管道进行吹扫、冲洗。

2）定时检查脱硝系统中各箱罐、地坑中氨介质的液位。

3）对催化剂进行检查，对催化剂试块进行测试。

4）按要求进行转动设备维护工作。

（2）对反应器内和烟道内的积灰应进行真空吸尘清扫，催化剂入口和孔内的积灰应清理干净。

（3）冬季停运应采取防冻措施。

（4）脱硝装置停运后应对进行设备定期分析和检查消缺。

1084. SCR 检查和维护工作内容有哪些？

答：SCR 系统的维护工作一般都是要在定期关闭系统时进行，维护人员应记录检查和维修的结果。主要的维修工作有：

（1）催化剂层的检查。

（2）氨喷嘴的检查。

（3）检查脱硝装置入口和出口的烟道。

（4）检查催化剂表面的污垢，可使用真空吸尘器或者无油无水的空气进行清洁。

（5）所有热工仪表设备的校准。

（6）检查氨的稀释风机。

（7）NH_3 蒸发器的维护工作。

1085. 脱硝系统定期检修项目有哪些?

答：脱硝系统定期检修项目如下。

（1）反应器本体：①催化剂上积灰状况；②催化剂的损坏及堵孔情况；③密封件变形失效情况；④测孔堵塞情况。

针对以上的具体情况，再进行相应处理，如开动吹灰机除灰、清扫或调换催化剂、换密封件吹扫测孔等。

（2）注氨喷嘴：①喷嘴堵塞时要进行喷嘴吹扫；②喷嘴磨损、腐蚀时要进行喷嘴修理或调换。

（3）管路：①管路堵塞、腐蚀时，要及时清扫、修补或更换管道；②阀座受损或填料、垫片损坏时，更换损坏件或整体更换；③过滤器元件损伤时，及时修复或更换；④节流孔板损坏时，及时修复或更换。

（4）O_2、NO_x分析仪的检修及进行零位调整：①现场流量计、压力计等仪器的拆卸、检修和校准；②取样探头过滤器的更换和调整，分析计的修复和更换。

1086. 脱硝系统定期维护检查点和检查时间是如何要求的?

答：脱硝系统定期维护检查点和检查时间参照表19-1。

表 19-1　　　　脱硝系统定期维护检查点和检查时间

序号	需检查的设备	检查点	运行期间	停机期间	运行或停运	每班	每天	每周	每月	每年	其他
1	烟道进口	(1) 检查烟气泄漏； (2) 检查异常振动； (3) 检查颜色变化	√ √ √						√ √		
2	喷氨喷嘴	(1) 检查是否由于杂质而堵塞喷嘴； (2) 检查变形或磨蚀		√ √					√ √		
3	SCR反应器	(1) 检查烟气泄漏； (2) 检查催化剂层的任何变化；	√					√	√		

续表

序号	需检查的设备	检查点	检查时间								
			运行期间	停机期间	运行或停运	间隔					
						每班	每天	每周	每月	每年	其他
3	SCR反应器	(3) 检查磨蚀;	✓						✓		
		(4) 检查催化剂是否有积灰;	✓						✓		
		(5) 检查密封设备是否变形和移位;	✓						✓		
		(6) 确认整个密封系统;	✓						✓		
		(7) 检查钢结构的变形和扭曲			✓						
4	催化剂外观检查	(1) 检查催化剂模块和催化剂板变形;	✓						✓		
		(2) 检查积灰情况和灰堵塞情况;	✓						✓		
		(3) 检查催化剂的灰磨蚀情况	✓						✓		
5	氨/空气混合器	检查泄漏	✓					✓			
6	氨气分配管	确认各分配管是否匀流（通过压降判断）	✓					✓			
7	氨设备的控制阀、切断阀	(1) 确认阀门正常运行;	✓				✓				
		(2) 检查压力和温度的设定值;	✓				✓				
		(3) 检查泄漏;	✓								
		(4) 检查或更换密封填料等		✓							
8	供电设备的配电盘和控制面板	(1) 检查报警器和灯光显示;				✓	✓		✓		
		(2) 确认指示值;				✓	✓				
		(3) 压缩空气管的排污;									✓
		(4) 内部构件检查和清理;	✓						✓		
		(5) 主要电磁开关的触点维护;							✓		
		(6) 对终端进行再紧固;							✓		
		(7) 测量绝缘电阻;	✓						✓		
		(8) 检查中间继电器电路和顺序测试	✓						✓		
9	供电设备继电器	(1) 确认继电器的复位和指示标志;				✓			✓		
		(2) 继电器的二次测试;	✓						✓		
		(3) 确认接点容量	✓						✓		

续表

序号	需检查的设备	检查点	运行期间	停机期间	运行或停运	每班	每天	每周	每月	每年	其他
10	供电设备的仪表	(1) 内部件的外观检查；		√						√	
		(2) 校准测试/指示检查		√						√	
11	电磁阀	(1) 检查噪声和阀门升温情况；	√					√			
		(2) 阀门及其内部件的维护；		√						√	
		(3) 润滑油的使用；		√						√	
		(4) 确认线圈及其绝缘电阻		√						√	
12	压力开关	(1) 检查是否有电火花；			√				√		
		(2) 内部件的紧固；		√						√	
		(3) 测量绝缘电阻；		√						√	
		(4) 确认设置值									√
13	限位开关	(1) 外观检查：腐蚀和磨损；			√					√	
		(2) 内部件的紧固；		√						√	
		(3) 测量绝缘电阻；		√						√	
		(4) 确认设置值		√						√	
14	控制系统的集中配电盘和控制面板	(1) 检查报警器和灯光显示；	√		√						
		(2) 检查电线的耐用性；	√							√	
		(3) 检查和清理面板内部件；		√						√	
		(4) 内部件的紧固；		√						√	
		(5) 顺序测试		√						√	
15	显示控制器、手操器	(1) 内部件的紧固；		√						√	
		(2) 检查和清理仪表；		√						√	
		(3) 确认控制系统回路		√						√	
16	变送器	(1) 检测管的吹扫；			√	√		√			
		(2) 内部件的检查和清理；			√					√	
		(3) 内部件的紧固；		√						√	
		(4) 确认输入和输出			√					√	

续表

序号	需检查的设备	检查点	运行期间	停机期间	运行或停运	每班	每天	每周	每月	每年	其他
17	NO$_x$、NH$_3$、O$_2$分析仪	(1) 用标准样气校准;				✓		✓			
		(2) 检查和清理取样管;				✓					✓
		(3) 取样调节系统过滤器清洁和更换;				✓			✓		
		(4) 内部件的检查和清洁;		✓						✓	
		(5) 内部件的紧固		✓						✓	
18	热电偶	(1) 清除杂质;			✓						✓
		(2) 校准试验				✓				✓	
19	压力表和指示器	(1) 确认显示值;						✓		✓	
		(2) 校准试验;								✓	
		(3) 检查是否损坏				✓				✓	
20	管道	(1) 检查泄漏;	✓					✓			
		(2) 检查堵塞;	✓					✓			
		(3) 检查振动	✓					✓			

1087. 脱硝装置维护保养的要求是什么?

答: (1) 脱硝装置的维护保养应纳入全厂的维护保养计划,检修时间间隔宜与机组要求一致。

(2) 失效催化剂应优先进行再生处理,无法再生的失效催化剂应进行无害化处置。

(3) 电厂应根据脱硝系统技术、设备等资料制定详细的维护保养规定。

(4) 维修人员应根据维护保养规定定期检查、更换或维修必要的部件。

(5) 脱硝系统维护保养记录应真实齐全,保管完好。

1088. 脱硝装置检修等级分为哪四个等级?

答: 检修等级是以脱硝装置的检修规模和停用时间为原则,

将脱硝装置的检修分为 A、B、C、D 四个等级。

1089. 质检点（H 点、W 点）是指什么？

答：质检点（H 点、W 点）是指在检修工序管理过程中，根据某道工序的重要性和难易程度设置的关键工序控制点，这些控制点不经质量验收签证不得转入下道工序。其中，H 点为停工待检点，W 点为见证点。

1090. 脱硝装置检修总则是什么？

答：脱硝装置检修总则是：

（1）脱硝装置的检修工作，应纳入电厂统一管理中，并制定严格的检修、维护及验收管理制度，制度的制定可参见 DL/Z 870—2004《火力发电企业设备点检定修管理导则》。

（2）检修人员应具备相关基本技能，掌握脱硝相关检修工艺和质量要求，熟悉相关的理论知识。从事化学危险品、压力容器、焊接等特殊工种检修人员应取得相应证书。

（3）检修内容应根据检修进度按计划安排，检修时应考虑到区域环境特点并做好相关措施，确保系统安全，满足机组运行要求。

（4）通用设备如泵、风机、电动机、电气设备、仪控设备、保温伴热等的检修周期、工艺质量及各级检修项目要求参见 DL/T 748—2016《火力发电厂锅炉机组检修导则》和 DL/T 838—2017《发电企业设备检修导则》。

1091. 脱硝装置检修周期如何进行确定？

答：脱硝反应区设备及还原剂制备区一般设备的检修周期和工期宜与主机组同步，可参见 DL/T 335《火电厂烟气脱硝（SCR）系统运行技术规范》。

（1）对氨制备区所属设备应定期检修，清洗周期可参考表 19-2 执行。

（2）A 级检修的周期至少三年一次，B、C、D 级检修可视设备运行情况确定。

脱硝运行技术 1000 问

表 19-2　　　　　　　　氨制备区主要设备检修周期

检修项目	检修周期（次/年）	清洗周期（次/年）
氨压缩机	1	2
氨储存罐	1次/3 年	1
液氨泵/氨水泵	1	1
蒸发器	1	2
氨阀门	1	无
管道	1	2
氨系统仪表	1	无
氨系统安全阀	按照安全阀定期校验执行	无
废水泵	1	无

1092. 液氨卸料压缩机检修项目包括哪些?

答: 液氨卸料压缩机 A、B、C、D 级检修项目如下。

（1）A 级检修项目包括:

1）检查、修理或更换各冷却器、分离器，并进行水压试验、气密性试验。

2）修理更换气缸套，并进行水压试验，未修理过的气缸使用六年后需试压一次。

3）曲轴、十字头销、连杆、连杆螺栓、活塞杆进行探伤检查。

（2）B 级检修项目包括:

1）解体、清洗整台压缩机，应采用氮气置换。

2）检查十字头部件、曲轴部件、十字头滑道的磨损情况，必要时修理或更换。

3）校正各部件的中心与水平。

4）检查调整飞轮跳动量。

5）检查及修理基础。

6）防腐刷漆。

（3）C 级检修项目包括:

1）清除气室、水夹套内污物，测量气缸内壁磨损情况。

478

2）检查、修理或更换活塞、活塞环、导向环及活塞杆。

3）检查、刮研连杆大头瓦和小头瓦，调整间隙或更换。

4）检查、调整主轴瓦间隙或更换主轴瓦。

5）检查和调整活塞死点间隙。

6）检查、修理压力表、温度计、安全阀和循环阀。

7）检查、消洗或更换止回阀。

8）检查、清扫冷却水系统。

9）更换润滑油。

（4）D 级检修项目包括：

1）检查并紧固各连接螺栓、地脚螺栓和十字头销。

2）检查及清除气阀部件上的结焦及污垢。

3）检查或更换填料箱密封圈。

4）检查或更换阀片、弹簧、阀座及升高限止器。

5）检查及修理注油器、止回阀、油过滤网、油管接头等润滑系统。

6）检查、调整传动带或联轴器。

1093. 液氨储罐检修项目包括哪些?

答： 液氨储罐 A、B、C、D 级检修项目如下。

（1）A 级检修项目包括：

1）对罐体进探伤检测。

2）压力实验。

3）气密性实验。

（2）B 级检修项目包括：

1）关闭管顶部安全阀前一次门，打开氨罐底部排空阀。

2）进行排污处理后，用氮气、水置换。

3）置换后的罐体设备及管道必须对空，不能关闭，打开人孔盖板。

4）在作业前 30min 内应对罐内气体采样分析。

5）清洁氨端底部（一人外部监视，一人内部清洁）。

6）查看螺栓和阀门是否需要更换。

7）封人孔门，关闭氨罐进出口阀门。

8）气密性实验。

9）排空及吹扫。

10）打开安全阀前一次门。

11）对罐体安全门进行校验。

12）氮气置换。

（3）C 级检修项目包括：

1）检查、修理或者直接更换压力表、温度计和液位计。

2）重新校验安全阀。

（4）D 级检修项目包括：

1）查看外壳，是否需要补油漆。

2）检查设备基础、支架，必要时修复加固。

1094. 蒸发器（蒸汽式）检修项目包括哪些？

答：蒸发器（蒸汽式）A、B、C、D 级检修项目如下。

（1）A 级检修项目包括：检查各零部件的腐蚀和变形情况，必要时更新。

（2）B 级检修项目包括：

1）检查管束和配管冲蚀、腐蚀，必要时更换新管道。

2）检查液氨盘管、蒸汽管道或列管外观有无裂痕，喷头是否堵塞。

3）水箱和支架刷油漆、防腐。

（3）C 级检修项目包括：

1）清除液体蒸发器管束内、外的污垢。

2）检修进、出口管线、排放管线、阀门，消除泄漏，清除异物。

3）检查、校验进、出口调压阀。

4）检查、校验安全阀。

5）检查、校验压力表、温度计。

6）蒸发管检漏、补焊或堵管。

7）对蒸发器水槽进行外观检查，并做充水实验。

8）对蒸汽管道做常规送汽实验。

（4）D 级检修项目包括：检查设备基础、支架，必要时修复加固。

1095. 尿素热解器检修项目包括哪些？

答： （1）脱硝热解装置检修项目包括：

1）检查、清理热解炉内部结晶物。

2）检查、清理热解炉喷枪。

3）检查热解炉喷枪伴热系统。

4）检查、修理稀释风机。

5）检查热解系统管道及所有阀门。

6）压缩空气储气罐定期试验和检验工作应符合 TSG 21 的规定。

（2）脱硝热解装置检修特殊项目包括：

1）热解炉开孔、补焊及更换。

2）更换热解炉喷枪。

3）更换稀释风机。

1196. 脱硝计量分配装置（MDM）检修项目包括哪些？

答： （1）脱硝计量分配装置检修标准项目包括：

1）检修调整门、电动门、手动门、止回阀。

2）检查、清理雾化空气流量计。

3）检查管道及伴热系统。

（2）脱硝计量分配装置检修特殊项目包括：

1）更换调整门、电动门、手动门、止回阀。

2）更换雾化空气流量计。

1097. 尿素雾化喷枪检修项目包括哪些？

答： 尿素雾化喷枪 A、B、C 级检修项目如下。

（1）A 级检修项目包括：

1）对喷嘴焊缝进行探伤检测。

2）检查雾化效果（雾化直径和雾化颗粒是否在要求的范围内）。

（2）B 级检修项目包括：

1）检查喷嘴是否堵塞。

2）检查喷枪密封性是否良好。

3）清理雾化空气过滤器及管道。

4）清理雾化空气流量计，试验流量开关。

（3）C 级检修项目包括：

1）检查喷嘴是否堵塞。

2）检查喷枪密封性是否良好。

3）目视检查雾化效果。

4）清理雾化空气过滤器。

5）清理雾化空气流量计，试验流量开关。

（4）D 级检修项目包括：清理雾化空气流量计。

1098. 稀释风系统检修项目包括哪些？

答：稀释风系统 A、B 级检修项目包括：

（1）清理管道内沉积物。

（2）清理阀门。

（3）标定及调整稀释风流量。

1099. 氮气吹扫系统检修项目包括哪些？

答：氮气吹扫系统 A、B、C、D 级检修项目如下。

（1）A、B 级检修项目包括：①更换气源的接头；②检查阀门是否内漏。

（2）C 级检修项目包括：更换零件。

（3）D 级检修项目包括：①检查是否漏气；②气瓶的存压是否满足要求。

1100. 氮气缓冲罐检修项目包括哪些？

答：氮气缓冲罐 A、B、C、D 级检修项目如下。

（1）A 级检修项目包括：①探伤检测；②压力实验。

（2）B 级检修项目包括：

1）关闭管顶部安全阀前一次门，打开缓冲罐底部排空阀。

2）进行排污处理后，用氮气置换。

3）置换后的罐体设备及管道必须对空，不能关闭；打开人孔门。

4）在作业前 30min 内应对罐内气体采样分析。

5）清洁缓冲罐底部。

6）查看螺栓和阀门是否需要更换。

7）封人孔门，关闭缓冲罐进、出口阀门。

8）气密性实验。

9）排空。

10）打开安全阀前一次门。

11）对罐体安全门进行校验。

（3）C级检修项目包括：①检查、修理或者直接更换压力表、温度计；②重新校验安全阀。

（4）D级检修项目包括：①查看外壳，是否需要补油漆；②检查设备基础、支架，必要时修复加固。

1101. 氨气稀释罐（氨水储罐）检修项目包括哪些?

答：氨气稀释罐（氨水储罐）A、B、C、D 级检修项目如下。

（1）A、B级检修项目包括：

1）检查稀释罐内防腐层损坏情况及罐体锈蚀情况，修补损坏的防腐层。

2）清理罐体内部杂物。

3）检查、清理液位计、温度计，必要时进行更换。

（2）C级检修项目包括：检查、修理或者直接更换压力表、温度计。

（3）D级检修项目包括：①查看外壳，是否需要补油漆；②检查设备基础、支架，必要时修复加固。

1102. 废水泵检修项目包括哪些?

答：废水泵 A、B、C、D 级检修项目如下。

（1）A级检修项目包括：

1）各部间隙测量、调整（包括轴弯曲、晃度测量）等。

2）复测中心及测轴承间隙。

（2）B级检修项目包括：

1) 检查、紧固地脚螺栓。

2) 分解叶轮及泵的附件。

3) 泵解体及测密封环间隙。

4) 各部件清扫检查。

5) 对磨损严重的机封、叶轮等部件进行更换。

6) 转子找中心。

(3) C 级检修项目包括：

1) 复测中心。

2) 更换润滑油、轴承，轴承室清扫。

3) 检查或更换泵入口止回阀。

4) 轴承检查。

(4) D 级检修项目包括：

1) 检查油位。

2) 检查泵的振动情况，必要时紧固地脚螺栓。

3) 检查机封冷却水是否正常投运。

1103. 稀释风机检修项目包括哪些？

答： 稀释风机 A、B、C、D 级检修项目如下。

(1) A、B 级检修项目包括：

1) 解体风机，对叶轮磨损和腐蚀部位进行检查、全面彻底处理；如有必要，更换轴承等零部件。

2) 清理入口空气滤网。

3) 如有必要对风机外壳或其他附属部件进行更换。

(2) C 级检修项目包括：

1) 检查清理叶轮表面的结垢物。

2) 检查叶轮、叶片的腐蚀和裂纹。

3) 检查、调整叶轮在机壳中的位置及轴的水平，检查叶轮静平衡。

4) 检修、紧固基础和支撑结构。

5) 检查、更换风机轴承。

6) 检查进口导叶全程的自由度，检查导叶、导叶轴承及连接点的磨损，必要时修理或更换。

（3）D级检修项目包括：

1）检查轴承油位，如油位过低，补充新油。

2）检查紧固轴护罩。

3）从轴承座中提取油样检查，如有必要，进行化验、更换。

4）检查风机壳体所有外部连接点是否紧固，并紧固所有地脚螺栓。

5）检查排水管道是否畅通。

6）人孔门和检查门检修。

1104. 烟气均布装置检修项目包括哪些？

答：烟气均布装置A、B、C级检修项目如下。

（1）A、B级检修项目包括：对磨损过大的部分进行更换。

（2）C级检修项目包括：①清理积灰；②检查是否存在变形的问题；③拉裂部分补焊。

1105. 脱硝反应器检修项目包括哪些？

答：（1）脱硝反应器检修标准项目包括：

1）检查反应器内部均流、整流装置磨损、变形、拉裂情况。

2）检查灰斗及放灰阀，清理积灰。

3）检查内部钢梁及支撑、修复更换磨损部件。

4）检查修复进出口挡板门、膨胀节。

5）检查修复均流、整流装置。

6）检修蒸汽吹灰器、声波吹灰器。

（2）脱硝反应器检修特殊项目包括：

1）更换脱硝反应器膨胀节。

2）更换进出口挡板门。

1106. 脱硝催化剂检修项目包括哪些？

答：（1）脱硝催化剂检修标准项目包括：

1）清理催化剂表面积灰。

2）检查催化剂磨损情况，更换损坏的催化剂模块。

3）检查催化剂密封装置。

（2）脱硝催化剂检修特殊项目包括：

1）加装催化剂备用层或更换催化剂。

2）催化剂活性检测及寿命分析。

3）催化剂清洁或再生。

1107. 脱硝喷氨格栅（AIG）、涡流混合器检修项目包括哪些？

答：（1）脱硝喷氨格栅（ammonia inj ection grid AI），涡流混合器标准项目包括：

1）检查含氨容器、管道、阀门冲蚀、腐蚀、磨损情况。

2）检查喷氨格栅喷嘴。

3）检查检修分路调整门。

4）检查涡流混合器。

（2）脱硝喷氨格栅（AIG）、涡流混合器特殊项目包括：

1）检测调整喷氨流场均度。

2）更换喷嘴应超过 20%。

1108. 蒸汽吹灰器检修项目包括哪些？

答：蒸汽吹灰器 A、B、C、D 级检修项目如下。

（1）A 级检修项目包括：

1）对吹扫管道进行探伤检测。

2）电机解体，检测内部绕组。

（2）B 级检修项目包括：

1）进气阀检修。

2）检查喷嘴。

3）检查限位开关。

4）校核调整喷枪行程。

5）检查清理喷管。

6）解体减速箱，清洗内部齿轮零配件，检查磨损、裂纹、缺损等情况。

7）检查吹灰器外壁位置及密封情况。

8）检查吹灰管托轮滚动情况。

9）检查链轮无损伤磨损，铰链完好灵活；调节链条张紧力。

10）检查驱动装置。

（3）C 级检修项目包括：

1）进气阀检修。

2）检查喷嘴。

3）检查限位开关。

4）检查吹灰器外壁位置及密封情况。

5）检查驱动装置。

（4）D 级检修项目包括：

1）检查喷嘴。

2）检查限位开关。

3）校核调整喷枪行程。

4）检查清理喷管。

1109. 声波吹灰器检修项目包括哪些？

答：声波吹灰器 A、B、C、D 级检修项目如下。

（1）A、B 级检修项目包括：①声波吹灰器压缩空气管道检查、排污；②声波吹灰器喇叭检查。

（2）C 级检修项目包括：①声波吹灰器压缩空气管道检查、排污；②声波吹灰器喇叭检查。

1110. 氨/空气混合器 A、B 级检修项目包括哪些？

答：氨/空气混合器 A、B 级检修项目包括：

（1）整体拆解，检查内部件腐蚀情况，及时更换。

（2）检查、紧固地脚螺栓。

1111. CEMS 系统检修项目包括哪些？

答：CEMS 系统 A、B、C、D 级检修项目如下。

（1）A、B 级检修项目包括：

1）清理 CEMS 房间，保持清洁。

2）清洁面板流量仪及旋钮。

3）检查清理采样泵。

4）检查采样管路严密性及内部腐蚀、堵塞情况。

5）检查采样管路伴热绝缘有无损坏。

6）清洁探头、检查探头腐蚀情况。

7）更换过滤器滤芯。

8）打开冷凝器，清洁内部管路。

9）检查系统密封性。

10）检查氧化锆管，并进行清洗、擦拭。

11）按说明书清洗 NO_x 分析室。

12）检查 PLC 接线及上位机工作状态。

13）送标准计量室标定各项测量参数的零点及量程。

（2）C 级检修项目包括：

1）清理 CEMS 房间，保持清洁。

2）清洁面板流量仪及旋钮。

3）检查 PLC 上位机工作状态。

4）检查采样管路严密性及内部腐蚀、堵塞情况。

5）更换过滤器滤芯。

6）打开冷凝器，清洁内部管路。

7）检查系统密封性。

8）标定各项测量参数的零点及量程。

（3）D 级检修项目包括：

1）清理 CEMS 房间，保持清洁。

2）清洁面板流量仪及流量调节旋钮。

3）检查 PLC 上位机工作状态。

4）检查系统密封性。

5）定期标定各项测量参数的零点及量程。

6）定期吹扫取样管路。

1112. 脱硝装置检修前准备工作要求有哪些？

答： 脱硝装置检修前准备工作要求有：

（1）收集、分析设备运行状况，确定检修项目，制订检修计划。

（2）为保证检修工作按计划完成，应事先准备好备品配件、检修工器具、起吊设备和所需材料。

（3）现场布置好检修电源、灯具、照明电源。

（4）清理现场，规划场地布置，安排所需部件、拆卸件及主要部件的专修场所。

（5）应准备齐全整套的检修记录表、卡、应急预案等。

（6）应严格按照有关安全工作规范的要求，办理工作票和不同级别的动火票，严格执行工作票的内容；大型或范围较大的检修，现场应设安全警戒线，防止无关人员进驻作业现场，完成各项安全措施。

（7）检修用的置换氮气必须抽样合格。

1113. 脱硝装置检修过程控制工作要求有哪些？

答：脱硝装置检修过程控制工作要求有：

（1）进入氨罐、缓冲罐等罐体内作业，应对气体分析合格，按 AQ 3028《化学品生产单位受限空间作业安全规范》办理后进行。

（2）检修作业应遵守《压力容器安全技术监察规程》第五章的有关规定。

（3）在罐内清除杂物、检查、铲修时，应设专人监护，监护人应坚守岗位。

（4）检修作业人员应按规定佩戴好劳动保护用品，并配备应急防护用品。

（5）作业人员离开氨罐体时，应将作业工具、检修杂物带出，不得留在氨罐内。

（6）氨罐内照明，应使用电压不超过 12V 的低压防爆灯。

（7）检修过程中不应造成催化剂单元孔堵塞和破损。

（8）参加氨罐体检修的作业人员应严格执行本工种岗位的安全技术操作规程。

（9）设备的检修和复装，应严格按照事先制定好的技术措施执行，满足质量要求。

（10）检修人员应持证上岗，检修人员的自检和验收人员的检查应严格执行验收标准，做好检修记录、试验记录等；对不符合项，应填写不符合项通知单，并按相应程序处理。

（11）检修管理质量实行质检点（H 点、W 点）检查和三级验收相结合的方式。

（12）所有更换的备品备件应检验合格后方可投入使用，检修工器具应在有效期内具有合格证。

（13）检修工作应严格遵守工作票和各级动火票制度，确保系统安全、长期稳定运行。

1114. 脱硝装置检修后验收工作要求有哪些？

答： 脱硝装置检修后验收工作要求有：

（1）设备检修后的启动、验收按照电力行业和国家安监机构相关规程执行。

（2）A、B 级检修后应对 SCR 反应器的氨喷射系统进行优化调整；热态运行一个月后，应进行热态考核试验，以检验检修效果。

（3）检修完毕后，应对检修资料包括影像、图片、检修记录等进行归档。

（4）各专业人员应对检修情况进行总结、汇报，填写检修台账。

1115. 脱硝装置检修管理制度应包括哪些？

答： 为了使脱硝装置的检修管理科学化、高效率，做到有组织、有计划、有准备地进行，在坚持先维修后生产、修用结合及修理和培训相结合原则的基础上，应编制如下制度：设备点检制度、设备责任人制度、设备台账管理制度、设备缺陷管理制度、检修质量管理制度、备品配件及材料管理制度、检修管理制度和安全文明管理制度等。

第二十章

SNCR 烟气脱硝技术

1116. 什么是选择性非催化还原法（SNCR）？

答：选择性非催化还原（SNCR）技术是指在不使用催化剂的情况下，在炉膛烟气温度适宜处（850～1150℃）喷入含氨基的还原剂（一般为氨水或尿素等），利用炉内高温促使氨和 NO_x 反应，将烟气中的 NO_x 还原为 N_2 和 H_2O。典型的 SNCR 系统由还原剂储存系统、还原剂喷入装置及相应的控制系统组成。

1117. 温度窗口是指什么？

答：SNCR 技术不像 SCR 技术那样，借助催化剂的催化作用来降低 NO_x/NH_3 反应的活化能，因此其反应的能量必须来自高温加热。实验表明，NH_3 基还原剂还原 NO 的反应只能在 800～1200℃的温度区间内才能以一个合适的速率进行，一般称这个温度范围为 SNCR 反应的"温度窗口"。

NO_x 的还原是在特定的温度下进行的，这个温度能够提供所需要的热量。在较低的温度下，反应速率非常慢，会造成大量氨的漏失；在高温情况下，氨会氧化生成附加的 NO_x。对于以液氨作为还原剂的 SNCR 系统来说，理想的温度是 850～1100℃，在理想的温度范围内可以将还原剂注入进行还原；对于以尿素作为还原剂的 SNCR 系统来说，理想的温度范围是 900～1150℃，在尿素中还可以添加一些附加成分以扩大还原的温度范围。

1118. 喷射系统是指什么？

答：用于选择性非催化还原脱硝还原剂的喷射、雾化及计量控制的系统。

1119. 喷枪是指什么?

答:用于将还原剂在雾化介质的作用下雾化成雾状液滴喷入炉膛(或)烟道内与烟气进行混合的装置。喷枪分为固定式和伸缩式两种类型。

1120. SNCR 氨氮摩尔比计算公式是什么?

答:SNCR 氨氮摩尔比计算公式为

$$NSR = \frac{m_{NH_3}}{m_{NO_x}} \qquad (20\text{-}1)$$

式中　NSR——氨氮摩尔比;

m_{NH_3}——还原剂折算成 NH_3 的摩尔数,mol;

m_{NO_x}——未喷氨时,烟气中 NO_x 浓度折算到标准状态、干基、$6\%O_2$ 下 NO_2 的摩尔数,mol。

1121. SNCR 烟气脱硝装置脱硝效率计算公式是什么?

答:SNCR 烟气脱硝装置脱硝效率计算公式为

$$\eta_{NO_x\text{-}SNCR} = \frac{C_{NO_x\text{-}rawgas} - C_{NO_x\text{-}clangas}}{C_{NO_x\text{-}rawgas}} \times 100\% \qquad (20\text{-}2)$$

式中　$\eta_{NO_x\text{-}SNCR}$——SNCR 烟气脱硝装置的脱硝效率,%;

$C_{NO_x\text{-}rawgas}$——折算到标准状态、干基、$6\%O_2$ 下未喷氨时的烟气中 NO_x 的浓度,mg/m^3;

$C_{NO_x\text{-}clangas}$——折算到标准状态、干基、$6\%O_2$ 下喷氨时的烟气中 NO_x 的浓度,mg/m^3;

1122. SNCR 烟气脱硝技术特点及适用性是什么?

答:SNCR 烟气脱硝技术特点及适用性如下。

(1) 技术特点。与 SCR 技术相比,不需要催化反应器,占地面积较小,初始投资低,建设周期短,改造方便,运行维护简单。

(2) 技术适用性。SNCR 脱硝技术对温度窗口要求严格,对机组负荷变化适应性差,适用于小型煤粉炉和循环流化床锅炉。

(3) 影响性能的主要因素。包括反应区域温度和流场分布均匀性、烟气与还原剂混合均匀度、还原剂停留时间、氨氮摩尔比、还原剂类型等。

（4）污染物排放与能耗。煤粉炉采用SNCR脱硝技术的脱硝效率为30%～40%，循环流化床锅炉采用SNCR脱硝技术的脱硝效率为60%～80%。SNCR系统阻力较小，运行能耗低。

（5）存在的主要问题。SNCR技术受锅炉运行工况波动导致的炉内温度场、流场分布不均影响较大，脱硝效率不稳定，氨逃逸量较大，下游设备存在堵塞和腐蚀的风险。

1123. SNCR烟气脱硝技术主要工艺参数及效果是什么？

答：SNCR脱硝技术主要工艺参数及效果见表20-1。

表 20-1　　　　　SNCR脱硝技术主要工艺参数及效果

项　目	单　位	主要工艺参数及效果
温度窗口	℃	950～1150（采用尿素为还原剂） 850～1050（采用氨水为还原剂）
氨氮摩尔比	—	1.0～2.0（煤粉炉） 1.2～1.5（循环流化床锅炉）
还原剂停留时间	s	⩾0.5
脱硝效率	%	60～80（循环流化床锅炉） 30～40（煤粉炉）
逃逸氨浓度	mg/m^3	⩽8
NO_x排放浓度	mg/m^3	⩽50（循环流化床锅炉） 150～300（煤粉炉）

1124. SNCR-SCR联合脱硝技术原理是什么？

答：SNCR-SCR联合脱硝技术是将SNCR与SCR组合应用，即在炉膛上部的高温区域（850～1150℃）采用SNCR技术脱除部分NO_x，再在炉外采用SCR技术进一步脱除烟气中NO_x。SNCR-SCR联合脱硝系统一般由还原剂储存系统、还原剂混合喷射系统、反应器系统及监测控制系统等组成。

1125. SNCR-SCR联合脱硝技术特点及适用性是什么？

答：（1）技术特点。与SCR脱硝技术相比，SNCR-SCR联合脱硝技术中的SCR反应器一般较小，催化剂层数较少，一般利用

SNCR 的逃逸氨进行脱硝。

（2）技术适用性。一般适用于受空间限制无法加装大量催化剂的中小型机组。

（3）影响性能的主要因素。与影响 SNCR 和 SCR 技术性能的因素一致。

（4）污染物排放与能耗。SNCR-SCR 联合脱硝技术的脱硝效率一般为 55%～85%。脱硝系统能耗介于 SNCR 技术和 SCR 技术的能耗之间。

（5）存在的主要问题。该技术对喷氨精确度要求较高。用于高灰分煤、循环流化床锅炉烟气脱硝时，催化剂磨损较大。

1126. SNCR 脱硝效率的影响因素主要有哪些？

答： SNCR 脱硝效率的影响因素主要有还原剂喷入点、停留时间、NH_3/NO_x 摩尔比、还原剂和烟气的混合程度等四个。

（1）还原剂喷入点。喷入点必须保证使还原剂进入炉膛内适宜反应的温度区间（927～1100℃）。温度过高，还原剂被氧化成 NO_x，烟气中的 NO_x 含量不减少反而增加；温度过低，反应不充分，将会造成还原剂流失，对下游设备产生腐蚀和堵塞，流失的还原剂会造成新的污染。

（2）停留时间。为保证烟气脱硝效率，还原剂必须和 NO_x 在合适的温度区间内有足够的停留时间。实验研究表明：停留时间从 100ms 增加到 500ms，脱硝效率可从 70% 上升到 93% 左右。

（3）NH_3/NO_x 摩尔比。NH_3/NO_x 摩尔比对脱硝效率的影响也很大。根据化学反应方程，NH_3/NO_x 摩尔比理论值应该为 1。但根据已有的运行经验，实际上的 NH_3/NO_x 摩尔比都要大于 1 才能达到较理想的脱硝效率，一般控制在 1.0～2.0 之间，最大不要超过 2.5。如 NH_3/NO_x 摩尔比过大，虽然有利于提高脱硝效率，但将会加大氨逃逸而且会造成新的问题，同时还增加了运行费用。

（4）还原剂和烟气的混合程度。两者的充分混合是保证充分反应的又一个技术关键，是保证在适当的 NH_3/NO_x 摩尔比下得到较高的脱硝效率的基本条件之一。

只有在以上四方面的要求都满足的条件下，脱硝效率才会较高，大型电站锅炉由于炉膛尺寸大、锅炉负荷变化范围大，从而增加了对这四个因素控制的难度。国外的实际运行结果表明，应用于大型电站锅炉的SNCR的脱硝效率只有$25\%\sim40\%$，同时随着锅炉容量的增大，脱硝效率呈下降的趋势。以上四个方面的因素都涉及SNCR还原剂的喷射系统，所以在SNCR中还原剂的喷射系统的设计是一个非常重要的环节。

1127．SNCR技术应用前景是什么？

答：SNCR技术与其他低NO_x技术的联合应用可在低成本条件下进一步降低NO_x的排放，所以这将是该技术的一个重要发展方向。

（1）与低NO_x燃烧器联合应用。SNCR烟气脱硝技术和低NO_x燃烧器联合应用，具有明显的经济性、高效性特点，可以降低NO_x排放量，达到更高的标准。可在建设和运行成本仅为SCR的一半的情况下达到SCR的脱硝效率。

（2）与再燃技术联合应用。SNCR与再燃技术的联合应用又称"先进再燃"，可使脱硝效率提高到$85\%\sim95\%$，并减小NH_3的泄漏。先进再燃是把再燃燃料喷入含有NO_x的烟气中，在再燃区形成富燃料环境。在再燃燃料燃尽过程中，温度低于正常的燃烧温度。在再燃燃料燃尽之后将还原剂喷射到烟气中完成选择性还原NO_x反应。

（3）与SCR技术联合应用。SNCR-SCR联合烟气脱硝技术有效结合了SNCR工艺的低费用特点和SCR工艺的高效脱硝率以及低的氨逃逸率。此联用技术一般选用尿素或NH_3作为还原剂，SNCR在烟道前段反应，温度区为$800\sim1100℃$；SCR反应在烟道后段发生，并加装少量的TiO、V_2O_5、WO_3作为催化剂，温度在$320\sim400℃$之间。

（4）与电子束辐射技术联合应用。电子束辐射技术是目前国际上新兴发展的一种同时脱硫脱硝的烟气处理技术，其原理是利用高能电子加速器产生的电子束（$500\sim800kV$）辐照处理烟气，将烟气中的SO_2和NO_x转化为硫酸铵和硝酸铵。此技术脱除NO_x的过程纯粹是辐射诱发的氧化—还原过程，但其单独运用的脱硝效率不高。研究表明，联合应用 SNCR 与电子束辐射技术，可以提高总的脱硝效率，拓宽 SNCR 的有效温度区范围，并降低其有效反应温度。

(5) 与等离子技术联合应用。在 SNCR 反应过程中，最重要的机理反应是产生 NH_2 基团来还原 NO_x，等离子技术可以使烟气中的分子游离更多的 NH_2 基团，与 SNCR 联合应用时可降低 SNCR 反应过程对温度的依赖性，使反应在较低温度下进行，温度适应性强，脱硝效率提高。

1128. SNCR 烟气脱硝装置工艺系统包括哪些？

答：（1）工艺系统由喷枪、阀门、管道系统、仪表组成。

(2) 将稀释的还原剂通过喷枪投入到炉膛和（或）烟道内。喷枪喷喷射所需的雾化介质可采用压缩空气或蒸汽。

(3) 雾化介质总管上应设有压力测量装置，分别通到各喷射区，每个喷射区的总管上应设有压力调节、压力测量装置，再通往各个喷枪。

(4) 每个喷射区域应至少设置一只信号远传的流量计，每只喷枪应设置一只就地的流量计。

(5) 当喷射区温度高于设定的温度上限时，对应区域的喷枪应能自动停止喷射还原剂；当喷射区温度低于温度区间下限且喷射系统不需为下游可能有的 SCR 反应提供还原剂时，对应区域的喷枪应能自动停止喷射还原剂。在停止喷射还原剂时，伸缩式喷枪应自动从炉内退出并停止停止雾化介质和冷却介质的喷射；固定式喷枪则应始终喷入雾化介质和冷却介质，以避免喷枪堵塞或损坏。

(6) 喷射系统各阀组及附属设备应就近布置在喷射层的附近，且宜以模块的方式设计。

1129. SNCR 脱硝工程构成是什么？

答：SNCR 脱硝工程构成是：

(1) SNCR 脱硝工程主要包括还原剂的储存与制备、输送、计量分配及喷射。

（2）还原剂的储存与制备包括尿素储仓或液氨（氨水）储罐，以及尿素溶解、稀释或液氨蒸发、氨气缓冲等设备。

（3）还原剂的输送包括蒸汽管道、水管道、还原剂管道及输送泵等。

（4）还原剂的计量分配包括还原剂、雾化介质和稀释水的压力、温度计量设备，以及流量的分配设备等。

（5）还原剂的喷射包括喷射枪及电动推进装置等。

1130. SNCR 烟气脱硝工艺设计一般规定是什么？

答：SNCR 烟气脱硝工艺适用于脱硝效率要求不高于 40% 的机组，设计一般规定是：

（1）脱硝系统氨逃逸质量浓度应控制在 $8mg/m^3$ 以下。

（2）脱硝系统对锅炉效率的影响应小于 0.5%。

（3）脱硝系统应能在锅炉最低稳燃负荷工况和 BMCR 工况之间的任何负荷持续安全运行。

（4）脱硝系统负荷响应能力应满足锅炉负荷变化率要求。

（5）脱硝系统应不对锅炉运行产生干扰，也不增加烟气阻力。

（6）还原剂储存系统可几台机组共用，其他系统按单元机组设计。

（7）脱硝系统设计和制造应符合安全可靠、连续有效运行的要求，服务年限应在 30 年以上，整个寿命期内系统可用率应不小于 98%。

1131. SNCR 烟气脱硝装置基本要求是什么？

答：SNCR 烟气脱硝装置基本要求是：

（1）喷射系统的设计应考虑防腐、防堵、防磨；应根据锅炉运行年限、锅炉燃烧室结构、燃煤煤质、脱硝效率、还原剂类型、水源、气源等条件进行综合考虑。

（2）喷射系统喷入氨量可根据炉膛或烟道氮氧化物排放浓度、要求的脱硝效率及喷枪布置等情况按氨氮体积比为（1.1~2.5）:1 比例调节，使喷入氨量和烟气中氮氧化物浓度相匹配。

（3）为保证喷枪的雾化效果，尿素质量分数宜控制在 10% 以内，氨水（NH₃计）质量分数宜控制在 5%～25% 范围内，氨气体积分数控制在 5% 以内。

（4）喷射系统应尽量考虑利用现有锅炉平台进行安装和维修。

（5）喷枪的冷却保护措施应使其能承受反应温度区间的最高温度，避免变形。同时，喷枪布置应合理，降低烟气中粉尘对其造成的磨损。

（6）应在每个喷射区域上设置一套温度检测仪，检测仪精度不应低于 1℃。

（7）还原剂在反应温度区间的停留时间宜大于 0.5s。

（8）应通过数值模拟来优化还原剂喷枪的位置和还原剂的雾化效果，如液滴的粒径分布、喷射距离、喷射角度和速度等，以使反应区间内的氨在烟气内分布更为均匀，避免造成局部过高的氨逃逸或氨缺乏。

1132. SNCR 烟气脱硝工艺布置及典型流程是什么？

答： 以尿素为还原剂的 SNCR 装置在工程中有较多的应用，作为还原剂的固体尿素，被溶解制备成质量浓度为 50% 的尿素溶液，尿素溶液经尿素溶液输送泵输送至计量分配模块之前，与稀释水模块输送过来的水混合，尿素溶液被稀释为 10% 的尿素溶液，然后在喷入炉膛之前，再经过计量分配装置的精确计量分配至每个喷枪，经喷枪喷入炉膛，进行脱氮反应，如图 20-1 所示。

1133. SNCR 还原剂制备系统调试要点有哪些？

答： SNCR 还原剂制备系统调试要点如下：

（1）尿素品质应符合 GB/T 2440—2017《尿素》技术指标的要求。

（2）确认阀门及动力设备状态，进行联锁保护试验，实现DCS（或 PLC）操作功能。

（3）所有箱罐、管道已完成冲洗，调整除盐（稀释）水箱、还原剂溶解（稀释）罐、还原剂储罐液位，满足泵、搅拌器等设备投运要求。

（4）确认蒸汽加热系统管路吹扫直至无杂物。

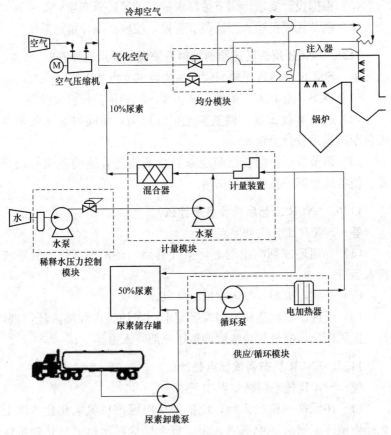

图 20-1 尿素 SNCR 系统工艺

（5）根据尿素溶解罐中水量按照配比加入尿素，配置浓度合格的尿素溶液。

（6）调整尿素溶液蒸汽加热及管路伴热系统，使溶液温度维持在设计值，防止尿素低温结晶。

1134. SNCR 反应区还原剂计量与稀释系统调试要点有哪些？

答：SNCR 反应区还原剂计量与稀释系统调试要点如下：

（1）DCS（或 PLC）操作功能实现、联锁保护校验及投用。

（2）调节尿素溶液供应流量、压力与回流量，满足不同负荷条件下尿素溶液用量。

（3）根据设计要求，调节稀释水量，满足还原剂喷射要求。

（4）调节还原剂喷入流量调节装置，校核在线计量结果。

1135. SNCR 反应区还原剂喷射系统调试要点有哪些？

答：SNCR 反应区还原剂喷射系统调试要点如下：

（1）DCS（或 PLC）操作功能实现、联锁保护校验及投用。

（2）进行雾化试验，调整雾化空气压力，使喷射雾化效果及喷射距离满足设计要求。

（3）调节各还原剂喷枪前还原剂溶液输送管道的截止阀门开度，使各还原剂喷枪的流量均匀。

1136. SNCR 工艺启动要点是什么？

答：SNCR 工艺启动要点如下：

（1）导通还原剂喷枪的雾化空气管路，还原剂雾化空气系统投入运行。

（2）炉膛点火前，投运喷枪冷却风。

（3）反应区温度达到脱硝投运要求，向炉膛内部喷入还原剂，并根据脱硝出口氮氧化物浓度调整还原剂喷入量。

1137. SNCR 热态调试要点是什么？

答：SNCR 热态调试要点如下：

（1）还原剂喷枪投入后，应根据反应区出口氮氧化物浓度变化缓慢地逐渐增大还原剂喷入量，直至反应区出口氮氧化物浓度降到设计值。

（2）还原剂喷入量调整过程中，应注意反应区出口氮氧化物浓度和氧量变化，若氮氧化物无变化或氧量过高，应立即停止喷入还原剂并及时分析处理。

（3）反应区出口氮氧化物浓度大于设计值前，应监视反应区出口氨浓度变化。若氨浓度超过设计值，应减少还原剂喷入量，将逃逸氨浓度降至设计值以下，并分析逃逸氨浓度高的原因。

（4）根据脱硝反应器入口烟气流量、出口氮氧化物及氨浓度变化，调整还原剂喷入量自动控制参数，实现脱硝出口氮氧化物浓度的自动稳定控制。

1138. SNCR 停运要点是什么?

答: SNCR 停运要点如下:

(1) 停运前应进行缺陷统计,以便停运后的检修。

(2) 应先关闭反应区还原剂溶液管道阀门,用稀释水冲洗反应区喷射管道 10min 以上,然后停止稀释水。

(3) 稀释水停止后,应持续通入冷却压缩空气吹扫喷枪 5min 以上,然后退出喷枪。

(4) 停运尿素溶液输送系统,对还原剂制备区的还原剂溶液管道及泵进行冲洗。

(5) 若冬季长期停运,需做好防冻措施,将管道中残留的水或溶液排除干净。

(6) 尿素溶解罐及尿素储罐内仍有液体时,搅拌器及罐体加热应正常运行。

1139. SNCR 紧急停运要点是什么?

答: SNCR 紧急停运要点:

(1) 发生如下情况时,应立即关闭反应区还原剂供应阀:①锅炉故障停运(MFT);②出现其他危及人身、设备安全的因素。

(2) 反应区还原剂供应阀关闭后,用稀释水冲洗反应区各管道 10min 以上,然后停止稀释水。

(3) 稀释水停止后,应持续通入压缩空气吹扫喷枪 5min 以上,然后退出喷枪。

1140. SNCR 烟气脱硝装置运行与维护的要求是什么?

答: SNCR 烟气脱硝装置运行与维护的要求是:

(1) 喷射系统的运行、维护及安全管理应符合 JB/T 12539—2015《选择性非催化还原法烟气脱硝系统运行技术条件》的要求。

(2) 应根据工艺要求定期对各类设备、电气、自控仪表及建构筑进行检查维护,确保装置温度可靠的运行。

(3) 喷射系统运行操作、检修维护和管理人员应经过专业培训、考试合格后持证上岗。应对管理和运行人员进行定期培训,使管理和运行人员系统掌握喷射系统和附属设施正常运行的具体操作和应急情况的处理措施。

（4）喷射系统的维护保养应纳入脱硝装置及全厂的维护保养计划中。

（5）应根据脱硝装置技术提供方提供的系统、设备等资料制定详细的维护保养规定。

（6）维护人员应根据维护保养规定定期检查、更换或维修必要的部件。

（7）应每班次检查各指示灯和报警功能，确保完好。

（8）应每周检查测量装置，确保其工作完好，指示正常，到达使用要求。

（9）应每月检查雾化介质压力和品质，确保其到达设计要求。

（10）调整喷射系统中每只喷枪雾化介质管路上的减压阀的压力设定值，并通过调整设定值使脱硝效果最佳。

（11）还原剂（指氨水和尿素溶液）喷射系统运行中检查维护包括：喷枪应无堵塞，喷枪管路连接处应无泄漏，各喷枪的雾化介质压力应一致且在正常范围内。

（12）还原剂（指氨气）喷射系统运行中检查维护包括：喷枪应无堵塞，冷却空气管路正常。

（13）运行维护人员应做好维护保养记录。

1141. 在循环流化床锅炉上应用 SNCR 技术特点是什么？

答： 在循环流化床锅炉中应用 SNCR 技术的特点是：烟气温度低、NO_x 初始浓度低。另外，流化床锅炉上应用 SNCR 技术还可以同时脱硫脱硝，同时脱硝脱硫的效率可以达到 80%～90%。

1142. 为什么循环流化床锅炉不适用 SCR 脱硝？

答： 循环流化床锅炉本身就属于一种低 NO_x 型燃煤锅炉型式，通过采用床温控制、分段燃烧等流化床锅炉 NO_x 控制措施，其 NO_x 浓度一般可控制在 $200mg/m^3$ 以内，且其独有的旋风分离器结构特别适用于 SNCR 脱硝技术，可为烟气与还原剂的充分混合提供前提条件，脱硝效率可达到 75% 以上，因此能够直接实现 NO_x

超低排放。

SCR 烟气脱硝技术一般是在 300～420℃的烟气温度范围内喷入脱硝还原剂，在催化剂的作用下与烟气中的 NO_x 发生选择性催化还原反应生成 N_2 和 H_2O。但一方面循环流化床锅炉由于其独特的燃烧方式与锅炉型式，在上述温度区间内的烟气中烟尘浓度非常高，极易导致 SCR 脱硝催化剂的磨损。另一方面，流化床锅炉通常采用炉内喷钙实现燃烧中脱硫，为实现高脱硫效率往往需要较高的钙硫比（一般控制钙硫比在 2.0～3.0 之间），过量的石灰石粉进入炉膛，使飞灰中的 CaO 与煤粉炉相比含量大幅升高，而 SCR 脱硝采用以 V_2O_5 为主要活性成分的催化剂，CaO 会与烟气中的 SO_3 反应生成 $CaSO_4$，吸附在催化剂表面，阻止反应物向催化剂表面扩散及进入催化剂内部，导致催化剂活性降低。

综合考虑上述原因，在循环流化床机组上一般不采用 SCR 技术。

第二十一章

烟气脱硝装置超低排放技术

第一节 SCR 超低排放技术

1143. 超低排放规定的氮氧化物排放指标限值是多少？

答：超低排放规定的氮氧化物排放指标限值是 $50mg/m^3$。

1144. 超低排放脱硝技术路线是什么？

答：超低排放脱硝技术路线是：

（1）锅炉低氮燃烧技术是控制 NO_x 的首选技术，在保证锅炉效率和安全的前提下应尽可能降低锅炉出口 NO_x 的浓度。

（2）煤粉锅炉应通过燃烧器改造和炉膛燃烧条件优化，确保锅炉出口 NO_x 浓度小于 $550mg/m^3$。炉后采用 SCR 烟气脱硝技术，通过选择催化剂层数、精准喷氨、流场均布等措施保证脱硝设施稳定高效运行，实现 NO_x 超低排放。

（3）循环流化床锅炉应通过燃烧调整，确保 NO_x 生成浓度小于 $200mg/m^3$，再加装 SNCR 脱硝装置，实现 NO_x 超低排放；必要时可采用 SNCR-SCR 联合脱硝技术。

（4）燃用无烟煤的 W 型火焰锅炉采用低氮燃烧技术及炉后 SCR 烟气脱硝技术，仍难满足 NO_x 的超低排放要求的，采用 SNCR-SCR 联合脱硝技术。

1145. 超低排放对 SCR 脱硝有哪些要求与影响？

答：GB 13223—2011《火电厂大气污染物排放标准》要求非重点地区的采用 W 型火焰炉膛的火力发电锅炉，现有循环流化床火力发电锅炉，以及 2003 年 12 月 31 日前建成投产或通过建设项目环境影响报告书审批的火力发电锅炉执行 NO_x 浓度 $200mg/m^3$

（标态、干基、6％O₂）排放限值，其余机组执行 100mg/m³（标态、干基、6％O₂）排放限值。但超低排放要求将 NO_x 排放指标降低至 50mg/m³（标态、干基、6％O₂）以下，这对现役燃煤机组在新形势下的环保达标排放提出了更高的要求，相应的脱硝效率、流场均布、氨逃逸和 SO_2/SO_3 转化率控制以及整个脱硝装置的整体性能都将面临更大的挑战。

如不考虑前端低氮燃烧、SNCR 等改造，则对于现有 SCR 脱硝装置，出口 NO_x 排放限值降低直接对应脱硝效率要求大幅提高，如常见的入口 NO_x 浓度为 400mg/m³，则脱硝效率将从 75％提高至 87.5％。为实现提效目的，必须增加催化剂量，由此将带来 SO_2/SO_3 转化率控制难度较大的问题，虽然通过催化剂的选型、配方调整能够对 SO_2/SO_3 转化率进行一定程度的控制，但总体而言，提效对应的催化剂量增大将会导致 SO_2/SO_3 转化率的增大，进而导致 SO_3 排放浓度的增加。但更为重要的是，脱硝效率的提升对流场均匀度的要求将大幅提高，换言之高脱硝效率要求下氨逃逸浓度控制难度将大大增加。如图 21-1 所示，在脱硝效率较低时，入口流场均匀程度对 NH_3 逃逸浓度的影响曲线较为平缓，此条件下即使流场均匀性有所偏差，也可通过催化剂活性进行弥补，但随着脱硝效率的提高，入口流场均匀程度的偏差将导致 NH_3 逃逸浓度显著增加。

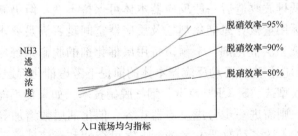

图 21-1　不同脱硝效率要求下入口流场均匀指标对 NH_3 逃逸浓度影响

因此，超低排放对于现有 SCR 脱硝提效工程的要求，不仅是催化剂量的增加，更大程度上是对流场的重新校核与优化，而对于 SCR 脱硝运行，对于氨逃逸的控制必须更为重视，运维人员必须严格将 SCR 脱硝装置控制在高效、稳定、可靠运行水平上。

1146. SCR 脱硝超低排放提效包括哪些改造内容？

答： 针对超低排放改造要求，需对现役脱硝系统进行提效改造，需要进行改造的主要系统有：

（1）还原剂储存与制备系统。考虑脱硝装置超低排放改造边界条件会发生变化，应根据改造后实际要求对原还原剂储存与制备系统进行重新核算，并根据原氨区实际布置场地和设备投资经济性比较，相应进行设备增容或更换改造。

（2）氨喷射系统。由于还原剂耗量发生变化，也需对稀释风机和氨/空气混合器进行重新核算，然后进行相应的增容或更换设备。此外，鉴于超低排放对于流场的要求进一步提高，应通过脱硝装置摸底评估试验数据，对反应器内流场进行重新校核与优化，对氨喷射系统各设备进行优化改造。

（3）催化剂系统。在催化剂实际改造过程中除了需要根据改造后的设计参数和性能要求重新核算外，还要结合原机组采用的催化剂型式与用量综合考虑，争取做到既切实可行又经济实用，最大程度利用原有催化剂活性，同时要求改造后整体催化剂性能仍能满足系统要求。

（4）反应器本体。国内 SCR 脱硝装置一般都是采用"2＋1"设计运行模式，对于机组初装两层、预留备用层催化剂的脱硝系统，超低排放改造后一般反应器本体可保持不变，但仍需根据催化剂实际用量核算原催化剂层及反应器空间是否满足要求；对于机组初装三层催化剂，未预留备用层催化剂的脱硝系统，超低排放改造后应优先在不动反应器本体的前提下考虑催化剂层高调整、催化剂换型或"SNCR＋SCR"烟气脱硝技术。如果仍不能满足改造要求，则需进一步考虑反应器扩容、催化剂层数增加等改造措施，并对上述各种改造方案进行方案可行性和经济性论证来最终确定最优改造方案。

（5）辅助系统。SCR 脱硝装置超低排放改造对土建与结构最大的影响是催化剂新增用量的增加引起的荷载增加，一般原脱硝系统在工程设计时已经考虑了预留层催化剂的荷载，但在脱硝超低排放实际改造过程中应特别考虑今后催化剂更换管理时引起的全部催化剂载荷的变化，对于原脱硝装置预留载荷不够的则需要相应进行加固改造。

SCR 脱硝装置超低排放改造由于需增加备用层吹灰器、稀释风机、液氨蒸发器等，电气负荷相应会有所增加。电气系统改造需要核算反应区和还原剂区新增设备负荷，对新增负荷在原设计预留范围内的，可以不做改造，反之则需要进行电气系统改造。

SCR 脱硝装置超低排放改造将对控制系统提出更高要求。以测量仪表为例，其精度要求进一步提高，相应需要考虑进行仪表量程调整校核、低量程高精度仪表更换等。

由于 SCR 脱硝装置提效改造是在现有脱硝设施的基础上实施的改造，且所用电、水、蒸汽及压缩空气等的增加量均较少，公用系统、消防系统、采暖通风及空气调节原则一般可不作改造，但仍需做相应核算。

1147. SCR 脱硝超低排放改造的投资与经济性如何？

答： 不同机组容量等级，不同 SCR 入口 NO_x 浓度对 SCR 投资和单位造价影响如图 21-2 所示。$2\times300MW$ 等级机组 SCR 脱硝投资为 0.89 亿～1.19 亿元，单位造价 148～199 元/kW，当入口浓度从 $300mg/m^3$ 增加到 $800mg/m^3$ 时，投资水平增加约 35%。$2\times600MW$ 等级机组脱硝投资为 1.30 亿～1.71 亿元，单位造价 108～143 元/kW，当入口浓度从 $300mg/m^3$ 增加到 $800mg/m^3$ 时，投资水平增加约 33%。$2\times1000MW$ 等级机组脱硝投资为 1.77 亿～2.39 亿元，单位造价 88～120 元/kW，当入口浓度从 $300mg/m^3$ 增加到 $800mg/m^3$ 时，投资水平增加约 36%。不同机组容量等级，NO_x 浓度增加对投资的影响程度基本相同。当 NO_x 小于 $600mg/m^3$ 时，入口浓度每增大 $50mg/m^3$，SCR 单位造价投资约增加 2.2～7.4 元/kW。而当入口为 $800mg/m^3$ 时，如采用"SNCR＋SCR"脱硝工艺，此时投资较 SCR 脱硝工艺略有下降（单位投资下降3～8 元/kW）。

不同机组容量等级，不同 SCR 入口 NO_x 浓度对脱硝系统成本影响如图 21-3 所示。总体而言，SCR 脱硝系统成本主要与入口 NO_x 浓度和机组容量有关。机组容量越小，单位脱硝成本越高。300MW 等级机组脱硝成本为 8.4～13.9 元/MWh，600MW 等级

脱硝运行技术 1000 问

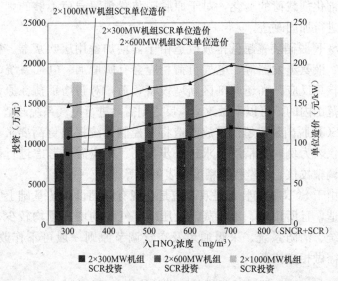

图 21-2 入口 NO$_x$ 浓度对 SCR 投资和单位造价的影响（两台机组）

机组脱硝成本为 6.8～11.3 元/MWh，1000MW 等级机组脱硝成本为 6.0～10.4 元/MWh。而 SNCR+SCR 系统由于反应氨氮比较高，其运行费用明显高于 SCR 系统，高约 29%～43%。

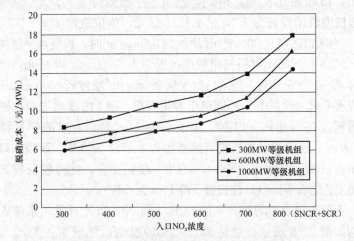

图 21-3 入口 NO$_x$ 浓度对脱硝装置成本的影响

如采用 SCR 脱硝工艺，300MW、600MW、1000MW 等级机

508

组脱硝总成本中实际运行（电耗、催化剂消耗、还原剂消耗等）成本分别占总成本的 59%～70%、63%～71% 和 67%～75%，修理维护分别占 6%～8%、5%～6% 和 4%～6%。

跟 10 元/MWh 的脱硝补贴电价加 2 元/MWh 的 NO_x 超低排放补贴电价相比，采用 SCR 脱硝工艺的 1000MW 和 600MW 等级机组基本均可实现脱硝盈利，300MW 等级机组在入口 NO_x 浓度小于 $600mg/m^3$ 情况下可实现脱硝盈利。可以明显看出的是，"SNCR/SCR" 工艺虽然投资增加较小，但其运行费用增加较多。

1148. "SNCR/SCR" 联用脱硝与 "SNCR＋SCR" 脱硝有什么区别？

答："SNCR/SCR" 联用技术是指在烟气流程中分别安装 SNCR 和 SCR 脱硝装置。在 SNCR 区段喷入尿素等作为还原剂，将一部分 NO_x 脱除，在 SCR 区段利用 SNCR 逃逸的氨气在 SCR 催化剂的作用下将烟气中的 NO_x 还原成 N_2 和 H_2O。整个脱硝系统共用一套还原剂系统。在工程应用中需特别考虑 SNCR 的逃逸氨作为 SCR 部分的还原剂来源，在运行时需进行相应喷枪投运方面的调整以满足 SCR 运行要求。此技术一般应用于前期已配置 SNCR 或 SCR 布置空间有限的老、小机组上。

"SNCR＋SCR" 脱硝技术也是在烟气流程中分别安装 SNCR 和 SCR 脱硝装置，其中在 SNCR 区段喷入尿素等作为还原剂，将一部分 NO_x 脱除，而在 SCR 区段则利用单独的还原剂制备系统制备的 NH_3 在 SCR 催化剂的作用下将烟气中的 NO_x 还原成 N_2 和 H_2O。整个脱硝系统有两套还原剂系统，分别对应 SNCR 及 SCR 系统。SNCR 与 SCR 属于两套独立的脱硝系统，呈叠加效果，虽然在实际运行中也会考虑到两部分的联合运行，但主要是考虑脱硝效率的分配问题。此技术目前主要应用于 W 型炉机组 NO_x 超低排放上，由于 W 型炉 NO_x 生成浓度过高，仅依靠 SCR 技术无法实现超低排放，此时需要配置 SNCR 作为辅助手段。

1149. W 型火焰锅炉应用 SCR 技术能够实现 NO_x 超低排放吗？

答：现役 95% 以上煤粉炉均选用 SCR 脱硝技术，脱硝效率一般在 70%～90%之间。当超低排放要求 NO_x 排放限值降为 $50mg/m^3$ 后，常规煤粉炉 SCR 脱硝效率需提高到 85%～92.9%，多采用低氮燃烧深度改造加 SCR 提效方式提高脱硝效率。

W 型炉多用于燃用低挥发分无烟煤，其设计理念就导致其 NO_x 生成量远高于其他类型锅炉，早期 W 型炉 NO_x 生成浓度往往高达 $1200mg/m^3$ 以上，实现 NO_x 超低排放需要高达 96% 的脱硝效率，仅仅通过 SCR 脱硝是难以实现的。

但近年来，国内各大锅炉厂及环保公司在 W 型炉低氮燃烧技术研发与应用方面开展了大量工作，形成了相应的专利技术，新投运 W 型炉基本可以实现将 NO_x 浓度控制在 $800mg/m^3$ 甚至 $700mg/m^3$ 以下，且对锅炉可靠性、经济性影响较小，部分在役锅炉通过改造也达到了上述目标。此外通过掺烧烟煤也能够有效降低 W 型炉 NO_x 生成浓度。

经低氮燃烧改造或者掺烧烟煤等措施后，如能够将 SCR 入口 NO_x 浓度控制到 $700mg/m^3$ 以内，则有望通过 SCR 脱硝提效实现 NO_x 超低排放。但需要说明的是，在当前技术条件下，在役 W 型炉低氮燃烧改造效果和可靠性仍存在一定的不确定性，尤其早期生产的部分锅炉，炉膛空间有限，改造存在飞灰含碳量升高、锅炉效率明显降低、燃烧工况不稳定等风险；另一方面，高脱硝效率对 SCR 脱硝流场的均匀度要求很高。如流场组织不好，就可能导致超量喷氨，从而引起氨逃逸增加和空气预热器腐蚀、堵塞，因此在当前技术水平条件下应谨慎采用单一 SCR 提效方式进行 W 型炉 NO_x 超低排放改造，改造方案和可行性需"一炉一策"论证，必要时可通过增设 SNCR 脱硝作为辅助手段来实现 W 型炉 NO_x 超低排放。

1150. W 型炉实现 NO_x 超低排放有哪些技术路线？

答： 目前行业内认可的 SCR 脱硝效率最高可达到 93%（即对应入口 NO_x 最高浓度为 $700mg/m^3$），W 型炉应用 SNCR 技术较为可靠的脱硝效率为 30%，以此为基准，针对不同的初始 NO_x 浓度（见表 21-1），W 型炉 NO_x 超低排放技术路线可具体分析如下：

（1）NO_x 浓度＞$1200mg/m^3$ 的锅炉，可采用"低氮燃烧＋

SCR"提效组合方案或"低氮燃烧＋增设 SNCR＋SCR"提效组合方案。

（2）$900\text{mg/m}^3 <$ NO$_x$ 浓度 $\leqslant 1200\text{mg/m}^3$ 的锅炉，可采用"低氮燃烧＋SCR"提效组合方案或"低氮燃烧＋增设 SNCR＋SCR"提效组合方案或增设"SNCR＋SCR"提效组合方案。

（3）$700\text{mg/m}^3 <$ NO$_x$ 浓度 $\leqslant 900\text{mg/m}^3$ 的锅炉，可采用增设"SNCR＋SCR"提效组合方案。

（4）NO$_x$ 浓度 $\leqslant 700\text{mg/m}^3$ 的锅炉，可直接采用 SCR 提效方案。

（5）配煤掺烧可作为低氮燃烧辅助措施。

表 21-1　　　　W 型炉 NO$_x$ 超低排放技术路线分析

初始 NO$_x$ 浓度（mg/m³）	LNB（配煤掺烧）	SNCR脱硝	SCR脱硝	改造投资（万元）	运行成本（万元/年）	运行可靠性
>1200	<700	—	<50	3800	1500	较低
	>700	<500	<50	6000	6500	较高
900~1200	<700	—	<50	3800	1500	较低
	>700	<500	<50	6000	6500	较高
	—	<700	<50	4000	8000	较低
700~900	<700	—	<50	3800	1500	较低
		<500	<50	4000	6500	较高
<700	—	—	<50	1800	1500	较低

注　改造投资与运行成本以 2×600MW 机组为例。

1151. W 型炉实现 NO$_x$ 超低排放的技术经济性如何？

答：W 型炉实现 NO$_x$ 超低排放的技术经济性受具体改造方案、设计边界条件以及发电企业所在当地易耗品单价的影响，以某电厂 2×600MW 机组为例进行改造模型分析，改造设计参数与性能指标见表 21-2。

方案一仅考虑 SCR 提效，SCR 部分加装（更换）催化剂及配套吹灰器，配套对反应器内流场构件进行局部改造或调整。

方案二采用"SNCR＋SCR"脱硝，除 SCR 改造外，SNCR 改造范围包括新建还原剂制备系统，新增炉区混合、计量、分配模

脱硝运行技术1000问

块及喷枪，涉及锅炉炉膛开孔、增加空气压缩机等。

表 21-2   改造设计参数与性能指标汇总

		项 目	单位	设计值	备注
设计参数		烟气量	m³/h	2100000	标态、干基、6%O₂
		设计烟气温度	℃	390	
		烟尘浓度	g/m³	43	标态、干基、6%O₂
		改造前 NOₓ 浓度	mg/m³	800	标态、干基、6%O₂
	方案一	SCR 入口设计 NOₓ 浓度	mg/m³	800	标态、干基、6%O₂
	方案二	SNCR 改造后 NOₓ 浓度	mg/m³	500	标态、干基、6%O₂
		SCR 入口设计 NOₓ 浓度	mg/m³	600	标态、干基、6%O₂
		SO₂	mg/m³	12000	标态、干基、6%O₂
		SO₃	mg/m³	120	标态、干基、6%O₂
		O₂	%	3.5	干基
		H₂O	%	5.4	
性能要求		NOₓ 排放浓度	mg/m³	50	标态、干基、6%O₂
		脱硝效率	%	93.8	方案一
			%	91.7	方案二
		NH₃ 逃逸	mg/m³	≤2.28	标态、干基、6%O₂
		SO₂/SO₃ 转化率	%	≤1.0	三层催化剂
		SO₂/SO₃ 转化率	%	≤0.35	新增层催化剂
		系统压降	Pa	≤1000	三层催化剂
		脱硝系统温降	%	≤3	
		系统漏风率	%	≤0.4	
		最低连续运行烟温	℃	330	
		最高连续运行烟温	℃	430	
		年运行小时数	h	6000	
		年利用小时数	h	4000	
		脱硝装置可用率	%	>98	
		脱硝装置服务寿命	年	30	
		噪声	dB (A)	<85	

经测算，两种方案改造工程投资与运行成本分析见表 21-3，2×600MW 机组单纯实施 SNCR 改造投资约为 2000 万～2400 万元、单纯实施 SCR 改造投资约为 1400 万～2400 万元 [受催化剂添加（更换）方案影响较大]。且采用 SNCR 技术导致的脱硝年运行成本显著增加，仅此部分折算电价就将超出超低排放电价补贴。

表 21-3　　　　　　　改造工程投资与运行成本分析

序号	项　　目		单位	方案一	方案二
1	改造投资	SNCR 投资	万元	—	2400
		SCR 投资	万元	2700	1800
		其他费用	万元	500	700
		项目总投资	万元	3200	4900
2	年利用小时数		h	4000	4000
3	厂用电率		%	8.65	8.65
4	年售电量		GWh	4385	4385
5	生产成本	折旧费	万元	831	790
		修理费	万元	60	91
		还原剂费用	万元	244	5099
		电耗费用	万元	0	11
		低压蒸汽费用	万元	0	31
		除盐水费用	万元	0	442
		催化剂更换费用	万元	308	69
		催化剂性能检测费	万元	20	20
		催化剂处理费用	万元	150	34
	总计		万元	1612	6587
6	财务费用（平均）		万元	90	136
7	生产成本＋财务费用		万元	1703	6724
8	增加上网电费		元/MWh	3.88	15.33

1152. 从运行调整角度如何实现宽负荷脱硝？

答： 在实际脱硝运行中可根据脱硝催化剂的 MOT、MIT、ABS 温度特性，进行适当调整以实现低负荷工况下的脱硝投运，调整手段主要包括以下两方面：

（1）从锅炉运行调整角度。针对 SCR 脱硝系统中低负荷工况下入口烟温偏低情况，通过改变磨煤机运行方式、磨煤机风粉分配特性、锅炉配风方式、燃烧器摆角及锅炉整体运行氧量等措施，牺牲一定的锅炉经济性，来提高低负荷工况下省煤器出口烟气温度。以某电厂 1000MW 机组为例，在 500MW 负荷条件下，通过采取提高上层磨煤机出力、降低下层磨煤机出力；适当降低磨煤机出口温度，推后风粉着火点；提高送风温度，冬季及时投入暖风器；适当增加送风量、提高炉膛负压，上移火焰中心；适当开大再热器侧烟气挡板，关小过热器侧烟气挡板等措施，SCR 入口烟温由约 295℃提升至约 315℃，实现了宽负荷脱硝。

（2）从脱硝运行调整角度。通过喷氨调整优化试验实现脱硝装置高效运行，减少系统喷氨量，从而提高 NH_4HSO_4 生成温度；分析特定烟气条件下的 NH_4HSO_4 沉积及分解规律，指导机组负荷调配与脱硝投运控制，实现低负荷下 MIT 至 MOT 运行再到高负荷进行催化剂活性恢复，消除 NH_4HSO_4 沉积影响，从而实现 SCR 脱硝系统宽负荷投运。以某电厂 600MW 机组为例，催化剂厂家的性能保证 MOT 为 320℃，在机组夜间 50%负荷运行时，烟温降低至 305℃，导致脱硝退出运行，经专家诊断机组实际运行条件（燃煤条件、低负荷脱硝入口 NO_x 浓度、机组负荷历史曲线、可调配空间等），提出了一整套低负荷 SCR 脱硝运行方式，当前已稳定运行近 2 年时间，未出现明显不利影响。

此方式的优点在于无需技术改造，能够节约改造投资；缺点在于对运行人员技术水平有一定要求，烟温调整幅度较小（一般在 20℃以内），因此应用范围有限，且锅炉燃烧调整需要牺牲一定的经济性。

1153. 全负荷脱硝技术有哪些？

答：全负荷脱硝技术有：

（1）通过改造锅炉热力系统或烟气系统，提高低负荷下 SCR 反应器入口烟气温度，或者采用宽温催化剂，实现各种负荷条件下 SCR 脱硝系统运行。

（2）提高低负荷下 SCR 反应器入口烟气温度的措施主要有省煤器分级改造、加热省煤器给水、省煤器烟气旁路、省煤器水旁路、省煤器分割烟道等。其中，省煤器分级改造、加热省煤器给水和省煤器分割烟道应用较多。

（3）宽温催化剂是在常规 V-W-TiO$_2$ 催化剂的基础上，通过添加其他成分改进催化剂性能，提高低温下催化剂活性，保障各种负荷条件下 SCR 脱硝系统运行。

1154. 脱硝增效技术有哪些？

答：脱硝增效技术有：

（1）增加催化剂用量。采用增加运行催化剂层数或有效层高，脱硝效率可提高至 90％以上。该技术单纯利用增加催化剂实现 NO$_x$ 的高效脱除，可能造成空气预热器堵塞等问题。

（2）高效喷氨混合和流场优化技术。结合实际工况进行流场模拟设计，对喷氨格栅或涡流混合器进行优化，运行时采用自动控制系统实现全截面多点测量与喷氨反馈及优化，确保 SCR 系统温度场、浓度场、速度场满足反应要求，实现系统稳定运行。

1155. 脱硝催化剂技术发展与应用有哪些？

答：脱硝催化剂技术发展与应用有：

（1）催化剂改进技术。针对高灰分煤种，优化催化剂载体结构强度，提高催化剂耐磨损及耐冲刷性能；针对高硫分煤种，优化催化剂配方，降低催化剂 SO$_2$/SO$_3$ 转化率；针对汞控制问题，改变脱硝催化剂配方，提高零价汞的氧化率，结合湿法脱硫装置的洗涤除汞功能，实现汞的协同脱除。

（2）催化剂再生技术。通过物理或化学手段去除失活催化剂上的有害物质，恢复催化剂活性，再生后催化剂活性一般可达到初始性能的 90％以上，该技术可有效延长催化剂的使用寿命，降低更换催化剂成本，减少废弃催化剂，实现资源循环利用。

（3）催化剂全过程管理技术。在对催化剂的性能、寿命、运行工况等方面准确检测的基础上，建立催化剂补充、更换、再生、运行优化的管理系统，在保证脱硝效率的同时，延长催化剂使用寿命，降低烟气脱硝成本。

1156. 主要宽负荷脱硝改造技术的原理与优缺点是什么？

答：SCR 脱硝系统投运对烟温有一定要求，机组低负荷运行时，当烟温低于催化剂连续运行温度时，脱硝过程中硫氨盐会沉积在催化剂反应微孔内导致活性下降。宽负荷脱硝是指脱硝系统应能在锅炉最低稳燃负荷和 BMCR 之间的任何工况之间持续安全运行。当机组低负荷运行，SCR 入口烟气温度低于最低连续运行烟温时，需停止喷氨以避免对催化剂造成损害，即不能实现宽负荷脱硝。

宽负荷脱硝工程改造的主要思路是减少 SCR 反应器前省煤器内介质的吸热量，提高 SCR 入口烟气温度。目前主要的工程改造方案包括省煤器烟气旁路、省煤器给水旁路、省煤器分级改造、抽汽加热给水、热水再循环等。此外宽温差催化剂也是当前宽负荷脱硝技术领域的研究热点，但其技术可靠性仍有待进一步检验。

当前主流宽负荷改造技术介绍如下，其分析比较见表 21-4。

表 21-4 宽负荷脱硝改造技术措施分析比较（以 600MW 机组为例）

方案	工程改造方案（针对具体工程以下方案可以组合使用）				
	省煤器给水旁路	省煤器烟气旁路	省煤器分级改造	热水再循环	抽汽加热给水
优点	投资少，工程量小	投资少，工程量小	不影响锅炉经济性；不增加运维工作量	烟气提温幅度大；可精确调节	可降低机组热耗率
缺点	调温幅度有限（10℃以内）；影响锅炉效率	可能影响脱硝流场；对设备可靠性要求较高；影响锅炉效率	投资及工程实施难度较大；部分项目空间受限；SCR 整体温度窗口提高，可能偏离最佳脱硝温度范围	初投资高，系统复杂；影响锅炉效率	涉及汽机与锅炉热力平衡变化；运行控制要求相对较高
工期（天）	30	30	50	50	30
费用（万元/台）	400～600	400～600	1500～2000	1200～1800	700～1000

1157. 燃煤机组进行宽负荷脱硝改造的技术经济性如何？

答：各宽负荷脱硝改造方案均有一定的应用边界条件，且投资及对机组运行经济性的影响均不同，因此应根据各项目实际情况，全面分析边界条件，深入分析各改造方案的可行性、适用性和经济性，经技术经济比选后优化选择最优技术方案，尤其是改造项目应针对现役机组特点、燃煤状况、SCR 烟气脱硝系统设计数据、设备状况、布置方式等采取最适宜的改造方案。

以某 600MW 机组为例，综合考虑改造的安全可靠性与技术经济性，将改造目标设定为锅炉最低稳燃负荷 35％ THA～BMCR 负荷范围内，省煤器出口最低烟温约 305℃，最高烟温不高于 400℃（见表 21-5）。经技术可行性论证，针对本案例机组低负荷运行烟温较 SCR 最低连续运行烟温低近 30℃的特点，仅省煤器流量置换、省煤器烟气旁路和省煤器分级设置三种方案技术上成熟可行，因此对此三种方案做进一步技术经济论证。

表 21-5　　　　　　　　省煤器出口烟温数据

工况	负荷范围（MW）	A 侧		B 侧	
		烟温范围（℃）	平均烟温（℃）	烟温范围（℃）	平均烟温（℃）
T-1	595～615	355～375	368	351～375	365
T-2	453～458	337～351	340	335～342	338
T-3	351～363	318～323	321	312～327	320
T-4	302～314	301～305	303	300～301	304
T-5	212～255	282～296	285	282～300	286

（1）改造范围及新增工艺设备。省煤器流量置换方案主要包括给水旁路与热水再循环两部分，给水旁路改造内容及新增工艺设备主要包括：冷热水混合器、调节阀、截止阀、止回阀、流量计、设暖管旁路及相应测点，给水管道上装设憋压阀，新增原给水管道至省煤器出口连接管之间的给水管道、管道支吊架、其他疏水设置等。热水再循环改造内容及新增工艺设备主要包括：再循环泵、压力容器罐、冷热水混合器、调节阀、截止阀、止回阀、流量计、最小流量管线、设暖管旁路和相应测点，以及相应的疏

水系统。

省煤器烟气旁路改造主要包括旁路烟道挡板门、旁路烟道、保温、膨胀节、水冷壁改造及钢构加固等。省煤器旁路烟道靠近锅炉侧设置非金属膨胀节与双百叶调节性挡板门。为保证省煤器旁路烟气与主烟道烟气混合均匀，省煤器旁路烟道在与主烟道接口前分为若干小单元，并在主烟道中布置气流均布板。省煤器烟气旁路与水冷壁接口处，需要去掉水冷壁的鳍片，用于烟气流通。

省煤器分级改造方案主要涉及在锅炉热力计算的基础上，对现有省煤器的割除与新增省煤器的布置。根据计算结果，将现有的省煤器热面切除约 17%，通过散管将保留的 83% 省煤器管恢复连接至原省煤器进口集箱，在脱硝出口烟道内，沿宽度方向布置一级省煤器，省煤器换热面积约为原省煤器总换热面积的 17%。

（2）投资估算见表 21-6。

表 21-6 　　　　　　　　　**工程投资主要数据**

序号	项目名称	单位	流量置换	烟气旁路	分级设置
1	工程静态投资	万元	1862	542	1615
2	静态工程单位投资	元/kW	31.03	9.03	26.91
3	建设期贷款利息	万元	24	7	21
4	工程动态投资	万元	1886	549	1636
5	动态工程单位投资	元/kW	31.43	9.15	27.26

（3）安全可靠性比较。

1）采用热水再循环方案，稳定负荷状态下，安全性较高。但在变负荷动态运行情况下，考虑到直流炉的特性，热水循环泵流量和给水到省煤器出口连接管旁路流量的控制匹配问题是一个难点，其对设备及其可靠性要求非常高，若匹配不好可能造成非停。随机组负荷变化调节阀门和再循环泵，锅炉运行操作更为复杂。此外由于增加了管阀及再循环泵，检修点增加较多，且都为 A 级设备，设备安全风险点增加较多。

2）采用省煤器烟气旁路方案，旁路烟道需要设置关断挡板与调节挡板，挡板在长时间高温高灰条件下运行会产生积灰、变形或卡涩，造成无法正常打开投入运行。

3）采用省煤器分级设置方案，锅炉运行方式不变，系统安全性与改造之前基本一致。但是由于分级设置缺乏对 SCR 入口烟温的调节措施，入炉煤煤质波动较大有可能引起 SCR 入口烟气超温，后续锅炉运行过程中应对此进行特别关注。

（4）技术经济性比较见表 21-7。

表 21-7 技术经济性比较

项 目	省煤器流量置换	省煤器烟气旁路	省煤器分级设置
适用负荷范围	35%THA～BMCR	35%THA～BMCR	35%THA～BMCR
静态投资（万元）	1862	542	1615
运行方式	随负荷变化调节阀门和再循环泵	随负荷变化调节挡板	不变
锅炉效率	高负荷下锅炉效率不受影响，低负荷下排烟温度升高锅炉效率下降	高负荷下锅炉效率不受影响，低负荷下排烟温度升高锅炉效率下降	锅炉效率不受影响

从表 21-7 可以看出，省煤器流量置换方案投资最高，省煤器烟气旁路方案投资最低。流量置换与烟气旁路方案均会导致低负荷下锅炉效率下降，而采用省煤器分级的锅炉效率不受影响。

此外，根据机组运行现状，负荷 330MW 以下烟温已不能满足 SCR 运行要求，假设流量置换与烟气旁路方案对锅炉效率影响为降低 1%，机组 330MW 以下的折算年利用小时数为 400h，则仅此部分造成的损失将为：

400h×600MW×1%×321g 标准煤/kWh×850 元/吨标准煤 ＝66（万元）

第二节 脱硝设备超低排放改造存在的问题

1158. SCR 反应器催化剂局部吹损严重的原因及对策是什么?

答:(1)原因:①催化剂已过机械使用寿命期;②改造中未进行脱硝烟气流场数字模拟和物理模拟试验,烟气流场不均;③改造中施工人员将饮用水(或其他水)倒在催化剂上;④锅炉燃烧工况异常等原因造成催化剂局部吹损严重。

(2)对策:①改造中应更换使用寿命进入末期的催化剂;②通过数字模拟和物理模拟试验调整烟气导流板、修正烟道;③好催化剂的保护工作,避免催化剂受潮;④调整锅炉燃烧工况;⑤对于磨损穿透整个催化剂模块的部位进行封堵处理,在条件许可的情况下进行催化剂部分或全部更换。

1159. SCR 反应器催化剂堵塞的原因及对策是什么?

答:(1)原因:

1)部分系统催化剂蒸汽吹灰器设计为单一气源,取自锅炉蒸汽吹灰母管减压阀后,在调试过程中经常出现点火后蒸汽压力未达到锅炉本体吹灰压力要求,导致脱硝系统无法吹灰的情况,吹灰器无法正常吹灰引起催化剂积灰。若初次点火到整套启动间隔较长(比如 2 个~3 个月),积灰会在催化剂的表面和孔道中板结,再次启动吹灰器也无法有效去除,严重影响催化剂使用寿命和脱硝效率。

2)在实际运行过程中还存在运行人员对催化剂差压重视度不足,仅启动超声波吹灰器而长期不启动蒸汽吹灰器的情况,无法及时有效去除催化剂中的积灰,这也是造成催化剂寿命缩短和脱硝效率降低的重要原因之一。

(2)对策:

1)采用双路气源(辅汽或启动炉气源)或在停炉期间设置临时气源吹灰(如压缩空气)可有效解决这一问题,同时要注意,采用蒸汽作为气源吹灰时,要保证蒸汽的压力和温度及烟气的温度达到系统要求,杜绝催化剂受潮。

2）加强对运行人员的教育，明确定期启动蒸汽吹灰器的时间或差压报警值。在启动蒸汽吹灰器前要保证足够的疏水时间。

1160. 脱硝系统 NO_x 质量浓度出现倒挂的原因及对策是什么？

答：（1）原因：脱硝 NO_x 质量浓度测量表计存在问题、改造中 SCR 系统未进行喷氨优化调整试验，喷氨均匀性差等原因造成改造后 SCR 出口 NO_x 质量浓度低于烟囱排口 NO_x 质量浓度，出现倒挂现象，氨逃逸率明显上升。

（2）对策：NO_x 质量浓度测量表计校验到位。脱硝系统改造后系统投运时进行喷氨优化调整试验，以提高 SCR 脱硝装置出口 NO_x 质量浓度分布均匀性，降低局部过高的氨逃逸率。

1161. 氨逃逸大的原因及对策是什么？

答：（1）原因：①烟气流场不均；②未定期进行喷氨优化调整试验；③喷氨过量。

（2）对策：①进行烟气流场数值模拟，调整导流板安装位置；②每年进行喷氨优化调整试验。

1162. 脱硝系统稀释风机风量偏低的原因及对策是什么？

答：（1）原因：超低排改造中未进行稀释风机增容改造，原有稀释风机无法满足新系统的风量要求。

（2）对策：核算改造后的稀释风量，对稀释风机进行增容改造。

第二十二章

燃煤电站 SCR 脱硝系统与脱汞

第一节　环境中汞污染的危害

1163. 我国对大气中汞含量的要求是什么？

答：汞是人体非必需元素，因其挥发性强、停留时间长和生物富集效应显著等特点逐渐成为大气中重点控制的污染物。大气中汞的本底含量为 $1\sim10ng/m^3$。我国规定居民区大气汞的最高允许含量为 $300ng/m^3$。

GB 13223—2011《火电厂大气污染物排放标准》中汞的排放指标，自 2015 年 1 月 1 日起，燃煤锅炉烟气中汞及其化合物污染物排放限值为 $0.03mg/m^3$。

1164. 汞的物理性质是什么？

答：汞是一种金属元素，通常是银白色液体，俗称"水银"。汞的熔点只有 $-38.87℃$，是各种金属中熔点最低的，也是唯一在常温状态下呈现为液体状态并且易流动的金属。单质汞的沸点是 $356.7℃$，比重为 $13.595g/cm^3$，蒸汽比重为 6.9。汞的内聚力很强，在空气中是非常稳定的。汞蒸气有剧毒，在室温下能蒸发，温度越高蒸发量越大，它随着气流移动，具有较强的附着力，容易吸附在墙壁、地面、天花板、桌椅、工作台以及其他的物品上，还能因为附着在工作服上而带到其他场所。由于汞的表面张力较大，工作中若不慎将汞粒渗入地面或作台面的缝隙中，不容易被清除，汞粒表面黏附灰尘后就不再凝聚，因而增加了蒸发面积，成为持续释放汞蒸气的毒源。

1165. 大气环境中汞的来源是什么?

答: 大气环境中汞的来源为自然释放和人为因素。

(1) 自然释放。大气中的汞污染自然源主要是来自土壤、水体等与大气之间进行物质交换、释放至大气中的汞。另外,一些自然现象也会造成汞向大气环境的自然排放,如森林火灾、地壳风化、火山喷发、土壤释放和植被释放等。

(2) 人为因素。人为因素排放至大气环境的汞主要来自工业生产,如矿石燃料和生活废物(垃圾)的燃烧、汞及其他有色金属的冶炼,塑料工业、电子工业及氯碱工业生产等。其中,化石燃料的燃烧,尤其是煤炭的燃烧是最主要的人为汞污染排放源。

1166. 汞的危害是什么?

答: 与铜、铁、锌等元素不同,汞不是人体必需的微量元素,可通过呼吸吸入、皮肤吸附或者食物摄入的方式进入人体,绝大多数普通人群摄入汞的途径是通过饮食,特别是通过食用被甲基汞污染的鱼类。汞进入人体后就会侵害人的神经系统,特别危害人的中枢神经系统。不同形态的汞,对人体毒性的大小依次为有机汞、无机汞、单质汞。有机汞中,以甲基汞致病最为严重。

因人为活动或自然现象排放至环境中的汞会通过各种途径进入生物圈,进而对环境中生物的正常生理活动造成不同程度的危害。例如,含汞废水排放到环境后,会和营养源一起被水生生物包括细菌及其他微生物消化和吸收至生物体内,之后被其他生物捕食,汞会随着食物链被高等生物甚至人类富集,因而危害各种生物。当然,大气中的汞污染物还能通过呼吸作用被动植物甚至人体吸收进入生物体内造成危害。在农业应用中,很多含汞农药的使用也会造成植物果实中的汞积累,然后含汞蔬菜和水果作为食物被人食用。某些自然现象(如降雨及降雪)也会将空气中的汞污染物带到生物附近进而进入体内。

1167. 汞对植物的影响是什么?

答: 植物主要从土壤和大气环境中吸收汞。土壤是植物吸收汞的主要来源,无论土壤中的汞含量高或低,植物都会持续不断吸收土壤中的汞，因此土壤是陆地生态系统食物链中汞的主要来源。土壤中汞的含量较低时，对植物生长发育的影响甚微，但是土壤中汞的含量一旦超过一定浓度，植物的生长就会完全受到抑制，主要抑制作用表现为抑制植物的光合作用、根系生长、养分吸收、酶的活性、根瘤菌的固氮作用等。

尽管一般食品中不会积累过多的汞，但是在我国的作物中出现汞含量过高引发汞中毒的事故并不少见，这是因为即使经过清洗、加工处理，被汞污染过的食物仍然无法除净其中的汞。

1168. 汞对人体健康的影响是什么？

答： 汞具有较强的积累性，在人体内的生物半衰期为 70 天，在脑内的储留时间更长，生物半衰期达到 180～250 天。人体吸收到的汞会分布到全身组织和器官，尤其以肝、肾、脑等器官的含量最高。

人体对汞单质及其化合物的吸收主要通过三种方式，其中大部分经消化道吸收，少部分会以皮肤和呼吸道吸收。一般肠道能吸收 95％以上的有机汞化合物。

金属汞进入人体的主要方式是通过汞蒸气的形式经呼吸道吸入，超过 75％的部分会在经过肺泡时被人体吸收。

无机汞主要是通过呼吸、口腔摄取和皮肤吸收等途径进入人体内。汞蒸气进入人体的最重要途径是呼吸，呼吸吸入的汞蒸气有 80％左右可以透过肺泡进入人体血液中，食物中的无机汞大约有 7％通过口腔摄取而被吸收。通过皮肤吸收的汞蒸气仅是通过呼吸吸收的 1％左右。但是使用一些高无机汞含量的美白护肤品也可以造成汞吸收和积累。

汞进入人体后，若含量较大会对机体的正常生理活动造成损害，影响人的神经系统或危害人体器官。进入体内的汞有一部分会经过汗液及正常排泄的途径排出体外，但大部分会滞留在体内，汞在人体中的沉积滞留比率约 80％。不同形态的汞在机体内的滞留时间及毒性不同，汞单质以及汞的无机化合物会对人体的肝脏及肾脏等器官造成一定程度的损害，它们一般在人体内的停留时间较短，不会造成累积中毒；有机汞不仅毒性强，还会在体内停留较长时间，所以毒性会发生累积。随着医学的不断发展，人们已经认识到汞对人会产生较大的损害，受损部位较多，分布较广，包括脑部、脊髓和内脏器官等，对人的行为举止和感觉产生较大的影响。零价汞能够被人体直接吸入，其中吸入的大部分的汞单质会在体内消化吸收，人体会表现为颤栗且容易兴奋等症状，同时造成内脏的损害，若零价汞的浓度太高，会直接危害肺部，更可能导致人呼吸困难而致死。

1169. 汞中毒分为哪四种类型？

答：甲基汞等有机汞进入人体的主要途径是食用鱼类及其他水产品。甲基汞中毒大体上可分为急性、亚急性、慢性和潜在性中毒四种类型。

（1）急性中毒。当大量甲基汞迅速进入人体时，可出现急性脑损伤，如意识障碍、痉挛、麻痹等，表现为急性发作、预后不良，大多数人很快死亡。

（2）亚急性中毒。当反复进入人体的甲基汞量较少时，出现典型神经症状，主要出现末梢感觉障碍、向心性视野缩小、神经性听力降低、语言障碍、运动失调等症状。

（3）慢性中毒。当反复进入人体的甲基汞量很少时，则出现不典型或不完全的神经症状，其中末梢感觉障碍最先出现，其次是向心性视野缩小和神经性听力降低，而运动失调和语言障碍等则比较少见。

（4）潜在性中毒。当进入人体的甲基汞很微量时，不出现特异性临床症状，而呈潜伏状态，即所谓亚临床型。

第二节　燃煤锅炉烟气中汞的排放与控制

1170. 汞在自然界中的存在形式主要有哪三种？

答：汞在自然界中的存在形式主要有金属汞、有机汞和无机汞三种，它存在的价态有零价汞（Hg^0）、一价汞（Hg^+）和二价汞（Hg^{2+}）。

（1）Hg^0 也就是金属汞，容易挥发，在水中微溶，在大气中停留时间长，是大气中存在形式相对稳定的一种形态。

（2）Hg^{2+} 与硫离子（S^{2-}）有很强的亲和力，Hg^{2+} 与 S^{2-} 相遇便迅速结合成稳定的 HgS 沉淀，因此地表中的汞通常以稳定的 HgS 即朱砂的形式存在。

（3）有机汞主要包括甲基汞、二甲基汞、苯基汞和甲氧基乙基汞等化合物，其中甲基汞是环境中毒性最大的汞化合物，易于在水生生态系统的食物链中累积，并最终进入人体，而且环境中任何形态的汞均可在一定条件下"甲基化"，转化成剧毒的甲基汞。"水俣病"即为人们长期食用含甲基汞的海产品而造成的汞中毒。

1171. 燃煤过程中汞的存在形式分为哪三种？

答：燃煤过程中汞的存在形式分为三种：

（1）气态零价汞，又称气态元素汞或气态单质汞，表示为 Hg^0。

（2）气态二价汞，又称"气态氧化汞"，以 $HgCl_2$ 为主，表示为 Hg^{2+}。

（3）颗粒吸附汞（不区分价态），表示为 Hg^p。

不同形态的汞都有独特的物理和化学性质，因此其排放、传播和沉积特性也是不同的。由于 Hg^0 具有化学性质不活泼和相当低的水溶性等特点，因此难以被捕获，当其被排入大气后，会停留很长时间，随着大气运动，会输运到远离排放源的区域。而 Hg^{2+} 具有水溶性，可溶于湿法脱硫设备的石膏浆液中，并且氧化态容易被吸附到颗粒物上，其在大气中的停留周期也较短。大部分 Hg^p 可随颗粒物的捕获而脱除。

1172. 煤中汞的主要载体是什么？

答：黄铁矿（FeS_2）是煤中汞的主要载体。

1173. 不同烟气温度对汞的形态变化情况是什么？

答：对于在燃煤电厂的锅炉及尾部烟道中汞的形态变化情况，一般认为在燃烧温度下，煤中的汞几乎全部以气态单质汞 Hg^0 的形式释放到烟气中。当烟气温度降低到 $750\sim900K$ 的范围内时，部分 Hg^0 会与烟气中的氧化性物质（Cl、O 等）发生均相氧化反应生成气相氧化汞 Hg^{2+}。这一氧化过程中，烟气中其他的成分（NO_x、SO_2 等）及固相成分（飞灰中 Ca、Fe、Cu 等矿物）会起到催化或抑制的作用。当温度进一步下降时，在 $400\sim600K$ 的范围内时，汞会在飞灰和未燃尽碳作用下发生异相催化氧化反应。与此同时，飞灰中的未燃尽碳等物质对气态汞有吸附作用，形成 Hg^p。

1174. 煤炭燃烧过程中汞污染物的最终排放源主要有哪四个部分？

答：煤炭燃烧过程中汞污染物的最终排放源主要有四个部分：冲灰水、除尘器除下的飞灰、炉渣和大气。一般情况下除尘器除下的飞灰中汞总量占煤炭中汞的总量为 $23.1\%\sim26.9\%$，从烟囱排出的汞占 $56.3\%\sim69.7\%$，部分汞在烟气中被飞灰吸附而富集，而在底灰（炉渣）中吸附的量比较少。

1175. 根据燃煤电厂中煤炭的燃烧过程，汞污染控制分为哪三类？

答：根据燃煤电厂中煤炭的燃烧过程的汞污染控制分类，将燃煤烟气脱汞技术分为燃烧前脱汞、燃烧中脱汞和燃烧后脱汞三大类。

（1）燃烧前脱汞。燃烧前脱汞技术就是煤粉还在进行燃烧时，基于物理、化学性质的差异，采用物理或化学方法将煤中的汞分离出来进行脱除的技术。

汞是一种痕量元素，一般是以矿物质的形式存在于煤炭中，这些物质的物化性质与煤本身的性质存在一定的差异，因此可以根据物理、化学性质的差异采用洗煤技术，将含汞物质分离出来以减少煤炭中汞的含量。尽管煤炭与其他杂质的物理性质（如硬度和磁性质等）都是不同的，但主要利用相对密度和表面物理化学特性进行汞分离是可行的。煤炭的相对密度为 $1.23\sim1.70$，比其他成分的相对密度小，而清洁的煤是疏水性的，大部分杂质成分表面是亲水性的，在煤炭的洗选过程中，可以除去煤炭中与灰分、铁矿等成分结合在一起的汞。

（2）燃烧中脱汞。燃烧中脱汞技术主要是改进煤粉的燃烧方式，在煤粉燃烧过程中添加卤化物等方式以增加燃煤烟气中氧化态汞的比例，达到降低燃煤烟气中 Hg^0（氧化态汞易于被除尘器或脱硫塔吸收脱除）的排放量的目的。

在煤炭燃烧过程中，汞元素的存在形态与烟气温度以及烟气中的氧化物的含量有关，在燃烧区域汞以元素汞（Hg^0）的形态存在，随着温度的降低，释放的单质汞会与卤素发生反应转变为氧化态汞。

（3）燃烧后脱汞。燃煤电厂燃烧后脱汞技术也称为烟气脱汞技术，煤炭在燃烧室进行燃烧之后，汞会进入燃煤烟气，再对含汞的烟气采取除汞措施，以减小燃煤烟气中的汞浓度，控制汞的排放。目前燃煤电厂所采取的脱汞措施是以烟气脱汞技术为主的。

目前烟气脱汞技术包括吸附法脱汞技术、电厂常规烟气处理设施脱汞技术、液相氧化吸收技术、零价汞的氧化及催化脱除技术、零价汞的光催化脱除技术等。

1176. 燃煤烟气汞排放控制技术有哪三种？

答： 燃煤烟气汞排放控制技术有吸附剂喷射、复合式烟气脱汞（SCR＋ESP/FF＋WFGD）和洗煤技术三种。

（1）吸附剂喷射法，主要是利用吸附剂吸附烟气中的 Hg^0 和 Hg^{2+}，使它们富集于吸附剂中成为颗粒汞，颗粒汞经除尘设备捕获，达到烟气脱汞的目的。该法已成功用于垃圾电站的汞污染物脱除。这种方法适用范围广，基本上对任何电站都适用，而且可达到较高的汞控制能力，目前主要面临的问题是控制成本、除尘设备的负荷能力及吸附产物二次析出问题。

（2）复合式烟气脱汞中的湿法洗涤技术，虽然利用湿法脱硫装置对 Hg^{2+} 的控制达到 $80\%\sim95\%$，但是对于不溶于水的汞的脱除效率低。目前汞的氧化技术还不完善，需要研究发展高效可靠的氧化技术将烟气中的 Hg^0 氧化为 Hg^{2+}，然后经湿法洗涤除汞，目前正在不断完善中。

（3）洗煤技术，能够达到的汞脱除效率与煤种关系较大，新的洗煤技术正在不断发展中，但残留于煤中的汞仍需要用其他方法去除，而且洗煤除汞成本高，因此洗煤技术不能作为单独的燃煤汞污染控制技术，需要同其他控制技术联合。

1177. 目前，烟气脱汞技术最为有效的方式是什么？

答：最为有效的方式是采取措施将烟气中的 Hg^0 氧化为 Hg^{2+} 后再利用湿法脱硫装置吸收脱除。

1178. 汞的氧化脱除技术包括哪些？

答：汞的氧化脱除技术包括直接氧化脱除技术和催化氧化脱除技术。

（1）汞的直接氧化包括气相氧化和液相氧化技术。

（2）汞的催化氧化脱除技术包括光催化氧化法、电催化氧化法及工业应用催化剂结合氧化剂的催化氧化法。

1179. 烟气催化脱汞机理是什么？

答：烟气中汞的催化脱除，主要是借助催化剂的活性表面作为汞氧化反应的场所，烟气中的氧化剂分子与 Hg^0 在运动到催化剂的活性表面，被催化剂吸附，并在活性表面发生氧化还原反应，催化剂的过渡金属氧化物活性组分在此过程中增加了反应的速率，反应后产物在催化剂表面脱附，反应结束，催化剂活性表面再发生汞的氧化、脱附，依次循环。

1180. 湿法脱硫装置在汞污染治理方面存在哪两方面问题？

答：湿法脱硫装置在汞污染治理方面存在的两方面问题为：

（1）零价汞不溶于水、难溶于脱硫液，致使零价汞的去除效果较差。

（2）脱硫液中被吸收的二价汞被重新还原为难溶的零价汞，并再次返回到烟气中。

1181. 在湿法烟气脱硫装置中，氧化态汞被捕获后去向是什么？

答：在湿法烟气脱硫装置中，氧化态汞被捕获后，一部分随脱硫废水排出，另一部分随石膏带出。进入脱硫废水中的汞会在废水处理系统中得以处理，进入脱硫石膏的汞，可能会造成二次污染。

第三节　燃煤电厂汞的形态转化与汞的监测

1182. 燃煤电厂汞形态转化的影响因素主要包括哪几种？

答：燃煤电厂汞形态转化的影响因素主要包括以下几种：

（1）煤种。燃煤煤种不同，汞的形态分布也不同。烟煤燃烧时，烟气中的 Hg^{2+} 含量高，Hg^0 含量偏低；褐煤燃烧时烟气中的 Hg^0 含量较高。总之，褐煤燃烧过程中单质汞含量最高，亚烟煤次之，烟煤最低。

（2）燃烧方式及温度。煤粉炉燃烧效率较高，烟气中的气态汞含量高，留在底渣中的汞较少。研究表明，温度高于 800℃时，烟气中的汞主要是以 Hg^0（g）的形式存在，同时有少量氧化汞；温度低于 470℃时，主要形式是 Hg^{2+}。

（3）烟气气氛。过量空气系数对 Hg^0 与 Hg^{2+} 的比例影响较大，氧化性气氛对元素汞的氧化有促进作用，还原性的气氛不利于氧化态汞的生成，而大部分锅炉烟气都是还原性气氛，这是总汞主要部分为元素态汞的原因之一。

（4）烟气成分。燃煤中氯含量也会对汞的形态有一定的影响，氯含量高，烟气中氧化态汞含量也高，反之亦然。所以，氯元素虽然不能改变总汞含量，但却直接影响汞的形态。

由以上各因素的分析可知，因元素态汞的脱除相对困难，为提高总脱汞效率，通过改变相关条件，促进元素态汞向二价汞离子的转化将是燃煤电厂汞控制技术领域的一项重要研究课题。

第四节　复合式烟气脱汞技术

1183. 不同环保装置对不同形态汞的捕捉能力是什么？

答：不同环保装置对不同形态汞的捕捉能力见表 22-1。

表 22-1	不同环保装置对不同形态汞的捕捉能力		
控制技术	氧化汞 （Hg^{2+}）	元素汞 （Hg^0）	颗粒态汞 （Hg^p）
ESP	几乎无效	几乎无效	有效
FF	氧化汞会吸附在飞灰上而被捕捉，但某些情况下，由于氧化物的影响，捕捉效果降低效率降低	部分元素来会吸附在飞灰上面被捕捉（高烧失率情况下），但某些情况下，由于氧化物的影响，捕捉效果降低效率降低	有效
FGD	有效	几乎无效，但当氧化汞被捕捉后，捕捉元素汞的效率会提高	无效
SCR	由于氧化作用，捕捉效率提高	由于氧化作用，捕捉效率会降低	在某些情况下，捕捉效率可能会提高

注　ESP—静电除尘器；FF—布袋除尘器；FGD—石灰石-石膏湿法脱硫装置；
SCR—选择性催化还原法。

1184. 湿法脱硫装置对汞脱除性能的影响是什么？

答：用石灰石作吸收剂的脱硫系统对总汞的去除效率为 10%～84%。其他资料也表明，单独存在的湿法脱硫装置（WFGD）对烟气中总汞的脱除率约为 45%～55%，脱除的效果取决于烟气中汞的形态。在单独的湿法烟气脱硫系统中，无论是用石灰还是石灰石作为吸收剂，都可将烟气中 80%～95% 的氧化态汞除去。但对于不溶于水的 Hg^0，捕捉效果不显著。此外，在某些条件下，最初在湿式 FGD 系统被捕集的氧化汞又以元素汞的形态排出，这可能是由于在石灰石洗涤器内存在大量的还原剂，如硫化物、亚硫酸盐及二价金属离子铁、锰、镍、钴和锡等，它们将所有被吸收的 Hg^{2+} 重新转化为元素汞 Hg^0。WFGD 系统运行参数和设计参数对脱汞效率也有一定的影响。

为了提高脱硫率而改变的 WFGD 运行条件同样能提高汞的控制效率，如采用喷淋塔能提高脱汞效率，液气比的增大也能提高脱汞效率，自然氧化时汞的释放量比强制氧化时少。但由于单质汞的氧化和吸收液中氧化态汞的还原的共同作用，随着浆液浓度及 pH 值的提高，脱汞效率相应增大；随二氧化硫浓度的增大，脱汞效率降低。

1185. 除尘器对汞脱除性能的影响是什么？

答：电除尘器对汞的控制排放有一定的效果，烟气中以颗粒形式存在的固相汞可同时得到脱除，其脱汞率约为 50%。如果利用静电除尘器（ESP）和 WFCD 联合脱汞，效率能提高到 75%。一般认为，以颗粒形式存在的汞大多存在于亚微米颗粒中，布袋除尘器（FF）通常用来脱除高比电阻粉尘和微细粉尘，尤其在脱除微细粉尘方面，有其独特的效果。由于部分微颗粒上富集了大量的汞，因此布袋除尘器在脱除元素汞和离子汞方面有很大的潜力。

1186. 选择性催化还原法（SCR）脱硝装置对汞脱除性能的影响是什么？

答：选择性催化还原法（SCR）脱硝技术，也可以把一部分气态元素汞氧化成氧化态汞，从而提高汞在 WFGD 中的去除率。由于煤种及其他条件的不同，氧化率从 2%～12% 到 40%～60% 不等。在燃用烟煤、无烟煤的电厂，已发现应用 SCR 工艺，可以使出口烟气中氧化汞的含量增加 35%，提高烟气中 HCl 的含量和降低 SCR 催化剂空间速度（相当于延长了烟气停留时间）都可以增大氧化汞的产生量。因此，就燃煤电厂而言，除尘、脱硫和脱硝控制装置同时运行，其联合脱汞效率可高达 85%～90%。

1187. 我国燃煤电厂主要脱汞技术有哪些？

答：我国燃煤电厂应用烟气脱硫脱硝技术较晚，很多电厂目前都只有湿法脱硫装置，没有为脱汞装置预留足够的空间。因此，目前最可行的脱汞方法应是在现有燃煤电厂污染物排放控基础上实现联合脱除，可节约投资，减少占地面积，降低运行成本，简化烟气控制系统，利用现有的污染控制设备进行烟气脱汞，主要技术有：

（1）虽然脱硫除尘装置联用能使脱汞效率达到较高水平，但我国大部分燃煤电厂都没有安装 FF 或 SCR 反应器，所以如果能够找到合适的添加剂使单质汞氧化成二价汞，在脱硫系统中实现同时脱汞将会是最经济的脱汞措施。

（2）石灰石-石膏烟气脱硫设施运行温度相对较低，可实现较高效率的 Hg^{2+} 的脱除。如果在该系统中加入氧化性添加剂，可实现 Hg^0 的氧化，提高脱汞效率。

（3）随着 NO_x 排放标准的严格和"十二五"脱硝工程的启动，燃煤电厂开始采用 SCR 烟气脱硝技术，利用脱硝工艺的催化剂增加 Hg^0 的氧化，进面增加后续烟气脱硫对汞的去除效率。

我国湿法烟气脱硫技术普及率较高，燃煤锅炉的脱硫装机比例超过 85%，其中 90% 采用湿法脱硫技术。因此，为降低除汞成本，将 Hg^0 转化成 Hg^{2+}，充分利用湿法脱硫技术进行同步除汞的综合控制技术，是符合我国国情的技术策略。

附　录

附录 1　尿　素　性　质

尿素溶液密度、温度、溶解度、沸点的关系曲线如附图 1 所示。

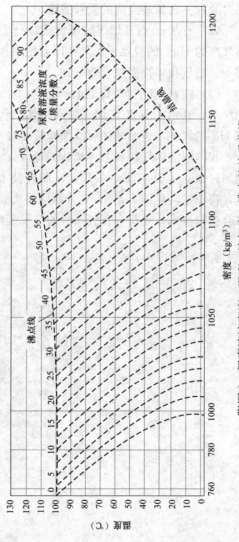

附图 1　尿素溶液密度、温度、溶解度、沸点的关系曲线

附录 2　常用还原剂特点

液氨、氨水和尿素等常用还原剂的特点见附表 1。

附表 1　　　　　　　　　常用还原剂的特点

项目	液氨	氨水	尿素
品质要求	GB 536，纯度 99.5%及以上合格品	GB 12268，浓度一般为 18%~30%	GB 2240，纯度应保证总氮含量在 46.3%及以上合格品
还原剂费用	低	较高	高
运输费用	低	高	较高
安全性	有毒	有害	无害
存储条件	高压	常压	常压，干态
存储方式	液态	液态	颗粒状
制备方法	蒸发	蒸发	热解、水解
初投资费用	低	较高	高
运行费用	低	较高	高
设备安全要求	应符合 GB 150《危险化学品安全管理条例》等相关规定	应符合《危险化学品安全管理条例》等相关规定	无
环境敏感区	见 2008 年版《建设项目环境影响评价分类管理名录》（中华人民共和国环境保护部令第 2 号）		

注　以产生单位物质的量的 NH_3 比较得出。

脱硝运行技术 1000 问

附录 3 烟气脱硝中的危险物

国家规定的危险物情况见附表 2～附表 4。

附表 2 《危险化学品分类信息表》(安监总厅管三〔2015〕80 号)
涉氨内容摘录

序号	品名	别名	英文名	CAS 号	危险性类别	备注
2	氨	液氨、氨气	ammonia, liquid ammonia	7664-41-7	易燃气体,类别 2; 加压气体; 急性毒性-吸入,类别 3*; 皮肤腐蚀/刺激,类别 1B; 严重眼损伤/眼刺激,类别 1; 危害水生环境-急性危害,类别 1	

附表 3 GB 12268—2012《危险货物品名表》涉氨内容摘录

联合国编号	名称和说明	英文名称	类别或项别	次要危险性	包装类别	特殊规定
1005	无水氨	AMMONIA, ANHYDROUS	2.3	8		23
2073	氨溶液,水溶液在 15℃时的相对密度小于 0.880,含氨量不低于 35%,但不超过 50%	AMMONIA SOLUTION, relative density less than 0.880 at 15℃ in water, with more than 35% but not more than 50% ammonia	2.2			
2672	氨溶液,水溶液在 15℃时的相对密度为 0.880 至 0.975,含氨量不低于 10%,但不超过 35%	AMMONIA SOLUTION, relative density between 0.880 and 0.957 at 15℃ in water, with more than 10% but not more than 35% ammonia	8		Ⅲ	

注 1. 类别或项别:2.3 为毒性气体;2.2 为非易燃无毒气体;8 为腐蚀性气体。

　　2. 包装类别Ⅲ:具有轻度危险性的物质。

　　3. 特殊规定 23:即使这种物质有易燃危险,但这种危险只是在满足密闭区内有猛烈火烧的条件时才显示出来。

附表 4　　《国家危险废物名录》（环境保护部令 39 号）
涉废催化剂内容摘录

废物类别	行业来源	废物代码	危险废物	危险特性
HW50 废催化剂	环境治理	772-007-50	烟气脱硝过程中产生的废钒钛系催化剂	T

注　毒性（toxicity，T）。

附录 4 液 氨 特 性

氨别名液氨、液态氨或液体无水氨，分子式为 NH_3，常温常压下为具有特殊刺激性恶臭气味的无色有毒气体，比空气轻。氨极易溶于水，常温常压下 1 单位体积水可溶解 700 单位体积氨。

1. 主要理化性质

氨的主要理化性质见附表 5。

附表 5   氨的主要理化特性

化学式	NH_3	分子量	17.031
CAS 号	7664-41-7	自燃点（℃）	651.1
熔点（℃，101.325kPa 时）	−77.7	沸点（℃，101.325kPa 时）	−33.5
临界压力（MPa）	11.40	临界温度（℃）	132.4
危险物质 UN 编号	1005	危险性类别	第 2.3 类有毒气体
爆炸上限（体积分数，%）	27.4	爆炸下限（体积分数，%）	15.7
气体黏度（Pa·s，25℃）	102.15×10^{-7}	液体黏度（Pa·s，25℃）	0.135×10^{-3}

2. 热力性质

液氨热力性质见附表 6。

附表 6   液氨热力性质

温度（℃）	液氨密度（kg/m³）	饱和蒸汽压（kPa）	汽化热（kJ/kg）	1 个大气压下氨在水中的溶解度（%）
−70	725.3	10.923		
−60	713.8	21.896		
−50	702	40.875		
−40	690	71.768		
−30	677.7	119.55	1360.84	
−20	665	190.23	1330.23	
−16	659.8	226.45	1317.46	
−12	654.6	267.93	1312.73	

温度 (℃)	液氨密度 (kg/m³)	饱和蒸汽压 (kPa)	汽化热 (kJ/kg)	1个大气压下氨在水中 的溶解度（%）
−8	649.7	315.24	1290.96	
−4	644	368.87	1277.27	
0	638.6	429.42	1263.24	47.1
4	633.1	497.4	1248.8	
8	627.5	573.6	1234.06	
12	621.8	658.46	1218.95	
16	616.1	752.74	1230.45	
20	610.3	857.06	1187.5	34.4
24	604.3	972.11	1171.17	
28	589.3	1098.7	1152.67	
32	592.1	1237.4	1137.18	
36	585.9	1389	1119.47	
40	579.5	1554.2	1101.13	23.9
44	572.9	1734	1082.37	
50	562.9	2032.5	1052.65	18.9

附录 5 性能修正曲线示例

性能修正曲线示例如附图 2~附图 4 所示。

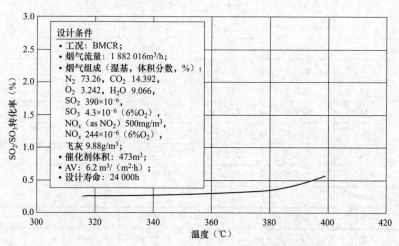

设计条件
• 工况：BMCR；
• 烟气流量：1 882 016m³/h；
• 烟气组成（湿基，体积分数，%）：
N$_2$ 73.26，CO$_2$ 14.392，
O$_2$ 3.242，H$_2$O 9.066，
SO$_2$ 390×10^{-6}，
SO$_3$ 4.3×10^{-6}（6%O$_2$），
NO$_x$（as NO$_2$）500mg/m³，
NO$_x$ 244×10^{-6}（6%O$_2$），
飞灰 9.88g/m³；
• 催化剂体积：473m³；
• AV：6.2 m³/（m²·h）；
• 设计寿命：24 000h

附图 2 SO$_2$/SO$_3$ 转化率与烟气温度的关系

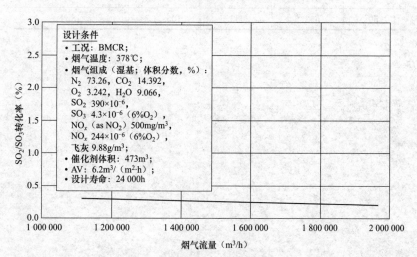

设计条件
• 工况：BMCR；
• 烟气温度：378℃；
• 烟气组成（湿基；体积分数，%）：
N$_2$ 73.26，CO$_2$ 14.392，
O$_2$ 3.242，H$_2$O 9.066，
SO$_2$ 390×10^{-6}，
SO$_3$ 4.3×10^{-6}（6%O$_2$），
NO$_x$（as NO$_2$）500mg/m³，
NO$_x$ 244×10^{-6}（6%O$_2$），
飞灰 9.88g/m³；
• 催化剂体积：473m³；
• AV：6.2m³/（m²·h）；
• 设计寿命：24 000h

附图 3 SO$_2$/SO$_3$ 转化率与烟气流量的关系

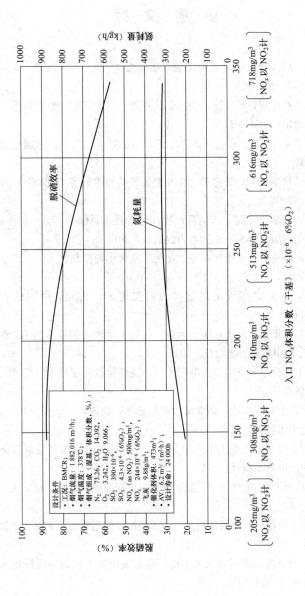

附图 4　脱硝效率（氨耗量）与入口 NO_x 浓度的关系

参 考 文 献

[1] 夏怀祥，段传和，等．选择性催化还原法（SCR）烟气脱硝．北京：中国电力出版社，2012．

[2] 段传和，夏怀祥，等．选择性非催化还原法（SNCR）烟气脱硝．北京：中国电力出版社，2011．

[3] 西安热工研究院．火电厂 SCR 烟气脱硝技术．北京：中国电力出版社，2015．

[4] 周立新．环境保护问答丛书　工业脱硫脱硝技术问答．北京：化学工业出版社，2006．

[5] 华电电力科学研究院．火电厂厂界环保岛技术百问百答系列丛书：SCR 烟气脱硝分册．北京：中国电力出版社，2018．

[6] 刘建民，薛建明，王小明，等．火电厂氮氧化物控制技术．北京：中国电力出版社，2012．

[7] 胡将军，李丽．燃煤电厂烟气脱硝催化剂．北京：中国电力出版社，2014．

[8] 胡将军，盘思伟，唐念，等．火电厂污染物排放控制技术丛书：烟气脱汞．北京：中国电力出版社，2016．

[9] 内蒙古电力科学研究院．火电厂大气污染物排放测试技术．北京：中国电力出版社，2017．

[10] 孙路石，于洁，李敏．燃煤机组锅炉低氮燃烧改造实践及应用．北京：中国电力出版社，2017．

[11] 国家能源局．防止电力生产事故的二十五项重点要求及编制释义．北京：中国电力出版社，2014．

[12] 孙克勤，钟秦．火电厂烟气脱硝技术及工程应用．北京：化学工业出版社，2006．

[13] 陈进生．火电厂烟气脱硝技术——选择性催化还原法．北京：中国电力出版社，2008．

[14] 四川电力建设二公司．火力发电厂脱硫脱硝施工安装与运行技术．北京：中国电力出版社，2010．

[15] 苏亚欣，毛玉如，徐璋．燃煤氮氧化物排放控制技术．北京：化学工业出版社，2005．

[16] 张强．燃煤电站 SCR 烟气脱硝技术及工程应用．北京：化学工业出版社，2007.

[17] 蒋文举．烟气脱硫脱硝技术手册．北京：化学工业出版社，2006.

[18] 杨飏．氮氧化物减排技术与烟气脱硝工程．北京：冶金工业出版社，2007.